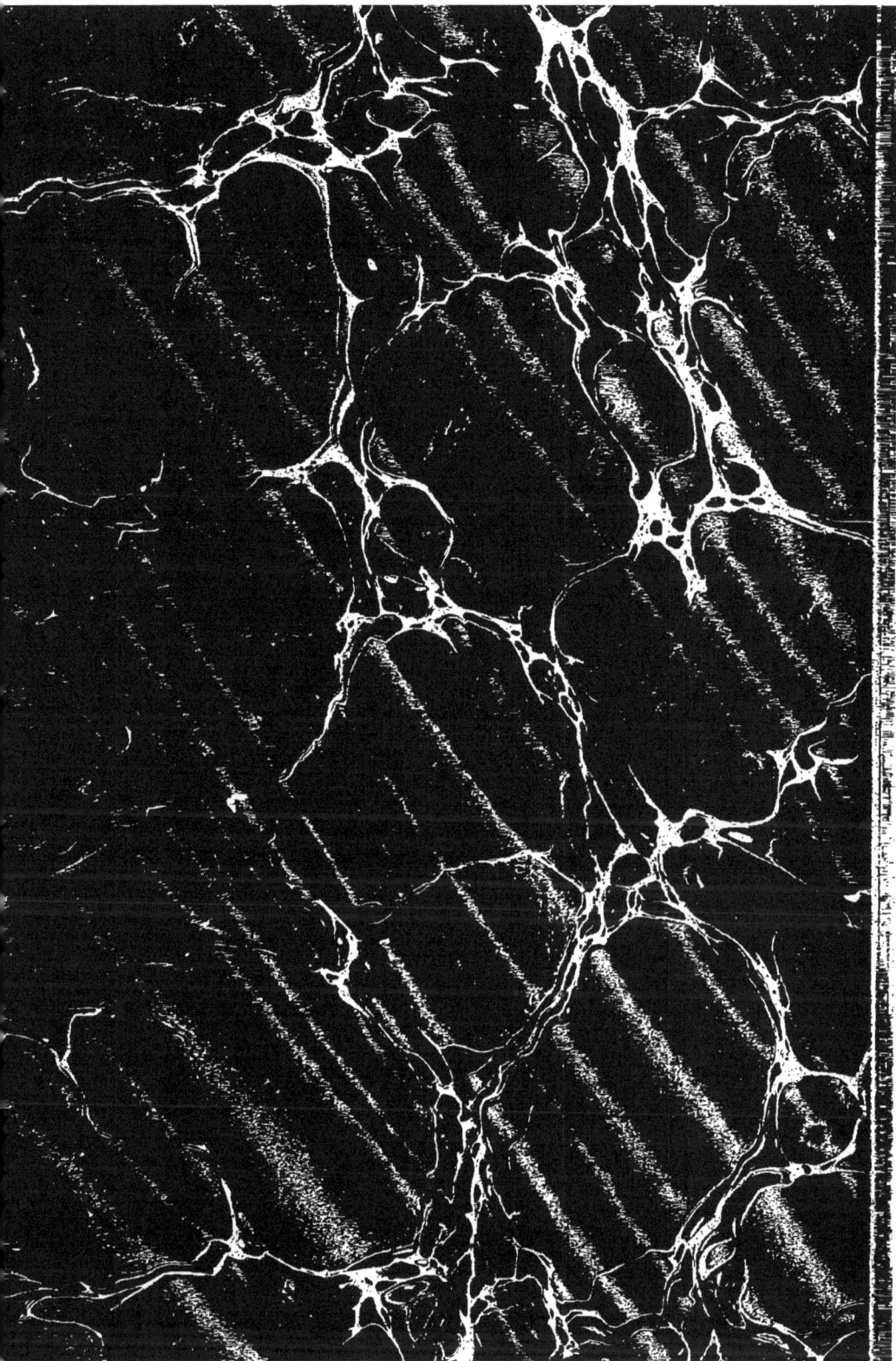

SPECIES

GÉNÉRAL

DES

COLÉOPTÈRES.

DE L'IMPRIMERIE DE FIRMIN DIDOT,
IMPRIMEUR DU ROI, RUE JACOB, N° 24.

SPECIES

GÉNÉRAL

DES

COLÉOPTÈRES,

DE LA COLLECTION

DE M. LE COMTE DEJEAN,

PAIR DE FRANCE, LIEUTENANT-GÉNÉRAL DES ARMÉES DU ROI, COMMANDEUR
DE L'ORDRE ROYAL DE LA LÉGION-D'HONNEUR, CHEVALIER DE L'ORDRE
ROYAL ET MILITAIRE DE SAINT-LOUIS, MEMBRE DE LA SOCIÉTÉ PHILO-
MATIQUE ET DE PLUSIEURS AUTRES SOCIÉTÉS SAVANTES NATIONALES ET
ÉTRANGÈRES.

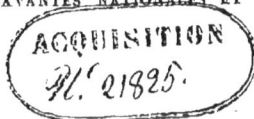

Tome Premier.

— ⟨●⟩ —

A PARIS,

CHEZ CREVOT, LIBRAIRE-ÉDITEUR,

RUE DE L'ÉCOLE DE MÉDECINE, N.° 3,
PRÈS CELLE DE LA HARPE.

1825.

AVERTISSEMENT.

Depuis long-temps j'ai annoncé que je voulais entreprendre un *Species* général des Coléoptères, et l'on trouvera peut-être extraordinaire que je me restreigne ici à la simple description de ma collection. Je vais essayer d'expliquer les motifs qui m'ont déterminé. D'abord, dans l'état actuel de la science, il est impossible de prétendre donner un *Species* complet, puisqu'on découvre tous les jours de nouvelles espèces, même en Europe, et que les insectes des autres parties du monde ne sont encore que très-peu connus. Dans ce moment donc, un *Species* général ne pourrait être que la description des espèces existantes dans toutes les collections connues et de celles qui ont été déja décrites par les auteurs. Certainement cet ouvrage serait le meilleur que l'on pût faire; mais est-il possible? je ne le crois pas, et je doute que la vie d'un homme fût suffisante pour visiter toutes les collections de l'Europe, pour décrire toutes les espèces qu'elles renferment, et surtout pour les comparer de manière à ne pas commettre de doubles emplois. Quant à la réunion des espèces déja décrites par les auteurs, cet ouvrage, quelque bien fait qu'il pût être, ne serait jamais qu'une compilation : outre la défaveur qui s'at-

tache à ce mot, il n'est personne qui ne connaisse
le peu d'utilité de ces sortes d'ouvrages.

J'avais d'abord senti toutes ces difficultés, et je
voulais me restreindre à la description des espèces
qui existent dans les collections de Paris : je com-
mençai sur ce plan ; mais, dès les premiers pas,
j'éprouvai de nombreuses difficultés ; chaque fois
que je recevais de nouvelles espèces, j'étais obligé
de visiter de nouveau les différentes collections de
Paris, pour m'assurer que c'étaient réellement les
espèces que j'avais déja décrites ; car, il faut le dire
franchement, quoique cette vérité soit faite pour dé-
goûter des ouvrages entomologiques, quelque bien
faite que puisse être une description et même une
figure dans l'état actuel de la science, on ne peut
être positivement assuré qu'une espèce soit bien
celle qui porte tel nom, qu'après l'avoir comparée
avec un autre individu déja nommé, ce qui réduit
réellement l'entomologie à une science de tradition.
Je ne parle ici que pour les auteurs ; car il me semble que la certitude des dénominations doit être
bien plus grande pour ceux qui se mêlent d'écrire,
que pour ceux qui ne font que des collections.

Je me trouvais donc continuellement dans l'al-
ternative ou de décrire la même espèce sous deux
noms différents, ou de réunir deux espèces différentes sous le même nom, et d'autant plus qu'il
est très-difficile de bien décrire des insectes qu'on
ne fait que voir en passant, qu'on ne peut examiner
chaque fois qu'on éprouve quelques difficultés, et en-

fin qu'on n'a pas continuellement sous les yeux. Je
me suis rappelé aussi ce que j'avais remarqué en vi-
sitant les collections de MM. Duftschmid et Sturm ;
c'est que ces auteurs ne connaissaient plus plusieurs
des insectes qu'ils avaient décrits dans leurs ouvrages, et qu'ils leur donnaient d'autres noms, ou qu'ils
en avaient d'autres sous les mêmes noms. Enfin,
pour éviter toutes ces difficultés, et après y avoir
bien réfléchi, je me suis déterminé à ne décrire
que les insectes que je possédais, et que je pouvais par conséquent voir, étudier, vérifier et comparer à tout instant. De cette manière mon ouvrage, il est vrai, contiendra un bien moins grand
nombre d'espèces ; mais je serai infiniment plus certain de tout ce que j'avancerai, et je crois que la
science y gagnera réellement.

Cet ouvrage étant particulièrement consacré à la
partie spécifique, je me suis très-peu étendu sur les
généralités, et j'ai tâché, au contraire, de les rac-
courcir autant qu'il m'a été possible. Le plus que je
l'ai pu j'ai suivi la marche adoptée par M. Latreille
dans ses derniers ouvrages, et principalement dans
l'*Iconographie des Coléoptères d'Europe*, et dans
ses *Familles naturelles du règne animal*; et certainement je ne pouvais prendre un meilleur guide.
Je me suis borné à ajouter quelques genres qui
m'ont paru indispensables ; mais j'en ai créé le moins
possible, et seulement chaque fois que je n'ai pu
faire autrement. Presque toujours, j'ai tiré mes
caractères génériques de parties extérieures et bien

distinctes, et j'ai laissé entièrement de côté tous les détails purement anatomiques. Depuis quelques années, l'anatomie a un peu trop envahi l'histoire naturelle; ce sont deux sciences distinctes, et qu'il ne faut pas trop confondre; car alors il n'y aurait plus que les anatomistes seuls qui pourraient s'occuper d'histoire naturelle.

J'ai placé à la tête de chaque tribu un petit tableau synoptique, indiquant les principaux caractères des genres qui la composent, et qui fera voir d'un coup d'œil les rapports et les différences de ces genres entre eux. Je crois que des tableaux semblables seraient très-utiles dans les divers ouvrages d'histoire naturelle, et que jusqu'à présent on ne s'est pas assez servi de la méthode analytique.

Quant à la description des espèces, pour ne pas faire de répétitions inutiles, j'ai décrit aussi complètement et aussi minutieusement qu'il m'a été possible les espèces les plus communes, et qui sont par conséquent les plus répandues dans les collections; et, partant ensuite de ces espèces comme d'une base connue, je n'ai plus donné pour les autres que des descriptions comparatives.

Quelques personnes trouveront peut-être singulier que, dans un ouvrage écrit en français, je ne me sois servi que de noms latins, et je vais essayer de me justifier de cette innovation. Toutes les personnes qui se sont déja un peu occupées d'histoire naturelle conviendront d'abord qu'il est absolument impossible de mettre tout-à-fait de côté la nomenclature latine, parce qu'elle est indispensable pour s'entendre avec les étrangers. Puisqu'il est nécessaire de connaître cette nomenclature, pourquoi donc se charger inutilement la mémoire d'une seconde? Pour parler français, me dira-t-on. Mais, je le demande, Cicindele est-il plus français que *Cicindela*, Brachine que *Brachinus*, Anthie que *Anthia*; et, quant aux noms spécifiques, ceux que l'on appelle français sont si peu fixes, si peu arrêtés, que chaque auteur les change et les traduit à sa manière. Je conçois que Buffon, que Geoffroy se soient servis de noms français; ces noms étaient en harmonie avec leurs ouvrages, et étaient réellement des noms français; mais les noms modernes ne le sont nullement, et on pourrait plutôt les appeler des noms latins francisés. Leur inutilité est si bien sentie, que dans la botanique, la science naturelle la plus cultivée par les gens du monde, on commence à ne plus les employer; et nous voyons même de jeunes et jolies femmes se servir uniquement des noms latins. Je finirai par une dernière observation : ces noms sont-ils bien des noms latins, et ne vaut-il pas beaucoup mieux les considérer comme des noms propres qui deviennent indéclinables, et qui passent dans toutes les langues sans se traduire? Il me semble qu'en admettant ce principe, l'histoire naturelle y gagnerait beaucoup, puisque toutes les nations auraient la même nomenclature. A présent on ne traduit plus les noms d'hommes, ni ceux employés en géographie; un Français serait ridicule s'il voulait traduire

Schœnherr, Fischer, Sturm, Buenos-Ayres, Botany-Bay; un étranger le serait tout autant en traduisant Olivier, Latreille, Ile-de-France, Lyon, le Hâvre, etc.; et je pense que les noms d'histoire naturelle ne doivent pas se traduire davantage.

Malgré tout mon respect pour la profonde science de M. Latreille, mon maître et mon ami, j'avouerai ici que je n'ai pas cru devoir me conformer entièrement à son opinion sur l'adoption des noms les plus anciennement donnés. J'ai pris pour règle de conserver toujours les noms les plus généralement employés, et non les plus anciens; car il me semble qu'il faut toujours se conformer à l'usage, et qu'il est nuisible de changer ce qui est généralement établi. Il serait aussi quelquefois très-difficile de décider quel est le plus ancien de tel ou tel nom, et cela pourrait donner lieu à de longues recherches, dont le résultat ne vaudrait certainement pas le temps qu'on y emploierait; et, en outre, je le demande, serait-il convenable de rejeter un nom généralement adopté, donné par un de nos grands maîtres dans un ouvrage marquant qui se trouve dans toutes les mains, pour lui substituer un nom inconnu, donné par un auteur ignoré dans quelque recueil périodique ou journal académique que personne ne lit, parce que ce nom aurait été mis au jour quelques mois avant le premier.

En fait de nomenclature, il faut toujours se conformer à l'usage et conserver ce qui est établi; tout changement, toute rectification même me paraissent dangereux. Quand un nom est donné, fût-il mauvais, fût-il contraire à toutes les règles, on doit le conserver; certainement il faut tâcher que les noms, soit de genres, soit d'espèces, soient aussi bons que possible; mais, quand ils sont une fois donnés, il faut les laisser tels qu'ils sont, et bien se garder de les rectifier. Les noms de *Haltica*, de *Helophorus*, de *Homalisus*, etc. donnés par Illiger, valent peut-être mieux que les anciens noms d'*Altica*, d'*Elophorus*, d'*Omalisus*, etc.; mais je pense qu'ils ne doivent pas être adoptés, et qu'Illiger, en se permettant de faire ces changements, a donné un exemple réellement funeste et dangereux pour la science, car, ce qu'on doit le plus désirer dans une nomenclature, c'est la stabilité.

C'est en partant de ce principe que je crois aussi que les noms spécifiques ne doivent jamais changer, même lorsqu'ils passent d'un genre dans un autre. M. Latreille, en créant les genres *Loricera* et *Pogonophorus*, a donné aux *Carabus Pilicornis* et *Spinibarbis* les noms de *Loricera Ænea* et de *Pogonophorus Cœruleus*. Malgré une semblable autorité, de pareils changements ne me paraissent pas admissibles; un nom spécifique est une chose sacrée qu'on ne doit jamais changer pour quelque cause que ce soit, à moins qu'il ne soit déja employé; car l'idée d'un insecte se rattache dans la mémoire au nom spécifique, et si vous le changez, le nouveau nom ne nous présentera plus l'idée de l'insecte. Je crois donc qu'il faudra toujours dire *Loricera Pilicornis* et *Pogonophorus Spinibarbis*.

Depuis quelques années, l'entomologie a fait les plus grands progrès. Le Brésil, Cayenne, les États-Unis, le cap de Bonne-Espérance, le Bengale, Java, la Nouvelle-Hollande, etc. nous ont procuré une immense quantité d'insectes qui ont triplé nos collections, et beaucoup d'entomologistes ont fait part au public de leurs nombreuses acquisitions, en les publiant soit dans des ouvrages particuliers, soit dans des recueils périodiques ou académiques. Malheureusement la plupart de ces ouvrages n'ont pas été faits avec tout le discernement possible. Honneur soit rendu à quelques auteurs qui, se bornant à l'étude d'un genre, d'une famille ou des productions d'un pays, nous ont donné des monographies ou des faunes qui marqueront dans la science, et qui serviront de modèles pour l'avenir. Voilà quels sont les ouvrages réellement utiles; mais, pour ces descriptions de nouvelles espèces, de genres différents et souvent éloignés les uns des autres, et publiées quelquefois sous des titres assez bizarres, soit isolément, soit dans des ouvrages périodiques ou académiques, je les regarde comme beaucoup plus nuisibles qu'utiles à la science, et j'engage tous les jeunes entomologistes à se défier de la manie de vouloir faire connaître des espèces nouvelles. Ce n'est que par la réunion de toutes les espèces ou au moins d'une grande partie des espèces qui composent un genre, qu'on peut se faire quelque idée de ce genre; c'est par la description comparative de ces espèces, qu'on peut apprendre à les bien connaître, et je crois que ce sont les plus communes qui ont le plus besoin d'être bien décrites. La description d'espèces isolées ne saurait avoir qu'un intérêt très-secondaire, puisqu'elle ne peut nous offrir aucun point de comparaison. Pour témoigner aux auteurs de monographies toute l'estime que je fais de leurs ouvrages, je me suis toujours empressé d'adopter les noms, tant génériques que spécifiques qu'ils ont employés, quand bien même les insectes décrits par eux auraient déja reçu de moi des noms différents. Mais, je l'avoue, je n'ai pas cru devoir les mêmes égards aux *descripteurs* d'espèces nouvelles, et j'ai conservé à celles que je possédais le nom que je leur avais déja assigné, soit dans mon Catalogue imprimé, soit même dans ma collection.

J'ai tâché de restreindre la synonymie le plus qu'il m'a été possible. Après avoir cité Fabricius, Olivier, Geoffroy, je renvoie, pour tous les anciens auteurs, à l'excellent ouvrage que M. Schœnherr a publié sous le titre de *Synonymia insectorum*, et je me borne à indiquer ensuite les ouvrages modernes les plus marquants, et ceux qui ont fait connaître les premiers les espèces dont il est question.

Quand une espèce n'a pas encore été décrite, j'ai le plus grand soin d'indiquer après son nom celui de l'entomologiste qui lui a imposé ce nom. Je dois ajouter ici une courte observation, c'est que le nom d'auteur placé après un nom d'insecte ne doit jamais se rapporter qu'au nom spécifique, et nullement à l'ensemble des deux noms générique et spécifique. On ne doit pas dire, ainsi que le font quelques personnes, *Aptinus Mutilatus*, Bonelli, par exemple, sous le prétexte que Bonelli a créé le genre *Aptinus;* mais il faut dire *Aptinus Mutilatus*, Fabricius, parce que Fabricius a décrit le premier cet insecte sous le nom de *Brachinus Mutilatus*. Je dois cependant faire observer que le nom d'auteur ne se rapporte pas toujours à celui qui le premier a décrit l'insecte, mais que quelquefois il veut seulement dire que l'insecte dont il est question est décrit sous ce nom dans les ouvrages de l'auteur, et que par exemple, on peut dire *Cicindela Campestris*, Fabricius, quoique le nom de *Campestris* n'ait pas été donné à cet insecte par Fabricius.

Tous les naturalistes ont généralement adopté le point d'interrogation pour désigner les espèces douteuses; mais on n'est pas encore parfaitement d'accord sur la place que doit occuper ce signe, et il en résulte souvent des erreurs. Je pense qu'il ne doit jamais se rapporter qu'au mot qu'il suit immédiatement, et qu'il faut le répéter lorsque plusieurs choses sont douteuses. Si je voulais faire connaître les noms générique et spécifique d'un insecte, celui de l'auteur qui l'a décrit, et celui de sa patrie, le point d'interrogation pourrait être placé de quatre manières différentes : savoir, par exemple, 1° *Brachinus? Crepitans*. Fabricius. *Europa.* 2° *Bra-*

chinus Crepitans ? Fabricius. *Europa.* 3° *Brachinus Crepitans.* Fabricius ? *Europa ;* et 4° *Brachinus Crepitans.* Fabricius. *Europa ?* Dans le premier cas, cela voudrait dire que je ne suis pas certain que cet insecte appartienne au genre *Brachinus ;* dans le second, que c'est un *Brachinus,* mais que je ne suis pas certain que ce soit le *Crepitans ;* dans le troisième, que c'est bien le *Brachinus crepitans,* mais que je ne suis pas certain que ce soit Fabricius qui lui ait donné ce nom; et enfin, dans le quatrième, que je ne suis pas certain que ce soit un insecte d'Europe : et, comme je l'ai dit plus haut, s'il y avait plusieurs choses douteuses, il faudrait répéter les points d'interrogation, de sorte qu'on pourrait très-bien dire *Brachinus? Crepitans ?* Fabricius? *Europa ?* si tout était douteux.

J'ai placé à la fin de ce volume une table alphabétique de tous les noms de genres et d'espèces qu'il contient : ceux en caractères ordinaires sont ceux que j'ai adoptés, et ceux en caractères italiques, ceux qui sont seulement cités. J'ai également ajouté ci-après une table alphabétique de tous les entomologistes que j'ai eu occasion de citer dans ce volume : je me réfère à cette table pour les remercîments que je dois à la plupart d'entre eux, pour les renseignements qu'ils ont bien voulu me donner, et pour les insectes dont ils ont enrichi ma collection, et qui m'ont mis à même de commencer cet ouvrage. Toutefois je ne puis m'empêcher de donner ici un souvenir à la mémoire de

*

M. Godart, qu'une mort prématurée et imprévue
vient d'arracher à ses amis et à la science. Ce mo-
deste et savant entomologiste, auquel on doit l'article *Papillon* de l'Encyclopédie et l'*Histoire naturelle des Lépidoptères de France*, ouvrage continué
par MM. Audinet-Serville et Lepelletier de Saint-
Fargeau, avait bien voulu m'aider de ses lumières
et de ses conseils, et je sens qu'ils me manqueront
pour la continuation de cet ouvrage.

Depuis l'impression de mon catalogue, ma collection est à peu près doublée ; elle s'augmente
tous les jours, et je me propose, à la fin de chaque
famille, de donner un supplément des espèces
que je me serai procurées depuis l'impression des
genres auxquels elles appartiennent. J'invite donc
tous les entomologistes à vouloir bien me communiquer les espèces qui ne seraient pas décrites dans
cet ouvrage ; possédant une grande quantité de
doubles de tous les pays, il me sera toujours facile de les dédommager des insectes qu'ils vou-
dront bien me sacrifier.

Mon second volume est à peu près terminé; il
sera sous peu livré à l'impression, et j'espère qu'il
paraîtra au plus tard dans les premiers mois de
1826.

Comte DEJEAN.

Paris, rue de l'Université, n° 17.

TABLE ALPHABÉTIQUE

————————————◦◦◦◦——————————

ADAMS, conseiller aulique de S. M. l'empereur de Russie, entomologiste et botaniste distingué, a publié, dans les *Mémoires de la Société des naturalistes de Moscou*, les descriptions d'un assez grand nombre d'insectes qu'il a recueillis dans les montagnes du Caucase et en Sibérie.

AHRENS, membre de la Société des naturalistes de Halle, avait entrepris, sous le titre de *Fauna insectorum Europæ*, une continuation de l'ouvrage de Panzer. Il en a paru cinq cahiers sous son nom; cet ouvrage est continué par M. Germar.

ANDERSCH, entomologiste, ami de MM. Ziegler et Dahl, qui résidait autrefois en Autriche, et qui est fixé, je crois, depuis plusieurs années, à Kœnigsberg.

AUDOUIN, sous-bibliothécaire de l'Institut, membre de la Société philomatique, l'un des rédacteurs des *Annales des sciences naturelles*, etc.; il vient d'être chargé par M. Latreille de le remplacer au Muséum d'histoire naturelle, et de faire pour lui le cours que le dérangement de sa santé l'avait forcé d'interrompre. Ce choix fait par un savant aussi distingué, est pour M. Audouin un plus grand éloge que tout ce que je pourrais en dire.

NOTA. Plusieurs entomologistes seront peut-être étonnés de ne pas trouver leur nom dans cette table, mais elle ne peut contenir que les noms de ceux qui ont été cités dans ce premier volume; je renvoie pour les autres aux volumes suivants.

BEAUDET LAFARGE, ancien membre de nos assemblées législatives, s'occupe depuis long-temps, et avec succès, de l'entomologie ; il habite maintenant à Maringues , département du Puy-de-Dôme, et il a bien voulu m'envoyer un assez grand nombre d'insectes intéressants de ce pays.

BEAUVOIS (Palisot, baron de), membre de l'Institut, section de Botanique, mort en 1820, a publié quatorze livraisons d'un ouvrage in-folio , avec des planches, intitulé : *Insectes recueillis en Afrique et en Amérique , dans les royaumes d'Oware et de Bénin , à Saint Domingue et dans les États-Unis, pendant les années* 1786 - 1797. Sa veuve a fait paraître une quinzième livraison qui termine l'ouvrage, et qui a été rédigée par M. Audinet-Serville.

BESSER, professeur de Botanique à Krzmieniec, a bien voulu me communiquer une grande quantité d'insectes rares et intéressants de la Volhynie et de la Podolie.

BILLARDIERE (de la), membre de l'Institut, section de Botanique, a fait le tour du monde avec M. d'Entrecasteaux, dans le voyage à la recherche de la Peyrouse , et il a rapporté un assez grand nombre d'insectes, dont la plupart sont décrits, comme de sa collection, dans les ouvrages de Fabricius.

BOEBER , conseiller-d'état de S. M. l'empereur de Russie, entomologiste souvent cité par Fabricius, Adams et Fischer.

BONELLI, directeur du Muséum d'histoire naturelle de Turin, s'est particulièrement occupé des carabiques, et il a créé la plus grande partie des genres qui composent cette nombreuse famille. Malheureusement pour la science, l'affaiblissement de sa vue ne lui permet presque plus de s'occuper d'entomologie. Il a publié, sous le titre d'*Observations entomologiques*, plusieurs mémoires très-intéressants , qui font partie des mémoires de l'Académie de Turin, et qui ont été aussi imprimés séparément.

BONFILS, négociant à Bordeaux, possède une assez jolie collection, et il m'a communiqué plusieurs insectes intéressants. Depuis quelque temps nos relations sont interrompues.

BOSC, membre de l'Institut, section d'Agriculture, possédait , il y a vingt ans, la plus belle collection de Paris. Il l'avait considérablement enrichie par un séjour de plusieurs années à Charlestown, dans la Caroline du Sud, où il était consul-général de France. Depuis assez long-temps, il a presque entièrement renoncé à l'entomologie.

CAILLAUX, a fait un voyage dans la haute Égypte et en Nubie; il en a rapporté quelques insectes, qui doivent être publiés par M. Latreille.

CATOIRE, ancien payeur-général à l'Ile-de-France. Il y recueillit une nombreuse collection d'insectes; il demeure à Colmar.

CERISY (Lefèbvre de), ingénieur de la marine à Toulon, entomologiste instruit et très-zélé; sa collection s'accroît journellement par les insectes que tous les officiers de la marine se font un plaisir de lui rapporter de leurs voyages. Il est à regretter que les devoirs de sa place ne lui laissent pas plus de temps pour l'entomologie.

CHAMISSO, naturaliste de l'expédition du capitaine Kotsebue.

CLAIRVILLE, a publié, sous le titre d'*Entomologie helvétique*, un ouvrage très-estimé des naturalistes.

CHEVROLAT, jeune entomologiste de Paris, plein de zèle pour la science, et qui possède déja une très-belle collection.

CREUTZER, entomologiste autrichien, qui le premier a fait connaître un assez grand nombre d'insectes : il a publié plusieurs ouvrages.

DAHL, marchand entomologiste, à Vienne en Autriche, connaît très-bien les insectes et en fait un commerce considérable. On peut lui reprocher de multiplier un peu trop les espèces. Il a fait imprimer plusieurs catalogues, dont le dernier porte pour titre *Coleoptera und Lepidoptera*.

DALDORF, entomologiste danois, qui avait fait un long séjour aux Indes orientales, et qui est souvent cité dans Fabricius. Sa collection fait maintenant partie de celle du Muséum royal de Copenhague.

DEGÉER, chambellan du roi de Suède, contemporain de Linné, a publié, sous le titre de *Mémoires pour servir à l'his-*

toire des insectes, un ouvrage en sept volumes in-quarto, très-estimé de tous les entomologistes.

DELALANDE, naturaliste voyageur du Muséum de Paris, mort en 1824, a fait un assez long séjour au cap de Bonne-Espérance, et s'est avancé assez loin dans l'intérieur. Il en a rapporté un grand nombre d'animaux de toutes les classes, et surtout de très-beaux insectes.

DRAPIEZ, a quitté la France par suite des événements politiques de 1815, et s'est retiré à Bruxelles, où il est professeur de chimie et d'histoire naturelle, et directeur du cabinet de cette ville. Il était un des principaux rédacteurs des *Annales générales des sciences physiques.*

DUFOUR (Léon), médecin à Saint-Sever, département des Landes, a cultivé l'entomologie avec beaucoup de succès, et il avait recueilli un grand nombre d'insectes dans la Navarre, l'Aragon, la Catalogne et le royaume de Valence, en suivant, comme médecin militaire, le corps d'armée commandé par le maréchal Suchet. Il a publié plusieurs mémoires intéressants, qui sont insérés dans les *Annales du Muséum* et dans les *Annales générales des sciences physiques.* Il s'occupe particulièrement maintenant de l'anatomie des insectes.

DUFTSCHMID, médecin à Linz en Autriche, a publié, sous le titre de *Fauna Austriæ,* un ouvrage sur les insectes qui se trouvent en Autriche. Il n'en a encore paru que deux volumes, le premier en 1805, et le second en 1812. Ils contiennent les *Lamellicornes,* les *Hister,* les *Hydrophilus,* les *Hydrocanthares,* les *Elophorus, Parnus,* et genres voisins, les *Carabiques,* et à peu près la moitié des *Hétéromères.* Malheureusement je crois que M. Duftschmid a tout-à-fait renoncé à l'entomologie.

DUPONCHEL, ancien chef de bureau des hôpitaux militaires au ministère de la guerre, possède une jolie collection d'insectes de tous les ordres. Il vient de publier, dans les *Annales du Muséum,* une Monographie du genre *Erotylus,* ouvrage fait sur un très-bon plan, et qui peut servir de modèle pour l'avenir. Toutes les espèces décrites sont figurées, d'après les dessins de l'auteur, avec cette exactitude et cette préci-

sion qui font le plus grand mérite des ouvrages entomologiques. Son fils aîné a fait, comme médecin militaire, la dernière
campagne d'Espagne; il a séjourné assez long-temps à Cadix
et dans l'île de Léon, et il y a recueilli un assez grand nombre
de beaux insectes qu'il a rapportés à son père.

DUPONT, *aîné*, ancien élève du Muséum, marchand d'histoire naturelle, a fait un voyage à Tripoli, d'où il a rapporté
quelques beaux insectes. Il ne s'occupe plus d'entomologie.

DUPONT, *jeune*, frère du précédent, également ancien élève
du Muséum, et marchand d'histoire naturelle, s'occupe avec
passion de l'entomologie, et possède déja une belle collection
de coléoptères; il fait beaucoup de sacrifices pour l'augmenter,
et tous les amateurs peuvent s'adresser à lui avec confiance.

ESCHER ZOLLIKOFER, à Zurich, paraît posséder une très-
belle collection. Il a des relations suivies avec les États-Unis et
les Antilles, et il a bien voulu m'envoyer un très-grand nombre
de beaux insectes de la Géorgie et de l'île de Cuba.

ESSLING (prince d'), fils du maréchal Masséna, a fait un
voyage au Brésil, et il en a rapporté une collection d'insectes
assez considérable, dans laquelle il a bien voulu me laisser
prendre tous les objets que je ne possédais pas.

FABRICIUS, le premier entomologiste de son temps.

FISCHER, vice-président de l'Académie de Moscou, et directeur de la Société impériale des naturalistes de cette ville, a
entrepris, sous le titre d'*Entomographie de la Russie*, un ouvrage in-quarto destiné a faire connaître les figures et les descriptions des insectes de cet immense empire. L'exécution en
est très-soignée; les planches surtout ne laissent rien à désirer.
Je ne connais encore que le premier volume, mais le second
est, je crois, entièrement terminé. M. Fischer est placé très-
avantageusement pour continuer cet important ouvrage, et il
est comme un centre commun où viennent aboutir toutes les
découvertes faites par les naturalistes disséminés depuis la
mer Noire jusqu'au Kamtchatka. Il m'a envoyé de très-beaux
insectes.

FOUCOU, capitaine d'infanterie, commandant un bataillon au

Sénégal, a eu la bonté, quoiqu'il ne fût pas entomologiste, de ramasser pour moi un assez grand nombre d'insectes intéressants.

FOUDRAS, avoué à Lyon, cultive l'entomologie avec zèle et succès. Il a découvert, et il m'a envoyé beaucoup d'espèces qui n'avaient pas encore été trouvées en France, et même plusieurs tout-à-fait inconnues.

FRENAYE (de la), à Falaise, département du Calvados, s'occupe d'entomologie seulement depuis quelques années. Il avait débuté d'une manière brillante, et il marchait déja presque de pair avec les entomologistes les plus instruits. Malheureusement son zèle s'est un peu relâché, et les insectes ont été négligés pour d'autres branches d'histoire naturelle. Il a fait un voyage dans les Pyrénées, et un autre dans les Alpes, et il en a rapporté plusieurs espèces intéressantes.

FROEHLICH, entomologiste allemand, auteur de plusieurs ouvrages estimés.

GAUDICHAUD, naturaliste de l'expédition du capitaine Freycinet, avait recueilli beaucoup d'insectes, qui malheureusement ont été perdus lors du naufrage du bâtiment aux îles Malouines.

GEBLER, conseiller de cour et docteur en médecine à Barnaoul en Sibérie, cultive la botanique, l'entomologie et plusieurs autres branches d'histoire naturelle de la manière la plus distinguée. Il a eu la complaisance de m'envoyer les plus beaux insectes de cette contrée, si riche et encore si peu connue. Il a publié plusieurs mémoires intéressants dans les *Mémoires de la Société des naturalistes de Moscou.*

GEOFFROY, mort en 1810, auteur de l'*Histoire abrégée des insectes des environs de Paris*, ouvrage qui fait époque, et qui est réellement très-remarquable pour le temps où il a été écrit.

GERMAR, professeur de Minéralogie à Halle en Saxe, entomologiste distingué, et qui a publié plusieurs ouvrages estimés, dont les principaux sont : 1° *Magazin der Entomologie.* Recueil de différents mémoires entomologiques. Il en a déja paru cinq volumes, le premier en 1813, le dernier en 1821 ;

2° *Reise nach Dalmatien*. Voyage fait par M. Germar, en Dal-matie, en 1811. Il y donne une courte notice de tous les in-sectes qu'il y a recueillis; 3° *Insectorum species novæ aut minus cognitæ*, etc. Description de 891 espèces de Coléoptères, dont 318 Curculionites. M. Germar s'est beaucoup occupé de cette famille, et il établit dans cet ouvrage un grand nombre de nou-veaux genres. Il est bien à regretter pour la science qu'il ne nous ait pas plus tôt donné une monographie de cette famille, car des descriptions isolées et des caractères génériques, qu'on ne peut pas comparer à ceux des genres voisins, ne peuvent nous offrir qu'un intérêt bien secondaire; 4° enfin il est le con-tinuateur de la *Fauna insectorum Europæ*, d'Ahrens.

GMELIN, mort en 1804, a publié une édition du *Systema Naturæ* de Linné, qui n'est qu'une volumineuse compilation.

GYLLENHAL, à Hœberg, près Scara, en Suède, l'un de nos premiers entomologistes, a publié, sous le titre d'*Insecta Suecica*, un ouvrage contenant la description des Coléoptères de la Suède, qui est un modèle de précision et de clarté. Le 3e volume a paru en 1813, et depuis ce temps on at-tend impatiemment le 4e, qui doit compléter l'ouvrage et con-tenir les *Capricornes* et les *Trimères*. On assure qu'il paraîtra bientôt. Je dois beaucoup de remercîments à M. Gyllenhal, pour les insectes qu'il m'a envoyés et qui m'ont fait connaître, d'une manière positive et certaine, la plus grande partie des Coléoptères de Suède.

HAAN (de), conservateur du Muséum royal de Leide, m'a envoyé quelques insectes intéressants du cap de Bonne-Espé-rance et de Java.

HERBST, mort en 1807, a publié plusieurs ouvrages ento-mologiques, dont les plus importants sont : 1° *Archiv der In-sectengeschichte*, etc., et 2° *Natursystem aller bekannten in-und auslændischen insecten*, etc., 10 volumes et un atlas.

HERRICH SCHOEFFER, docteur en médecine à Ratisbonne, m'a envoyé quelques insectes exotiques assez intéressants.

HOFFMANSEGG (le comte de), bien connu par son amour pour les sciences naturelles, pour lesquelles il a fait les plus grands sacrifices, et par son voyage en Portugal, qui nous a fait connaître l'entomologie d'un des plus riches pays de l'Europe. Il a été pendant long-temps à la tête du Muséum de Berlin, et il est maintenant retiré à Dresde.

ILLIGER, mort depuis plusieurs années, est du petit nombre des entomologistes que Fabricius a cité comme les *héros de la science*. Il a publié plusieurs ouvrages très-estimés, dont les principaux sont : 1° *Verzeichniss der kœffer preussens ;* 2° *Magazin fur insectenkunde.*, etc.

JURINE, médecin à Genève, mort depuis plusieurs années, s'est particulièrement occupé des Hyménoptères. Il avait réuni une très-belle collection d'insectes de tous les ordres qu'il a laissée à son fils, propriétaire des bains de Tivoli à Paris, et que ce dernier augmente continuellement.

KIRBY, entomologiste anglais, a publié plusieurs mémoires intéressants, dont la plupart sont insérés dans *The Transactions of the Linnean Society of London.*

KLUG, l'un des directeurs du Muséum de Berlin, s'est particulièrement occupé des Hyménoptères, mais a cependant publié sur les Coléoptères quelques Monographies très-bien faites. Je citerai particulièrement celle du genre *Agra.* Il a enrichi ma collection d'un grand nombre de beaux insectes.

KNOCH, professeur à Brunswig, mort depuis plusieurs années; il était possesseur d'une assez belle collection, qui fait maintenant partie de celle du Muséum royal de Berlin.

KOLLAR, inspecteur du Muséum impérial de Vienne, a publié une très-belle Monographie in-folio, du genre *Chlamis*, exécutée avec un grand luxe typographique. Il m'a envoyé quelques espèces très-intéressantes.

LANGSDORF (de), consul de Russie au Brésil. Il en a rapporté une immense collection, et il a bien voulu me donner, avec une rare générosité, une très-grande quantité de Coléoptères. Il est retourné depuis au Brésil, et il paraît que dans ce moment il voyage dans l'intérieur de ce magnifique pays.

LATREILLE, le premier entomologiste vivant.

LEACH, entomologiste anglais, qui donnait les plus grandes

espérances, mais dont la santé a été tellement dérangée, qu'elle ne lui permet plus de se livrer à aucune espèce de travail.

LECONTE, capitaine du génie au service des États-Unis à New-Yorck, savant distingué à plus d'un titre, ayant des connaissances en entomologie. J'ai reçu de lui environ six cents espèces de Coléoptères, dont plus de la moitié étaient nouvelles pour ma collection. Quelques-unes ont été décrites et figurées depuis dans les *Annals of the Lyceum of natural History of New-York.*

LESCHENAUD, naturaliste voyageur et correspondant du Muséum de Paris, faisait partie de l'expédition du capitaine Baudin; il a fait depuis un assez long séjour au Bengale, et il en a rapporté beaucoup d'insectes.

LHERMINIER, médecin à la Guadeloupe, s'occupe de plusieurs branches d'histoire naturelle, et il a bien voulu m'envoyer quelques insectes, tant de cette île que des États-Unis.

LINNÉ, le véritable créateur des sciences naturelles et le premier des naturalistes passés, présents et futurs.

MAC LEAY, fils, entomologiste anglais, s'est particulièrement occupé des Lamellicornes, et il a publié, sous le titre de *Horæ entomologicæ*, deux volumes, dans lesquels il donne une nouvelle division de cette famille, les caractères d'un assez grand nombre de nouveaux genres et une courte description de quelques espèces. Il travaille dans ce moment à une entomologie de l'île de Java, qui porte pour titre : *Annulosa Javanica*, et dont je n'ai reçu le premier numéro qu'après l'impression de ce volume.

MAC LEAY, père du précédent, possède une des plus belles collections d'insectes. Je dois à MM. Mac Leay, père et fils, un grand nombre d'insectes exotiques très-précieux. On assure que le père va quitter l'Angleterre avec sa famille, pour aller s'établir à la terre de Van Diémen; le fils reste en Angleterre.

MANNERHEIM (le comte de), secrétaire du comité impérial pour les affaires de Finlande à Saint-Pétersbourg, entomologiste de grande espérance, a publié quelques mémoires intéressants, et, entre autres, une très-bonne Monographie du genre *Eucnemis*. Il m'a envoyé un assez grand nombre d'insectes de Finlande, et quelques-uns de Sibérie , et de diverses autres parties de la Russie.

MÉGERLÉ de MUHLFELD, l'un des premiers employés du Muséum impérial de Vienne , possède une très belle collection , et il a nommé une grande partie des nouvelles espèces découvertes depuis vingt ans dans les diverses provinces autrichiennes.

MILBERT , peintre et correspondant du Muséum de Paris, a résidé pendant plusieurs années aux États-Unis, et il en a rapporté un assez grand nombre d'insectes.

OLIVIER, l'un des premiers entomologistes de son temps, membre de l'Institut, section de Zoologie, mort en 1814. Il n'est personne qui ne connaisse son *Entomologie ou Histoire naturelle des insectes*, ouvrage en six volumes in-quarto, avec planches. On lui doit aussi les premiers volumes de l'*Encyclopédie méthodique*. Il avait rapporté de son voyage dans le Levant et en Perse, une très-grande quantité de très-beaux insectes, presque tous nouveaux. Sa belle collection, qui appartient à ses enfants, est à vendre; mais malheureusement elle n'est plus en très-bon état , et elle se détériore tous les jours.

PALLAS, mort en 1811 , bien connu par ses Voyages en Sibérie et dans les parties méridionales de la Russie.

PANZER, à Nuremberg, a fait plusieurs ouvrages sur les insectes, dont le plus considérable est *Faunæ insectorum germanicæ initia*, ouvrage bien connu et qui se trouve dans toutes les mains. M. Panzer, depuis long-temps , a tout-à-fait renoncé à l'entomologie.

PARREYSS , marchand entomologiste à Vienne en Autriche, a fait, il y a deux ans, un voyage dans les montagnes de la Croatie, d'où il a rapporté de très-beaux insectes. L'année dernière, il en a fait un moins heureux dans la Bukovine, et cette année il est allé, je crois, en Dalmatie et jusqu'à Raguse et Cattaro.

PAYKULL, entomologiste suédois, bien connu par sa *Fauna Succica*, ouvrage en trois volumes, qui contient seulement les Coléoptères, et par plusieurs Monographies estimées. Je citerai surtout sa *Monographia Histeroidum*, qui est un chef-d'œuvre dans ce genre.

Percheron, jeune entomologiste de Paris, qui s'occupe particulièrement de Lépidoptères; il possède cependant quelques Coléoptères intéressants.

Perroud, jeune entomologiste de Lyon, fixé depuis plusieurs années à Paris, plein de zèle, d'activité, chasseur infatigable, et ayant déja fait plusieurs observations très-intéressantes sur différentes espèces.

Prévost-Duval, à Genève, paraît posséder une belle collection tant en insectes des montagnes de la Suisse qu'en insectes exotiques. Il m'a fait plusieurs envois qui contenaient plusieurs espèces rares et précieuses.

Roger (Théodore), négociant à Bordeaux, possède une fort belle collection d'insectes de tous les pays, et il a bien voulu m'envoyer plusieurs espèces très-intéressantes.

Rossi, mort depuis plusieurs années, professeur à Pise, auteur de la *Fauna Etrusca*, le seul ouvrage un peu important sur les insectes d'Italie.

Roudic, propriétaire à l'île Bourbon, a bien voulu me faire deux envois assez considérables d'insectes de cette île.

Roux, peintre et conservateur du Muséum de Marseille, s'occupe peu d'entomologie; il m'a cependant envoyé quelques insectes, mais qui étaient en assez mauvais état, comme presque tout ce qu'on reçoit du midi de la France.

Sahlberg, professeur d'histoire naturelle à Abo, en Finlande, a commencé une Entomologie de ce pays, sous le titre de *Dissertatio entomologica insecta fennica enumerans*, qui paraît se publier en forme de thèse, comme cela se pratique dans plusieurs universités. Malheureusement cet ouvrage est très-peu avancé. Il a publié, en outre, la description de quelques nouvelles espèces, sous le titre de *Periculi entomographi Species insectorum nondum descriptas proposituri Fasciculus*. On connaît mon opinion sur ces sortes d'ouvrages. Je dois à M. Sahlberg une grande quantité d'insectes de Finlande, parmi lesquels plusieurs espèces fort rares.

SAINT-HILAIRE, botaniste très-distingué, a passé plusieurs années au Brésil; il a voyagé dans l'intérieur, et il a rapporté au Muséum de Paris un herbier immense, et une collection d'insectes très-considérable qui contient les plus belles espèces.

SANVITALE, entomologiste à Parme, mort, je crois, depuis plusieurs années.

SAUVIGNY, naturaliste-voyageur du Muséum, a résidé assez long-temps au Sénégal, et il en a rapporté quelques jolis insectes qu'il a bien voulu me communiquer.

SAVIGNY, membre de l'Institut, section de Zoologie, et l'un des savants qui accompagnèrent l'armée française en Égypte. Il en a rapporté une très-grande collection d'insectes dont une partie est figurée dans le magnifique ouvrage publié sur ce pays. Malheureusement l'affaiblissement de sa vue, occasioné par les travaux anatomiques sur les insectes auxquels il s'était livré avec la plus grande ardeur, ne lui permet plus depuis long-temps aucune espèce de travail.

SCHOENHERR, à Skara en Suède, l'un de nos premiers entomologistes, auteur de la *Synonymia insectorum*; ouvrage excellent et qui peut être regardé comme indispenasble. Il n'en a encore paru que trois volumes; on attend avec impatience le quatrième qui doit contenir les *Curculionites*. L'auteur s'occupe depuis long-temps d'un grand travail sur cette nombreuse famille si importante et si peu connue. M. Schœnherr m'a fait de nombreux envois, tous très-considérables, tant en insectes de Suède qu'en espèces exotiques.

SCHÜPPEL, à Berlin, entomologiste très-instruit et l'un de ceux qui connaissent le mieux les insectes. Il possède une très-belle collection, et j'ai reçu de lui des espèces de la plus grande beauté. Tout ce qu'il envoie est toujours dans le meilleur état possible, et il a une patience et un art tout particulier pour préparer les plus petits insectes.

SOLIER, capitaine du génie à Marseille, s'occupe d'entomologie avec le plus grand zèle. Il me fait chaque année plusieurs envois très-considérables, et je ne puis trop lui en témoigner toute ma reconnaissance. Tout ce que j'ai reçu de lui est par-

faitement soigné, ce qui n'a pas lieu ordinairement chez les entomologistes du midi de la France.

SPENCE, entomologiste anglais, auteur de plusieurs ouvrages,
et collaborateur de M. Kirby.

SPINOLA, à Gênes, cultive l'entómologie, et a bien voulu m'envoyer quelques insectes.

STÉVEN (le chevalier de), conseiller d'état de S. M. l'empereur de Russie, directeur des établissements de Botanique en
Krimée, savant botaniste et entomologiste très-instruit. Il possède une très-belle collection d'insectes recueillis par lui dans
les provinces méridionales de la Russie, et il a bien voulu m'envoyer un grand nombre d'espèces très-précieuses.

STURM, marchand entomologiste à Nuremberg, graveur et
auteur de plusieurs ouvrages, dont le plus important est intitulé :
Deutschlands Fauna. Je n'en connais encore que quatre volumes,
mais le cinquième a paru depuis quelque temps.

THUNBERG, professeur à l'académie d'Upsal, auteur de plusieurs ouvrages, a été pendant long-temps médecin de la Com-
pagnie hollandaise au cap de Bonne-Espérance et au Japon.

VALENCIENNES, peintre de paysage, mort depuis plusieurs
années, possédait une assez belle collection entomologique, qui
a été vendue après sa mort.

WEBER, professeur à Kiel, a publié des observations entomologiques très-estimées, et il a établi le premier, dans la famille des *Carabiques,* plusieurs genres qui ont été généralement
adoptés.

WESTERMANN, négociant à Copenhague, a résidé pendant
plusieurs années aux Indes orientales. Il possède une très-
belle collection, et il a bien voulu me faire plusieurs envois de
la plus grande beauté.

WIEDEMANN, professeur à Kiel, a publié plusieurs ouvrages
sur l'Histoire naturelle, parmi lesquels je dois citer le *Zoologisches magazin.* Il s'occupe plus particulièrement des *Diptères.*

WINTHEIM (von), à Hambourg, entomologiste très-zélé et
très-instruit. J'ai reçu de lui un grand nombre d'espèces intéressantes.

Yvan, jeune entomologiste à Digne, département des Basses-Alpes, m'a fait plusieurs envois d'insectes de ce département, l'un des plus intéressants de la France sous le rapport de l'entomologie.

Zenker, conseiller des finances à Dresde, possédait une très-belle collection.

Ziegler, ancien conservateur du Muséum impérial de Vienne, possède une très-belle collection de *Coléoptères* d'Europe.

Zwick, à Sarepta, l'un des membres de la société des naturalistes de Moscou.

FIN DE LA TABLE DES AUTEURS.

SPECIES

GÉNÉRAL

DES

COLÉOPTÈRES.

L ES insectes sont des animaux sans vertèbres, sans branchies, et sans organes circulatoires, respirant par des trachées, subissant plusieurs métamorphoses, et ayant dans l'état parfait une tête distincte pourvue de deux antennes, et six pattes articulées.

On les divise ordinairement en huit ordres dont le tableau suivant présente les principaux caractères.

AILES au nombre de						
quatre.	Bouche à mâchoires.	Ailes Inférieures	différentes. plissées en	travers...	1	*Coléoptères.*
				longueur .	2	*Orthoptères.*
			semblables. Nervures	réticulées.	3	*Névroptères.*
				veinées...	4	*Hyménoptères.*
	Bouche sans mâchoires, formant		un bec non roulé.....		5	*Hémiptères.*
			une langue roulée.....		6	*Lépidoptères.*
deux.	Jamais de mâchoires............				7	*Diptères.*
nulles.................................					8	*Aptères.*

Les coléoptères, qui font l'objet spécial de cet ouvrage, sont des insectes à quatre ailes, dont les supérieures, nommées élytres, sont plus ou moins dures et coriaces, et servent comme d'étuis aux inférieures qui sont minces, transparentes, veinées et pliées en travers. Ils sont pourvus de mâchoires et de mandibules, et subissent tous une métamorphose complète.

On les divise en cinq sections, d'après le nombre des articles des tarses, savoir :

Cinq articles à tous les tarses................... 1 *Pentamères.*
Cinq articles aux deux premières paires de tarses ,
    et quatre seulement aux postérieures......... 2 *Hétéromères.*
Quatre articles à tous les tarses............... 3 *Tétramères.*
Trois articles à tous les tarses................: 4 *Trimères.*
Deux articles à tous les tarses................. 5 *Dimères.*

PENTAMÈRES.

La première section ou celle des Pentamères renferme plusieurs familles très – distinctes et qui présentent les caractères suivants :

Six palpes. { pattes uniquement propres à la course......... 1 *Carabiques.*
pattes, au moins en partie , propres à la nata-
    tion.................................... 2 *Hydrocanthares.*

Quatre palpes. { élytres plus courtes que le corps............ 3 *Brachélytres.*
antennes filiformes , en scie ou pectinées...... 4 *Serricornes.*
antennes plus grosses vers l'extrémité, souvent
    en masse perfoliée ou solide............. 5 *Clavicornes.*
antennes terminées en masse feuilletée....... 6 *Lamellicornes.*

CARABIQUES.

Les carabiques sont des insectes carnassiers ayant six palpes, des antennes filiformes ou sétacées, quelquefois moniliformes, et des pattes uniquement propres à la course. Cette nombreuse famille correspond au genre Bupreste de Geoffroy. Linné avait classé tous les insectes qui la composent dans ses deux genres *Carabus* et *Cicindela.* Fabricius, Weber, Clairville, Frœhlich et Latreille y introduisirent ensuite plusieurs nouveaux genres ;

mais il appartenait réellement à Bonelli de la débrouiller et d'en rendre l'étude plus facile, en créant un grand nombre de genres qui réunissent et groupent ensemble les espèces qui présentent quelque analogie. Les travaux postérieurs de Latreille, Gyllenhal, Duftschmid, Sturm, Fischer, Klug et de plusieurs autres entomologistes ont achevé de porter un nouveau jour sur cette famille. Pour parvenir plus facilement à la connaissance de tous les genres qu'elle renferme, j'ai cru devoir la diviser en huit tribus, en suivant, à quelques changements près, la marche indiquée par Latreille. Le tableau ci-après en présente les principaux caractères.

Mâchoires terminées par un onglet articulé....... 1 *Cicindélètes.*

Mâchoires terminées en pointe ou en crochet sans articulation.

— Palpes extérieurs non subulés.

—— Côté interne des jambes antérieures fortement échancré.

——— Élytres entières ou légèrement sinuées à l'extrémité.

———— Extrémité postérieure des élytres tronquée. .... 2 *Troncatipennes.*

———— Tarses semblables dans les deux sexes.......... 3 *Scaritides.*

———— Tarses dilatés dans les mâles.

————— Aux deux pattes antérieures. — carrés ou arrondis. 5 *Patellimanes.*

————— En articles — en cœur ou échancrés.... 6 *Féroniens.*

————— Aux quatre pattes antérieures........ 7 *Harpaliens.*

—— Point d'échancrure au côté interne des jambes antérieures.............. 4 *Simplicipèdes.*

— Palpes extérieurs subulés ou en alène....... 8 *Subulipalpes.*

CICINDÉLÈTES.

Les Cicindélètes se distinguent de toutes les tribus suivantes par leurs mâchoires terminées en onglet articulé, par leur

languette très-petite et cachée par le menton, et par leurs palpes
à quatre articles distincts. Le côté interne de leurs jambes antérieures n'a jamais d'échancrure, caractère qu'elles partagent
avec les *Simplicipèdes*, et les crochets de leurs tarses ne sont
jamais dentelés.

Cette tribu se compose du grand genre *Cicindela* et de
huit autres genres, dont les espèces toutes exotiques sont très-
peu nombreuses.

Tarses non dilatés dans les mâles............ 1 *Manticora.*

Une dent au milieu de l'échancrure du menton.

Trois premiers articles des tarses antérieurs dilatés dans les mâles.

Troisième article des tarses antérieurs des mâles non prolongé.

Pénultième article des palpes labiaux non renflé.

Palpes labiaux allongés, au moins aussi longs que les maxillaires ; dernier article sécuriforme.

Lèvre supérieure transversale ou peu avancée. 2 *Megacephala.*

Lèvre supérieure triangulaire et recouvrant les mandibules.. 3 *Oxycheila.*

Palpes labiaux peu allongés, ne dépassant pas les maxillaires ; dernier article non sécuriforme........ 4 *Cicindela.*

Pénultième article des palpes labiaux renflé et plus gros que le dernier...................... 5 *Euprosopus.*

Troisième article des tarses antérieurs des mâles prolongé obliquement en-dedans............................ 6 *Ctenostoma.*

Point de dent au milieu de l'échancrure du menton.

Articles des tarses presque égaux.

Troisième et quatrième articles des tarses beaucoup plus courts que les premiers........ 7 *Therates.*

Trois premiers articles des tarses antérieurs des mâles dilatés ; le troisième prolongé obliquement en-dedans.... 8 *Tricondyla.*

Quatrième article de tous les tarses prolongé obliquement en-dedans dans les deux sexes.................... 9 *Colliuris.*

I. MANTICORA. *Fabricius.*

Tarses semblables dans les deux sexes, et composés d'articles cylindriques. Mandibules grandes, arquées. Tête très-grosse. Yeux petits et peu saillants. Dos du corselet formant une espèce de lobe demi-circulaire tombant brusquement dans son pourtour. Abdomen pédiculé, presque entièrement enveloppé par les élytres. Élytres presque en forme de cœur, soudées et carénées latéralement.

Fabricius ne donne que quatre palpes à ce genre, quoiqu'il en ait effectivement six, comme tous les insectes de cette famille. Il en décrit deux espèces, dont la seconde, *M. Pallida,* m'est entièrement inconnue. La première, *M. Maxillosa,* étant la seule que je possède, je renvoie à sa description tout ce que je pourrais dire sur ce genre.

1. M. MAXILLÓSA.

Atra, elytris connatis scabris.

FABR. *Sys. el.* 1. p. 167. n° 1.
OLIV. III. 37. p. 4. n° 1. T. 1. fig. 1.
SCH. *Syn. ins.* 1. p. 166. n° 1.
Iconographie 1. p. 35. T. 1. fig. 1.

Long. 1 pouce 7 lignes. Larg. 7 lignes.

Ce singulier insecte ressemble, à la première vue, à une très-grosse araignée. Il est entièrement d'une couleur noire peu luisante, surtout en dessus, et l'on aperçoit sur tout le corps des poils assez longs, roides et peu rapprochés les uns des autres. La tête est très-grande, aplatie sur le front, presque cylindrique postérieurement. Les mandibules sont très-grandes, arquées; elles ont quatre dents intérieures, dont la troisième est beaucoup plus petite que les autres. La lèvre supérieure est peu avancée, presque transversale; elle a six dentelures à sa partie antérieure. Les palpes sont grands, et leur dernier article est légèrement sécuriforme. Les antennes sont minces et

filiformes; leur troisième article est allongé et anguleux. Les
yeux sont arrondis, petits et peu saillants. Le corselet est à peu
près de la longueur de la tête; il paraît divisé en deux parties
par un sillon transversal peu éloigné du bord antérieur, qui
lui est à peu près parallèle, et qui se prolonge sur les côtés et
en dessous jusqu'à l'origine des pattes antérieures. La partie
postérieure est presque en demi-cercle; ses bords sont en carène
et coupés brusquement dans son pourtour; elle a une ligne longitudinale au milieu, et elle est profondément échancrée postérieurement. Il n'y a pas d'écusson visible. L'abdomen paraît
pédiculé et il est presque entièrement enveloppé par les élytres;
celles-ci sont soudées, larges, planes en-dessus, presque en forme
de cœur, fortement chagrinées, surtout postérieurement. Les
bords latéraux sont en carène et légèrement dentelés; et la partie qui enveloppe l'abdomen est presque lisse, à l'exception de
quelques points élevés vers l'extrémité. Les pattes sont grandes
et couvertes de poils roides et assez serrés.

On le trouve dans les environs du cap de Bonne-Espérance.

II. MEGACEPHALA. *Latreille.*

CICINDELA. *Fabricius.*

*Les trois premiers articles des tarses antérieurs des mâles dila-
tés, courts, presque en forme de triangle renversé, ciliés
plus fortement en dedans qu'en dehors. Palpes labiaux allongés, plus longs que les maxillaires; le premier article
allongé, très-saillant au-delà de l'extrémité supérieure de
l'échancrure du menton; le second très-court; le troisième
très-long et cylindrique, et le dernier sécuriforme. Lèvre supérieure transversale ou peu avancée, laissant les mandibules
à découvert.*

Ce genre, formé par Latreille sur les *Cicindela Megalocephala, Virginica, Carolina, Sepulcralis* et *Æquinoctialis* de
Fabricius, se distingue facilement de toutes les *Cicindela* par les
caractères suivants :

La tête est grosse; le front est large, plane ou très-légèrement

convexe. Les yeux sont grands et assez peu saillants. La lèvre
supérieure est courte, transversale, ou arrondie et peu avancée, et elle laisse les mandibules bien à découvert. Celles-ci sont
larges, fortement dentées et peu saillantes. Le dernier article
des palpes maxillaires est légèrement sécuriforme. Les labiaux
sont plus longs que les maxillaires; leur premier article est allongé et il dépasse l'extrémité supérieure de l'échancrure du menton; le second est très-court; le troisième est très-long, cylindrique et garni de poils roides et assez longs; et le dernier
est sécuriforme.

Le corselet est à sa partie antérieure presque aussi large que
la tête; il se rétrécit un peu postérieurement, plus ou moins,
suivant les espèces; le milieu de son bord postérieur est un
peu prolongé, et il recouvre l'écusson dont la pointe n'atteint
pas la base des élytres.

Les élytres sont à peu près de la largeur de la tête et plus ou
moins allongées.

L'avant-dernier anneau de l'abdomen des mâles est très-fortement échancré.

Les pattes sont un peu plus fortes et un peu moins allongées
que celles des *Cicindela;* les tarses sont plus courts, et les articles, dilatés dans les mâles, sont presque en forme de triangle
renversé, et fortement ciliés, surtout intérieurement.

Jusqu'à présent l'on ne connaît que deux espèces de ce genre,
dans l'ancien continent: l'une, la *Cicindela Megalocephala*
de Fabricius, habite le Sénégal; et l'autre a été trouvée par feu
Olivier sur les bords de l'Euphrate. Toutes les deux sont aptères. Les autres espèces sont ailées et se trouvent en Amérique.

I. M. EUPHRATICA. *Olivier.*

*Aptera, viridi - cuprea, nitida; ore, antennis, ano, pedibus
elytrorumque apicibus macula magna communi cordata flavis;
elytris subrugosis.*

Iconographie. I. p. 37. T. I. fig 4

DEJ. *Cat.* p. I.

Long. 8 ½ lignes. Larg. 3 lignes.

Elle ressemble beaucoup à la *Carolina* pour la disposition des couleurs, mais elle en diffère par des caractères essentiels. Elle est plus grande, et proportionnellement un peu plus large. Les quatre petites dents de la lèvre supérieure sont un peu plus marquées. L'extrémité des mandibules et les dents intérieures sont légèrement striées. Ces dents sont plus larges et moins saillantes, et la couleur noirâtre se rapproche davantage de la base. On n'aperçoit pas de taches obscures sur les troisième et quatrième articles des antennes. La tête est proportionnellement beaucoup plus large et plus grosse, et les lignes enfoncées obliques qui partent de la base des antennes ne sont presque pas marquées. Le corselet est plus large antérieurement, plus rétréci postérieurement; il est moins lisse, plus fortement ridé, et le milieu du bord postérieur est un peu moins avancé. Les élytres sont proportionnellement plus larges et un peu moins convexes. Elles sont moins profondément ponctuées, surtout à la base; la ponctuation est plus serrée, souvent les points sont réunis, ce qui les fait paraître presque rugueuses ; on aperçoit sur chacune d'elles une ligne longitudinale de très-petits points verts enfoncés , parallèle à la suture, et allant depuis la base jusqu'à la tache jaune. Leur couleur est moins brillante, plus verte, et n'est presque pas cuivreuse sur la suture. La tache jaune est beaucoup plus large, surtout vers la suture, et les deux réunies présentent la forme d'un cœur, moins profondément échancré. Elle n'a point d'ailes sous ses élytres. Le dessous du corps et les pattes sont à peu près comme dans la *Carolina*.

Feu Olivier a trouvé cette belle espèce courant sur les bords de l'Euphrate.

2. M. CAROLINA.

Viridi-cuprea , nitida ; ore, antennis , ano , pedibus elytrorumque apicibus macula communi cordata late emarginata flavis ; elytris profunde punctatis , dorso rubro-cupreis.

DEJ. *Cat.* p. 1.

M. Carolinensis. LATREILLE. *Genera crustaceorum et insec-*
torum. I. p. 175. n° 2.

Cicindela Carolina. FABR. *Sys. el.* I. p. 233. n° 8.

OLIV. II. 33. p. 29. n° 31. T. 2. fig. 22.

SCH. *Syn. ins.* I. p. 238. n° 8.

Long. 5 $\frac{1}{2}$, 7 $\frac{1}{4}$ lignes. Larg. 1 $\frac{3}{4}$, 2 $\frac{3}{4}$ lignes.

La lèvre supérieure, les mandibules, les palpes et les antennes sont d'un jaune-pâle un peu testacé. La lèvre supérieure
est courte, transverse, coupée carrément à sa partie antérieure,
et elle a dans son milieu quatre très-petites dents très-peu marquées dans les deux sexes. Les mandibules sont larges et fortement dentées; leur extrémité et les dents intérieures sont noirâtres. Les antennes sont un peu plus longues que la moitié du
corps; elles ont une petite tache ou petit anneau noirâtre près
de l'extrémité des troisième et quatrième articles. La tête est
d'un vert-brillant mêlé de rouge-cuivreux; elle est assez grosse,
presque lisse, et elle a deux lignes enfoncées, obliques, peu marquées, qui partent de la base des antennes et qui se réunissent
presque entre les yeux, quelques stries très-peu marquées le
long des yeux, et quelques rides irrégulières très-peu apparentes
à sa partie postérieure. Les yeux sont d'un brun-jaunâtre,
assez gros et peu saillants. Le corselet est de la couleur de la
tête, un peu plus cuivreux et plus brillant, surtout dans
son milieu; il est aussi large que la tête à sa partie antérieure, et il se rétrécit postérieurement. A la vue simple il
paraît lisse, mais avec la loupe on voit quelques rides transversales très-peu marquées; il a un sillon transversal à sa partie
antérieure, un autre près du bord postérieur, tous les deux
très-marqués et réunis par une ligne longitudinale enfoncée,
aussi profonde que les sillons, surtout antérieurement, et qui se
prolonge jusqu'au bord postérieur. Celui-ci est presque lobé et
il recouvre ordinairement l'écusson. Les élytres sont assez allongées, convexes, presque parallèles et arrondies à l'extrémité;
elles sont assez fortement ponctuées, surtout à la base, et elles

ne le sont que légèrement vers l'extrémité. Elles sont d'un beau
vert-doré brillant, un peu bleuâtre vers les bords latéraux,
d'un rouge-cuivreux sur la suture, et presque noirâtre vers l'extrémité; elles sont terminées par une grande tache en forme
de virgule, dont la pointe touche à l'extrémité de la suture; ces
deux taches réunies présentent la forme d'un cœur profondément échancré, le fond de la couleur des élytres descendant
vers la suture presque jusqu'à l'extrémité. Le dessous du corps
est d'un vert-brillant, un peu cuivreux sur le milieu de l'abdómen;
son extrémité et les bords latéraux de ses derniers anneaux sont
d'un jaune-pâle un peu testacé. Les pattes sont de la même couleur.

Elle se trouve dans l'Amérique septentrionale, et dans les
Antilles.

J'en possède une variété plus petite, dont les élytres sont
moins profondément ponctuées, sans nuance cuivreuse sur la suture, et dans laquelle la tache jaune qui les termine est moins
fortement échancrée.

3. M. VIRGINICA.

*Viridi-obscura ; ore, antennis, ano pedibusque ferrugineis ; ely-
tris profunde punctatis, obscuris, viridi marginatis.*

Cicindela *Virginica.* FAB. *Sys. el.* I. p. 233. n° 7.
SCH. *Syn. ins.* I. p. 238. n° 7.

Long. 7 $\frac{1}{2}$ lignes. Larg. 2 $\frac{3}{4}$ lignes.

Elle ressemble à la *Carolina* par sa forme, mais elle est plus
grande, proportionnellement un peu plus allongée et un
peu plus cylindrique. La lèvre supérieure, les mandibules,
les palpes, les antennes, l'extrémité de l'abdomen et les pattes
sont d'un jaune-ferrugineux. Les antennes n'ont point de tache
obscure sur les troisième et quatrième articles. La tête et le corselet sont d'un vert-noirâtre avec des reflets changeants d'un
vert plus clair, particulièrement sur les côtés et dans les sillons.
Ils sont plus lisses que dans la *Carolina*, et le milieu du bord
postérieur du corselet est un peu plus prolongé. Les élytres

sont un peu plus allongées et un peu plus cylindriques; elles
sont d'un noir - verdâtre, et elles ont une bordure assez large
d'un vert-brillant; il n'y a point de tache jaune à l'extrémité
comme dans les espèces voisines. Elles sont très-fortement ponctuées, surtout à la base; les points sont plus grands, plus profonds et plus éloignés les uns des autres que dans la *Carolina*;
elles ne le sont que très-légèrement vers l'extrémité, mais on y
aperçoit quelques points enfoncés d'un vert assez brillant. Le
dessous du corps est d'un vert-obscur; le milieu de l'abdomen
est presque brunâtre.

Elle se trouve dans l'Amérique septentrionale.

Je crois que cette espèce est la véritable *Virginica* de Linné
et de Fabricius; mais ce n'est pas celle d'Olivier, ni de mon
Catalogue.

4. M. Brasiliensis.

*Viridi-obscura; ore, antennis, ano, pedibus elytrorumque apicis
    linea obliqua rufo-testaceis; elytris rugoso-punctatis, obscu-
    ris, viridi marginatis.*

Kirby's *Century of insects.* p. 376. n°. 1.

Long. 7 $\frac{1}{4}$, 7 $\frac{3}{4}$ lignes. Larg. 2 $\frac{1}{2}$, 2 $\frac{3}{4}$ lignes.

Elle ressemble beaucoup à la *Virginica*, mais elle est un peu
plus allongée. La lèvre supérieure, les mandibules, les palpes,
les antennes, la tache des élytres, l'extrémité de l'abdomen et
les pattes sont d'un jaune un peu moins ferrugineux, mais qui
l'est plus que dans la *Carolina*. Les antennes ont un anneau
d'un noir-obscur, près de l'extrémité des second, troisième et
quatrième articles; ces anneaux, qui sont souvent peu marqués,
sont joints ensemble par une ligne de la même couleur placée
sur le côté supérieur des antennes. Le corselet est un peu plus
allongé que celui de la *Virginica*; il est un peu plus étroit antérieurement, et le milieu du bord postérieur est un peu moins
prolongé. Les élytres sont un peu plus allongées; elles sont très-
fortement ponctuées, surtout à la base, mais les points sont plus

rapprochés et souvent réunis, ce qui les fait paraître rugueuses. Elles sont d'un noir-obscur un peu verdâtre, les bords latéraux sont d'un vert assez brillant, et elles ont à leur extrémité une ligne oblique d'un jaune-ferrugineux, qui, partant de l'extrémité de la suture, suit le bord extérieur dont elle se détache un peu à sa partie supérieure. Le dessous du corps est d'un vert un peu bronzé; l'abdomen est plus obscur et presque brunâtre.

Elle se trouve au Brésil.

5. M. Affinis.

Viridi-obscura ; ore, antennis, ano, pedibus elytrorumque apicibus macula communi cordata late emarginata testaceis ; elytris subrugosis ; geniculis obscuris.

Dej. *Cat.* p. 1.

Long. 6 $\frac{1}{2}$, 7 lignes. Larg. 2, 2 $\frac{1}{4}$ lignes.

Elle ressemble beaucoup à la *Brasiliensis*, mais elle est un peu plus petite, un peu plus allongée et un peu plus cylindrique. La lèvre supérieure, les mandibules, les palpes, les antennes, la tache des élytres, l'extrémité de l'abdomen et les pattes sont d'un jaune plus pâle et un peu testacé. Les taches des second, troisième et quatrième articles des antennes sont un peu plus marquées et plus distinctes. Le corselet est plus étroit; sa ligne longitudinale est moins enfoncée et elle a dans son milieu un point arrondi plus enfoncé; le milieu du bord postérieur est un peu moins prolongé. Les élytres sont plus étroites et plus cylindriques ; elles sont moins profondément ponctuées, et les points sont plus petits, plus rapprochés et plus réunis, ce qui les fait paraître plus rugueuses. Elles sont presque entièrement d'un noir un peu verdâtre, avec un reflet vert sur les bords latéraux, mais qui ne forme pas une bordure tranchée comme dans la *Brasiliensis* et la *Virginica*. Elles sont terminées par une tache d'un jaune-testacé, dont la forme est à peu près semblable à celle de la *Carolina*, mais dont cependant la partie supérieure est un peu moins large. Le dessous du corps est d'un vert plus obscur que dans la *Brasiliensis*. L'extrémité des cuisses est d'un brun-noirâtre, sur tout aux quatre postérieures.

Elle se trouve à Cayenne.

6. M. ACUTIPENNIS. *Mihi.*

Obscuro-œnea; ore, antennis, ano, pedibus elytrorumque api-cis maçula obliqua testaceis ; elytris punctatis, aculeatis.

M. Virginica. DEJ. *Cat.* p. 1.

Cicindela Virginica. OLIV. II. 33. p. 30. n.° 32. t. 3. fig. 26.

Long. 5 $\frac{3}{4}$, 6 $\frac{1}{4}$ lignes. Larg. 2, 2 $\frac{1}{4}$ lignes.

Elle est un peu plûs petite que la *Carolina* , et pro-portionnellement un peu plus courte. La lèvre supérieure, les mandibules, les palpes, les antennes, la tache des élytres, l'ex-trémité de l'abdomen et les pattes sont d'un jaune-pâle un peu testacé. La lèvre supérieure est un peu plus courte; les mandi-bules sont un peu plus découvertes et un peu plus avancées ; les taches des troisième et quatrième articles des antennes sont un peu plus distinctes; elles en ont aussi une petite sur le second article. La tête et le corselet sont d'une couleur bronzée obs-cure, un peu verdâtre; on aperçoit un petit enfoncement ar-rondi au milieu de la ligne longitudinale du corselet, comme dans l'*Affinis*. Les élytres sont proportionnellement un peu plus courtes que celles de la *Carolina ;* elles ont des points enfoncés assez marqués, surtout vers la base, et elles sont presque lisses vers l'extrémité. Elles sont d'une couleur bronzée obscure, un peu verdâtre, surtout vers les bords latéraux, et quelquefois un peu bleuâtre. La tâche de l'extrémité est assez large ; elle est disposée obliquement, et les deux réunies présentent à peu près la forme d'un V. Elles sont terminées par une petite pointe assez aiguë, placée à peu près au milieu, ce qui distingue cette espèce de toutes celles que je connais dans ce genre. Le dessous du corps est d'une couleur bronzée obscure ; l'abdomen est d'un brun-noirâtre.

Elle se trouve dans les Antilles. Les individus que je possède viennent de Saint-Domingue.

7. M. VARIOLOSA.

Supra nigro-obscura ; elytris punctatis, variolosis.

DEJ. *Cat.* p. 1.

Long. 5 ½, 6 lignes. Larg. 1 ¾, 2 lignes.

Elle est beaucoup plus petite que la *Carolina*, et elle est entièrement en dessus d'un noir-obscur. La lèvre supérieure, qui
est de la couleur du reste du corps, est un peu plus avancée ;
elle est un peu arrondie et elle a quatre petites dents à sa partie
antérieure. Les palpes maxillaires sont d'un noir-obscur ; les
labiaux sont d'un blanc-jaunâtre, avec le dernier article d'un
noir-obscur. Les antennes sont un peu plus courtes que celles
des espèces précédentes ; leurs quatre premiers articles sont d'un
noir-obscur un peu bronzé ; les autres sont d'un gris-noirâtre.
La tête est proportionnellement un peu plus petite que celle de
la *Carolina* ; elle a quelques impressions, peu marquées, à sa
partie postérieure ; les yeux sont moins saillants ; le corselet est
un peu moins rétréci postérieurement ; les sillons transversaux
et la ligne longitudinale sont beaucoup moins marqués, et il a
quelques petits enfoncements irréguliers. Les élytres sont inégales, raboteuses, comme variolées et assez fortement ponctuées ;
elles sont un peu sinuées vers l'extrémité. Le dessous du corselet, la poitrine et les premiers anneaux de l'abdomen sont
d'une couleur bronzée obscure ; les derniers anneaux sont noirâtres. Les pattes sont d'un noir-obscur.

Elle se trouve à Cayenne.

Il est possible que cette espèce doive se rapporter à la *Cicindela sepulcralis* de Fabricius ; mais, comme il ne parle pas de
l'inégalité des élytres, j'ai cru devoir la donner comme espèce
nouvelle.

8. M. ÆQUINOCTIALIS.

*Pallide-rufescens ; elytris fasciis duabus latis obscuris, prima
ad basin, secunda pone medium, marginem non attingentibus.*

Dej. *Cat.* p. 1.

Cicindela æquinoctialis. Fabr. *Sys. el.* 1. p. 243. n.° 60.

Sch. *Syn. ins.* 1. p. 246. n.° 63.

Long. 8. $\frac{1}{2}$ lignes. Larg. 3 $\frac{1}{2}$ lignes.

Elle est beaucoup plus grande que la *Carolina*, et proportionnellement plus large. La tête est d'un jaune-roussâtre ;
elle est assez grande, et finement striée le long des yeux ;
ceux - ci sont brunâtres et peu saillants. Le corselet est
de la couleur de la tête ; il est aussi large qu'elle, presque
carré ; il est légèrement granulé ; les deux sillons transversaux
et la ligne longitudinale sont moins marqués que dans les autres
espèces, et le bord postérieur est un peu arrondi et légèrement
sinué. Les élytres sont en ovale et plus larges que dans les autres
espèces. Elles paraissent lisses à la vue simple, mais elles sont
très-légèrement granulées ; elles sont d'une couleur un peu plus
foncée que le corselet vers la base, et plus claire vers l'extrémité. Elles ont une large bande d'un brun-obscur à la base, et
une autre un peu au-delà du milieu ; ces deux bandes ne vont
pas jusqu'au bord extérieur et elles se réunissent sur la suture,
ce qui leur donne la forme d'une grande tache réniforme. Les
palpes, les antennes, les pattes et le dessous du corps sont d'un
jaune plus pâle que le dessus.

Elle se trouve dans la partie septentrionale du Brésil.

III. OXYCHEILA. *Mihi.*

CICINDELA. *Fabricius.*

*Les trois premiers articles des tarses antérieurs des mâles dilatés,
allongés, ciliés également des deux côtés, les deux premiers
grossissant vers l'extrémité, le troisième presque en cœur. Palpes labiaux allongés, aussi longs que les maxillaires ; le premier article allongé, saillant au-delà de l'extrémité supérieure
de l'échancrure du menton ; le second très-court ; le troisième
très - long, cylindrique et légèrement courbé, et le dernier
sécuriforme. Lèvre supérieure très-grande, avancée en pointe
et recouvrant les mandibules.*

La *Cicindela tristis* de Fabricius m'a paru tellement distincte
de toutes les autres *Cicindela*, que j'ai cru devoir en former un
nouveau genre sous le nom d'*Oxycheila*, nom formé de deux
mots grecs, ὀξύς pointu, et χεῖλος lèvre.

En effet, les palpes maxillaires sont plus allongés, et leur dernier article est légèrement sécuriforme; les labiaux sont semblables à ceux des *Megacephala*. Ils sont cependant un peu
moins longs et ne dépassent pas les maxillaires, et leur troisième article est légèrement courbé. La lèvre supérieure est très-
grande, triangulaire, et elle recouvre presque entièrement les
mandibules. La tête n'est pas très-grosse; elle est un peu allongée
et presque plane. Les yeux sont assez saillants latéralement, mais
nullement en-dessus. Les antennes sont minces et déliées, et à
peu près de la longueur des deux tiers de l'insecte. Le corselet
est à peu près de la largeur de la tête; son bord postérieur est
sinué et presque trilobé, et il recouvre presque entièrement
l'écusson dont la pointe dépasse à peine la base des élytres.
Celles-ci sont le double plus larges que le corselet, assez allongées,
peu convexes, et elles s'élargissent un peu postérieurement. L'a-
vant dernier anneau de l'abdomen des mâles est assez fortement
échancré. Les pattes sont grandes et allongées; les trois premiers
articles des tarses antérieurs des mâles sont dilatés et un peu
plus larges que dans les *Cicindela*; les deux premiers vont en
grossissant un peu vers l'extrémité, le troisième est presque en
forme de cœur allongé, et ils sont également ciliés des deux côtés.

La *Cicindela bipustulata*, que Latreille a décrite dans le n.º 13.
t. 16. fig. 1. 2. du Voyage de Humbolt, me paraît devoir aussi
appartenir à ce genre.

1. O. Tristis.

Nigro-obscura, elytris macula media flava.

Cicindela tristis. Fabr. *Sys. el.* 1. p. 235. n.º 18.
Oliv. 11. 33. p. 15. n°. 13. t. 3. fig. 25.
Sch. *Syn. ins.* 1. p. 241. n.º 19.
Dej. *Cat.* p. 2.

Long. 9 ½, 10 lignes. Larg. 3 ¼, 3 ½ lignes.

Elle est en-dessus d'un noir-obscur très-légèrement bronzé. La lèvre supérieure est très-grande, avancée, pointue, presque en forme de triangle équilatéral; elle a quelques petites dentelures de chaque côté vers l'extrémité, et un enfoncement en forme de V à sa partie supérieure. Les mandibules sont noires. Les palpes sont d'un noir-obscur, avec l'extrémité de chaque article un peu roussâtre. Les antennes ont à peu près la longueur des deux tiers de tout l'insecte; elles sont minces et déliées; leurs quatre premiers articles sont noirs; les autres sont d'un gris-obscur. La tête est lisse, et elle a quelques stries peu marquées le long des yeux. Ceux-ci sont noirâtres, arrondis et assez saillants latéralement, mais nullement en-dessus. Le corselet est à peu près de la largeur de la tête; il est presque carré, très-légèrement renflé dans son milieu et presque lisse; il a deux sillons transversaux assez profonds, et une ligne longitudinale bien marquée; le bord postérieur est sinué et presque trilobé. Les élytres sont à leur base le double plus larges que le corselet; elles sont allongées, un peu convexes, et elles vont un peu en s'élargissant vers l'extrémité qui est arrondie dans le mâle, et presque coupée carrément dans la femelle; elles sont fortement ponctuées depuis la base jusqu'au milieu, et très-légèrement depuis le milieu jusqu'à l'extrémité. Elles ont chacune au milieu une tache jaune assez grande et irrégulière. Le dessous du corps est d'un noir plus brillant que le dessus et un peu bleuâtre. Les pattes sont grandes et d'un noir-obscur.

Elle se trouve au Brésil.

IV. CICINDELA. *Linné.*

Les trois premiers articles des tarses antérieurs des mâles dilatés, allongés, presque cylindriques, ou en forme de quadrilatère très-allongé, ciliés plus fortement en dedans qu'en dehors. Palpes labiaux ne dépassant pas les maxillaires, les deux premiers articles très-courts, le premier ne dépassant

Tome I. 2

pas l'extrémité de l'échancrure du menton, le troisième cy-
lindrique, et le dernier grossissant très-légèrement vers l'ex-
trémité.

Après avoir séparé des *Cicindela* de Fabricius les genres
Therates, Megacephala, Oxycheila et *Euprosopus*, il reste encore dans ce genre un grand nombre d'espèces qui présentent
des formes assez différentes, mais que l'on distinguera facilement des genres voisins par plusieurs caractères faciles à saisir.

Elles diffèrent des *Megacephala* et des *Oxycheila* par les palpes
labiaux, qui sont moins allongés que dans ces genres, plus courts
que les maxillaires, dont les deux premiers articles sont très-
courts et ne dépassent pas l'extrémité de l'échancrure du menton, et dont le dernier va un peu en grossissant vers l'extrémité, mais n'est jamais sécuriforme; des *Euprosopus,* par le troisième article des palpes labiaux qui n'est nullement renflé, et
qui n'est pas plus gros que le dernier; et de ces trois genres,
par la forme des tarses antérieurs des mâles, dont les trois
premiers articles sont allongés, presque cylindriques ou en
forme de quadrilatère très-allongé, et qui sont ciliés plus fortement en dedans qu'en dehors, et par l'écusson qui est bien
distinct et dont la pointe dépasse la base des élytres. Enfin,
elles diffèrent toutes des *Therates* par la dent qui se trouve au
milieu de l'échancrure du menton, et par les tarses dont les
antérieurs sont dilatés dans les mâles, et dont tous les autres
sont cylindriques et composés d'articles presque égaux.

Indépendamment de la dilatation des tarses antérieurs, les mâles
se distinguent facilement des femelles par les anneaux de l'abdomen, dont l'avant-dernier est plus ou moins échancré, et qui
sont au nombre de sept, tandis qu'il n'y en a que six dans
les femelles. Ce caractère qui a été, je crois, observé le premier
par Gyllenhal, est commun à presque tous les genres de cette
tribu.

Ce genre étant très-nombreux, il conviendrait d'y établir plusieurs divisions pour parvenir plus facilement à la connaissance
des espèces; mais cela est toujours fort difficile, parce que les

coupes ne sont jamais bien tranchées, et que l'on trouve toujours des espèces intermédiaires qui font le passage insensible
de l'une à l'autre. Après avoir essayé plusieurs espèces de divisions, je me suis arrêté à la suivante, dont je ne suis cependant nullement satisfait, et qui laisse encore beaucoup de choses
à désirer.

Corps allongé et presque cylindri- que. — élytres presque planes et parallèlo- gram- miques. — 1 lèvre supérieure recouvrant une partie des mandibules, fortement dentée et avancée, surtout dans
la femelle.
2 lèvre supérieure transversale.
3 élytres presque cylindriques.

Corps moins allongé et plus ou moins déprimé. — 4 lèvre supérieure avancée, recouvrant une partie des mandibules,
et fortement dentée.
5 lèvre supérieure transversale, un peu avancée, ayant au moins
cinq dentelures.
6 lèvre supérieure transversale ou peu avancée, ayant au plus
trois dentelures.
7 lèvre supérieure avancée, presque arrondie, dentelures très-
peu marquées.

Les *Cicindela* de la 1re division ont une forme particulière, et
elles pourraient peut-être former un nouveau genre. Fischer
a cru que ces insectes étaient le genre *Therates* de Latreille, et il
en figure une espèce, probablement la *Curvidens*, sous le nom
de *Therates Marginatus*, dans son Entomographie de la Russie.
Elles sont très-allongées, presque cylindriques, la lèvre supérieure est ordinairement très-avancée, fortement dentée, elle
recouvre plus ou moins les mandibules, et elle se termine en
pointe dans les femelles. Les yeux sont gros et très-saillants.
Le corselet est étroit, ordinairement cylindrique, et les impressions sont peu marquées. Les élytres sont allongées, assez
planes, et preque en forme de parallélogramme. Les pattes sont
longues et déliées. Toutes les espèces de cette division paraissent habiter exclusivement les régions équinoxiales de l'Amérique méridionale.

La 2e division a été formée sur une seule espèce qui présente tous les caractères de la 1re division, mais dont la lèvre
supérieure est courte et transversale.

Les *Cicindela* de la 3ᵉ division ont quelques rapports avec celles des deux premières, mais elles sont un peu moins allongées; le corselet est moins cylindrique, et les impressions sont plus marquées; et les élytres, au lieu d'être planes, prennent la forme du corps et paraissent cylindriques. Elles sont toutes d'Afrique, des parties méridionales de l'Asie et des îles qui en sont voisines.

La 4ᵉ division a été formée sur une seule espèce qui ressemble pour la forme à celles de la 6ᵉ, mais dont la lèvre supérieure est avancée et dentée comme dans la 1ʳᵉ division.

Les *Cicindela* de la 5ᵉ division ont beaucoup de rapport pour la forme avec celles de la 6ᵉ; mais la lèvre supérieure est ordinairement un peu plus avancée, et elle a toujours au moins cinq dentelures. Cette division est composée des plus grandes et des plus belles espèces de ce genre, et qui habitent toutes les îles de la Sonde, les parties méridionales de l'Asie et l'Afrique centrale.

La 6ᵉ division renferme toutes les *Cicindela* dont le corps est plus ou moins large et déprimé, et dont la lèvre supérieure transversale, coupée carrément, ou peu avancée, a au plus trois dentelures. Cette division est à elle seule presque trois fois aussi considérable que toutes les autres ensemble; on y trouve des espèces de tous les pays, et elle renferme toutes celles d'Europe.

Enfin la 7ᵉ division se compose de quelques petites espèces dont la lèvre supérieure est avancée, presque arrondie, et dont les dentelures sont très-peu marquées; elles ont quelques rapports avec celles de la 1ʳᵉ division, mais elles sont un peu plus larges, moins allongées et moins cylindriques; leurs yeux sont plus saillants, et leurs antennes longues et déliées vont un peu en grossissant vers l'extrémité; elles sont toutes des parties les plus méridionales de l'ancien continent.

Toutes les *Cicindela* décrites dans cet ouvrage sont ailées. La C. *Grossa* de Fabricius, et la *Coarctata* figurée dans la 1ʳᵉ livraison de l'Iconographie des Coléoptères d'Europe, qui sont aptères, me paraissent devoir appartenir à un nouveau genre.

PREMIÈRE DIVISION.

1 C. CAYENNENSIS.

*Cylindrica, supra fusco-ænea, subtus cyanea, elytris puncto
laterali albo ; tibiis tarsisque posticis testaceis.*

FAB. *Sys. el.* I. p. 243. n° 59.
OLIV. II. 33. p 23. n° 23. T I. fig. 2.
DEJ. *Cat.* p. 2.

Long. 7 lignes. larg. 2 lignes.

Cette espèce, qui est une des plus grandes de cette division, a
été confondue par beaucoup d'entomologistes avec plusieurs
autres. Elle est en-dessus d'une couleur bronzée-obscure. Dans
le mâle, le seul sexe que je connaisse, la lèvre supérieure est
avancée, recouvrant presque les mandibules, avec sept dents,
dont trois sur la même ligne, une de chaque côté, un peu en arrière, et une autre presque à la base; elle est d'un noir-bronzé,
bombée au milieu, et elle a une tache brunâtre de chaque côté,
à sa partie antérieure. Les mandibules sont d'un noir-bronzé
avec une tache jaunâtre à la base. Les palpes sont d'un noir-
obscur, avec le second article des maxillaires roussâtre en-dessus.
Les quatre premiers articles des antennes sont d'un bleu-verdâtre, les autres sont obscurs. La tête est assez large, finement
striée entre les yeux qui sont très-saillants et jaunâtres. Le corselet est plus étroit que la tête, allongé et presque cylindrique;
les sillons transversaux et celui du milieu sont très-peu marqués, il est presque lisse, et à la loupe il paraît finement chagriné. Les élytres, presque le double plus larges que le corselet,
sont allongées, parallèles, assez fortement chagrinées; leur couleur est plus foncée vers la suture, plus claire vers le bord extérieur, qui est bleu avec un reflet d'un vert doré intérieurement. Elles ont un petit point blanc presque triangulaire, sur
le bord extérieur un peu au-delà du milieu. Le dessous du corps
est d'un bleu foncé un peu verdâtre. Les pattes sont de la même

couleur; les jambes et les tarses postérieurs sont d'un jaune
testacé assez clair.

Elle se trouve à Cayenne.

2. C. BIPUNCTATA.

*Cylindrica, supra fusco-ænea , subtus cyanea, elytris puncto la-
terali albo; tibiis tarsisque posticis abdomineque ferrugineis.*

FABR. *Sys. el.* I. p. 238. n° 34.
SCH. *Syn. ins.* I. p. 243. n° 35.

Long. 6 $\frac{1}{4}$ lignes. larg. 1 $\frac{3}{4}$ ligne.

Elle ressemble beaucoup à la *Cayennensis*, mais elle est un
peu plus petite; sa couleur est un peu moins obscure; la lèvre
supérieure n'a pas de taches brunes; les palpes sont entièrement
d'un noir - bleuâtre; les yeux sont d'une couleur brunâtre;
le corselet est un peu moins cylindrique; le point blanc placé
sur le bord des élytres est un peu plus petit, et il est allongé et nullement triangulaire. L'abdomen est d'un jaune-ferrugineux, plus
clair vers son extrémité, et se changeant en bleu vers sa base;
les jambes et les tarses postérieurs sont d'un jaune un peu
plus foncé et presque ferrugineux. La base des quatre jambes
antérieures et l'extrémité de toutes les cuisses sont aussi de la
même couleur.

Je dois l'individu mâle que je possède à M. Westermann, qui
me l'a envoyé comme étant la véritable *Bipunctata* de Fabricius, et comme venant de l'Amérique méridionale.

3. C. RUFIPES. *Klug.*

*Cylindrica, supra fusco - ænea, elytris puncto laterali albo,
pectore, abdomine pedibusque rufis.*

Long. 6 lignes. larg. 1 $\frac{3}{4}$ ligne.

Elle est un peu plus petite que les deux précédentes, auxquelles elle ressemble beaucoup ainsi qu'à la *Luridipes*. La lèvre
supérieure a la forme de celle de la *Cayennensis;* mais la tache
brunâtre est plus grande, plus claire, et elle couvre toute la partie

antérieure. Les palpes sont comme dans la *Cayennensis*. Tout le dessus du corps est un peu moins foncé et plus brillant, surtout vers les bords latéraux. Le corselet et le point blanc latéral des élytres sont comme dans la *Cayennensis*. En-dessous, la poitrine et l'abdomen sont d'une couleur ferrugineuse brillante, avec un reflet un peu violet sur la poitrine et à la base de l'abdomen. Les pattes sont un peu plus claires ; les tarses, particulièrement ceux des pattes antérieures, ont un reflet d'un violet métallique.

M. le docteur Klug, l'un des directeurs du Musée royal de Berlin, m'a envoyé l'individu mâle que je possède, sous le nom que je lui ai conservé, et comme venant du Brésil.

4. C. Luridipes.

Cylindrica, supra fusco-œnea, subtus cyanea, elytris puncto laterali albo ; ano pedibusque luridis.

Dej. *Cat.* p. 2.

Long. 6 lignes. Larg. 1 ¾ ligne.

Elle est à peu près de la grandeur de la *Rufipes*, et sa couleur est un peu plus claire et un peu plus brillante. La lèvre supérieure, dans le mâle, a la même forme que dans la *Cayennensis*, mais elle est beaucoup moins avancée, et elle laisse une grande partie des mandibules à découvert ; elle est plus avancée dans la femelle, et la dent du milieu est beaucoup plus longue que les autres. Dans les deux sexes les taches brunes sont plus grandes et plus claires. Le corselet est un peu plus court, plus large et moins cylindrique que dans la *Cayennensis* ; il a quelques reflets cuivreux à sa partie postérieure et sur ses côtés. Le point blanc des élytres est comme dans la *Cayennensis*. Le dessous du corps est d'un bleu-foncé un peu verdâtre ; la couleur de l'abdomen va en s'éclaircissant vers l'extrémité, et le dernier anneau est d'une couleur testacée obscure. Les pattes sont de la même couleur ; les quatre antérieures ont quelquefois une teinte métallique.

Elle se trouve à Cayenne.

5. C. Margineguttata.

Cylindrica, supra fusco-ænea, subtus viridi-cyanea, elytris punctis tribus marginalibus albis, primo humerali obsoleto; femoribus basi testaceis.

Dej. *Cat.* p. 2.

Long. 5 lignes. Larg. 1 $\frac{1}{2}$ ligne

Elle ressemble beaucoup aux précédentes, mais elle est plus petite. En-dessus sa couleur est à peu près semblable à celle de la *Luridipes*. La lèvre supérieure du mâle est peu avancée, presque arrondie, et laissant les mandibules à découvert. Elle a trois dents peu saillantes, sur la même ligne, à sa partie anté-rieure, une autre de chaque côté un peu en arrière, et une autre près de la base. Celle de la femelle est beaucoup plus avancée, les dents sont beaucoup plus saillantes, et celle du milieu est beaucoup plus longue que les autres. Dans les deux sexes, tout le bord extérieur est d'un brun-jaunâtre. Les élytres ont trois points blancs sur le bord extérieur, dont un très-petit presque effacé, et qui manque quelquefois à l'angle de la base; le second arrondi ou anguleux, un peu au-delà du milieu; et le troisième triangulaire, vers l'angle postérieur. Le dessous du corps est d'un bleu-brillant un peu verdâtre. Les pattes sont d'un bleu-verdâtre obscur, avec la base des cuisses et l'extrémité de celles antérieures légèrement jaunâtres.

Elle se trouve communément à Cayenne, et quelquefois au Brésil.

6. C. Confusa. *Mihi.*

Cylindrica, supra fusco-ænea, subtus cyanea, elytris punctis tribus marginalibus albis; femoribus luridis cyaneo mican-tibus.

Long. 6 lignes. Larg. 1 $\frac{3}{4}$ ligne.

Cette espèce ressemble beaucoup à la *Margineguttata*, et pen-dant long-temps je l'ai confondue avec elle. Elle est plus grande, et proportionnellement un peu plus large. La lèvre supérieure du mâle est un peu plus courte et presque transversale; celle de la femelle ne m'a pas paru différente. La tête et le corselet ont quelques reflets cuivreux plus marqués; ce dernier est un peu plus court, plus large, moins cylindrique et un peu arrondi sur ses côtés. Le point huméral des élytres est un peu plus grand et plus distinct, et le troisième un peu plus allongé. Le dessous du corps est d'un bleu-foncé. Les cuisses sont d'un brun-jaunâtre avec un reflet d'un violet-brillant, surtout vers l'extrémité. Les jambes et les tarses sont d'un bleu-métallique.

Elle se trouve au Brésil.

7. C. CHRYSIS.

Cylindrica, supra fusco-ænea, capite thoraceque cupreo micantibus; subtus viridi-cyanea; elytris punctis tribus marginalibus albis, primo humerali minutissimo.

FABR. *Sys. el.* I. p. 238. n° 35.
SCH. *Syn. ins.* I. p. 244. n° 36.

Long. 4 ¾ lignes. Larg. 1 ⅓ ligne.

Elle ressemble beaucoup à la *Marineguttata*, mais elle est un peu plus petite. La lèvre supérieure du mâle, le seul sexe que je connaisse, est un peu plus courte, plus transversale, et, au lieu de trois dents à sa partie antérieure sur la même ligne, elle n'en a que deux, ce qui la fait paraître comme échancrée. Comme dans la *Marineguttata* et les autres espèces voisines, il y en a deux autres de chaque côté en arrière et moins distinctes. Le premier article des antennes est d'un bleu un peu verdâtre; les trois suivants sont d'un bleu très-brillant. La tête et le corselet ont quelques reflets cuivreux assez brillants; ce dernier est un peu plus cylindrique. Les élytres sont un peu moins planes; elles ont trois points blancs, placés de chaque côté de la même manière; le premier est très-petit, mais bien distinct. Le dessous du corps et les pattes sont d'un bleu verdâtre.

Cette espèce m'a été envoyée par M. Westermann, comme

étant la véritable *Chrysis* de Fabricius, et comme venant de l'A-
mérique méridionale.

8. C. CYLINDRICA.

Cylindrica, supra obscuro-œnea, subtus cyanea, elytris punctis
tribus marginalibus albis; mandibulis maris incurvis.

DEJ. *Cat.* p. 2.

Long. 7 lignes. Larg. 2 ¼ lignes.

Elle est à peu près de la grandeur de la *Cayennensis*, mais
elle est un peu plus large. La lèvre supérieure du mâle, le seul
sexe que je connaisse, est jaunâtre avec la base d'un vert-bronzé.
Elle a trois dents de chaque côté; la partie antérieure est un
peu échancrée et elle a au milieu une petite dent, plus courte
que les deux latérales. Les mandibules sont obscures, avec une
tache jaunâtre à la base; elles sont recourbées dans leur milieu
presque à angle droit. Les palpes sont jaunâtres avec le dernier
article obscur. Les quatre premiers articles des antennes sont
d'un bleu-brillant, les autres sont obscurs. Le premier article
est assez long, un peu renflé vers son extrémité, mais presque
cylindrique. La tête est large, finement striée entre les yeux,
d'une couleur bronzée obscure avec quelques reflets cuivreux.
Les yeux sont obscurs. Le corselet n'est pas aussi étroit que
dans la *Cayennensis* et les espèces voisines; il est un peu arrondi
sur les côtés, et les sillons sont plus marqués. Les élytres sont
assez fortement chagrinées, d'un bronzé-obscur, avec les bords
latéraux bleus et un reflet vert-doré intérieurement. Elles ont
trois points blancs sur le bord extérieur : le premier tout-à-fait
à l'angle de la base; le second un peu au-delà du milieu; et le
troisième vers l'angle postérieur. Le dessous du corps et les
pattes sont d'un bleu-verdâtre brillant.

Elle se trouve au Brésil.

9. C. NODICORNIS.

Cylindrica, supra obscuro-œnea, subtus viridis, elytris punctis tribus marginalibus albis; mandibulis maris incurvis ; articulo primo antennarum maris dilatato.

DEJ. *Cat.* p. 2.

Long. 5 ½ lignes. Larg. 1 ½ ligne.

Elle est un peu plus grande que la *Margineguttata*, et sa couleur est un peu plus claire et plus brillante. La lèvre supérieure est jaunâtre avec la base d'un vert-bronzé ; elle est avancée avec trois dents sur les côtés, et une au milieu dans la femelle, qui est remplacée dans le mâle par une légère échancrure, au milieu de laquelle il y a une petite dent très-peu marquée. Les mandibules du mâle sont recourbées dans leur milieu, comme dans la *Cylindrica*; elles le sont très-peu dans la femelle. Les antennes du mâle ont le premier article assez fortement dilaté à leur extrémité. Le corselet est presque cylindrique. Les élytres sont assez fortement chagrinées ; les bords latéraux sont d'un vert brillant, plus clair intérieurement ; elles ont trois points blancs disposés comme dans la *Cylindrica*. Le dessous du corps et les pattes sont d'un vert-bleuâtre. La base et l'extrémité des cuisses sont legèrement jaunâtres.

Elle se trouve au Brésil.

10. C. CURVIDENS.

Cylindrica, supra obscuro-ænea, subtus viridis, elytris punctis duobus marginalibus albis; mandibulis maris incurvis.

DEJ. *Cat.* p. 2.
C. Chrysis. ILLIGER.
C. Geniculata. GERMAR.
Therates marginatus. FISCHER. *Entomographie de la Russie.* 1. *Genre des Insectes.* p. 104. T. 1. fig. 6.

Long. 5 ½ lignes. Larg. 1 ½ ligne.

Cette espèce ressemble beaucoup à la *Nodicornis*. Elle en diffère par le premier article des antennes qui n'est point dilaté

dans le mâle, par la couleur qui est un peu plus obscure et
moins brillante, par le corselet qui est un peu moins cylindrique,
par l'absence de point blanc à l'angle de la base des élytres, et
par le jaune de la base et de l'extrémité des cuisses, qui occupe
un peu plus de place et qui s'étend sur la base des jambes.

Elle se trouve également au Brésil.

11. C. BRASILIENSIS.

*Cylindrica, supra viridi-obscura, subtus nitida, elytris maculis
tribus marginalibus albis.*

DEJ. *Cat.* p. 2.
C. *Angusticollis.* SCHÜPPEL.

Long. 5 ½ lignes. Larg. 1 ½ ligne.

Elle ressemble aux précédentes pour la forme et pour la grandeur. La lèvre supérieure est jaunâtre, avancée, arrondie dans
le mâle et se terminant en pointe dans la femelle, avec une
dentelure arrondie de chaque côté, plus fortement marquée
dans la femelle. Les mandibules sont jaunâtres à la base, obscures à l'extrémité. Les palpes sont jaunâtres avec le dernier
article obscur. La tête et le corselet sont très-légèrement ridés,
d'un vert obscur, avec quelques reflets d'un bronzé-cuivreux.
Les élytres sont fortement ponctuées, d'un vert-obscur, avec
un reflet cuivreux; le bord extérieur est bleu avec un reflet
vert-doré intérieurement. Elles ont trois taches blanches, la
première à l'angle de la base, un peu allongée le long du bord,
et presque en forme de lunule; la seconde au milieu du bord
extérieur, transversale et presque en lunule; et la troisième
plus petite un peu au-delà de l'angle postérieur. Le dessous du
corps est d'un vert très-brillant. Les pattes sont d'un vert-cuivreux avec la base des cuisses jaunâtre.

Elle se trouve au Brésil.

12. C. ANGUSTATA. *Mihi.*

Cylindrica, supra obscuro-ænea, subtus viridi-cyanea, elytris

maculis tribus marginalibus flavescentibus ; antennis pedi-
busque luridis.

Long. 4 $\frac{1}{2}$ lignes. larg. 1 $\frac{1}{4}$ ligne.

Elle ressemble un peu à la *Brasiliensis*, mais elle est plus petite
et un peu plus allongée. Dans la femelle, le seul sexe que je
connaisse, la lèvre supérieure est jaunâtre, très-avancée; elle a
trois dents assez marquées à sa partie antérieure, celle du milieu est un peu plus avancée que les autres, et une autre plus
arrondie de chaque côté, un peu en arrière. Les mandibules
sont jaunâtres à la base, obscures à l'extrémité, et presque
entièrement cachées par la lèvre supérieure. Les palpes sont
jaunâtres avec le dernier article obscur. La tête est d'une
couleur bronzée avec quelques reflets cuivreux; elle est légèrement ridée. Les yeux sont noirâtres et très-saillants. Les antennes sont d'une couleur testacée obscure, presque noirâtre
vers l'extrémité; elles vont un peu en grossissant vers le bout.
Le corselet est un peu plus étroit et plus cylindrique que dans
les espèces précédentes; il est de la couleur de la tête, et légèrement ridé transversalement. Les élytres sont d'une couleur
bronzée un peu plus obscure; le bord extérieur est bleu, un peu
doré intérieurement; elles sont fortement ponctuées, et un peu
inégales. Elles ont trois taches d'un blanc-jaunâtre, disposées
comme dans la *Brasiliensis;* la première est un peu plus mince,
celle du milieu est plus large à sa base, et la troisième est
plus grande proportionnellement. Le dessous du corps est
d'un bleu un peu verdâtre. Les pattes sont d'une couleur testacée obscure avec quelques reflets d'un vert-métallique.

Elle m'a été envoyée par M. Bonfils, comme venant de
Cayenne.

13. C. Biguttata. *Mihi.*

Cylindrica, supra capite thoraceque viridibus, elytris viridi-cu-
preis, puncto marginali albo margineque cyaneo; subtus
tota cyanea.

C. *Chrysis.* Germar.

Long. 5 ¾ lignes. larg. 1 ½ ligne.

Cette jolie espèce est un peu plus allongée que la *Margine-guttata*. Dans la femelle, le seul sexe que je connaisse, la lèvre supérieure est d'un noir un peu bleuâtre ; elle est avancée avec une dent assez saillante à sa partie antérieure, et deux autres de chaque côté un peu en arrière. Les mandibules et les palpes sont noirâtres. La tête est légèrement ridée, d'une belle couleur verte avec un peu de bleu à la base des antennes. Le corselet est de la couleur de la tête, légèrement ridé transversalement. L'écusson est de la même couleur. Les élytres sont plus allongées que dans les espèces précédentes ; elles sont ponctuées ; les points sont souvent réunis, ce qui les fait paraître chagrinées ; elles sont vertes avec un reflet d'un rouge-cuivreux brillant ; les bords latéraux sont d'un beau bleu, et elles ont un point blanc, rond, un peu au-delà du milieu, près du bord extérieur. Le dessous du corps et les pattes sont d'un beau bleu brillant.

Elle m'a été envoyée sous le nom de *Chrysis*, par M. Germar, comme venant de Bahia au Brésil. Je ne crois pas cependant que ce soit celle décrite sous ce nom par Fabricius.

14. C. Nitidicollis. *Mihi.*

Cylindrica, supra obscuro-ænea, margine cyaneo, thorace cupreo nitido ; subtus cyanea.

C. *Auricollis.* Germar.

Long. 5 ¼ lignes. larg. 1 ½ ligne.

Elle est à peu près de la grandeur de la *Margineguttata*, mais elle est un peu moins allongée que toutes les espèces précédentes. Dans le mâle, le seul sexe que je connaisse, la lèvre supérieure est d'un bleu-verdâtre ; elle n'est pas très-avancée, et elle a cinq dents à sa partie antérieure, presque sur la même ligne, et une autre un peu en arrière de chaque côté. Les mandibules sont obscures avec une tache jaunâtre à la base. Les palpes sont jaunâtres avec le dernier article noirâtre. Les quatre premiers articles des antennes sont d'un beau bleu, les autres sont obscurs. Les yeux sont brunâtres .La tête est un peu plus large que dans les espèces précédentes, elle est bronzée avec quelques reflets cuivreux. Le corselet est beaucoup moins cylindrique que dans les espèces voisines; ses côtés sont assez arrondis; les sillons transversaux antérieurs et postérieurs sont assez marqués, et il a des rides transversales bien distinctes; il est en-dessus d'un beau rouge-cuivreux brillant, et ses côtés ainsi que le dessous sont bleus. L'écusson est d'un vert un peu cuivreux. Les élytres sont un peu moins planes que dans les espèces précédentes; elles sont fortement ponctuées, d'une couleur bronzée, avec les bords latéraux bleus et un reflet doré intérieurement; elles n'ont aucune tache blanche. Le dessous du corps est d'un beau bleu avec quelques reflets verdâtres; les pattes sont d'un vert-bronzé.

Elle se trouve au Brésil.

15. C. SMARAGDULA.

Cylindrica, viridis, elytris puncto humerali flavo, margine cyaneo.

DEJ. *Cat.* p. 2.
C. *Concolor.* GERMAR.

Long. 5 ½ lignes. Larg. 1 ½ ligne.

Elle est un peu plus grande que la *Margineguttata*. Dans la femelle, le seul sexe que je connaisse, la lèvre supérieure est d'un beau vert brillant, bleuâtre à la base; elle est avancée, et elle a sept dentelures bien marquées, dont deux de chaque côté et trois à sa partie antérieure presque sur la même ligne. Les mandibules sont obscures avec une tache jaunâtre à la base; les palpes sont jaunâtres avec le dernier article obscur. Les quatre premiers articles des antennes sont d'un bleu-foncé, les autres sont obscurs. Les yeux sont jaunâtres. La tête et le corselet sont légèrement ridés et d'un vert un peu obscur. Les élytres sont fortement ponctuées, d'un vert un peu obscur, plus clair vers le bord extérieur, qui est d'un beau bleu depuis la base jusqu'à l'angle postérieur. Elles ont une petite tache jaune, allongée, à l'angle de la base. Le dessous du corps est d'un vert très-brillant. Les pattes sont d'un bleu-verdâtre avec la base des cuisses d'un vert-brillant.

Elle se trouve au Brésil.

16. C. VENTRALIS.

Cylindrica, supra nigro-subœnea, subtus cyanea, elytris subinœqualibus, puncto medio duobusque marginalibus albis, sœpe obsoletis; abdomine rufo.

DEJ. *Cat.* p. 2.

Long. 4 lignes. Larg. 1 ¼ ligne.

Elle est plus petite que les précédentes. La lèvre supérieure est jaunâtre, avancée, avec sept dentelures dont deux arrondies de chaque côté, et trois à la partie antérieure sur la même ligne dans le mâle, et dont celle du milieu est plus avancée dans la femelle. Les mandibules sont jaunâtres à la base, obscures à l'extrémité. Les palpes sont jaunâtres avec le dernier article d'un vert-bronzé. Les quatre premiers articles des antennes sont d'un vert-bronzé, les autres sont obscurs. Les yeux sont brunâtres. La tête est un peu inégale; elle a deux points enfoncés à sa partie postérieure, et elle est d'un noir-obscur un peu bronzé. Le corselet est de la même couleur; il est moins cylindrique que celui de la *Margineguttata* et des espèces voisines, et il est un peu arrondi sur ses côtés. Les élytres sont de la même couleur; elles sont fortement ponctuées et un peu inégales : elles ont un petit point blanchâtre un peu au-delà du milieu, un autre sur le bord extérieur à peu près au milieu, et un troisième un peu au-delà de l'angle postérieur; ces trois points sont quelquefois entièrement effacés. Le dessous du corps est d'un bleu-verdâtre. Le milieu des deux premiers anneaux de l'abdomen et la totalité des autres sont d'un rouge-ferrugineux. Les pattes sont d'un vert-bronzé, avec la base des cuisses et des jambes roussâtre. Elle se trouve à Cayenne.

17. C. DISTIGMA. *Schuppel.*

Cylindrica, supra nigro subœnea, subtus viridi-cyanea, elytris inœqualibus, puncto submarginali albo.

Long. 4 ¾ lignes. Larg. 1 ½ ligne.

Cette espèce ressemble un peu, à la première vue, à la *Ventralis;* mais elle est un peu plus grande, moins cylindrique, et proportionnellement un peu plus large. Dans le mâle, le seul sexe que je connaisse, la lèvre supérieure est assez large, avancée, avec cinq dents sur la même ligne et une autre arrondie de chaque côté; elle est d'un jaune un peu ferrugineux, avec la base d'un noir un peu bronzé. Les mandibules sont d'un noir-obscur avec une tache blanchâtre à la base. Les palpes sont d'un blanc-jaunâtre avec les derniers articles obscurs. Les deux premiers articles des antennes sont d'un noir-bronzé; le second et le troisième sont roussâtres à la base et d'un noir-bleuâtre à l'extrémité; les autres sont obscurs. Tout le dessus du corps est d'un noir-obscur un peu bronzé. La tête est assez fortement striée entre les yeux, et irrégulièrement ridée postérieurement; on y remarque deux points enfoncés peu marqués. Le corselet est moins cylindrique que dans les espèces précédentes, et ses côtés sont arrondis; il est irrégulièrement ridé. Les élytres sont assez fortement ponctuées et elles ont un assez grand nombre d'impressions irrégulières qui les font paraître inégales. Elles ont chacune un point blanc, situé à peu près au milieu vers le bord extérieur. Le dessous du corps est d'un bleu un peu verdâtre. Les pattes sont d'un vert-bronzé avec la base des jambes ferrugineuse.

Elle m'a été envoyée par M. Schuppel, comme venant du Brésil, et sous le nom que je lui ai conservé.

Tome I. 3

SECONDE DIVISION.

18. C. CYLINDRICOLLIS. *Mihi.*

Cylindrica, labro transverso, supra obscuro-œnea, subtus viridis, elytris maculis tribus vel duabus marginalibus albis.

Long. 5 ½ lignes. Larg. 1 ½ ligne.

Elle ressemble beaucoup, à la première vue, à la *Brasiliensis* et aux autres espèces de la première division; mais elle est un peu plus cylindrique et plus allongée, et elle en diffère beaucoup par la forme de la lèvre supérieure, qui est courte, transverse, avec trois petites dents à sa partie antérieure. Elle est jaunâtre dans le mâle, d'un vert-obscur dans la femelle, et on y remarque deux points enfoncés noirâtres. Les mandibules sont assez grandes, noirâtres, avec la base jaunâtre. Les palpes sont jaunâtres avec le dernier article noirâtre. Les quatre premiers articles des antennes sont d'un vert-bronzé, les autres sont obscurs. La tête est légèrement ridée; elle est d'un bronzé-obscur avec un peu de vert à sa partie antérieure et à la base des antennes. Les yeux sont d'un gris-jaunâtre. Le corselet est un peu plus étroit, un peu plus allongé et un peu plus cylindrique que dans toutes les espèces de la première division; il est légèrement ridé, de la couleur de la tête avec une teinte cuivreuse dans le sillon transversal postérieur. Les élytres sont de la couleur du corselet; elles sont allongées, un peu inégales, assez fortement ponctuées et elles paraissent chagrinées. Dans le mâle, elles ont, près du bord extérieur, trois taches blanchâtres: la première arrondie à l'angle de la base, la seconde presque triangulaire au milieu, et la troisième un peu allongée au-delà de l'angle postérieur. Dans la femelle, la tache humérale manque. N'ayant qu'un individu de chaque sexe, je ne puis assurer que cette différence soit constante. Le dessous du corps est d'un vert assez brillant; les côtés du corselet sont cuivreux, et l'abdomen tire un peu sur le bleu. Les pattes sont d'un vert-bronzé; la base des cuisses, et principalement celle des postérieures, est roussâtre.

Elle se trouve au Brésil, dans les environs de Rio-Janeiro, et elle m'a été donnée par le prince d'Essling, fils du maréchal Masséna, qui l'a rapportée de ce pays.

TROISIÈME DIVISION.

19. C. ANALIS.

Cylindrica, viridi-ænea, elytris margine cyaneo; labro, ano femoribusque rufis.

FABR. *Sys. el.* I. p. 236. n° 24.
SCH. *Syn. ins.* I. p. 242. n° 25.

Long. 5 ½ lignes. Larg. 1 ⅔ ligne.

Cette espèce ressemble beaucoup, à la première vue, à celles des deux premières divisions, et particulièrement à la *Smaragdula*; mais ses élytres sont moins planes, plus cylindriques, et leur extrémité est plus arrondie. La lèvre supérieure est d'un jaune-roussâtre; elle est assez avancée, et elle a sept dentelures dont les trois du milieu sont un peu plus saillantes dans la femelle que dans le mâle. Les mandibules sont jaunâtres avec la pointe et les dents intérieures d'un noir-obscur. Les palpes sont jaunâtres avec l'extrémité du dernier article d'un noir-obscur. Les quatre premiers articles des antennes sont d'un noir-bronzé, les autres sont obscurs. La tête est finement striée entre les yeux; la partie postérieure est légèrement granulée, elle est d'un vert un peu bronzé. Les yeux sont assez gros et jaunâtres. Le corselet est de la couleur de la tête; il est finement ridé transversalement. Les élytres sont assez fortement ponctuées, et les points se confondent souvent ensemble et les font paraître rugueuses; elles ont une petite impression oblique presqu'à l'extrémité; elles sont d'un vert un peu bronzé avec un reflet plus obscur, qui, dans de certaines positions, fait paraître une espèce de grande tache triangulaire de chaque côté. Le bord extérieur est d'une belle couleur bleue et se prolonge jusqu'à la suture. Le dessous de la tête, du corselet et la poitrine sont d'un beau vert. Les pre-

3.

miers anneaux de l'abdomen sont bleus, les autres sont d'un jaune-ferrugineux. Les cuisses sont de la même couleur, les genoux sont noirâtres, la base des jambes est un peu roussâtre, leur extrémité et les tarses sont obscurs.

Cette espèce faisait partie d'une collection qui m'a été vendue à Marseille, comme venant de l'île de Java.

20. C. QUADRIPUNCTATA.

Cylindrica, cyaneo-viridis, elytris punctis duobus pone medium albis.

Mas. FABR. *Sys. el.* I. p. 239. n° 36.
SCH. *Syn. ins.* I. p. 244. n° 37.
DEJ. *Cat.* p. 2.
Femina. C. *Quadriguttata.* SCH. *Syn. ins.* I. p. 244. n° 38.
DEJ. *Cat.* p. 2.

Long. 5 ½ lignes. Larg. 1 ½ ligne.

Elle est un peu plus grande que la *Germanica*, et sa forme est beaucoup plus cylindrique. Dans le mâle, la lèvre supérieure est avancée, coupée et presque échancrée antérieurement ; elle a cinq dentelures presque sur la même ligne, et une autre de chaque côté ; elle est d'un bleu un peu verdâtre avec une ligne longitudinale blanche au milieu. Dans la femelle, elle n'est ni coupée ni échancrée antérieurement ; elle s'avance au contraire en pointe aiguë, elle a trois dentelures de chaque côté, et elle est entièrement d'un bleu un peu verdâtre, sans ligne blanche au milieu. Les mandibules sont d'un bleu un peu verdâtre très-foncé avec l'extrémité obscure, et une tache blanchâtre à la base, dans le mâle seulement. Les palpes sont jaunâtres dans le mâle, avec le dernier article obscur ; dans la femelle, ils sont d'un bleu un peu verdâtre très-foncé. La tête est assez fortement striée, elle est d'un bleu un peu verdâtre. Les quatre premiers articles des antennes sont d'un bleu-verdâtre, les autres sont obscurs. Les yeux sont assez gros, saillants et brunâtres. Le corselet est de la couleur de la tête ; il est arrondi, presque cylindrique et légèrement ridé transversalement. Les élytres sont d'un beau bleu brillant; elles sont allongées, cylindriques, très-fortement ponctuées, et elles ont deux taches blanches, rondes, lisses et un peu saillantes : la première un peu au - delà du milieu, et la seconde sur la même ligne vers l'extrémité. Le dessous du corps et les pattes sont d'un beau bleu un peu verdâtre.

Elle se trouve dans l'île de Java et aux Indes Orientales. J'en possède un individu qui m'a été envoyé comme venant du Sénégal, mais je n'en suis pas certain.

21. C. VERSICOLOR. *Schœnherr.*

Cylindrica, supra obscuro-œnea, subtus cyanea, elytris margine cyaneo punctoque minutissimo albido ; femoribus rufis.

Long. 5 ¾ lignes. Larg. 1 ½ ligne.

Elle ressemble à la *Quadripunctata*, mais elle est un peu plus grande. La lèvre supérieure est d'un noir-bronzé, et sa forme est la même que dans cette espèce, au moins dans la femelle, le seul sexe que je connaisse. Les mandibules sont d'un noir-bronzé avec une tache jaunâtre à la base. Les palpes sont jaunâtres avec le dernier article noir. Les antennes ne sont guère plus longues que la tête et le corselet réunis; les quatre premiers articles sont d'un noir-bronzé, les autres sont obscurs. La tête est un peu plus large que dans la *Quadripunctata*; elle est striée entre les yeux et légèrement ridée postérieurement; elle est d'une couleur bronzée obscure avec quelques reflets cuivreux; la partie antérieure, vers la base des antennes, est d'un bleu-verdâtre; en-dessous elle est d'une belle couleur bleue. Le corselet est proportionnellement un peu plus large et un peu plus long que celui de la *Quadripunctata*; il se rétrécit un peu postérieurement et il est ridé transversalement; il est, comme la tête, en-dessus d'un bronzé-obscur avec quelques reflets cuivreux, et d'une belle couleur bleue sur les côtés et en-dessous. Les élytres sont fortement ponctuées, les points se confondent vers l'extrémité et les font paraître ridées; elles sont d'un bronzé-obscur avec un reflet cuivreux, et les côtés d'un beau bleu; mais, en les regardant obliquement, elles paraissent entièrement bleues. Elles ont un très-petit point blanchâtre à peu près au milieu de chaque élytre, plus près du bord extérieur que de la suture. Tout le dessous du corps est d'un beau bleu. Les cuisses sont rougeâtres avec un léger reflet métallique. Les jambes et les tarses sont d'un vert-bronzé.

Elle m'a été envoyée par M. Schœnherr, comme venant de Sierra-Leona, et sous le nom que je lui ai conservé.

QUATRIÈME DIVISION.

22. C. CHALYBEA. *Mihi.*

Cyanea, elytris punctatis, labro porrecto concolore.

Long. 5 ½ lignes. Larg. 2 lignes.

Elle est un peu plus petite que la *Campestris*, proportionnellement plus étroite et plus convexe, et son corselet est plus étroit et plus arrondi. Elle est entièrement, tant en-dessus qu'en-dessous, d'une belle couleur bleue assez brillante. Dans la femelle, le seul sexe que je connaisse, la lèvre supérieure est avancée, et elle cache une grande partie des mandibules; elle a une dent bien marquée à sa partie antérieure, et trois autres plus petites de chaque côté. La tête est assez large; elle est très-finement striée entre les yeux, qui sont assez gros, saillants et brunâtres. Le corselet est beaucoup plus étroit que la tête; il est très-finement strié, et les deux sillons transversaux sont très-marqués; le milieu est arrondi sur les côtés et paraît presque divisé en deux lobes par le sillon longitudinal, qui est très-marqué à ses deux extrémités, mais qui ne l'est presque pas au milieu. L'écusson est assez grand et lisse. Les élytres sont un peu plus larges que la tête; elles sont assez allongées, convexes et arrondies à l'extrémité. Elles sont entièrement couvertes de points enfoncés, bien marqués et très-serrés, dont plusieurs se confondent ensemble, et elles ont une impression transversale, peu marquée, tout-à-fait à l'extrémité près de la suture.

Les cuisses sont de la couleur du reste du corps; les jambes et les tarses sont d'un bleu plus obscur.

Elle a été rapportée de la partie méridionale du Brésil par M. Saint-Hilaire.

CINQUIÈME DIVISION.

23. C. Lugubris. *Mihi.*

Nigra, supra obscura, subtus nitida, elytris maculis duabus lineolisque flavescentibus.

Long. 9 lignes. Larg. 3 lignes.

Cette belle et grande espèce est en-dessus d'un noir mat et obscur. La lèvre supérieure, dans la femelle, le seul sexe que je connaisse, est peu avancée, et elle a cinq dentelures à sa partie antérieure. Elle est d'une couleur noirâtre avec une tache jaunâtre au milieu. Les mandibules sont assez grandes, noirâtres, avec une tache jaunâtre à la base. Les palpes sont jaunâtres avec le dernier article noirâtre. Les quatre premiers articles des antennes sont d'un noir-luisant un peu bleuâtre, les autres sont obscurs. La tête est grosse, légèrement ridée entre les yeux, un peu granulée postérieurement. Les yeux sont noirâtres, assez grands, mais ils ne sont pas très-saillants. Le corselet est antérieurement presque aussi large que la tête, il se rétrécit postérieurement; il a deux sillons transversaux assez profonds, et une ligne longitudinale très-peu marquée; il est légèrement granulé, et il doit avoir quelques poils blanchâtres, qui sont presque effacés dans l'individu que je possède. Les élytres sont plus larges que la tête; elles sont un peu ovales et bombées, et très-légèrement ponctuées; elles ont plusieurs taches et lignes d'une couleur jaunâtre, disposées de la manière suivante : un petit point au milieu de la base, une petite ligne courte un peu au-dessous près de la suture, une grande tache irrégulière à peu près au tiers de l'élytre; une autre grande tache allongée, un peu courbée vers l'extrémité et parallèle au bord postérieur; une ligne mince près de la suture, qui commence à la hauteur de la première tache et qui se joint à la seconde; trois autres lignes minces, légèrement obliques, entre la première tache et la seconde, et dont les deux premières se joignent à la première tache. Le dessous du corps est d'un noir-brillant un peu verdâtre, avec quelques poils blancs sur les côtés. Les pattes sont de la même couleur; elles ont quelques reflets cuivreux.

Elle m'a été envoyée par M. Prévost Duval, comme venant du Sénégal.

24. C. CINCTA.

Supra obscura , subtus viridi-cyanea, elytris vitta laterali punctisque quatuor albis.

FABR. *Sys. el.* 1. p. 240. n° 40.
OLIV. 11. 33. p. 10 n° 6. T. 3. fig. 33.
SCH. *Syn. ins.* 1. p. 244. n° 42.

Long. 7 ½ lignes. Larg. 2 ½ lignes.

Elle ressemble beaucoup pour la forme à la *Sexpunctata*, mais elle est un peu plus grande. Dans la femelle, le seul sexe que je possède, la lèvre supérieure a cinq petites dents presque sur la même ligne à sa partie antérieure; elle est jaunâtre avec tous ses bords noirâtres. Les mandibules sont noirâtres avec une tache jaunâtre à la base. Les palpes sont jaunâtres avec les derniers articles noirâtres. Les quatre premiers articles des antennes sont d'un vert-bronzé, les autres sont obscurs. La tête est d'un noir un peu bronzé; elle est légèrement ridée entre les yeux et granulée postérieurement. Les yeux sont assez grands et noirâtres. Le corselet est de la couleur de la tête; il est plus étroit qu'elle, presque carré, légèrement granulé; il a deux sillons transversaux assez profonds et une ligne longitudinale au milieu peu marquée; on aperçoit quelques poils blanchâtres sur ses bords latéraux. Les élytres sont d'un noir mat et obscur; elles sont très-légèrement ponctuées, et elles ont chacune une ligne longitudinale blanche, qui part de l'angle de la base et qui suit le bord extérieur jusque près de l'extrémité de la suture. Elles

ont en outre quatre points blancs : le premier un peu allongé
près de la suture, vers la base de l'élytre ; le second un peu plus
bas ; au milieu de l'élytre ; le troisième allongé près de la suture,
un peu avant le milieu, sur la ligne du premier ; et le quatrième
un peu plus bas à peu près sur la ligne du second. On remarque
une très-petite dent à l'extrémité de la suture. Tout le dessous
du corps, même de la tête et du corselet, est d'un beau bleu brillant, mélé de teintes verdâtres. Les pattes sont de la même couleur ; la base des jambes est d'une couleur roussâtre.

Elle m'a été envoyée par M. Prévost Duval, comme venant
du Sénégal.

J'ai vu, dans la collection de M. Jurine, un individu mâle qui
n'avait pas le premier point blanc des élytres.

25. C. Vittata.

*Supra cupreo-obscura, subtus viridi-cyanea, elytris vitta laterali
intus dentata punctisque disci albis.*

Fabr. *Sys. el.* 1. p. 240. n° 41.
Sch. *Syn. ins.* 1. p. 244. n° 43.

Long. 6 ¾ lignes. Larg. 2 lignes.

Elle est un peu plus petite que la *Cincta*, et sa forme est
beaucoup plus étroite. Dans le mâle, le seul sexe que je connaisse, la lèvre supérieure est jaunâtre, et elle a cinq dentelures
très-peu marquées à sa partie antérieure. Les mandibules sont
jaunâtres avec l'extrémité noirâtre. Les palpes sont jaunâtres
avec le dernier article d'un vert-métallique. Les quatre premiers
articles des antennes sont d'un vert-bronzé, mélé d'un beau
rouge-cuivreux ; les quatre suivants sont roussâtres ; les autres
manquent dans l'individu que je possède. La tête est d'une couleur cuivreuse obscure ; elle est légèrement ridée entre les yeux
et elle est granulée postérieurement. Les yeux sont jaunâtres.
Le corselet est de la couleur de la tête ; il est plus étroit qu'elle,
un peu allongé, arrondi sur les côtés et légèrement rétréci postérieurement ; il est granulé ; les sillons transversaux et la ligne

longitudinale sont peu marqués, et il a trois lignes longitudinales
de poils blanchâtres, une de chaque côté et une au milieu, qui
sont presque effacées dans l'individu que je possède. Les élytres
sont assez allongées; elles sont d'une couleur cuivreuse obscure,
avec des nuances plus ou moins rougeâtres; elles sont assez
fortement ponctuées, et elles ont chacune une ligne longitudinale
blanche, qui part de l'angle de la base et qui suit le bord extérieur jusqu'à l'angle postérieur, où elle se termine en point arrondi; cette ligne a intérieurement deux petits crochets, le premier
au tiers, et le second, plus grand, un peu au-delà du milieu des
élytres. On voit en outre cinq points blancs : le premier très-
petit à la base; le second allongé près de la suture, au-dessous de
l'écusson; le troisième près du premier crochet de la ligne latérale avec lequel il paraît se réunir; le quatrième allongé, plus
bas près de la suture et sur la ligne du second; le cinquième un
peu plus grand, allongé, plus bas, aussi près de la suture et se
réunissant par une ligne très-mince au second crochet de la ligne
latérale. Les élytres sont terminées par une tache blanche presqu'en forme de V, qui paraît former la continuation de la ligne
latérale. Le dessous du corps est d'un bleu-verdâtre brillant.
Les côtés du corselet et de la poitrine sont d'un beau rouge-cuivreux; ils sont, ainsi que ceux de l'abdomen, couverts de poils
blanchâtres. Les pattes sont vertes avec des nuances cuivreuses.

Elle se trouve au Sénégal.

26. C. INTERSTINCTA.

Supra fusco-œnea, elytrorum puncto baseos, fasciis tribus inter-
ruptis lineolaque apicis albidis.

SCH. *Syn. ins.* 1. p. 241. n° 20.
C. *Interrupta.* FABR. *Sys. el.* 1. p. 236. n° 19.
OLIV. 11. 33. p. 16. n° 14. T. 2. fig. 15.

Long. 7 ½ lignes. Larg. 2 ¼ lignes.

Elle ressemble pour la forme à la *Bicolor,* mais elle est un peu
plus grande et un peu plus allongée. La lèvre supérieure manque
dans l'individu que je possède, qui est un mâle. Les mandi-

bules sont blanchâtres avec l'extrémité et les dents intérieures d'un noir obscur. Les palpes sont d'un blanc-roussâtre
avec le dernier article d'un noir-bronzé. Les antennes ont les
quatre premiers articles d'un bleu-métallique foncé ; les autres
sont obscurs. La tête est légèrement striée entre les yeux, finement granulée postérieurement ; elle est d'une couleur bronzée
obscure, avec quelques reflets cuivreux et deux petites lignes
bleues entre les yeux. Le corselet est en-dessus de la couleur
de la tête, en-dessous d'un vert-bronzé avec les côtés d'un beau
rouge-cuivreux changeant ; il est assez étroit, presque carré,
un peu plus long que large et légèrement granulé. Les élytres
sont assez allongées; elles sont légèrement ponctuées, et elles ont
quelques points enfoncés distincts vers l'angle de la base ; elles
sont d'un bronzé obscur, un peu cuivreux vers le bord extérieur, avec la suture cuivreuse et le bord extérieur d'un vert
un peu bleuâtre. On remarque sur chaque plusieurs bandes et
taches d'un blanc-jaunâtre : savoir, un point rond à la base ;
une bande mince et en croissant, qui, partant de l'angle de la
base, vient se terminer près de la suture ; une bande transversale, terminée par un petit crochet, à peu près au milieu, et qui
ne touche ni le bord extérieur ni la suture; une autre petite
bande transversale entre celle du milieu et l'extrémité ; trois
points près de la suture, placés entre elle et l'extrémité des trois
bandes dont je viens de parler, et qui semblent en être la continuation ; enfin une petite tache allongée vers l'extrémité. Le dessous
du corps est d'un vert-brillant avec des reflets d'un beau rouge
cuivreux, principalement sur les côtés. Les pattes sont d'un bleu-
brillant avec des reflets d'un vert-doré, surtout sur les cuisses.

Elle m'a été envoyée par M. Mac Leay, comme venant de la
Guinée. Fabricius ayant donné à deux espèces différentes le
nom d'*Interrupta*, j'ai adopté pour celle-ci le nom qui lui a
été assigné par Schœnherr dans sa *Synonymia Insectorum*.

27. C. BICOLOR.

Viridis, nitida, elytris viridi-cyaneis, immaculatis ; abdominis
margine testaceo.

Fabr. *Sys. el.* 1. p. 233. n° 10.
Oliv. 11. 33. p. 11. n° 7. T. 2. fig. 14.
Sch. *Syn. ins.* 1. p. 238. n° 9.
Dej. *Cat.* p. 1.

Long. 7 lignes. Larg. 2 ¼ lignes.

Elle est plus grande et plus allongée que la *Campestris*. Dans
le mâle, le seul sexe que je possède, la lèvre supérieure est verte
et elle a cinq dents bien marquées, presque sur la même ligne,
à sa partie antérieure. Les mandibules sont jaunâtres avec l'extrémité noire. Les palpes sont d'un blanc-roussâtre avec le dernier article d'un brun-violet. Les antennes ont les quatre premiers articles d'un vert-métallique, les autres sont obscurs. La
tête est d'une belle couleur verte; elle est très-légèrement ridée
irrégulièrement. Les yeux sont brunâtres. Le corselet est en-
dessus de la couleur de la tête, et d'un beau bleu sur les côtés;
il est presque carré, et très-légèrement ridé irrégulièrement. L'é-
cusson est de la couleur du corselet. Les élytres sont très-légèrement ponctuées, et elles sont d'un bleu-verdâtre obscur sans
aucune tache. Le dessous du corps est d'un bleu-brillant un peu
verdâtre avec des poils blanchâtres sur les côtés. L'abdomen est
d'un noir-violet avec des teintes verdâtres; ses côtés et ses deux
derniers anneaux sont d'un rouge-ferrugineux. Les pattes sont
longues et assez fortes; elles sont d'un vert-métallique, et elles
ont quelques poils blanchâtres.

Elle se trouve aux Indes orientales.

28. C. Chinensis.

Cyaneo aureoque variegata, elytris viridibus, maculis duabus cya-
neis, fascia sinuata abbreviata punctisque tribus albis.

Fabr. *Sys. el.* 1. p. 236. n° 23.
Oliv. 11. 33. p. 9. n° 5. T. 2. fig. 20 et T. 3. fig. 30.
Sch. *Syn. ins.* 1. p. 242. n° 24.

Long. 9 ½ lignes. Larg. 3 ¼ lignes.

Cette belle espèce est une des plus grandes de ce genre. Elle ressemble pour la forme à la *Bicolor.* Dans le mâle, le seul sexe que je possède, la lèvre supérieure est jaunâtre, avec la base, tous les bords et une ligne au milieu d'un noir un peu verdâtre. Elle a sept dentelures assez bien marquées à sa partie antérieure. Les mandibules sont grandes, noirâtres avec une tache jaunâtre à la base, qui se prolonge presque jusqu'à l'extrémité. Les palpes maxillaires sont d'un vert-bronzé. Les labiaux sont jaunâtres avec le dernier article d'un vert-bronzé. Les antennes sont assez courtes; les quatre premiers articles sont variés de bleu et de vert, les autres sont obscurs. La tête est d'un bleu-verdâtre, avec quelques reflets dorés ; elle est striée entre les yeux et légèrement ridée transversalement à sa partie postérieure. Les yeux sont brunâtres et ne sont pas très-saillants. Le corselet est presque carré; il est en-dessus d'une belle couleur dorée, avec les bords antérieur et postérieur d'un beau bleu mêlé de teintes verdâtres. L'écusson est de cette dernière couleur. Les élytres sont d'un vert un peu bleuâtre; elles ont deux grandes taches d'un bleu-obscur, plus clair sur leurs bords : la première à la base, près de la suture; et la seconde, beaucoup plus grande, occupant tout le disque de chaque élytre depuis le milieu jusque près de l'extrémité. Elles ont en outre une bande blanche un peu oblique et sinuée, un peu au-delà du milieu, qui ne touche ni le bord extérieur ni la suture, et trois points blancs : le premier à l'angle de la base; le second remplaçant l'extrémité de la lunule humérale; et le troisième plus grand, un peu oblong, près du bord extérieur vers l'extrémité. Le bord postérieur est très-finement dentelé en scie. Le dessous du corps est d'un beau bleu brillant avec quelques reflets verdâtres. Les cuisses sont d'un beau vert-doré; leur extrémité, les jambes et les tarses sont d'un bleu-verdâtre.

Elle se trouve à la Chine.

29. C. OCTONOTATA.

Viridi-cyaneo aureoque variegata, elytris maculis quatuor flavis : tertia subbiloba.

WIEDEMANN. *Zoologisches Magazin.* I. 3. p. 168. n° 16.

Long. 10 ½ lignes. Larg. 3 ½ lignes.

Elle ressemble beaucoup à l'*Aurulenta* pour la forme et les couleurs; mais elle est beaucoup plus grande, et c'est, je crois, la plus grande espèce de ce genre. Dans le mâle, le seul sexe que je possède, la lèvre supérieure est plus avancée, la dent du milieu est plus saillante, et il y a trois autres petites dents de chaque côté; elle est jaunâtre avec une légère bordure obscure. Les mandibules sont jaunâtres avec l'extrémité et les dents intérieures noirâtres. Les palpes maxillaires sont d'un vert-bronzé; les labiaux sont roussâtres avec le dernier article d'un vert-bronzé. Les quatre premiers articles des antennes sont d'un noir-bronzé, les autres sont obscurs. La tête et le corselet sont comme dans l'*Aurulenta,* mais un peu moins brillants. Les élytres sont d'une couleur un peu moins foncée; leurs taches sont comparativement plus grandes et plus jaunes; la troisième est assez fortement échancrée en-dessus et paraît presque bilobée, et la quatrième est moins ronde. Le dessous du corps et les pattes sont variés de bleu et de vert-doré.

Je dois cette belle espèce à M. Westermann, qui me l'a envoyée comme venant des Indes orientales.

30. C. Aurulenta.

Viridi-cyaneo aureoque variegata, elytris maculis quatuor albidis: tertia lunata.

Fabr. *Sys. el.* 1. p. 239. n° 38.
Sch. *Syn. ins.* 1. p. 244. n° 40.
Dej. *Cat.* p. 2.

Long. 7, 8 lignes. Larg. 2 ½, 2 ¾ lignes.

Elle est ordinairement plus grande que la *Sexpunctata,* à laquelle elle ressemble un peu pour la forme et la disposition des taches. La femelle est ordinairement plus grande que le mâle, et ses couleurs sont plus brillantes. La lèvre supérieure dans les deux sexes est jaunâtre, obscure à la base et sur ses bords; elle est peu avancée, et elle a trois dentelures presque sur la même ligne à sa partie antérieure, et deux autres un peu en arrière de chaque côté. Les mandibules sont d'un noir-obscur; elles ont une tache jaunâtre à la base, plus grande et qui se prolonge plus dans le mâle que dans la femelle. Les palpes sont entièrement d'un vert - bronzé dans la femelle; dans le mâle, les premiers articles des labiaux sont jaunâtres. Les quatre premiers articles des antennes sont d'un bleu-verdâtre; les autres sont obscurs. La tête est d'une belle couleur vert-dorée, variée de bleu. Elle est striée entre les yeux, et légèrement ridée transversalement à sa partie postérieure. Les yeux sont brunâtres. Le corselet est assez étroit, un peu allongé, presque carré; il est en-dessus d'un bleu un peu verdâtre, avec deux grandes taches d'un vert-doré. L'écusson est d'un bleu un peu verdâtre. Les élytres sont d'un vert-bleuâtre obscur; la base, la suture et le bord extérieur sont d'un vert-doré plus ou moins brillant; elles ont quatre taches d'un blanc-jaunâtre: la première assez petite à l'angle de la base, et les trois autres plus grandes sur la même ligne; la seconde arrondie, à peu près au quart de l'élytre; la troisième plus grande, un peu au-delà du milieu, un peu échancrée à sa partie inférieure et presque en forme de lunule; et la quatrième vers l'extrémité, de la grandeur de la seconde et plus arrondie. Le bord postérieur est très-finement dentelé en scie, et la suture est terminée par une petite pointe. Le dessous du corps et les pattes sont mélangés de bleu et de vert-brillant.

Elle se trouve à Java, dans les îles voisines, et je crois même à la Chine.

SIXIÈME DIVISION.

31. C. SEXPUNCTATA.

Supra viridi - obscura; subtus viridi-cyanea, nitida; elytris punctis tribus albis, margine suturaque diluto-viridibus.

FABR. *Sys. el.* I. p. 239. n° 37.
OLIV. II. 33. p. 24. n° 24. T. I. fig. 6.

Sch. *Syn. ins.* 1. p. 244. n° 39.
Dej. *Cat.* p. 2.

Long. 7 lignes. Larg. 2 ½ lignes.

Elle est à peu près de la forme et de la grandeur de l'*Hybrida*, mais elle est un peu plus allongée. La lèvre supérieure, dans les deux sexes, est d'un vert-bleuâtre foncé, avec une tache jaunâtre de chaque côté; elle est peu avancée, transverse, et elle a trois petites dents à sa partie antérieure. Les mandibules sont d'un vert-bronzé, jaunes à leur base, noirâtres à leur extrémité. Les palpes sont d'un vert-bleuâtre; dans le mâle, les premiers articles des labiaux sont jaunâtres. Les antennes ont les quatre premiers articles d'un bleu-brillant avec l'extrémité d'un vert-doré; les autres sont obscurs. La tête est très-finement granulée, avec quelques stries peu marquées entre les yeux; elle est d'un vert-obscur; le front est d'un bleu-brillant qui se change quelquefois en vert-doré. Les yeux sont brunâtres. Le corselet est carré; les sillons transversaux et la ligne longitudinale sont assez bien marqués; il est en-dessus d'un vert-obscur; le fond des sillons est d'un vert-bleuâtre, et il a de chaque côté une ligne longitudinale de la même couleur. Les élytres sont d'un vert-obscur très-foncé; la suture et les bords extérieurs sont d'un vert-clair, un peu bleuâtre et quelquefois cuivreux. Elles ont trois points blancs arrondis et égaux, placés en ligne longitudinale sur chaque élytre, un peu plus près du bord extérieur que de la suture: le premier au quart, le second à moitié, et le troisième aux trois quarts des élytres. La suture est terminée par une très-petite épine, et le bord postérieur est finement dentelé en scie. Le dessous du corps est d'un beau vert brillant; les côtés, particulièrement ceux du corselet, sont d'un très-beau bleu. Les cuisses sont d'un vert un peu doré; leur extrémité, les jambes et les tarses sont d'un bleu-métallique.

Elle se trouve aux Indes orientales.

32. C. Didyma. *Mihi.*

Viridi-obscuro aureoque variegata, elytris maculis quinque fla-
vescentibus.

C. *Aurulenta*. De Haan.

Long. 7 lignes. Larg. 2 ⅓ lignes.

Elle ressemble à la *Sexpunctata*, mais elle est un peu plus
étroite. La lèvre supérieure dans la femelle, le seul sexe que je
possède, est jaunâtre avec tous ses bords noirâtres; elle est peu
avancée, transverse, et elle a trois petites dents à sa partie
antérieure. Les mandibules sont d'un vert-bronzé; leur extrémité et les dents intérieures sont noirâtres, et elles ont une
tache jaunâtre à la base. Les palpes sont d'un vert-métallique.
Les quatre premiers articles des antennes sont mêlés de bleu et
de vert, les autres sont obscurs. La tête est finement striée
entre les yeux, et légèrement granulée à sa partie postérieure;
elle est d'un vert-obscur avec le front et la base des antennes
mêlés de bleu et de vert-brillant. Les yeux sont brunâtres. Le
corselet est un peu plus étroit, moins carré et plus cylindrique
que celui de la *Sexpunctata*; il est, sur ses bords, d'un vert
assez obscur; le fond des sillons transversaux et de la ligne longitudinale est d'un beau bleu, et il a au milieu deux grandes
taches d'un rouge-doré. L'écusson est d'un vert-bleuâtre avec
des nuances cuivreuses. Les élytres sont un peu plus étroites
que celles de la *Sexpunctata*; elles sont d'un vert-obscur, avec
la suture et le bord extérieur d'un vert-doré assez brillant;
cette couleur se dilate sur la suture, et elle forme une tache triangulaire à peu près au tiers des élytres. Elles ont en outre sur
chaque cinq taches arrondies, ou très-gros points, d'une couleur
jaunâtre: la première, plus petite, à l'angle de la base; la seconde remplaçant l'extrémité de la lunule humérale; la troisième près du bord extérieur, à peu près au milieu de l'élytre;
la quatrième un peu plus bas, près de la suture, et se liant avec
la troisième par une petite ligne oblique très-mince; et la cinquième, un peu plus grande que les autres, près de l'angle postérieur. La suture est terminée par une épine assez forte, et le
bord postérieur est très-finement dentelé en scie. Le dessous
du corps est d'un beau vert avec quelques reflets bleuâtres. Les

cuisses sont d'un beau vert-doré; leur extrémité, les jambes et les tarses sont d'un vert-bleuâtre.

Elle m'a été envoyée par M. de Haan, conservateur du Musée royal de Leyde, comme venant de Java, et sous le nom d'*Aurulenta*.

33. C. UNIPUNCTATA.

Supra obscuro-ænea, elytris punctis sparsis obsoletis viridibus impressis : puncto submarginali albo.

FABR. *Sys. el.* I. p. 238. n° 33.
OLIV. II. 33. p. 23. n° 22. T. 3. fig. 27.
SCH. *Syn. ins.* I. p. 243. n° 34.
C. *Obsoleta.* DEJ. *Cat.* p. I.

Long. 7 lignes. Larg. 2 $\frac{1}{2}$ lignes.

Elle est à peu près de la grandeur de la *Sylvatica*, mais sa tête est plus grosse, son corselet est plus allongé, moins carré et plus arrondi, et ses élytres plus planes et plus ovales. La lèvre supérieure est jaunâtre, un peu plus avancée dans la femelle que dans le mâle, et elle a trois dents à sa partie antérieure, assez fortement marquées dans les deux sexes. Les mandibules sont noirâtres, avec une tache jaunâtre à la base. Les palpes sont d'un vert-bronzé. Les antennes ont leurs quatre premiers articles d'un vert-bronzé; les autres sont obscurs. La tête est assez large, striée entre les yeux, légèrement granulée postérieurement; elle est d'une couleur bronzée obscure avec une légère teinte cuivreuse. Les yeux sont brunâtres; ils sont assez gros, mais ils ne sont pas très-saillants. Le corselet est en-dessus de la couleur de la tête; il est un peu allongé, et arrondi sur les côtés. Les sillons transversaux et la ligne longitudinale sont très-peu marqués; et, vu à la loupe, il paraît très-finement et irrégulièrement ridé. Les élytres sont planes et presque ovales; elles sont d'un bronzé-obscur, assez mat; elles sont ponctuées, et on y remarque des inégalités et des points verts imprimés çà et là, qui sont très-peu apparents. Elles ont en outre un petit point blanc, placé

près du bord extérieur à peu près au milieu. Tout le dessous
du corps et les cuisses sont d'un bleu-brillant, tirant sur le
violet. Les jambes et les tarses sont d'un vert-bronzé un peu
bleuâtre.

Elle se trouve dans l'Amérique septentrionale.

34. C. RUGIFRONS.

Viridis, nitida, elytris maculis duabus marginalibus lunulaque
apicis albis.

DEJ. *Cat.* p. 1.

Long. 5 $\frac{3}{4}$ lignes. Larg. 2 $\frac{1}{2}$ lignes.

Elle est à peu près de la grandeur de la *Campestris*, mais elle
est plus convexe, la tête et le corselet sont proportionnellement
plus larges, et ce dernier est plus arrondi. Elle est, tant en dessus
qu'en dessous, d'une belle couleur verte-brillante. Dans la femelle, le seul sexe que je connaisse, la lèvre supérieure est
jaunâtre, et elle a trois petites dents à sa partie antérieure. Les
mandibules manquent dans l'individu que je possède. Les palpes
sont d'un vert-bronzé. Les antennes sont courtes; leurs quatre
premiers articles sont d'un vert-bronzé, les autres sont obscurs.
La tête est large; elle est fortement striée entre les yeux qui
sont gros, mais qui ne sont pas très-saillants. Le corselet est
presque aussi large que la tête; il est assez court, arrondi, et
il a quelques rides irrégulières très-peu marquées. Les élytres
sont assez larges, peu allongées, convexes; elles ont une rangée
longitudinale de petits points enfoncés près de la suture, deux
taches marginales d'un blanc-jaunâtre, la première très-petite
au tiers de l'élytre, la seconde grande et triangulaire un peu
au-dessous du milieu, et une troisième en forme de lunule à
l'extrémité. Les pattes sont d'un vert-brillant.

Cette espèce provient de la collection de feu M. Palisot de
Beauvois, où elle était notée comme venant de l'Amérique
septentrionale.

4.

35. C. Modesta.

Fusco - ænea , elytris maculis duabus marginalibus lunulaque apicis albis.

Dej. *Cat.* p. 1.

Long. 5 lignes. Larg. 2 lignes.

Elle ressemble beaucoup à la *Rugifrons*, pour la forme et la disposition des taches, et il est possible qu'elle n'en soit qu'une variété. Elle est plus petite, et sa couleur, tant en dessus qu'en dessous, est d'un brun-obscur un peu bronzé. Dans le mâle, le seul sexe que je connaisse, la lèvre supérieure est jaunâtre, et elle a trois petites dents à sa partie antérieure. Les mandibules sont assez grandes; elles sont jaunâtres avec l'extrémité et les dents intérieures obscures. Les palpes sont d'un vert-bronzé. Les quatre premiers articles des antennes sont d'un noir-bronzé, les autres sont obscurs. La tête, le corselet et les élytres ont absolument la même forme, et ils sont striés et ponctués de même. La première tache marginale des élytres est un peu plus grande, la seconde est au contraire plus petite, mais toujours plus grande que la première; la tache de l'extrémité a la même forme. Les pattes sont d'une couleur bronzée obscure.

Elle provient aussi de la collection de feu M. Palisot de Beauvois, et elle y était notée comme venant de Saint-Domingue.

36. C. Unicolor. *Mihi.*

Viridi-cyanea , nitida , thorace subgloboso.

Long. 5 ½ lignes. Larg. 2 ¼ lignes.

Elle ressemble beaucoup aux deux espèces précédentes. Elle est entièrement en-dessus d'un beau vert-bleuâtre. La lèvre supérieure a trois dents bien marquées à sa partie antérieure: dans le mâle, elle est brunâtre avec une grande tache jaunâtre de chaque côté; dans la femelle elle est d'un vert-bleuâtre. Les mandibules sont d'un noir-bronzé, et elles ont une grande tache jaunâtre à la base. Les palpes sont d'un vert-bronzé. Les antennes sont courtes; leurs quatre premiers articles sont d'un vert-bleuâtre, les autres sont obscurs. La tête est un peu moins large que celle de la *Rugifrons;* elle est striée de la même manière entre les yeux. Le corselet est un peu plus globuleux et un peu plus arrondi sur les côtés; les élytres sont un peu moins larges, un peu plus convexes; la ligne de petits points enfoncés est moins distincte, et elles n'ont aucun vestige de taches blanches. Le dessous du corps est d'un vert-brillant, un peu moins bleuâtre qu'en dessus. Les pattes sont courtes et d'un vert-bleuâtre.

Elle se trouve dans l'Amérique septentrionale.

37. C. Sexguttata.

Viridi-cyanea, nitida, elytris punctis duobus marginalibus, tertio apicali, quarto centrali, sæpe obsoletis, albis.

Fabr. *Sys. el.* 1. p. 241. n° 45.

Oliv. ii. 33. p. 26. n° 27. t. 2. fig. 21. a. b.

Sch. *Syn. ins.* 1. p. 245. n° 47.

Dej. *Cat.* p. 1.

Var. A. C. *Thalassina.* Dej. *Cat.* p. 1.

Var. B. C. *Violacea.* Fabr. *Sys. el.* 1. p. 232. n° 4.

Sch. *Syn. ins.* 1. p. 238. n° 4.

Long. 5, 6 lignes. Larg. 2, 2 $\frac{1}{4}$ lignes.

Elle ressemble pour la forme à la *Campestris.* Elle est en dessus d'une belle couleur verte, tirant plus ou moins sur le bleu. La lèvre supérieure est d'un blanc-jaunâtre, et elle a trois petites dents à sa partie antérieure. Les mandibules sont d'un noir-bronzé avec une grande tache jaunâtre à la base. Les palpes sont d'un vert-bronzé. Les quatre premiers articles des antennes sont d'un vert-bleuâtre, les autres sont obscurs. La tête est striée entre les yeux, et très-légèrement ridée postérieurement. Le corselet est moins large que celui de la *Campestris,* moins carré, plus convexe et plus arrondi sur les côtés; il est ridé très-légèrement et irrégulièrement. Les élytres sont un peu moins planes que celles de la *Campestris ;* elles sont granulées de la même manière, et elles ont ordinairement quatre petites taches blanches : la première près du bord latéral, à peu près au milieu; la seconde près de l'angle postérieur, et remplaçant la partie supérieure de la lunule de l'extrémité; la troisième tout-à-fait à l'extrémité près de la suture; et la quatrième un peu plus bas que la première, et plus près de la suture que du bord extérieur. Ces taches sont plus ou moins marquées, et sont même quelquefois entièrement effacées, soit en partie, soit en totalité. Le dessous du corps et les pattes sont entièrement d'un beau vert plus ou moins bleuâtre.

Elle se trouve dans l'Amérique septentrionale.

La *Cicindela Violacea* que j'ai vue dans la collection de M. Bosc, où Fabricius l'a décrite, ne me paraît qu'une variété de cette espèce, dans laquelle tous les points blancs sont entièrement effacés, et dont la couleur est tout à fait bleue.

38. C. COERULEA.

Cyanea , labro mandibularumque basi albidis.

PALLAS. III. p. 475. n° 40.

GMELIN. I. p. 1924. n° 43.

C. *Violacea.* GEBLER. *Mémoires de la soc. imp. des nat. de Moscou.* V. p. 324. n° 1.

FISCHER. *Entomographie de la Russie.* I. p. 8. n° 4. T. I. fig. 4.

Long. 6 ½ lignes. Larg. 2 ¾ lignes.

Elle ressemble à l'*Hybrida* pour la forme et la grandeur, mais elle est entièrement d'un beau bleu d'azur. La lèvre supérieure, la base des mandibules, et les premiers articles des palpes labiaux seulement sont d'un blanc un peu jaunâtre. Les antennes ont leurs quatre premiers articles d'un bleu-métallique un peu vert, les autres sont obscurs. La tête est très-finement striée entre les yeux, et légèrement chagrinée postérieurement. Les yeux sont brunâtres. Le corselet est un peu plus large que celui de l'*Hybrida ;* il est plus arrondi sur les côtés, et les impressions sont plus fortement marquées. Les élytres sont légèrement chagrinées; elles ont une petite impression longitudinale près de l'angle de la base. Le dessous du corps est plus brillant et plus métallique que le dessus; il a quelques reflets verts, principalement sur l'abdomen, et il a quelques poils blanchâtres assez rares. Les pattes sont de la couleur du corps, et garnies de poils blanchâtres.

MM. Fischer, Gebler et autres entomologistes russes rapportent cette belle espèce à la *Violacea* de Fabricius, insecte de l'Amérique septentrionale, qui n'est qu'une variété de la *Sexguttata.* Il convient de lui rendre le nom qui lui a été donné par Pallas, qui, je crois, l'a fait connaître le premier.

Elle se trouve en Sibérie, sur les bords sablonneux de l'Irtich.

39. C. MARGINALIS.

Supra rubro-cuprea, marginibus viridibus, elytris fascia abbre-
viata lunulaque postica albis.

FAB. *Sys. cl.* I. p. 240. n° 43.
SCH. *Syn. ins.* I. p. 244. n° 45.
C. *Purpurea.* OLIV. II. 33. p. 14. n° 11. T. 3. fig. 34.
SCH. *Syn. ins.* I. p. 240. n° 14.
DEJ. *Cat.* p. 1.

Long. 5 $\frac{1}{2}$, 6 $\frac{1}{2}$ lignes. Larg. 2 $\frac{1}{4}$, 2 $\frac{3}{4}$ lignes.

Elle ressemble beaucoup à la *Campestris* pour la forme et la grandeur, mais elle est un peu moins allongée. La tête est un peu plus grosse, le corselet est un peu plus court, et les élytres sont un peu plus larges. La lèvre supérieure est d'un blanc-jaunâtre, et elle a trois dents assez bien marquées à sa partie antérieure. Les mandibules sont d'un vert-bronzé, noirâtres à l'extrémité, jaunâtres à la base. Les palpes sont d'un vert-bronzé. Les quatre premiers articles des antennes sont d'un vert-bronzé avec quelques nuances cuivreuses; les autres sont obscurs. La tête est assez grosse. Elle est finement striée entre les yeux, et légèrement granulée à sa partie postérieure. Elle est en-dessus

d'un rouge-cuivreux plus ou moins brillant; tous ses bords sont
verts, et elle a deux petites lignes obliques de la même couleur
qui partent de la base des antennes, et qui se réunissent entre
les yeux; ceux-ci sont assez gros et brunâtres. Le corselet est
également en-dessus d'un rouge-cuivreux avec tous ses bords
verts. Les élytres sont d'un rouge-cuivreux un peu moins brillant, et un peu verdâtre, surtout vers la suture : elles ont une
ligne verte, assez mince, dentée intérieurement, qui suit le bord
extérieur, sans cependant le toucher, depuis l'angle de la base
jusque près de l'extrémité; une bande blanche, courte, sinuée,
un peu oblique, un peu au-delà du milieu, qui ne touche ni le
bord extérieur ni la suture; et une tache allongée, presque
triangulaire, de la même couleur, tout à fait à l'extrémité; on
voit en outre quelquefois un petit point blanc un peu au-dessus près du bord extérieur, mais ce point manque souvent. Le
dessous du corps est d'un vert-bleuâtre; les côtés du corselet
et de la poitrine sont d'un beau rouge-cuivreux. Les cuisses et
les jambes sont d'un rouge-cuivreux; elles sont garnies de poils
blanchâtres. Les tarses sont d'un vert-bronzé.

Elle se trouve dans l'Amérique septentrionale.

40. C. ROTUNDICOLLIS. *Mihi*.

Supra viridis, thorace rotundato, elytris puncto humerali duo-
busque disci albis.

C. *Quadriguttata*. WIEDEMANN. GERMAR. *Magazin der entomo-*
logie. IV. p. 116. n° 15.

Long. 4 $\frac{1}{2}$, 6 lignes. Larg. 1 $\frac{3}{4}$, 2 $\frac{1}{2}$ lignes.

Elle ressemble à la *Campestris*, mais elle est ordinairement
plus petite; son corselet est plus arrondi, et ses élytres sont
plus planes et plus en ovale. Elle est en-dessus d'une belle couleur verte, sans aucune nuance cuivreuse. La lèvre supérieure
est d'un blanc-jaunâtre; elle est un peu arrondie, et elle a une
petite dent à sa partie antérieure. Les mandibules sont d'un
blanc-jaunâtre à la base avec l'extrémité obscure. Les palpes
sont d'un vert-bronzé. Les quatre premiers articles des antennes

sont d'un rouge-cuivreux, les autres sont obscurs. La tête et les
yeux sont comme dans la *Campestris.* Le corselet est arrondi sur
ses côtés, et ses impressions sont moins marquées que dans la
Campestris. Les élytres sont plus planes, plus larges et plus en
ovale ; elles sont légèrement ponctuées , et elles ont chacune
trois petits points blancs : le premier à l'angle de la base ; le
second un peu au-delà du milieu, un peu plus près du bord
extérieur que de la suture ; et le troisième entre le second et
l'extrémité, et un peu plus près de la suture. En-dessous, les
côtés du corselet et de la poitrine sont d'une belle couleur cuivreuse. L'abdomen est d'un vert-bleuâtre. Les cuisses et les
jambes sont d'un rouge-cuivreux plus ou moins brillant ; les
tarses sont d'un vert-bronzé.

J'en possède une variété dont tout le dessus du corps est
d'un rouge-cuivreux obscur.

Elle se trouve au cap de Bonne-Espérance.

41. C. Maura.

Nigro-obscura, elytris maculis sex albis : tertia quartaque oblique
positis, sæpe confluentibus.

Fabr. *Sys. el.* 1. p. 235. n° 16.
Oliv. 11. 33. p. 31. n° 33. t. 3. fig. 31.
Sch. *Syn. ins.* 1. p. 241. n° 17.
Iconographie. 1. p. 44. n° 4. t. 3. fig. 6.
Dej. *Cat.* p. 1.

Long. 5 $\frac{1}{4}$, 6 lignes. Larg. 1 $\frac{3}{4}$, 2 $\frac{1}{4}$ lignes.

Elle est ordinairement plus petite que la *Campestris,* et elle
est moins large et plus cylindrique. La lèvre supérieure est d'un
blanc un peu jaunâtre, et elle a trois dents à sa partie antérieure, dont l'intermédiaire est un peu plus avancée, surtout
dans la femelle. Les mandibules sont d'un noir un peu bronzé
avec une grande tache blanchâtre à la base. Les palpes maxillaires sont d'un brun-obscur avec l'extrémité des premiers articles d'une couleur plus claire ; les labiaux sont d'un blanc-

roussâtre avec le dernier article d'un brun-obscur. Les quatre
premiers articles des antennes sont d'un vert-bronzé obscur;
les autres sont noirâtres. La tête est moins large que celle de la
Campestris; elle est d'un noir-obscur un peu bronzé, légèrement granulée et striée entre les yeux; elle a quelques poils
grisâtres sur le front. Le corselet est de la même couleur; il est
un peu plus étroit que la tête, un peu plus long que large, et
un peu rétréci postérieurement; il est légèrement granulé. Les
deux sillons transversaux et la ligne longitudinale sont peu marqués, et il a quelques poils grisâtres, principalement sur les
côtés et dans les sillons. Les élytres sont beaucoup moins larges
que celles de la *Campestris*; elles sont d'un noir-mat et obscur,
et elles sont légèrement ponctuées à la base, et presque lisses
vers l'extrémité. Elles ont chacune six points blancs, arrondis
et assez gros: le premier à l'angle de la base; le second un peu
plus bas et un peu plus près de la suture, correspondant à la
partie inférieure de la lunule de l'*Hybrida*; le troisième au milieu de l'élytre, près du bord extérieur; le quatrième un peu plus
bas, près de la suture; ces deux points sont souvent réunis et
ils forment alors une bande sinuée; le cinquième près du bord extérieur, vers l'extrémité; et le sixième, qui est presque triangulaire, tout-à-fait à l'extrémité. Le dessous du corps est d'un noir-
obscur avec quelques poils grisâtres, principalement sur les
côtés. Les pattes sont d'un vert-bronzé obscur, et sont aussi
garnies de poils grisâtres.

Elle se trouve en Espagne, sur le bord des eaux.

42. C. NIGRITA. *Mihi.*

*Nigro-obscura, elytris punctis quinque marginalibus albis, sexto
centrali.*

Long. 5 ½ lignes. Larg. 2 ¼ lignes.

Elle ressemble entièrement à la *Campestris* pour la forme, la
grandeur et la disposition des taches des élytres; mais elle est
en-dessus entièrement d'un noir-mat et obscur. Les palpes et
les quatre premiers articles des antennes sont d'un noir-obscur,

très-légèrement bronzé. La base des élytres est un peu plus fortement granulée ; le troisième point marginal est un peu allongé ,
et il se réunit presque à celui du milieu. Le dessous du corps
est d'un noir-obscur, et garni de poils blanchâtres. L'abdomen
est d'un noir un peu violet. Les pattes sont d'un noir-obscur ,
et garnies de poils blanchâtres assez longs.

Elle m'a été envoyée par M. de Cerisy, comme venant de l'île
de Corse.

43. C. Campestris.

*Viridis, pectore pedibusque rubro-cupreis ; elytris punctis quin-
que marginalibus albis, sexto centrali , fusco cincto.*

Fabr. *Sys. el.* 1. p. 233. n° 11.

Oliv. 11. 33. p. 11. n° 8. t. 1. fig. 3.

Sch. *Syn. ins.* 1. p. 238. n° 11.

Gyl. 11. p. 2. n° 1.

Duft. 11. p. 224. n° 1.

Iconographie. 1. p. 39. n° 1. t. 3. fig. 1.

Dej. *Cat.* p. 1.

Le bupreste vert à douze points blancs. Geoff. 1. p. 153. n° 27.

Var. A. *Iconographie.* 1. p. 39. n° 1. t. 3. fig. 2.

Dej. *Cat.* p. 1.

C. Maroccana. Fabr. *Sys. el.* 1. p. 234. n° 12.

Sch. *Syn. ins.* 1. p. 239. n° 12.

Var. B. *C. Affinis.* Boeber. Fischer. *Entomographie de la
Russie.* 1. genre des insectes. p. 101. t. 1. fig. 5.

Long. 5 $\frac{1}{2}$, 6 $\frac{1}{2}$ lignes. Larg. 2 $\frac{1}{4}$, 2 $\frac{3}{4}$ lignes.

La lèvre supérieure est assez grande , jaunâtre, presque arrondie antérieurement dans le mâle, et pourvue d'une très-petite
dent au milieu dans la femelle. Dans les mâles, les mandibules
sont d'un blanc-jaunâtre avec l'extrémité et les dents intérieures
d'un noir un peu bronzé. Dans les femelles, elles sont de cette
dernière couleur, et elles n'ont qu'une très-petite tache jaunâtre
à la base. Les palpes sont d'un vert-bronzé, et couverts de longs

poils blanchâtres. Les quatre premiers articles des antennes sont
d'un rouge-cuivreux, les autres sont d'un noir-obscur. La tête
est verte avec quelques nuances cuivreuses; elle est granulée,
légèrement striée entre les yeux; le front est légèrement échancré; les côtés de la tête, sous les yeux, sont d'un rouge-cuivreux
et striés. Le corselet est court, presque carré, à peu près de la
largeur de la tête à sa partie antérieure, et un peu rétréci postérieurement; il a deux sillons transversaux, l'un près du bord
supérieur, l'autre près de la base, et une ligne longitudinale enfoncée au milieu, qui réunit les deux sillons; il est légèrement
granulé, et il est d'une couleur verte avec quelques nuances d'un
rouge-cuivreux, principalement dans les sillons. En-dessous ses
côtés sont d'un beau rouge-cuivreux. L'écusson est assez petit,
triangulaire et d'un rouge-cuivreux. Les élytres sont beaucoup
plus larges que le corselet; elles sont peu convexes et presque
planes, assez allongées, presque parallèles, et arrondies à l'extrémité. La suture est terminée par une très-petite pointe, très-
peu marquée, et le bord postérieur n'est point dentelé en scie,
comme dans l'*Hybrida*. Elles sont d'une couleur verte, et, vues
à la loupe, elles paraissent légèrement granulées; elles ont sur
chaque six points blancs: le premier à l'angle de la base; le second un peu plus bas, presque sur le bord de l'élytre, mais sans
y toucher; il est un peu allongé, et il semble, avec celui de la base,
former les deux extrémités d'une tache en croissant, qui serait
interrompue au milieu; le troisième en croissant, ou triangulaire, près du bord, immédiatement au-dessous du second et à
peu près au milieu de l'élytre; le quatrième transversal et un
peu oblique, sur le bord, près de l'extrémité; le cinquième tout-
à-fait à l'extrémité, à l'angle de la suture; il se prolonge souvent
le long du bord; et il se réunit quelquefois au quatrième avec
lequel il forme alors une espèce de lunule; le sixième est placé
un peu au-dessous du milieu de l'élytre, plus près de la suture
que du bord, et un peu au-dessous du troisième point marginal;
il est ordinairement un peu plus gros que les autres et d'une forme
arrondie, et il se trouve au milieu d'une tache oblongue, noirâtre, qui s'étend en-dessus et en-dessous. On remarque en

outre, près de la suture et à la hauteur du second point marginal, une petite impression, très-peu sensible dans le mâle, mais qui forme un point enfoncé noirâtre et assez distinct dans la femelle. En-dessous, les côtés de la poitrine sont d'un rouge-cuivreux; l'abdomen est d'un vert-bleuâtre brillant. Les pattes sont longues, déliées, hérissées de poils blanchâtres; les cuisses et les jambes sont d'un rouge-cuivreux; les tarses sont d'un vert-bronzé.

Elle se trouve communément dans presque toute l'Europe et en Sibérie, dans les endroits secs et sablonneux. Cette espèce varie beaucoup; sa couleur verte est quelquefois très-brillante, et quelquefois tout-à-fait obscure. Les points blancs varient beaucoup aussi pour la grandeur; quelquefois les uns ou les autres sont très-petits, et même disparaissent entièrement, comme dans l'*Affinis* de Bœber; j'ai vu même des individus sans aucune tache. Quelquefois le troisième point marginal est allongé, et se réunit presque à celui du milieu. Les individus des contrées méridionales de l'Europe sont beaucoup plus brillants que ceux du nord. La *Maroccana* de Fabricius, que l'on trouve en Portugal, dans le midi de l'Espagne et sur la côte de Barbarie, ne me paraît qu'une simple variété de cette espèce : elle en diffère par les élytres, qui sont plus ovales, moins parallèles, dont les bords sont un peu plus relevés et un peu dilatés, et qui sont plus fortement granulés; par une tache trilobée d'un rouge-cuivreux, située sur le dessus de la tête; par deux autres taches de la même couleur, placées sur le corselet, et par les points blancs des élytres, qui sont entourés d'une nuance rougeâtre tirant sur le cuivreux : mais ces différences ne sont pas constantes. La forme des élytres est plus ou moins ovale, plus ou moins parallèle ; leur bord est plus ou moins dilaté, et leur surface est plus ou moins granulée. Les taches cuivreuses de la tête et du corselet, et celles rougeâtres qui entourent les points des élytres, sont plus ou moins marquées et plus ou moins brillantes; et, en examinant un grand nombre d'individus, pris dans le nord de l'Espagne et dans le midi de la France, on trouve tous les passages de la *Maroccana* la mieux caractérisée à la *Campestris* du nord de l'Europe. Il n'est donc pas possible d'en faire une espèce particulière, et il faut la considérer comme une simple variété de climat.

44. C. DESERTORUM. *Boeber.*

Viridis, pectore pedibusque rubro-cupreis; elytris lunula hume-
rali interrupta, apicali integra, fasciaque tenui media sinuata
abbreviata albis.

Long. 6 , 6 $\frac{1}{2}$ lignes. Larg. 2 $\frac{1}{2}$, 2 $\frac{3}{4}$ lignes.

Elle ressemble beaucoup à la *Campestris*, pour la forme, la grandeur, les couleurs et la disposition des taches des élytres; elle est seulement un peu plus grande, un peu plus allongée, et ses élytres sont un peu plus parallèles. Les deux points blancs de la base, qui semblent former les deux extrémités de la lunule humérale, sont comme dans la *Campestris*, mais seulement un peu plus grands; les deux de l'extrémité sont aussi un peu plus grands et réunis comme on le voit dans quelques individus de cette espèce. Les deux points du milieu sont réunis et forment une petite bande blanche, transversale, sinuée et anguleuse à sa partie supérieure, qui ne touche ni au bord extérieur ni à la suture, et qui ressemble à celle que l'on voit dans l'*Hybrida*, mais qui est beaucoup plus étroite. Le dessous du corps et les pattes sont comme dans la *Campestris*.

Elle se trouve dans la Russie méridionale.

45. C. PATRUELA. *Mihi.*

Viridis, elytris lunula humerali apicalique interrupta, fasciaque
tenui media sinuata abbreviata albis.

Long. 6 $\frac{1}{2}$ lignes. Larg. 2 $\frac{1}{2}$ lignes.

Elle est à peu près de la grandeur de l'*Hybrida*, mais elle est un peu plus étroite; la tête est un peu plus grosse, et le corselet un peu moins carré et un peu plus arrondi. Elle est en dessus d'une couleur verte assez brillante. Dans la femelle, le seul sexe que je connaisse, la lèvre supérieure est d'un blanc-jaunâtre, et

elle a trois petites dentelures à sa partie antérieure. Les mandibules sont d'un vert - bronzé avec l'extrémité et les dents intérieures noirâtres, et une grande tache d'un blanc-jaunâtre à la
base. Les palpes sont d'un vert-bronzé; les quatre premiers articles des antennes sont d'un vert un peu bronzé, les autres sont
roussâtres. La tête est assez grosse; elle est finement granulée
à sa partie postérieure, et légèrement striée entre les yeux;
ceux-ci sont assez gros et brunâtres. Le corselet est à peu près
de la largeur de la tête; il est moins carré, plus arrondi et plus
convexe que dans la *Campestris* et dans l'*Hybrida*. Il est finement
granulé, les sillons transversaux sont bien marqués, mais la
ligne longitudinale l'est beaucoup moins. Les élytres sont un
peu plus allongées, un peu plus parallèles et un peu plus convexes que celles de l'*Hybrida*; elles sont légèrement granulées.
La lunule de la base est interrompue, ou, pour mieux dire, elle
est remplacée par deux points séparés comme dans la *Campestris*, mais qui sont un peu plus gros et arrondis : celle de l'extrémité est aussi interrompue; sa partie supérieure est formée
par un gros point arrondi, et celle inférieure par une tache allongée et assez mince; la bande du milieu est plus étroite et
moins sinuée que dans l'*Hybrida*, et elle n'est pas anguleuse à
sa partie supérieure; elle est formée par une tache triangulaire
placée près du bord extérieur qui s'amincit, et qui vient se joindre, en se recourbant un peu, à un point arrondi placé vers la
suture. Le bord postérieur n'est presque pas sensiblement dentelé en scie. Le dessous du corps est d'un vert un peu bleuâtre;
les pattes sont de la même couleur.

Elle m'a été envoyée par M. Roger comme venant de l'Amérique septentrionale.

46. C. Consentanea. *Mihi.*

*Supra nigro-obscura, elytris lunula humerali integra apicalique
interrupta, fasciaque tenui media sinuata abbreviata albis.*

Long. 6 $\frac{1}{2}$ lignes. Larg. 2 $\frac{3}{4}$ lignes.

Elle est à peu près de la grandeur de la *Patruela*, dont elle n'est peut-être qu'une variété; elle est un peu plus large, et elle est en dessus d'une couleur noirâtre obscure. Dans la femelle, le seul sexe que je connaisse, la lèvre supérieure est d'un blanc-jaunâtre ; elle est un peu avancée, et elle a trois petites dentelures à sa partie antérieure. Les mandibules sont d'un noir-obscur, et elles ont une tache d'un blanc - jaunâtre à la base. Les palpes sont d'un vert-bronzé obscur. Les quatre premiers articles des antennes sont de la même couleur, les autres sont roussâtres. La tête et le corselet sont à peu près comme dans la *Patruela*. Les taches des élytres sont disposées de la même manière, mais la lunule humérale n'est point interrompue, et la base de la bande du milieu est un peu plus large. Le dessous du corps et les pattes sont d'un bleu-verdâtre obscur.

Elle m'a été donnée par M. Milbert, qui l'a rapportée de l'Amérique septentrionale.

47. C. HYBRIDA.

Supra cupreo subvirescens, elytris lunula humerali apicalique integra, fasciaque media sinuata abbreviata albis.

FAB. *Sys. el.* 1. p. 234. n° 13.
OLIV. 11. 33. p. 12. n° 9. T. 1. fig. 7.
SCH. *Syn. ins.* 1. p. 239. n° 13.
GYL. 11. p. 3. n° 2.
Iconographie. 1. p. 48. n° 7. T. 4. fig. 1.
DEJ. *Cat.* p. 1.
Le bupreste à broderie blanche. GEOFF. 1. p. 155. n° 28.

Long. 5 $\frac{1}{2}$, 6 $\frac{1}{2}$ lignes. Larg. 2 $\frac{1}{4}$, 2 $\frac{3}{4}$ lignes.

Elle ressemble à la *Campestris* pour la forme et la grandeur; mais elle est un peu plus convexe, et ordinairement un peu plus grande. La lèvre supérieure est blanche, transverse, coupée presque carrément à sa partie antérieure, avec une très-petite dent au milieu dans les deux sexes. Les mandibules sont d'un vert-bronzé avec une tache blanche à la base, beaucoup plus grande dans le mâle que dans la femelle. Les palpes maxillaires sont d'un vert-bronzé. Les labiaux sont d'un blanc un peu roussâtre avec le dernier article d'un vert-bronzé. Les quatre premiers articles des antennes sont d'un vert-bleuâtre, plus ou moins mêlé de rouge-cuivreux; les autres sont obscurs. La tête est d'une couleur verdâtre avec des nuances d'un rouge-cuivreux, plus ou moins marquées; elle est finement striée entre les yeux, et légèrement granulée postérieurement. Les yeux sont assez gros et brunâtres. Le corselet est à peu près de la largeur de la tête; il est presque carré, et il n'est pas rétréci postérieurement comme dans la *Campestris*; il est granulé de même et il a les mêmes impressions; il est verdâtre avec des nuances d'un rouge-cuivreux, plus ou moins marquées; le fond des impressions transversales est d'un vert-doré. L'écusson est d'un beau rouge-cuivreux. Les élytres sont un peu plus convexes que celles de la *Campestris*, et plus fortement granulées. Elles sont d'une couleur verdâtre avec une légère teinte cuivreuse, plus ou moins brillante; elles ont une tache blanche formant une espèce de lunule ou de croissant à l'angle de la base, une autre tout-à-fait à l'extrémité, et au milieu une bande transversale blanche, sinuée, dentée à sa partie supérieure, un peu dilatée à sa base, qui ne touche pas tout-à-fait au bord extérieur, et qui ne va pas jusqu'à la suture. Le point enfoncé noirâtre que l'on remarque à la partie supérieure de l'élytre dans la femelle de la *Campestris*, ainsi que l'impression du mâle, sont très-peu sensibles dans cette espèce. La suture est d'un beau rouge-cuivreux; elle est un peu saillante, surtout postérieurement, et elle se termine par une petite pointe très-peu marquée. Le bord postérieur est finement dentelé en scie. En-dessous, les côtés du corselet et de la poitrine sont d'un beau rouge-cuivreux. L'abdomen est d'un vert-bleuâtre brillant. Les cuisses et les jambes sont d'un rouge-cuivreux; les tarses sont d'un vert-bronzé.

Elle se trouve dans presque toute l'Europe et en Sibérie, dans les endroits secs et sablonneux.

Cette espèce varie pour les couleurs; elle est plus ou moins brillante, et la bande blanche des élytres est plus ou moins large et plus ou moins sinuée. J'ai vu quelques individus, pris dans la partie orientale de la France, dans lesquels la lunule humérale était interrompue.

48. C. RIPARIA. *Megerle.*

Supra cupreo-subobscuro-virescens; elytris lunula humerali sub-interrupta apicalique integra, fasciaque media sinuata sub-recta abbreviata albis.

Iconographie. 1. p. 50. n° 8. T. 4. fig. 2.
DEJ. *Cat.* p. 1.
C. Danubialis. DAHL.

Long. 6, 6 $\frac{1}{2}$ lignes. Larg. 2 $\frac{1}{2}$, 2 $\frac{3}{4}$ lignes.

Elle ressemble beaucoup à l'*Hybrida*, et même elle pourrait bien n'en être qu'une variété. Elle en diffère seulement par la couleur qui est plus foncée, moins brillante et presque noi-râtre; par la bande blanche qui est plus large, plus droite et moins sinuée; et par la tache humérale qui est ordinairement presque interrompue au milieu, et qui quelquefois l'est même tout-à-fait.

Elle se trouve en Autriche, en Allemagne, en Suisse, et dans les parties orientales de la France, sur les bords des rivières, principalement sur ceux du Danube et du Rhône.

49. C. TRANSVERSALIS. *Ziegler.*

Supra cupreo - subvirescens; elytris lunula humerali interrupta apicalique integra, fasciaque tenui media sinuata subrecta abbreviata albis.

Iconographie. 1. p. 50. n° 9. T. 4. fig. 3.
DEJ. *Cat.* p. 1.

Long. 6 $\frac{1}{2}$ lignes. Larg. 2 $\frac{1}{2}$ lignes.

Il est possible que cette espèce ne soit aussi qu'une variété de l'*Hybrida*. Elle en diffère seulement par la bande blanche qui est plus étroite, moins sinueuse, et qui ne se rapproche pas autant du bord extérieur; et par la lunule humérale qui est tout-à-fait interrompue, et qui ne présente plus que deux points blancs. Elle me paraît un peu plus allongée, et le dessous du corps et les pattes sont plus velus et moins brillants.

Je crois qu'elle se trouve en Autriche. L'individu que je possède m'a été donné à Vienne par M. Ziegler.

5o. C. MARITIMA.

Supra cupreo - subvirescens ; elytris lunula humerali apicalique integra, fasciaque media flexuosa abbreviata albis.

Iconographie. 1. p. 52. n° 11. т. 4. fig. 5.
DEJ. *Cat.* p. 1.

Long. 5 ¾, 6 ¼ lignes. Larg. 2 ¼, 2 ½ lignes.

Elle ressemble beaucoup à l'*Hybrida,* et il est possible qu'elle n'en soit qu'une variété. Elle est ordinairement un peu plus petite, et elle en diffère par la bande blanche des élytres qui est à peu près figurée comme dans la *Flexuosa ;* c'est-à-dire que cette bande est un peu dilatée à sa base le long du bord extérieur, qu'elle forme ensuite une espèce de crochet au milieu, et qu'elle se recourbe vers l'extrémité de l'élytre.

Elle se trouve dans le nord de la France, dans les dunes sur le bord de la mer. Je l'ai aussi reçue de Suède, de Laponie et de Sibérie; et il est possible que cette espèce soit la véritable *Hybrida* de Linné, de Paykull et de Gyllenhal, ou du moins qu'elle ait été confondue avec elle par ces naturalistes.

51. C. SYLVICOLA. *Megerle.*

Supra cupreo - subviridis ; elytris lunula humerali interrupta apicalique integra, fasciaque media sinuata abbreviata albis.

Iconographie. 1. p. 51. n° 10. т. 4. fig. 4.
DEJ. *Cat.* p. 1.
C. *Hybrida.* DUFT. 11. p. 225. n° 2.

Long. 7 lignes. Larg. 2 ¾ lignes.

Cette espèce a été pendant long-temps regardée en Autriche comme la véritable *Hybrida,* et M. Duftschmid l'a décrite sous ce nom dans sa *Fauna Austriæ*. M. Megerle est le premier qui l'ait distinguée. Elle est un peu plus grande que l'*Hybrida*; sa couleur en-dessus est plus verte; la lèvre supérieure est un peu plus avancée, et la dent du milieu est un peu plus marquée; la tête est proportionnellement plus grosse et plus large; le corselet est moins carré, et il se rétrécit un peu postérieurement; le bord postérieur des élytres, vu même avec une forte loupe, ne paraît nullement dentelé en scie; la lunule blanche de la base est interrompue, et elle forme deux points distincts; le point enfoncé noirâtre, situé à la partie supérieure des élytres près de la suture, et que l'on voit dans la femelle de la *Campestris*, est plus marqué dans cette espèce que dans l'*Hybrida*.

Elle se trouve communément en Autriche et dans plusieurs contrées de l'Allemagne, dans les endroits secs et sablonneux, particulièrement dans les bois. Je l'ai reçue aussi de Genève, de Lyon et de l'Auvergne. J'en ai vu une variété, venant de cette province, dans laquelle la lunule de la base des élytres n'était point interrompue.

52. C. Tricolor.

Capite thoraceque viridi-aureis, vel cyaneis; elytris auro-pur-pureis, vel cyaneis, lunula [humerali apicalique integra, fas-ciaque media sinuata abbreviata flavescentibus.

Adams. *Mém. de la société imp. des nat. de Moscou.* v. p. 278. n° 1.

Fischer. *Entomographie de la Russie.* 1. p. 6. n° 3. т. 1. fig. 3.

Long. 7 lignes. Larg. 2 ¾ lignes.

Cette belle espèce ressemble beaucoup à l'*Hybrida*, mais elle est un peu plus grande. La lèvre supérieure est semblable dans le mâle, mais elle est un peu plus avancée dans la femelle, et la dent du milieu est un peu plus marquée. La tête, le corselet et l'écusson sont d'un beau vert-doré, et quelquefois d'un beau bleu-brillant. Les élytres sont d'une belle couleur pourprée-dorée et brillante, et quelquefois d'un beau bleu ou d'un bleu

CICINDELA.

un peu verdâtre. La lunule humérale est un peu plus allongée; tantôt elle est entière, et tantôt elle est interrompue. La bande du milieu est un peu moins droite, et elle se recourbe un peu plus vers l'extrémité; elle est, ainsi que les deux lunules, d'un blanc un peu jaunâtre. Le dessous du corps et les pattes sont d'un beau vert-brillant ou d'une belle couleur bleue. Les côtés du corselet, la poitrine, et les pattes n'ont aucune teinte cuivreuse.

Elle se trouve en Sibérie, auprès du lac Baïcal et de la Léna, au-delà de Yakoutsk, et sur l'Altaï.

53. C. Lateralis. *Gebler*.

Capite thoraceque cupreo-œneis; elytris albis, sutura ad basin dilatata lunulaque communi transversa postica cupreo-œneis.

C. *Hybrida. var.* Fischer. *Entomographie de la Russie.* 1. t. 1. fig. 7.

Long. 6 lignes. Larg. 2 ¼ lignes.

Elle ressemble beaucoup à l'*Hybrida* pour la forme et la grandeur; mais les élytres sont un peu moins larges, plus parallèles et un peu moins convexes. La lèvre supérieure est un peu moins avancée et coupée plus carrément, surtout dans la femelle, et la dent du milieu est un peu moins apparente. Les quatre premiers articles des antennes sont d'un rouge-cuivreux, les autres sont obscurs. La tête, le corselet et l'écusson sont comme dans l'*Hybrida*, mais d'une couleur plus cuivreuse et plus brillante. Les élytres sont blanches; elles ont sur la suture une grande tache de la couleur du corselet, plus ou moins sinuée sur ses bords, et qui va depuis la base jusques un peu au-delà du milieu; et, entre cette tache et l'extrémité, une autre transversale en croissant, dont les bords sont plus ou moins sinués. Elles ont en outre une bordure extérieure très-mince de la même couleur. En regardant attentivement cette espèce, on s'aperçoit que la disposition des taches est à peu près la même que dans les *Tibialis, Volgensis* et *Chiloleuca*, mais que la bordure et les taches blanches sont seulement beaucoup plus larges. Le bord posté-

rieur est assez fortement dentelé en scie, et la suture est terminée par une petite épine. Le dessous du corps et les pattes
sont à peu près comme dans l'*Hybrida*.

Elle m'a été envoyée par M. Gébler sous le nom que je lui ai
conservé, comme se trouvant en Sibérie, dans le district de
Kolyvan. J'en possède une variété, dans laquelle les taches
blanches sont plus distinctes, et dont la tache bronzée postérieure a de chaque côté un petit crochet qui se joint presque au
bord extérieur, et qui marque la séparation de la lunule blanche
de l'extrémité et de la bande du milieu.

54. C. Soluta. *Megerle.*

Parallela, supra cupreo-subvirescens, vel viridis; elytris lunula
humerali apicalique interrupta, fasciaque tenui media sinuata
abbreviata albis.

Iconographie. I. p. 47. n° 6. T. 3. fig. 8.
Dej. *Cat.* p. 1.
C. *Savranica.* Besser.

Long. 6 ½ lignes. Larg. 2 ¼ lignes.

Cette jolie espèce ressemble, au premier abord, à l'*Hybrida*;
mais elle en diffère par des caractères essentiels. La lèvre supérieure est un peu plus avancée dans les deux sexes, et la dent
du milieu est un peu plus marquée. La tête est un peu plus
grosse. Le corselet est un peu rétréci postérieurement. Les élytres
sont plus étroites, et elles ont presque la forme d'un parallélogramme rectangle. La lunule humérale est tout-à-fait interrompue, et elle présente deux points distincts, dont le premier
est arrondi et le second en forme de virgule renversée. La lunule
de l'extrémité est aussi interrompue, et elle se compose d'une
ligne arquée qui borde l'extrémité inférieure, et qui a la forme
d'une virgule allongée, dont la partie supérieure toucherait à la
suture; et d'une tache triangulaire, dont un des angles touche
presque à la pointe de la virgule. La bande du milieu est plus
étroite que dans l'*Hybrida*; elle se rapproche un peu moins du
bord extérieur, et elle n'est pas dilatée à sa base. Cette espèce

varie beaucoup pour la couleur des élytres; elles sont ordinairement semblables à celles de l'*Hybrida*, et quelquefois presque aussi vertes que celles de la *Campestris*.

Elle se trouve en Hongrie, en Volhynie et dans les provinces voisines.

55. C. Sylvatica.

Supra nigro-subœnea; elytris subvariolosis, lunula humerali, striga media undulata abbreviata punctoque postico albis; labro nigro.

Fabr. *Sys. el.* i. p. 235. nᵒ 15.
Oliv. ii. 33. p. 15. nᵒ 12. t. 1. fig. 5.
Sch. *Syn. ins.* i. p. 240. nᵒ 16.
Gyl. ii. p. 4. nᵒ 3.
Duft. ii. p. 226. nᵒ 3.
Iconographie. i. p. 45. nᵒ 5. t. 3. fig. 7.
Dej. *Cat.* p. 1.

Long. 7, 8 lignes. Larg. 2 ½, 3 lignes.

Elle est un peu plus grande que l'*Hybrida*. Sa couleur est en-dessus d'un noir un peu bronzé. La lèvre supérieure est noire; elle est dans les deux sexes plus avancée que dans les espèces voisines; elle a dans son milieu une ligne longitudinale élevée, et une dent assez marquée à sa partie antérieure. Les mandibules sont d'un noir-bronzé avec une tache blanchâtre à la base. Les palpes sont d'un vert-bronzé, garnis de poils blanchâtres. Les quatre premiers articles des antennes sont d'un vert-bronzé, quelquefois un peu cuivreux; les autres sont obscurs. La tête est granulée à sa partie postérieure, et légèrement striée entre les yeux. Le corselet est à peu près de la largeur de la tête; il est presque carré, et ses angles sont un peu arrondis; il est légèrement granulé, et les deux sillons transversaux et la ligne longitudinale sont assez marqués. Les élytres sont assez grandes, en ovale un peu plus allongé que celles de l'*Hybrida*; leur extrémité est moins arrondie, et leur bord postérieur n'est point dentẹlé en scie, comme dans cette espèce; elles ont des points enfoncés, qui les font paraître presque variolées, surtout vers l'extrémité. Elles ont, à l'angle de la base, une tache en croissant d'un blanc un peu jaunâtre, qui est quelquefois interrompue; au milieu, une bande transversale sinuée, de la même couleur, qui est plus étroite que celle de l'*Hybrida*; et, vers l'extrémité, un point placé près du bord extérieur, correspondant à la partie supérieure de la tache postérieure de l'*Hybrida*; le reste de cette tache manque entièrement. Le dessous du corps est d'un bleu-verdâtre; les côtés du corselet et de la poitrine ont quelques reflets cuivreux. Les cuisses sont d'un bleu-métallique; les jambes et les tarses sont d'un vert-bronzé.

Elle se trouve dans les endroits secs et arides de la France, de l'Allemagne, de la Suède, et en Sibérie; elle n'est pas rare à Fontainebleau et dans la Sologne.

56. C. Obliquata.

Supra nigro-œnea; elytris lunula humerali apicalique integra, strigaque media obliqua flexuosa abbreviata albis.

Dej. *Cat.* p. 1.

Long. 6, 6 ½ lignes. Larg. 2 ½, 2 ¾ lignes.

Elle est à peu près de la grandeur de l'*Hybrida*, mais elle est un peu plus large et un peu plus aplatie. Sa couleur est en-dessus beaucoup plus foncée et d'un noir un peu bronzé. La lèvre supérieure est d'un blanc-jaunâtre; elle est transverse, coupée presque carrément dans les deux sexes, et elle a trois petites dents à sa partie antérieure, beaucoup plus marquées dans la femelle que dans le mâle. Les mandibules sont d'un vert-bronzé avec l'extrémité et les dents intérieures noirâtres, et une grande tache d'un blanc-jaunâtre à la base. Les palpes sont d'un vert-bronzé dans la femelle; dans le mâle, les premiers articles des labiaux sont d'un blanc-jaunâtre. Les quatre premiers articles des antennes sont d'un vert-bronzé avec quelques nuances cuivreuses, les autres sont obscurs. La tête est légèrement striée entre les yeux, finement granulée à sa partie postérieure ; elle a un petit bouquet de poils blanchâtres entre les antennes. Les yeux sont assez gros et brunâtres. Le corselet est un peu moins carré et un peu plus convexe que celui de l'*Hybrida* ; il se rétrécit un peu postérieurement ; il est très-finement granulé, et il a quelques poils blanchâtres sur ses côtés. L'écusson est d'une couleur bronzée un peu cuivreuse. Les élytres sont plus lisses que celles de l'*Hybrida*, elles sont plus larges et moins convexes. La lunule humérale est plus mince, moins recourbée, et elle descend un peu plus bas et plus près de la suture. La bande du milieu est aussi plus mince : sa base est un peu dilatée le long du bord extérieur ; elle est placée un peu obliquement, et elle se recourbe en descendant près de la suture, comme dans la *Maritima*. La lunule de l'extrémité est également plus étroite. Le bord postérieur est très-légèrement dentelé en scie. Le dessous du corps est d'un vert-brillant un peu bleuâtre avec quelques nuances cuivreuses. Les côtés du corselet et de la poitrine sont d'un beau rouge-cuivreux ; ils sont, ainsi que les pattes, garnis de poils blanchâtres. Les pattes sont d'un vert-bronzé avec des nuances cuivreuses, principalement sur les cuisses.

Elle se trouve dans l'Amérique septentrionale.

J'en possède une variété dans laquelle la lunule humérale est interrompue, le commencement de la bande très-peu marqué, et qui n'a que l'extrémité de la lunule postérieure.

57. C. Duodecimguttata. *Mihi.*

Supra obscuro-ænea ; elytris lunula humerali apicalique interrupta, strigaque media flexuosa abbreviata interrupta albis.

Long. 5 ½, 6 lignes. Larg. 2 ¼, 2 ½ lignes.

Elle ressemble un peu à l'*Obliquata*, mais elle est un peu plus petite, et proportionnellement un peu plus courte. Elle est en-dessus d'une couleur bronzée-obscure un peu cuivreuse. Dans la femelle, le seul sexe que je connaisse, la lèvre supérieure est blanche, transverse, avec une petite dent à sa partie antérieure.

Les palpes sont d'un vert-bronzé. Les mandibules sont d'un vert-bronzé avec l'extrémité et les dents intérieures noirâtres, et une grande tache blanche à la base. Les quatre premiers articles des antennes sont d'un vert-bronzé avec des nuances cuivreuses; les autres sont obscurs. La tête est finement striée entre les yeux et légèrement granulée à sa partie postérieure. Elle a quelques poils blanchâtres, principalement entre les antennes. Les yeux sont assez gros et brunâtres. Le corselet est un peu moins carré et un peu plus convexe que celui de l'*Hybrida*; il se rétrécit un peu postérieurement, et il est finement granulé. Les sillons transversaux et la ligne longitudinale sont un peu plus marqués que dans l'*Obliquata*, et le fond des sillons est d'un vert un peu doré. L'écusson est d'une couleur bronzée un peu cuivreuse. Les élytres sont plus larges et moins convexes que celles de l'*Hybrida*, plus courtes et plus en ovale que celles de l'*Obliquata*; elles sont légèrement granulées, mais pas aussi fortement que celles de l'*Hybrida*; elles ont un point blanc à l'angle de la base; un autre arrondi, un peu plus bas, qui remplace l'extrémité de la lunule humérale; au milieu, une bande étroite, transverse, courte, un peu sinuée, qui se recourbe pour se joindre à un point rond, placé plus bas, près de la suture, mais dont la partie qui la joint à ce point manque presque entièrement; un autre point près de l'extrémité qui remplace la partie supérieure de la lunule, et une petite tache en forme de virgule allongée tout-à-fait à l'extrémité. La suture est terminée par une petite pointe, et le bord postérieur est finement dentelé en scie. Le dessous du corps est d'un beau bleu-verdâtre brillant. Les côtés du corselet et de la poitrine ont quelques reflets cuivreux. Les pattes sont d'un vert un peu bronzé avec des reflets cuivreux, principalement sur les cuisses.

Elle se trouve dans l'Amérique septentrionale.

58. C. REPANDA. *Mihi.*

Supra cupreo - subvirescens ; elytris margine laterali interrupto, lunula humerali apicalique integra, strigaque media recurva incumbente albis.

Long. 5 , 5 ½ lignes. Larg. 2 , 2 ¼ lignes.

Elle ressemble beaucoup à l'*Hybrida* pour la forme et la couleur; mais elle est plus petite, et les taches des élytres sont à peu près disposées comme dans la *Trisignata*. La lèvre supérieure, les mandibules, les palpes, les antennes, la tête et le corselet sont presque absolument semblables à ces mêmes parties dans l'*Hybrida*. Les élytres sont proportionnellement un peu plus courtes et un peu plus larges, et le bord extérieur est un peu dilaté au‑dessous de la lunule humérale; elles sont un peu moins fortement granulées. Les taches sont disposées à peu près comme dans la *Trisignata;* mais la lunule humérale est un peu moins recourbée; la première partie de la bande du milieu est un peu plus droite; la partie supérieure de la lunule de l'extrémité est recourbée du côté de la suture comme dans l'*Hybrida,* et le bord latéral est interrompu, et il ne touche ni la lunule de la base ni celle de l'extrémité. Le bord postérieur est légèrement dentelé en scie. Le dessous du corps et les pattes sont comme dans l'*Hybrida*.

Elle se trouve dans l'Amérique septentrionale.

59. C. Sinuata.

Viridi‑œnea; elytris margine laterali, lunula humerali alteraque apicis dentata, fasciaque media recurva albis.

Fabr. *Sys. el.* i. p. 234. n° 14.
Sch. *Syn. ins.* i. p. 240. n° 15.
Duft. ii. p. 227. n° 5.
Iconographie. i. p. 53. n° 12. t. 4. fig. 6.
Dej. *Cat.* p. 1.

Long. 4 ½ lignes. Larg. 1 ½ ligne.

Elle ressemble pour la forme à l'*Hybrida,* mais elle est beaucoup plus petite. La lèvre supérieure est blanche, transverse, coupée presque carrément à sa partie antérieure, avec une petite dent au milieu dans les deux sexes. Les mandibules sont d'un vert‑bronzé avec une tache blanche à la base, plus grande

dans le mâle que dans la femelle. Les palpes sont d'un blanc un
peu roussâtre avec le dernier article d'un vert-bronzé ; les premiers articles des maxillaires ont une légère teinte de vert-
bronzé en-dessus. Les quatre premiers articles des antennes sont
d'un vert un peu bronzé ; les autres sont obscurs. La tête est
finement striée entre les yeux, et légèrement granulée à sa partie
postérieure ; elle est d'un vert un peu bronzé avec quelques
nuances cuivreuses. Les yeux sont brunâtres, et proportionnellement plus gros et plus saillants que ceux de l'*Hybrida*. Le corselet est à peu près de la largeur de la tête, presque carré avec
les angles antérieurs un peu arrondis ; il est légèrement granulé ;
les sillons transversaux ne sont pas très-marqués, et la ligne longitudinale l'est proportionnellement davantage. Il est de la même
couleur que la tête, et il a quelques poils blanchâtres, particulièrement sur les côtés. L'écusson est d'un vert un peu bronzé
avec les bords d'un rouge-cuivreux. Les élytres sont d'un vert
un peu bronzé ; elles sont couvertes de petits points enfoncés,
qui les font paraître granulées. Elles ont chacune une tache
blanche en croissant à l'angle de la base, qui se recourbe un
peu plus que dans l'*Hybrida ;* une autre à l'extrémité, dont la
partie supérieure se recourbe du côté du bord extérieur ; au
lieu que dans l'*Hybrida* et les espèces voisines, elle se recourbe
vers la suture ; le bord extérieur entre ces deux taches est également blanc, et il part du milieu une bande blanche sinuée, qui
paraît composée de deux taches en croissant, dont la première
est tournée vers la tête, et l'autre vers la suture. La suture est un
peu saillante, légèrement cuivreuse, et elle se termine par une
petite pointe peu avancée. A l'aide d'une forte loupe, on s'aperçoit que l'extrémité du bord postérieur est très-légèrement dentelée en scie. Le dessous du corps est d'un vert-brillant, un peu
cuivreux sur les côtés du corselet et de la poitrine. Les côtés
sont fortement garnis de poils blancs ; le milieu en est dépourvu.
Les pattes sont d'un vert-bronzé un peu cuivreux ; elles sont
aussi garnies de poils blancs.

Elle se trouve en Autriche, en Italie, dans les provinces méridionales de la Russie et en Sibérie.

60. C. Trisignata. *Illiger.*

Subcylindrica, viridi-cupreo-œnea ; elytris margine laterali, lu-
nula humerali altèraque apicis dentata, strigaque media re-
curva incumbente albis.

Iconographie. i. p. 54. n° 13. t. 4. fig. 7.
Dej. *Cat.* p. i.

Long. 4, 5 ½ lignes. Larg. i ½, 2 ¼ lignes.

Cette espèce a été long-temps regardée par tous les entomologistes français comme la *Sinuata* de Fabricius, à laquelle en effet
elle ressemble beaucoup ; mais je crois qu'elle peut être considérée
comme une espèce distincte. Sa forme est un peu plus allongée
et plus cylindrique. Sa couleur est un peu moins verte et plus
cuivreuse. Les élytres sont un peu plus allongées, et leur extrémité est un peu moins arrondie. La bande du milieu est moins
large ; la partie de cette bande qui touche au bord extérieur
est un peu plus droite ; la partie qui se recourbe est plus allongée,
et elle descend plus bas que dans la *Sinuata ;* enfin la partie supérieure de la lunule de l'extrémité est un peu plus grande, et
elle se rapproche davantage du bord extérieur.

On la trouve communément sur les bords de la mer, dans le
midi de la France et en Italie. Les individus des bords de l'Océan
sont plus grands que ceux de la Méditerranée.

Il est possible que cette espèce se rapporte à la *Trifasciata* de
Fabricius, que cet auteur dit se trouver en Italie.

61. C. Lugdunensis. *Mihi.*

Subcylindrica, viridi-obscuro-œnea ; elytris margine laterali in-
terrupto, lunula humerali alteraque apicis dentata, strigaque
media recurva subincumbente tenuibus albis.

Long. 4 lignes. Larg. i ½ ligne.

Elle ressemble beaucoup à la *Trisignata ;* mais elle est plus
petite, et sa couleur est plus obscure et n'a point de teinte cuivreuse. L'extrémité des élytres est un peu plus arrondie ; la bor-

dure blanche est interrompue près de la lunule humérale et de celle de l'extrémité. Cette bordure, la bande du milieu et les deux lunules sont beaucoup plus étroites, et la partie recourbée de la bande du milieu ne descend pas autant, quoique cependant elle descende un peu plus que dans la *Sinuata*. On aperçoit quelquefois quelques poils blanchâtres sur les élytres. Dans certains individus, le crochet de la lunule de l'extrémité en est séparé, et il forme alors un point distinct.

Elle se trouve communément aux environs de Lyon, d'où elle m'a été envoyée par M. Foudras. Je l'ai reçue aussi de M. Yvan, qui l'avait prise aux environs de Digne.

62. C. PYGMÆA.

Viridi-œnea; elytris subrugosis, lunula humerali alteraque apicis dentata, strigaque media recurva incumbente albis.

DEJ. *Cat.* p. 1.

Long. 3 ½ lignes. Larg. 1 ¼ ligne.

Elle ressemble beaucoup à la *Sinuata*, mais elle est plus petite. Les élytres sont fortement granulées et paraissent presque rugueuses; la lunule humérale est un peu plus courte, et son extrémité inférieure se rapproche moins de la suture; la bande blanche du milieu est à peu près comme dans la *Trisignata*; elle est un peu dilatée à sa base le long du bord extérieur, mais elle laisse un intervalle assez grand entre elle et les lunules de la base et de l'extrémité.

Elle se trouve dans le Levant, d'où elle a été rapportée par feu Olivier.

63. C. STRIGATA. *Mihi.*

Subcylindrica, viridi-obscuro-œnea; elytris margine laterali subsinuato interrupto, lunula humerali alteraque apicis dentata, strigaque media recurva subinterrupta albis.

Long. 4 ½ lignes. Larg. 1 ½ ligne.

Elle ressemble à la *Trisignata* pour la forme et la grandeur;

sa couleur en - dessus est beaucoup plus foncée et d'un vert-obscur presque noirâtre; les élytres sont légèrement granulées; la lunule humérale est beaucoup plus courte, plus étroite, et son extrémité inférieure se rapproche moins de la suture; la bande du milieu est un peu moins large, et ses bords sont un peu dentelés; la partie qui touche au bord extérieur est presque droite; celle qui se recourbe ne descend pas autant, et elle est presque interrompue dans son milieu. Le bord extérieur, au-dessus de la bande, ne remonte pas tout-à-fait jusqu'à la lunule humérale; au-dessous de la bande, il est un peu dilaté, et il ne va pas non plus jusqu'à la lunule de l'extrémité; celle-ci est beaucoup plus étroite; son crochet en est presque séparé, et il se dilate un peu à son extrémité.

Cette description est faite sur un individu mâle, en mauvais état, qui m'a été envoyé par M. Stéven, comme une nouvelle espèce prise dans le Caucase.

64. C. Chiloleuca.

Subcylindrica, viridi-obscuro-ænea; elytris margine laterali lato, lunula humerali apicalique, fasciaque media recurva dentata albis; antennarum apice tibiisque rufis.

Fischer. *Entomographie de la Russie.* 1. p. 5. n° 2. t. 1. fig. 2. *Iconographie.* 1. p. 56. n° 15. t. 5. fig. 1.

Long. 4 $\frac{3}{4}$, 5 $\frac{3}{4}$ lignes. Larg. 1 $\frac{3}{4}$, 2 $\frac{1}{4}$ lignes.

Cette espèce avait d'abord été décrite par M. Fischer comme la *Sinuata* de Fabricius. S'étant ensuite aperçu de son erreur, il lui a donné le nom que je lui ai conservé; mais elle est restée, sous celui de *Sinuata*, dans les planches et dans quelques exemplaires de son *Entomographie de la Russie*. Elle diffère beaucoup de la *Sinuata*; elle est plus grande, plus allongée et plus cylindrique, et sa couleur est un peu plus obscure. La lèvre supérieure est plus grande, plus avancée, et elle a une dent au milieu bien marquée dans les deux sexes. Les mandibules sont d'un noir-obscur avec une grande tache d'un blanc-jaunâtre à la base. Les palpes sont d'un blanc-roussâtre avec le dernier article d'un vert-bronzé. Les quatre premiers articles des antennes sont d'un vert-bronzé, les autres roussâtres; ceux de l'extrémité sont un peu plus obscurs. La tête est d'une couleur un peu plus obscure et un peu plus cuivreuse. Les yeux sont un peu moins saillants. Le corselet est de la couleur de la tête; il est moins carré, un peu plus allongé, plus cylindrique, légèrement arrondi sur les côtés, et un peu rétréci postérieurement; il est plus fortement granulé; ses impressions sont moins marquées, et il est un peu plus velu. Les élytres sont plus allongées, plus convexes; elles vont un peu en s'élargissant vers l'extrémité; elles sont d'un vert plus obscur, et leur ponctuation est un peu plus serrée; au moyen d'une forte loupe, on distingue, le long de la suture, une ligne un peu sinuée de points enfoncés, à peine apparents, et, à la base, le commencement d'une autre ligne. Le bord extérieur blanc est beaucoup plus large; la lunule humérale et celle de l'extrémité sont aussi plus larges, et elles sont en partie confondues dans la bordure latérale. La bande du milieu est également plus large, mais elle est dentelée irrégulièrement sur tous ses bords; ce qui la rend peu distincte. Le dessous du corps est d'un vert-cuivreux assez brillant, particulièrement sur les côtés du corselet et de la poitrine. Les côtés et les cuisses sont couverts de poils blanchâtres; ces dernières sont d'un vert-bronzé avec leur origine et leur extrémité roussâtres. Les jambes sont roussâtres avec l'extrémité d'un vert-bronzé. Les tarses sont également roussâtres avec l'extrémité de chaque article d'un vert-bronzé.

M. Fischer dit qu'elle habite la Russie méridionale et la Sibérie. Elle m'a été envoyée par M. Besser, comme venant de la Podolie, où elle paraît être assez commune.

65. C. Tibialis.

Viridi-œnea; elytris margine laterali lato, lunula humerali apicalique, fascia media recurva albis, punctis seriatis impressis nitidis; antennarum apice tibiisque rufis.

Iconographie. I. p. 55. n° 14. T. 4. fig. 8.

Long. 6 ¼ lignes. Larg. 2 ¼ lignes.

Elle ressemble beaucoup à la *Chiloleuca ;* mais elle est plus grande et moins cylindrique, et sa couleur est plus claire et plus brillante. Dans le mâle, le seul sexe que je connaisse, la lèvre supérieure est moins grande, moins avancée, et elle a trois petites dents peu marquées à sa partie antérieure. La tête est un peu plus large, et les yeux sont plus saillants. Le corselet est un peu plus large, et les sillons transversaux sont un peu plus marqués. Les élytres sont un peu plus larges, un peu plus en ovale et un peu moins convexes ; elles sont d'une couleur plus verte et plus métallique ; leur ponctuation est un peu moins serrée, la ligne de points enfoncés est beaucoup plus marquée, et ces points sont un peu brillants. La bordure et les taches blanches sont mieux marquées, et la bande du milieu est bien distincte et entière. Les mandibules, les palpes, les antennes et les cuisses sont comme dans la *Chiloleuca.* Les jambes et les tarses sont roussâtres ; ces derniers et l'extrémité des jambes sont couverts de poils blanchâtres, qui les font paraître de cette couleur.

L'individu que je possède m'a été envoyé de Marseille par M. Roux, sous le nom de *Longipes,* et comme venant du Languedoc ; mais je n'en suis pas bien certain. Le muséum possède un individu semblable, rapporté d'Égypte par feu Olivier.

66. C. Volgensis. *Besser.*

Viridis ; elytrorum basi, margine laterali lato , lunula hamata humerali apicalique , fasciaque media recurva dentata albis ; antennarum apice tibiisque rufis.

C. *Elegans.* Fischer.

Long. 5 ¾ lignes. Larg. 2 ¼ lignes.

Elle ressemble beaucoup à la *Tibialis,* et pendant long-temps je l'ai considérée comme une simple variété de cette espèce. Elle est un peu plus petite, et sa couleur est d'un vert plus clair et moins métallique. Dans le mâle, le seul sexe que je connaisse, la lèvre supérieure est un peu plus avancée, sans l'être

cependant autant que dans la *Chiloleuca*, et elle a une petite
dent à sa partie antérieure. Les mandibules sont d'un blanc-
jaunâtre avec l'extrémité obscure. Les palpes sont d'un blanc
un peu roussâtre avec l'extrémité du dernier article d'un brun-
obscur. Les quatre premiers articles des antennes sont d'un
vert-métallique assez clair; les autres sont d'un jaune-roussâtre.
La tête et le corselet sont d'un vert plus clair et plus brillant.
Ce dernier est un peu plus carré, et un peu moins convexe. Les
élytres vont un peu en s'élargissant vers l'extrémité, mais pas
autant que dans la *Chiloleuca*; elles sont d'un vert plus clair et
moins métallique ; elles paraissent légèrement granulées, et là
ligne de points enfoncés n'est pas plus distincte que dans la *Chiloleuca*. Les taches blanches sont mieux marquées que dans
cette espèce, sans l'être cependant autant que dans la *Tibialis*.
La lunule humérale se prolonge le long de la base, jusque près
de l'écusson, comme dans la *Circumdata*; et son extrémité inférieure est un peu dilatée tant en dessus qu'en dessous. Les
bords de la bande du milieu sont un peu dentelés, mais pas
autant que dans la *Chiloleuca*. Le dessous du corps est d'un
vert-métallique, les côtés sont couverts de poils blancs, le milieu en est dépourvu. Les cuisses sont d'un vert-métallique très-
clair; leur origine et leur extrémité sont roussâtres ; les jambes
et les tarses sont comme dans la *Chiloleuca*.

Elle m'a été envoyée par M. Besser comme venant des bords
du Volga, et sous le nom que je lui ai conservé. M. Fischer
m'en a envoyé un autre individu, venant de la Russie méridionale, qu'il rapportait à la *Circumdata*. Il m'a ensuite marqué
qu'il avait donné à cette espèce le nom d'*Elegans*; mais ce nom
étant déja donné par moi à une espèce différente, j'ai adopté
le nom donné par M. Besser.

67. C. CIRCUMDATA.

*Viridi-cuprea ; elytrorum basi, margine laterali, lunula hume-
rali apicalique, fasciaque media recurva dentata albis ; antennarum apice rufis.*

Iconographie. 1. p. 57. n° 16. T. 5. fig. 2.

Long. 5, 6 lignes. Larg. 1 ¾, 2 ¼ lignes.

Elle ressemble beaucoup aux trois espèces précédentes; mais elle en diffère par des caractères essentiels. La lèvre supérieure est assez grande et un peu avancée, comme dans la *Chiloleuca*, avec une petite dent à sa partie antérieure, qui n'est pas aussi marquée que dans cette espèce. Les mandibules sont d'un noir-obscur avec une grande tache d'un blanc-jaunâtre à la base. Les palpes sont d'un blanc-roussâtre avec le dernier article obscur. Les quatre premiers articles des antennes sont d'un vert-bronzé un peu cuivreux, les autres sont d'une couleur roussâtre un peu obscure. La tête est d'un vert-bronzé un peu cuivreux; elle est un peu moins large que dans les trois espèces précédentes, et les yeux paraissent un peu plus saillants. Le corselet est de la couleur de la tête; il est plus étroit, plus cylindrique; il ne paraît pas arrondi sur les côtés, ni rétréci postérieurement, comme celui de la *Chiloleuca*. Les impressions sont encore moins apparentes que dans cette espèce, et il est un peu plus velu. Les élytres ont à peu près la forme de celles de la *Chiloleuca*; mais elles sont un peu plus convexes; la ponctuation est un peu plus serrée, et la ligne de points enfoncés n'est presque pas apparente. Elles sont d'un vert-cuivreux, et quelquefois un peu rougeâtres. Leur bordure blanche est moins large; la tache humérale se prolonge le long de la base, jusque près de l'écusson, et elle se termine par une tache arrondie plus ou moins marquée; sa partie inférieure ne se recourbe pas vers la base. La bande du milieu est comme dentelée sur tous ses bords, mais pas autant que dans la *Chiloleuca*. Toutes les taches blanches paraissent beaucoup plus fortement ponctuées que celles des autres espèces. Le dessous du corps est d'un vert-cuivreux brillant; les côtés sont couverts de poils blancs. Les pattes sont d'un vert-cuivreux, et garnies de poils blanchâtres.

Je l'ai trouvée communément dans le département du Var, près des salines d'Hyères. Elle se trouve aussi aux environs de Montpellier, et dans différents endroits de nos départements méridionaux. Feu Olivier l'a trouvée dans les îles de l'Archipel.

68. C. Variegata.

*Viridi-obscuro-œnea ; elytrorum basi, margine laterali lato, lu-
nula sinuata humerali apicalique, fasciaque media recurva
obsoleta albis.*

DEJ. *Cat.* p. 1.

Long. 5 ½ lignes. Larg. 2 lignes.

Elle ressemble aux espèces précédentes, et elle est à peu près
de la grandeur de la *Circumdata*. Elle est en-dessus d'un vert-
bronzé obscur. Dans la femelle, le seul sexe que je connaisse,
la lèvre supérieure est d'un blanc-jaunâtre; elle est courte,
transverse, et elle a trois petites dents à sa partie antérieure,
dont les deux latérales sont très-peu marquées. Les mandibules
sont d'un vert-bronzé avec l'extrémité et les dents intérieures
noirâtres, et une grande tache jaunâtre à la base. Les palpes
sont d'un blanc-roussâtre avec le dernier article d'un vert-
bronzé. Les quatre premiers articles des antennes sont d'un
vert-bronzé, les autres sont obscurs. La tête a à peu près la
forme de celle de la *Chiloleuca*. Le corselet est presque carré,
et les deux sillons transversaux, surtout le postérieur, sont
assez fortement marqués; il paraît, ainsi que la tête, avoir été
couvert de poils blanchâtres, qui sont presque effacés dans
l'individu que je possède. Les élytres sont assez fortement granulées. Le bord blanc latéral est assez large, et il est un peu
sinué. La lunule humérale se prolonge le long de la base, jusque
près de l'écusson, et elle se termine par un point arrondi assez
gros; sa partie inférieure est assez mince, et un peu sinuée, ce
qu'on ne voit pas dans les espèces voisines. La bande du milieu
est très-fortement dentelée irrégulièrement dans tous les sens;
ce qui la fait paraître peu distincte et comme effacée en plusieurs endroits. Le dessous du corps est d'un vert-bronzé; les
côtés sont couverts de poils blanchâtres. Les pattes sont de la
même couleur, et couvertes également de poils blanchâtres.

L'individu que je possède provient de la collection de feu

Palisot de Beauvois, où il était noté comme venant de l'Amérique septentrionale.

69. C. TRIFASCIATA.

Subcylindrica, viridi - cupreo - ænea; elytris margine laterali,
lunula hamata humerali alteraque apicis dentata, strigaque
media tortuosa incumbente albis.

FAB.? *Sys. el.* I. p. 242. n° 54.
OLIV.? II. 33. p. 28. n° 30. T. 2. fig. 18.
SCH.? *Syn. ins.* I. p. 245. n° 57.
DEJ. *Cat.* p. I.

Long. 3 $\frac{1}{2}$, 4 $\frac{1}{2}$ lignes. Larg. 1 $\frac{1}{4}$, 1 $\frac{3}{4}$ ligne.

Il est très-possible que cette espèce ne soit pas la même que celle décrite sous ce nom par les auteurs, mais cependant il me paraît que c'est à elle que les descriptions se rapportent le mieux. Elle est à peu près de la grandeur des plus petits individus de la *Trisignata*, mais elle est plus étroite et un peu plus cylindrique. Elle est en-dessus d'un vert-bronzé un peu cuivreux. La lèvre supérieure est blanche, courte, transverse; elle a une petite dent à sa partie antérieure dans la femelle, et qui n'est presque pas sensible dans le mâle. Les mandibules sont longues, minces et aiguës, d'un vert-bronzé avec l'extrémité et les dents intérieures noirâtres, et une grande tache d'un blanc-jaunâtre à la base. Les palpes sont d'un blanc un peu roussâtre avec le dernier article d'un vert-bronzé. Les quatre premiers articles des antennes sont d'un vert-bronzé un peu cuivreux, les autres sont obscurs. La tête a à peu près la forme de celle de la *Trisignata*. Les stries entre les yeux sont un peu moins marquées, et les yeux sont d'une couleur plus claire et presque jaunâtre. Le corselet est un peu plus étroit et plus cylindrique; les sillons transversaux sont un peu moins marqués, et son bord postérieur est un peu sinué. Les élytres sont plus allongées, plus étroites, et leur extrémité est moins arrondie; elles sont plus fortement ponctuées; la ponctuation

est plus serrée, et marquée sur les taches blanches presque
autant que sur le fond. Le bord latéral et les taches blanches
sont plus larges, sans l'être cependant autant que dans la *Chiloleuca*. La lunule humérale est terminée par une petite ligne qui
forme un crochet en-dessus et en-dessous; la bande du milieu
est plus prolongée et plus tortueuse, et elle forme une espèce
d'S majuscule. Le crochet de la lunule de l'extrémité paraît se
recourber vers le bord postérieur, quoique moins distinctement
que dans la *Trisignata*. Le dessous du corps est d'un vert-brillant; les côtés paraissent cuivreux et ils sont couverts de poils
blancs. Les pattes sont d'un vert-bronzé avec quelques nuances
cuivreuses.

Elle se trouve à Cayenne, où elle paraît être fort commune.

70. C. APIATA. *Mihi.*

*Atro-ænea; elytris fasciis duabus, obliquis, tortuosis, nigro punc-
tatis, lunulaque apicis albidis.*

Long. 4 ¾ lignes. Larg. 1 ½ ligne.

Elle est à peu près de la grandeur et de la forme de la *Sinuata*.
Dans la femelle, le seul sexe que je connaisse, la lèvre supérieure
est d'un blanc-jaunâtre, et elle a une petite dent à sa partie antérieure. Les mandibules sont d'un noir-obscur avec une tache
jaunâtre à la base. Les palpes sont d'un blanc-jaunâtre avec le
dernier article obscur. Les quatre premiers articles des antennes
sont d'un vert-bronzé, les autres sont obscurs. La tête est d'un
noir-bronzé obscur, et elle a à peu près la forme de celle de la *Sinuata*. Le corselet est un peu moins carré, et un peu arrondi sur
ses côtés; il est de la couleur de la tête, légèrement granulé, et il a
quelques poils blanchâtres, particulièrement sur ses côtés. Les
élytres sont d'un noir-bronzé obscur avec la suture et quelques
reflets cuivreux; elles sont légèrement ponctuées, et, au fond
de chaque point, on aperçoit une légère teinte verte. Elles ont
chacune une tache en croissant à l'angle de la base, d'un blanc-
jaunâtre, qui se prolonge obliquement jusque près de la suture,
presque à la moitié de l'élytre, et forme une bande en zig-zag,

dentelée sur ses bords, et sur laquelle on remarque quelques points noirs; au-dessous, une seconde bande oblique, également en zig-zag, dentelée sur ses bords et ponctuée de noir; et une tache large en croissant à l'extrémité. Le dessous du corps est d'un noir-verdâtre avec des poils blanchâtres sur les côtés. Les cuisses et les tarses sont d'un vert-bronzé un peu cuivreux; les jambes sont roussâtres.

Elle se trouve dans la partie méridionale du Brésil, d'où elle a été rapportée par M. Saint-Hilaire.

71. C. TORTUOSA.

Viridi-obscuro-œnea ; elytris margine laterali sinuato, lunula hamata humerali apicalique, strigaque media tortuosa incumbente albis.

DEJ. *Cat.* p. 1.

Long. 5 lignes. Larg. 1 $\frac{3}{4}$ ligne.

Plusieurs entomologistes rapportent cette espèce à la *Trifasciata* de Fabricius. Elle ressemble un peu à la *Trisignata*, mais elle est ordinairement un peu plus grande et un peu plus large. Elle est en-dessus d'une couleur verdâtre-bronzée plus obscure et moins cuivreuse. La lèvre supérieure est un peu plus avancée; elle est d'un blanc-jaunâtre, et elle a une petite dent à sa partie antérieure. Les mandibules sont d'un vert-bronzé avec l'extrémité et les dents intérieures noirâtres, et une grande tache jaunâtre à la base. Les palpes sont d'un blanc un peu roussâtre avec le dernier article d'un vert-bronzé. Les quatre premiers articles des antennes sont d'un vert-bronzé, les autres sont obscurs. La tête est finement granulée; elle a quelques stries peu marquées le long des yeux; ceux-ci sont brunâtres, très-gros et beaucoup plus saillants que dans la *Trisignata*. Le corselet est assez étroit, presque carré et un peu arrondi sur ses côtés. Les sillons transversaux sont assez fortement marqués. Les élytres sont proportionnellement plus larges que celles de la *Trisignata*; elles sont assez fortement ponctuées, et le fond des points est d'un vert plus clair que le reste des élytres. La lunule humérale est terminée, comme dans la *Trifasciata*, par une petite ligne formant un crochet des deux côtés; la bande du milieu, disposée comme dans cette espèce, mais proportionnellement plus étroite, est prolongée, tortuéuse et elle forme une espèce d'S majuscule; la lunule de l'extrémité est assez étroite, et sa partie supérieure se recourbe vers la suture, comme dans l'*Hybrida*, ce qui la distingue des espèces voisines. La bordure latérale est sinuée inégalement tant en-dessus qu'en-dessous de la bande du milieu. Le dessous du corps est d'un vert-cuivreux brillant avec des poils blancs sur les côtés. Les pattes sont d'un vert-bronzé.

Elle se trouve dans l'Amérique septentrionale, et dans les Antilles.

72. C. SUMATRENSIS.

Supra cupreo-subvirescens; elytris margine laterali interrupto, lunula humerali alteraque apicis hamata, strigaque media recurva incumbente albis.

HERBST. X. p. 179. n° 25. T. 172. fig. 1.
C. *Catena ?* THUNBERG. *Nov. Ins. Sp.* p. 26. fig. 41. 43.
SCH. *Syn. ins.* I. p. 246. n° 58.

Long. 5, 5 ½ lignes. Larg. 1 ¾, 2 lignes.

Elle ressemble beaucoup à la *Trisignata* pour la forme et la disposition des taches des élytres; mais elle est un peu plus grande, et sa couleur en-dessus est ordinairement un peu plus obscure, et approche assez de celle de l'*Hybrida*. La lèvre supérieure est d'un blanc-jaunâtre; elle est courte, transverse, coupée carrément à sa partie antérieure, avec une très-petite dent au milieu. Les mandibules sont assez longues et aiguës; elles sont d'un vert-bronzé avec l'extrémité et les dents intérieures noirâtres, et une grande tache d'un blanc-jaunâtre à la base. Les palpes sont d'un blanc un peu roussâtre avec le dernier article d'un vert-bronzé, et une légère teinte de la même 'couleur à la base du pénultième article des maxillaires. Les quatre premiers articles des antennes sont d'un vert-bronzé avec quelques nuances cuivreuses, les autres sont obscurs. La tête et le corselet sont presque entièrement semblables à ceux de la *Trisignata;* le bord postérieur du corselet est seulement un peu plus sinué. Les élytres sont un peu plus arrondies postérieurement, et les bords latéraux sont un peu sinués, surtout dans la femelle. Elles sont légèrement ponctuées, et, à la loupe, le fond de chaque point paraît d'un vert plus clair que le reste de l'élytre. La partie inférieure de la lunule humérale fait un angle presque droit avec le bord latéral, et son extrémité ne se recourbe pas vers la base; la bande du milieu a à peu près la forme de celle de la *Trisignata;* la lunule de l'extrémité est un peu plus étroite à sa partie postérieure, et celle supérieure est terminée par une tache arrondie, comme dans l'*Angulata*. Le bord latéral blanc est un peu sinué au-dessous de la bande du milieu, et il ne se joint pas tout-à-fait à la lunule de l'extrémité. Le dessous du corps est d'un vert-brillant un peu cuivreux, surtout sur les côtés, qui sont couverts de poils blanchâtres. Les pattes sont également d'un vert-brillant un peu cuivreux, et garnies de poils blanchâtres.

Elle se trouve aux Indes orientales. Elle m'a été envoyée par Germar, comme la *Sumatrensis* de Herbst; par Schœnherr, comme la *Catena* de Thunberg; et par Gyllenhal, comme l'*Angulata* de Fabricius.

73. C. Angulata.

Supra viridi-obscuro-œnea ; elytris margine laterali sinuato, lunula humerali alteraque apicis hamata, strigaque media tortuosa incumbente albis.

Fab. *Sys. el.* 1. p. 243. n° 55.
Sch. *Syn. ins.* 1. p. 246. n° 59.
C. Designata. Dej. *Cat.* p. 1.

Long. 6 $\frac{1}{2}$, 7 lignes. Larg. 2, 2 $\frac{1}{2}$ lignes.

Cette belle espèce est à peu près de la grandeur de l'*Hybrida*, mais elle est proportionnellement beaucoup plus étroite. La lèvre supérieure est d'un blanc un peu jaunâtre ; elle est courte, transverse, coupée carrément à sa partie antérieure, avec une petite dent au milieu dans la femelle, qui n'est pas sensible dans le mâle. Les mandibules sont assez grandes et aiguës ; elles sont d'un vert-bronzé avec l'extrémité et les dents intérieures noirâtres, et une tache d'un blanc-jaunâtre à la base. Les palpes sont d'un blanc un peu roussâtre avec le dernier article d'un vert-bronzé. Les antennes sont proportionnellement plus longues que dans les espèces voisines ; leurs quatre premiers articles sont d'une couleur bronzée plus ou moins cuivreuse, les autres sont obscurs. Celles du mâle ont un petit crochet ou bouquet de poils au milieu du quatrième article, comme dans la *Flexuosa*. La tête est d'un vert-bronzé obscur avec quelques teintes cuivreuses ; elle est finement striée entre les yeux, et très-légèrement ridée irrégulièrement à sa partie postérieure. Les yeux sont brunâtres, très-gros et très-saillants. Le corselet est de la couleur de la tête ; il est plus étroit qu'elle, presque carré et un peu cylindrique. Les sillons transversaux et la ligne longitudinale ne sont pas très-marqués ; il a quelques rides transversales peu apparentes et quelques poils blanchâtres sur les côtés. Les élytres sont allongées, parallèles, coupées obliquement à l'extrémité et assez fortement granulées. Elles sont ordinairement d'un vert-obscur et presque noirâtre. L'extrémité inférieure de la lunule humérale se recourbe brusquement vers la base, en formant une espèce de crochet. La bande du milieu est à peu près comme dans la *Tortuosa*, sans cependant être aussi recourbée en S. La partie supérieure de la lunule de l'extrémité est terminée par une tache blanche arrondie, et qui paraît former une espèce de crochet des deux côtés. Le bord latéral blanc est sinué, et il se dilate entre la bande et la tache de l'extrémité, et paraît former une tache distincte qui touche au bord extérieur. Toutes ces taches sont bien marquées et d'un beau blanc ; à la loupe, elles paraissent légèrement ponctuées. La suture est lisse et assez brillante ; elle est terminée par une petite pointe, et le bord postérieur est assez fortement dentelé en scie. Le dessous du corps est d'un rouge-cuivreux brillant avec les côtés couverts de poils blancs. Les pattes sont d'un vert-bronzé cuivreux, et garnies de poils blanchâtres.

J'en possède une variété, dans laquelle les élytres sont d'un vert-bronzé cuivreux, et dont les taches sont d'un blanc un peu jaunâtre.

Elle se trouve aux Indes orientales.

74. C. Nitida. *Wiedemann.*

Viridi-cupreo-ænea ; elytris margine laterali, lunula humerali, ramo medio flexuoso lineaque postica albis.

Germar. *Magazin der entomologie.* IV. p. 117. n° 16.

Long. 4 lignes. Larg. 1 ½ ligne.

Elle ressemble à la *Trisignata*, mais elle est un peu plus petite. La lèvre supérieure, les mandibules, les palpes, les antennes, la tête et le corselet ne présentent presque aucune différence. Les yeux sont un peu plus gros et plus saillants, et d'un brun un peu jaunâtre. Les élytres sont un peu plus parallèles et coupées un peu moins obliquement à l'extrémité ; elles sont plus fortement ponctuées, et la ponctuation est plus serrée. La lunule humérale est tout-à-fait semblable ; la bande du milieu est un peu plus étroite, sa partie qui touche au bord latéral est plus arquée vers la base, et celle qui se recourbe descend le long de la suture jusque près de l'extrémité. La partie supérieure de la lunule de l'extrémité est remplacée par une ligne un peu courbée, qui remonte entre le bord latéral et la partie inférieure de la bande du milieu, et l'inférieure par une petite ligne droite qui remonte le long de la suture jusque près de l'endroit où se termine la bande du milieu. Toutes ces bandes blanches paraissent un peu plus élevées que le fond des élytres, et elles sont très-légèrement ponctuées. La suture est lisse, un peu cuivreuse, et terminée par une petite épine assez marquée. Le bord postérieur est assez fortement dentelé en scie.

Le dessous du corps et les pattes, sont à peu près comme dans la *Trisignata.*

Elle m'a été envoyée par M. Westermann, comme venant des Indes orientales et comme la *Nitida* de Wiedemann.

75. C. DISTINGUENDA. *Mihi.*

Subcylindrica, viridi-œnea; elytris lunula humerali interrupta altcraque apicis hamata, striga media recurva interrupta incumbente maculaque laterali albis.

Long. 5 ½ lignes. Larg. 1 ¾ ligne.

Elle ressemble beaucoup à l'*Orientalis*, et aux espèces suivantes; mais elle est un peu plus grande, et elle est en-dessus d'une couleur verte plus claire et moins bronzée. La lèvre supérieure est d'un blanc-jaunâtre; elle est courte, transverse, et elle a trois petites dents à sa partie antérieure, un peu plus marquées dans la femelle que dans le mâle. Les mandibules sont d'un vert-bronzé avec l'extrémité noirâtre, et une tache d'un blanc-jaunâtre à la base. Les palpes sont d'un blanc un peu roussâtre avec le dernier article d'un vert-bronzé. Les premiers articles des maxillaires ont en-dessus une légère teinte de la même couleur. Les quatre premiers articles des antennes sont d'un vert-bronzé, les autres sont obscurs. La tête est proportionnellement un peu plus large que dans les espèces suivantes; les yeux sont plus gros et plus saillants. Le corselet est un peu moins cylindrique et un peu plus arrondi sur ses côtés. Les élytres sont légèrement ponctuées, et elles ont quelques points plus gros et plus fortement marqués à la base. La lunule humérale est fortement interrompue près de son extrémité, ou pour mieux dire, elle n'approche pas autant du point arrondi qui paraît terminer cette lunule dans l'*Orientalis*. La bande du milieu est interrompue au-dessous de sa partie transversale; mais cependant le point qui la termine est moins arrondi et paraît plus appartenir à cette bande que dans l'*Orientalis*. La partie supérieure de la lunule postérieure est moins longue que dans l'*Orientalis*, et elle se termine par un point arrondi; le bord la-

téral est bien un peu prolongé au-dessus de la bande blanche;
mais il laisse un intervalle beaucoup plus grand que dans les
autres espèces, entre cette bande et la lunule humérale; en-
dessous, il paraît presque entièrement manquer, et il forme seulement une tache semi-circulaire et détachée entre la bande et
la lunule de l'extrémité. Le dessous du corps est d'un bleu-ver-
dâtre-brillant avec des poils blanchâtres sur les côtés. Les
pattes sont d'un vert un peu bronzé, et garnies de poils blanchâtres.

Elle m'a été envoyée par M. Roger, comme venant des Indes
orientales.

76. C. ORIENTALIS. *Olivier*.

*Subcylindrica, viridi-cupreo-œnea; elytris margine laterali inter-
rupto, lunula humerali subinterrupta alteraque apicis dentata, striga media transversa abbreviata apice dentata punctoque disci albis.*

DEJ. *Cat.* p. 1.

Long. 4, 4 ½ lignes. Larg. 1 ½, 1 ¾ ligne.

Elle est à peu près de la grandeur de la *Trisignata*, mais elle
est plus étroite et plus cylindrique. Elle est en-dessus d'un vert-
bronzé un peu obscur avec quelques teintes cuivreuses. La
lèvre supérieure est d'un blanc-jaunâtre; elle est courte, transverse, coupée presque carrément à sa partie antérieure, avec
trois petites dents qui ne sont presque pas sensibles dans les
deux sexes. Les mandibules sont d'un vert-bronzé avec l'extrémité noirâtre, et une tache jaunâtre à la base. Les palpes sont
d'un blanc-roussâtre avec le dernier article d'un vert-bronzé,
et une teinte de la même couleur au-dessus des premiers articles
des maxillaires. Les quatre premiers articles des antennes sont
d'un vert-bronzé, les autres sont obscurs. La tête est très-finement striée entre les yeux, et très-légèrement granulée à sa partie
postérieure. Les yeux sont d'un brun-jaunâtre, assez gros et assez saillants. Le corselet est proportionnellement plus étroit, plus
allongé et plus cylindrique que celui de la *Trisignata*; les deux

sillons transversaux et la ligne longitudinale sont un peu plus
fortement marqués; il est légèrement granulé, et il a quelques
poils blanchâtres sur les côtés. Les élytres sont un peu plus
étroites et un peu plus allongées que celles de la *Trisignata*;
elles sont légèrement ponctuées, et elles ont quelques points
plus gros et plus marqués à la base. La lunule humérale est terminée par un point arrondi, qui en est presque entièrement
séparé et qui est placé presque à égale distance du bord extérieur et de la suture. La bande du milieu est étroite, transversale et droite; elle se termine au milieu de l'élytre par un petit
crochet tourné vers l'extrémité; et l'on aperçoit un peu plus
bas, vers la suture, un point arrondi, remplaçant l'extrémité
de la bande sinuée de la *Trisignata*. La lunule postérieure est
assez étroite, et sa partie supérieure est plus mince et plus allongée que dans la *Trisignata*. Le bord latéral blanc est assez
étroit; il ne remonte pas tout-à-fait jusqu'à la lunule humérale;
au-dessous de la bande, il est un peu dilaté, et il ne se prolonge
pas non plus jusqu'à la lunule posterieure. On aperçoit une petite
tache cuivreuse près de l'extrémité de la lunule humérale; la suture est aussi un peu cuivreuse et elle est terminée par une petite
pointe peu marquée. Le bord postérieur est légèrement dentelé
en scie. Le dessous du corps est d'un vert-bleuâtre brillant avec
des poils blanchâtres sur les côtés. Les pattes sont d'un vert-
bronzé, et garnies de poils blanchâtres. L'origine des cuisses
est un peu roussâtre.

Elle se trouve en Arabie, d'où elle a été rapportée par feu
Olivier, qui me l'avait donnée avant sa mort sous le nom que je
lui ai conservé.

77. C. Undulata. *Latreille.*

*Subcylindrica, viridi-obscuro-ænea; elytris margine laterali
interrupto, lunula humerali alteraque apicis dentata, striga
media transversa abbreviata apice dentata punctoque disci
albis.*

Long. 4 ½ lignes. Larg. 1 ½ ligne.

Elle ressemble beaucoup à l'*Orientalis*; mais elle est un peu plus étroite et un peu plus cylindrique, et sa couleur est d'un vert un peu plus obscur et moins cuivreux. La lèvre supérieure est un peu plus courte; et, dans la femelle, le seul sexe que je connaisse, elle a à sa partie antérieure trois petites dents assez bien marquées. Le corselet est un peu plus étroit et un peu plus cylindrique; les sillons transversaux et la ligne longitudinale sont un peu moins marqués, et il n'y a pas autant de poils blanchâtres sur les côtés. Les bandes blanches des élytres sont plus minces; la lunule humérale n'est pas terminée par un point arrondi. La ligne transversale est un peu plus courte; le point près de la suture est plus petit. La partie supérieure de la lunule de l'extrémité remonte un peu moins haut, et le bord latéral ne se rapproche pas autant de la lunule humérale.

Elle se trouve aux Indes orientales, d'où elle a été rapportée par M. Leschenau.

J'en possède une variété qui m'a été envoyée par M. Westermann, comme venant de Java, qui est un peu plus grande, et dans laquelle la lunule humérale est presque entièrement effacée, et ne laisse apercevoir que les deux extrémités.

78. C. FASTIDIOSA. *Mihi.*

Subcylindrica , viridi-obscuro-ænea ; elytris margine laterali interrupto , lunula humerali subinterrupta alteraque apicis dentata , strigaque media recurva interrupta incumbente albis.

Long. 4 $\frac{1}{2}$ lignes. Larg. 1 $\frac{1}{2}$ ligne.

Elle ressemble beaucoup à l'*Undulata* , et pendant long-temps je l'ai confondue avec elle; mais, en l'examinant plus attentivement, je me suis aperçu qu'elle devait constituer une espèce particulière. Elle est un peu plus large et un peu moins cylindrique. Dans la femelle, le seul sexe que je connaisse, la lèvre supérieure est moins transverse, un peu arrondie et avancée, et elle a trois petites dents assez bien marquées à sa partie antérieure. Le corselet est un peu plus court, plus carré et moins cylindrique. Les élytres sont un peu plus larges. La lunule humérale est un peu moins étroite, et elle est terminée par un point arrondi, dont elle est presque séparée comme dans l'*Orientalis*. La bande du milieu est un peu plus longue; le crochet qui la termine est plus prolongé et il se joint presque au point placé près de la suture, et la partie supérieure de la lunule de l'extrémité est un peu plus courte et moins marquée.

Elle a été apportée également des Indes orientales par M. Leschenau.

79. C. Ægyptiaca. *Klug.*

Subcylindrica, viridi-fusco-ænea; elytris margine laterali interrupto, lunula humerali interrupta alteraque. apicis dentata subinterrupta, striga media transversa abbreviata apice dentata punctoque disci albis.

Long. 4 $\frac{1}{2}$, 5 lignes. Larg. 1 $\frac{1}{2}$, 1 $\frac{2}{3}$ ligne.

Elle ressemble beaucoup à l'*Undulata*, mais elle est en-dessus d'une couleur un peu plus obscure. La lèvre supérieure est également courte, transverse, avec trois petites dents à sa partie antérieure dans la femelle, et qui ne sont pas sensibles dans le mâle. Le corselet est un peu plus court, plus carré et moins cylindrique, et il est un peu plus velu sur les côtés. La lunule humérale est terminée par un point arrondi, dont elle est presque séparée comme dans l'*Orientalis* et la *Fastidiosa*; mais elle est moins large que dans ces espèces. La bande du milieu est un peu plus longue que dans l'*Undulata*, et le crochet qui la termine est un peu renflé et presque séparé du reste de la bande. Le point près de la suture est un peu plus gros, et la partie supérieure de la lunule de l'extrémité est un peu dilatée et en est presque séparée. Le dessous du corps et les pattes ne présentent aucune différence.

Elle se trouve en Égypte, et elle m'a été envoyée par MM. Klug et Schuppel sous le nom que je lui ai conservé.

80. C. Perplexa. *Mihi.*

Subcylindrica, fusco-ænea; elytris margine laterali subinterrupto, lunula humerali subinterrupta alteraque apicis sub-

dentata, strigaque media obliqua flexuosa abbreviata subinterrupta flavescentibus.

Long. 4 ½, 5 lignes. Larg. 1 ½, 1 ¾ ligne.

Elle ressemble beaucoup aux espèces précédentes, et surtout à l'*Ægyptiaca*. Le corselet est un peu plus court, et un peu plus arrondi sur ses côtés. Les élytres sont un peu plus larges et un peu plus brunes, et les taches sont d'un blanc-jaunâtre. La lunule humérale est un peu plus large comme dans la *Fastidiosa*, et elle est terminée par un point dont elle est presque séparée, qui est plus petit que dans les autres espèces, et qui est allongé au lieu d'être arrondi. La bande du milieu est placée un peu obliquement, et sa partie postérieure se rejoint presque au point placé près de la suture, qui est allongé et qui fait évidemment la continuation de cette bande. La partie supérieure de la lunule de l'extrémité est plus courte que dans les espèces précédentes, et n'est presque pas recourbée vers le bord extérieur. Le bord latéral remonte presque jusqu'à la lunule humérale, et au-dessous de la bande il se joint à la lunule de l'extrémité. Le dessous du corps et les pattes sont d'un vert un peu cuivreux.

Elle se trouve à l'île de Bourbon, d'où elle m'a été envoyée par M. Roudic.

81. C. Litigiosa. *Mihi.*

Subcylindrica, fusco-ænea; elytris margine laterali subinterrupto, lunula humerali interrupta alteraque apicis dentata, strigaque media recurva subinterrupta incumbente albidis; antennarum apice tibiisque rufis.

Long. 5 lignes. Larg. 1 ¾ ligne.

Elle ressemble beaucoup à la *Perplexa* pour la grandeur, la forme et la couleur. La lèvre supérieure, dans la femelle, le seul sexe que je connaisse, est un peu plus large et un peu plus avancée, sans l'être cependant autant que dans la *Fastidiosa*. Les quatre premiers articles des antennes sont d'un vert-bronzé, les

autres sont d'une couleur roussâtre un peu obscure. Le corselet est plus étroit et plus cylindrique, sans l'être cependant autant que dans l'*Undulata* ; il est plus fortement granulé, et ses impressions sont moins fortement marquées. Les taches des élytres sont d'un blanc moins jaunâtre. La lunule humérale est un peu plus large, et elle est terminée par un point arrondi, qui en est séparé comme dans la *Fastidiosa*. La bande du milieu a à peu près la forme de celle de la *Trisignata*, mais elle est plus étroite ; la partie supérieure est droite comme dans les *Orientalis*, *Fastidiosa* et *Ægyptiaca*, et celle qui se recourbe est interrompue ou effacée en plusieurs endroits. La partie supérieure de la lunule de l'extrémité est très-étroite, et elle se recourbe fortement vers le bord extérieur. Le bord latéral blanc remonte en s'amincissant jusqu'à la lunule humérale ; au-dessous de la bande, il est un peu dilaté, et il va en s'élargissant jusqu'à moitié de la distance de la lunule postérieure ; il diminue ensuite tout-à-coup, et la partie qui l'unit à cette lunule est très-étroite. Le dessous du corps est d'un bleu–verdâtre ; les côtés sont un peu cuivreux et garnis de poils blanchâtres. Les cuisses sont d'un vert-bronzé un peu cuivreux ; elles sont couvertes de poils blanchâtres. Leur origine et les jambes sont roussâtres ; l'extrémité de ces dernières est d'un vert-bronzé. Les tarses sont d'un vert-bronzé avec la base de chaque article roussâtre.

Elle se trouve aux Indes orientales.

82. C. DISJUNCTA. *Mihi.*

Subcylindrica, fusco-ænea ; elytris lunula tenui apicis punctisque sex albidis.

Long. 4 ¼ lignes. Larg. 1 ⅓ ligne.

Elle ressemble pour la forme à la *Perplexa*, mais elle est un peu plus petite. Elle est en-dessus d'une couleur bronzée-obscure avec quelques légers reflets cuivreux. La lèvre supérieure, dans les deux sexes, est d'un blanc-jaunâtre, et elle a une petite dent à sa partie antérieure. Les mandibules sont d'un vert-bronzé avec l'extrémité et les dents intérieures noirâtres, et une tache

jaunâtre à la base. Les palpes sont d'un blanc un peu roussâtre
avec le dernier article d'un vert-bronzé, et une teinte de la même
couleur au-dessus des premiers articles des maxillaires. Les
quatre premiers articles des antennes sont d'un vert-bronzé avec
quelques nuances cuivreuses, les autres sont obscurs. La tête
est striée entre les yeux, et légèrement granulée à sa partie postérieure. Les yeux sont assez gros et brunâtres. Le corselet est
plus étroit que la tête, presque carré et très-légèrement arrondi
sur ses côtés ; il est légèrement granulé, et ses impressions sont
peu marquées. Les élytres sont ponctuées comme dans les espèces
précédentes ; leurs taches sont d'un blanc un peu jaunâtre. Le
milieu de la lunule humérale est presque entièrement effacé, et
l'on n'aperçoit presque plus qu'un point arrondi à l'angle de la
base, un second à son extrémité, et un troisième presque sur la
même ligne, plus près de la suture, qui remplace le point près de
la lunule humérale que l'on voit dans plusieurs des espèces précédentes. La bande du milieu est remplacée par un point assez
gros, arrondi, situé près du bord extérieur, à peu près au milieu
de l'élytre, et par un autre plus petit placé un peu plus bas vers
la suture ; on voit en outre un troisième point arrondi et de la
grosseur du dernier, qui remplace la partie supérieure de la lunule postérieure. Les élytres sont terminées par une petite ligne
très-étroite, et qui est un peu plus large vers la suture. Le bord
postérieur est finement dentelé en scie, et la suture est terminée
par une petite pointe assez marquée. Le dessous du corps est
d'un bleu-verdâtre ; les côtés du corselet et de la poitrine sont
d'une couleur bronzée un peu cuivreuse. Les pattes sont d'un
vert-bronzé un peu cuivreux.

Elle m'a été envoyée par M. Schüppel, comme une nouvelle
espèce venant du cap de Bonne-Espérance.

83. C. Octoguttata.

*Subcylindrica, fusco-ænea ; elytris lunula marginali apicalique
subinterrupta punctisque quatuor albis.*

Fabr? *Sys. el.* 1. p. 242. n° 51.

Oliv? 11. 33. p. 28. n° 29. T. 3. fig. 32.
Sch? *Syn. ins.* 1. p. 245. n° 54.
Dej. *Cat.* p. 1.
C. Mœsta. Schoenherr.

Long. 3 ¾ lignes. Larg. 1 ¼ ligne.

Elle ressemble aux espèces précédentes, mais elle est un peu plus petite. Elle est en-dessus d'une couleur bronzée obscure avec quelques légers reflets cuivreux. Dans la femelle, le seul sexe que je connaisse, la lèvre supérieure est d'un blanc-jaunâtre avec une petite dent bien marquée à sa partie antérieure. Les mandibules sont d'un vert-bronzé avec l'extrémité et les dents intérieures noirâtres, et une tache jaunâtre à la base. Les palpes sont d'un blanc-roussâtre avec le dernier article d'un vert-bronzé, et une légère teinte de la même couleur au-dessus des premiers articles des maxillaires. Les quatre premiers articles des antennes sont d'un vert-bronzé, les autres sont obscurs. La tête est assez fortement striée entre les yeux, et très-légèrement granulée à sa partie postérieure. Les yeux sont assez gros, saillants et d'un brun-jaunâtre. Le corselet est plus étroit que la tête, un peu allongé et presque cylindrique; il est finement granulé; les sillons transversaux sont très-peu marqués, et la ligne longitudinale n'est presque pas apparente. Les élytres sont légèrement ponctuées. La lunule humérale est remplacée par deux points: le premier à l'angle de la base, et le second remplaçant son extrémité; on en voit en outre un troisième, presque sur la même ligne et plus près de la suture, comme dans la *Disjuncta.* La bande du milieu est étroite, courte, transverse, et elle se termine au milieu de l'élytre par un petit crochet tourné vers l'extrémité; elle ne se prolonge pas le long du bord latéral vers la base, mais seulement vers l'extrémité, ce qui forme une tache en équerre. On aperçoit, près de la suture et un peu plus bas que la bande, un point arrondi qui paraît en être la continuation. La lunule de l'extrémité est très-étroite; sa partie supérieure est un peu dilatée vers son extrémité, et en est presque séparée. Le bord postérieur est légèrement dentelé en scie, et la suture est terminée par une petite pointe. Le dessous du corps est d'un bleu un peu verdâtre; les côtés sont d'une couleur bronzée un peu cuivreuse, et garnis de poils blanchâtres. Les pattes sont d'un vert-bronzé un peu cuivreux.

Elle provient de la collection de feu Palisot de Beauvois, où elle était notée comme venant de Saint-Domingue. M. Schœnherr m'en a envoyé un individu absolument semblable, sous le nom de *Mœsta*, et comme venant de Sierra-Leone. Palisot de Beauvois ayant rapporté beaucoup d'insectes des royaumes d'Oware et de Benin, et sa collection n'étant pas très en ordre, il serait possible que l'*habitat* assigné à cette espèce ne fût pas très-exact, et que ce fût réellement un insecte d'Afrique.

84. C. PUNCTULATA.

Supra fusco-œnea; elytris lunula apicali punctisque sparsis ob soletis albis : punctis seriatis nitidis impressis.

FABR. *Sys. el.* I. p. 241. n° 44.
OLIV. II. 33. p. 27. n° 28. T. 3. fig. 37. a. b.
SCH. *Syn. ins.* I. p. 245. n° 46.
DEJ. *Cat.* p. I.
C. *Micans?* FABR. *Sys. el.* I. p. 238. n° 31.

Long. 5, 5 ½ lignes. Larg. 1 ¾, 2 lignes.

Elle est à peu près de la grandeur de la *Trisignata*, mais elle est un peu plus allongée. Elle est en-dessus d'une couleur bronzée-obscure avec quelques reflets cuivreux, principalement sur la tête, le corselet et l'écusson. La lèvre supérieure est d'un blanc-jaunâtre; elle est un peu avancée et arrondie antérieurement, et elle a dans son milieu une petite dent plus marquée dans la femelle que dans le mâle. Les mandibules sont d'un noir-bronzé obscur, et elles ont une tache jaunâtre à la base. Les palpes maxillaires sont d'un vert-bronzé; les labiaux sont d'un blanc-jaunâtre avec le dernier article d'un vert-bronzé. Les quatre premiers articles des antennes sont d'un vert-bronzé un peu cuivreux, les autres sont obscurs. La tête est légère-

ment striée entre les yeux, et très-finement granulée à sa partie
postérieure. Les yeux sont brunâtres, assez gros et assez saillants. Le corselet est plus étroit que la tête, presque cylindrique,
et un peu arrondi sur ses côtés; il est très-finement granulé, et
les sillons transversaux et la ligne longitudinale sont assez fortement marqués. Les élytres sont légèrement ponctuées; elles
ont une ligne de petits points enfoncés d'un bleu-brillant, rangés sur une ligne un peu sinuée près de la suture, et le commencement d'une autre ligne semblable à la base; une lunule
blanche très-mince à l'extrémité, dont la partie supérieure se
recourbe vers la suture; un petit point rond à l'angle de la base;
deux le long du bord extérieur, et deux ou trois dans l'intérieur de l'élytre. Ces points ne sont pas constants, et plusieurs
manquent souvent. Le bord postérieur est finement dentelé en
scie; la suture est terminée par une petite pointe. Le dessous
du corps est d'un bleu–brillant; les côtés du corselet et de la
poitrine sont d'un rouge-cuivreux. Les pattes sont d'un vert-
brillant plus ou moins cuivreux.

Elle se trouve dans l'Amérique septentrionale.

La *C. Micans* de Fabricius paraît devoir aussi se rapporter à
cette espèce.

85. C. Rufiventris.

Supra fusco-ænea; elytris lunula apicali punctisque quinque
albis; abdomine rufo.

Dej. *Cat.* p. 1.

Long. 4 ¾ lignes. Larg. 1 ¾ ligne.

Elle est un peu plus petite que la *Punctulata*, et ses élytres
sont proportionnellement plus larges, plus courtes et plus
planes. La lèvre supérieure, dans le mâle, le seul sexe que je
connaisse, est d'un blanc-jaunâtre; elle est un peu avancée, et
arrondie à sa partie antérieure avec une petite dent au milieu.
Les mandibules sont d'un vert–bronzé obscur avec une tache
jaunâtre à la base. Les palpes maxillaires sont d'un vert-bronzé;
les labiaux sont d'un blanc un peu roussâtre avec le dernier

article d'un vert-bronzé. Les quatre premiers articles des antennes sont d'un vert-bronzé, les autres sont obscurs. La tête est d'une couleur bronzée-obscure avec quelques nuances cuivreuses; elle est finement striée entre les yeux, et légèrement granulée à sa partie postérieure. Les yeux sont d'un brun-jaunâtre et assez saillants. Le corselet est de la couleur de la tête; il est un peu plus cylindrique et un peu moins arrondi sur ses côtés que celui de la *Punctulata*. Il est très-finement granulé, et les sillons transversaux et la ligne longitudinale sont bien marqués. Les élytres sont d'une couleur un peu plus obscure que le corselet; elles sont légèrement ponctuées, et elles ont une tache blanche en croissant à l'extrémité; un point de la même couleur à l'angle de la base; un autre très-petit remplaçant l'extrémité de la lunule humérale; et trois autres à peu près au milieu de l'élytre, dont un près du bord extérieur, un autre à peu près sur la même ligne près de la suture, et le troisième irrégulier au-dessus et formant un triangle avec les deux autres. Tout le bord extérieur est d'une couleur bleue assez brillante. La suture est terminée par une petite pointe, et le bord postérieur est légèrement dentelé en scie. Le dessous du corselet et la poitrine sont d'un bleu un peu verdâtre assez brillant. L'abdomen est entièrement d'un roux-ferrugineux. Les pattes sont d'un vert-bronzé un peu bleuâtre.

Elle provient de la collection de feu Palisot de Beauvois, où elle était notée comme venant de Saint-Domingue.

86. C. Fischeri.

Supra viridi-obscuro-ænea, vel cuprea; elytris punctis quatuor, tertio transverso majore, lunulaque apicis albis.

Adams. *Mémoires de la Société imp. des naturalistes de Moscou.* v. p. 279 n° 2.

Fischer. *Entomographie de la Russie.* 1. p. 9. n° 5. t. 1. fig. 6. *C. Quinquepunctata.* Boeber.

Long. 5 lignes. Larg. 1 $\frac{3}{4}$ ligne.

Elle ressemble à la *Littoralis*, mais elle est beaucoup plus

petite. Elle est en-dessus d'un vert-bronzé plus ou moins cuivreux. La lèvre supérieure est un peu plus transverse et moins
avancée que dans la *Littoralis*, et, dans le mâle, la dent du milieu est moins marquée. Les mandibules, les palpes, les antennes
et la tête sont comme dans la *Littoralis*. Le corselet est proportionnellement un peu plus étroit, et il est un peu rétréci à sa
partie postérieure. Les élytres sont un peu plus courtes et moins
fortement granulées : elles ont un point blanc à l'angle de la
base ; un second très-petit, un peu plus bas, correspondant à
l'extrémité de la lunule humérale (il n'est pas question de ce
point dans les descriptions d'Adams et de Fischer ; il paraît
donc qu'il manque souvent, mais il existe dans les deux individus que je possède) ; un troisième plus grand, transversal, près
du bord extérieur à peu près au milieu de l'élytre ; et un quatrième arrondi plus bas et près de la suture. Dans l'un de mes
deux individus, on voit en outre un très-petit point blanc sur
le bord extérieur, un peu au-dessous du point transversal ; il
n'est pas non plus question de ce point dans les descriptions
d'Adams et de Fischer. Les élytres sont terminées par une tache
en croissant un peu plus étroite que dans la *Littoralis*. Le dessous du corps et les pattes sont comme dans cette espèce.

Adams et Fischer disent qu'elle se trouve sur les bords de la
Koura, près de Tiflis en Géorgie. L'un des deux individus que
je possède m'a été envoyé par M. Stéven, comme venant du Caucase, et l'autre par M. Gyllenhal, sous le nom de *Quinquepunctata*, Bœber.

87. C. LITTORALIS.

Supra viridi - obscuro-œnea ; elytris lunula humerali apicalique
punctisque quatuor albis.

FABR. *Sys. el.* 1. p. 235. n° 17.
SCH. *Syn. ins.* 1. p. 241. n° 18.
DUFT. 11. p. 226. n° 4.
Iconographie. 1. p. 42. n° 3. T. 3. fig. 4 et 5.
DEJ. *Cat.* p. 1.

· *C. Nemoralis.* OLIV. II. 33. p. 13. n° 10. T. 3. fig. 36.

·*C. Lunulata.* FISCHER. *Entomographie de la Russie.* 1. p. 3.
n° 1. T. 1. fig. 1. a. b.

· VAR. A. *C. Discors.* MEGERLE.

Long. 5 ½, 6 ½ lignes. Larg. 2 ¼, 2 ½ lignes.

Elle est à peu près de la grandeur de l'*Hybrida*, mais elle est
un peu plus étroite. Elle est en-dessus d'un vert-bronzé plus ou
moins clair, plus ou moins obscur, quelquefois un peu cuivreux,
avec la suture et quelques reflets d'un rouge-cuivreux sur la
tête et le corselet. La lèvre supérieure est d'un blanc-jaunâtre
avec une petite dent bien marquée dans les deux sexes à sa partie
antérieure. Les mandibules sont d'un vert-bronzé avec l'extrémité et les dents intérieures noirâtres, et une tache d'un blanc-
jaunâtre à la base. Les palpes maxillaires sont d'un vert-bronzé;
les labiaux sont d'un blanc un peu roussâtre avec le dernier
article d'un vert-bronzé. Les quatre premiers articles des antennes
sont mélangés de vert-bronzé et de rouge-cuivreux, les autres
sont obscurs. La tête et le corselet sont à peu près comme dans
l'*Hybrida*. Les élytres sont un peu plus allongées; elles sont granulées de la même manière; elles ont une tache blanche en croissant à l'angle de la base, une autre à l'extrémité, toutes les deux
plus étroites que dans l'*Hybrida*; et quatre points au milieu, dont
deux sur le bord extérieur; le troisième, qui se trouve au milieu
de l'élytre, est quelquefois réuni avec le premier, et ils forment
alors une espèce de bande transversale; le quatrième est près
de la suture, sur la ligne du second du bord extérieur. Le bord
postérieur est très-finement dentelé en scie, mais moins fortement que dans l'*Hybrida*. Le dessous du corps et les pattes sont
absolument comme dans cette espèce.

Elle se trouve principalement sur les bords de la mer, dans
le midi de la France, en Italie, en Dalmatie, en Grèce, en Hongrie, dans le midi de la Russie, en Sibérie, dans le Levant et
dans plusieurs parties de l'Afrique. Les individus des bords de
l'Océan sont un peu plus grands et d'une couleur plus foncée
que ceux des bords de la Méditerranée; ceux de la Dalmatie et

des environs de Trieste sont d'une couleur plus claire et presque verte. M. Mégerle a cru devoir en faire une espèce particulière, sous le nom de *Discors;* mais je n'ai pu y apercevoir aucun caractère essentiel qui m'autorisât à les séparer.

88. C. Lacrymosa. *Mihi.*

Supra viridi-obscura; elytris lunula humerali apicalique punctis-que tribus albis.

Long. 5 ½ lignes. Larg. 1 ¾ ligne.

Elle ressemble à la *Littoralis*, mais elle est un peu plus petite et plus étroite. La lèvre supérieure, dans la femelle, le seul sexe que je connaisse, est jaunâtre, un peu avancée, avec trois dents à sa partie antérieure. Les mandibules sont d'un vert-bronzé avec une tache jaunâtre à la base, et l'extrémité noirâtre. Les palpes sont d'un jaune un peu roussâtre avec les deux derniers articles des maxillaires et le dernier des labiaux d'un noir-bronzé. Les antennes ont leurs quatre premiers articles d'un vert-bronzé, les autres sont obscurs. La tête est d'un vert-bronzé-obscur avec quelques teintes cuivreuses; elle est légèrement striée entre les yeux. Ceux-ci sont brunâtres et assez saillants. Le corselet est de la couleur de la tête; il est presque carré, proportionnellement plus étroit que celui de la *Littoralis*, et il a quelques rides transversales très-peu marquées. Les élytres sont d'un vert-obscur, un peu mat; elles sont légèrement ponctuées; mais les points ne sont bien distincts que sur les taches blanches. Elles ont chacune une tache humérale d'un blanc un peu jaunâtre, à peu près comme dans la *Littoralis*, mais terminée par un point plus gros; au-dessous de l'extrémité de cette tache un point assez gros, un peu allongé à son extrémité inférieure, qui s'unit par une ligne très-mince à un autre point de la même grandeur allongé à son extrémité supérieure, qui est placé plus bas et un peu plus près de la suture; et un point sur le bord extérieur placé à la hauteur du second. On distingue aussi les vestiges d'un très-petit point blanc, placé sur le bord extérieur, à la hauteur du premier. Les élytres sont terminées par une tache en lunule, ayant à peu près la même forme que dans la *Littoralis.* La suture est un peu cuivreuse, et elle est terminée par une petite dent. Le bord postérieur est finement dentelé en scie. Le dessous du corps est d'un vert un peu bleuâtre ; les côtés du corselet et de la poitrine sont d'un rouge-cuivreux, et garnis de poils blanchâtres, ainsi que ceux de l'abdomen. Les pattes sont d'un vert-bronzé avec des nuances cuivreuses.

Elle m'a été envoyée par M. Prévost Duval, comme venant des îles Philippines.

89. C. VITTIGERA. *Mihi.*

Supra viridi-obscura; elytris vitta obliqua interrupta, lunula apicali interrupta lineolisque tribus albis.

Long. 5 lignes. Larg. 1 ½ ligne.

Elle est un peu plus petite et un peu plus étroite que la *Lacrymosa,* et sa forme se rapproche un peu de la *Germanica.* Dans le mâle, le seul sexe que je connaisse, la lèvre supérieure est jaunâtre; elle a trois petites dents à sa partie antérieure, et celle du milieu est la moins saillante. Les mandibules sont jaunâtres avec l'extrémité noirâtre. Les palpes sont jaunâtres avec le dernier article d'un vert-bronzé. Les antennes ont leurs quatre premiers articles d'un vert-bronzé, les suivants sont roussâtres, et les derniers obscurs. On voit dans le mâle un petit crochet ou bouquet de poils vers le milieu du quatrième article, comme dans la *Flexuosa.* La tête est d'un vert-cuivreux, plus ou moins obscur, avec les parties antérieure et postérieure et deux petites lignes entre les yeux mêlées de bleu et de vert assez brillant; elle est finement striée entre les yeux, et finement granulée postérieurement. Les yeux sont brunâtres. Le corselet est de la couleur de la tête; il est presque carré, un peu allongé, et légèrement granulé; il a quelques poils blanchâtres sur les côtés. L'écusson est d'un vert-cuivreux. Les élytres sont d'un vert-obscur, presque mat; elles sont légèrement ponctuées; elles ont chacune une raie oblique, d'un blanc un peu jaunâtre, qui part de l'angle de la base, et qui descend jusque près du milieu. Au-dessous de cette raie on en voit une seconde, un peu sinuée, un peu plus oblique, et qui se termine près de la suture aux trois quarts de l'élytre. Elles ont en outre trois points allongés, le premier au milieu de la base, le second au-dessous de l'écusson près de la suture, et le troisième au-dessous du second à la hauteur de la fin de la première ligne. Les élytres sont terminées par une tache en lunule dont la partie supérieure est séparée, et paraît former une tache isolée. Le bord postérieur est finement dentelé en scie, et la suture est terminée par une petite pointe. Le dessous du corps est d'un bleu-verdâtre avec les côtés du corselet et de la poitrine d'un rouge-cuivreux; ils sont, ainsi que ceux de l'abdomen, couverts de poils blanchâtres. Les pattes sont d'un vert-cuivreux avec quelques poils blanchâtres.

Je dois cette espèce à MM. Prévost Duval et Dupont. Je crois qu'elle vient des Indes orientales, mais je n'en suis pas certain.

90. C. VIGINTIGUTTATA.

Viridi-obscura ; elytris lunula humerali punctisque novem albis.

HERBST. X. p. 174. n°. 21. T. 171. fig. 9.

Long. 6 ½ lignes. Larg. 2 ½ lignes.

Elle ressemble un peu à la *Flexuosa*, mais elle est plus grande et un peu plus allongée. La lèvre supérieure est jaunâtre avec le bord antérieur obscur, et une rangée de points enfoncés un peu obscurs. Elle a trois petites dents peu marquées à sa partie antérieure. Les mandibules sont jaunâtres à la base, obscures à l'extrémité. Les palpes maxillaires sont d'un vert-bronzé avec l'extrémité des articles brunâtres; les labiaux sont jaunâtres avec le dernier article d'un vert-bronzé. Le premier article des antennes est d'un vert-bronzé; les trois suivants sont de la même couleur avec la base roussâtre; tous les autres sont d'une couleur obscure un peu roussâtre. Dans le mâle, le quatrième ar-

ticle a dans son milieu un petit crochet ou bouquet de poils,
comme dans la *Flexuosa*. La tête est d'un vert-bronzé-obscur;
elle est très-finement granulée; elle a un enfoncement transversal à sa partie postérieure, et quelques stries très-peu marquées entre les yeux, qui sont d'une couleur brunâtre et assez
gros, mais peu saillants. Le corselet est de la couleur de la tête,
et presque carré. L'écusson est de la même couleur. Les élytres
sont d'un vert plus obscur et presque noirâtre ; elles sont très-
légèrement ponctuées, et elles ont une tache blanche en lunule,
assez mince, un peu oblique, à l'angle de la base, et neuf points
blancs sur chaque, rangés en lignes longitudinales, dont trois
près de la suture, trois au milieu de l'élytre, alternes avec les
premiers, deux près du bord extérieur à la même hauteur que
les deux derniers de la suture, et un à l'extrémité. La suture
est terminée par une petite pointe très-peu marquée, et le bord
postérieur est légèrement dentelé en scie. Le dessous du corps
est d'un bleu un peu verdâtre, et il est garni de poils blancs
sur les côtés. Les cuisses sont vertes avec leur extrémité, les
jambes et les tarses d'un bleu-métallique.

Elle se trouve aux Indes orientales, et elle m'a été envoyée
par M. Schüppel.

91. C. MULTIGUTTATA.

*Supra viridi-cuprea; elytris obscurioribus, lunula humerali api-
calique punctisque quinque albis.*

DEJ. *Cat.* p. 2.

Long. 6 lignes. Larg. 2 ¼ lignes.

Elle est un peu plus grande et plus allongée que la *Flexuosa*.
Dans la femelle, le seul sexe que je connaisse, la lèvre supérieure est jaunâtre avec trois petites dents à sa partie antérieure. Les mandibules sont noirâtres avec la base jaunâtre.
Les palpes sont d'un jaune un peu roussâtre avec le dernier article d'un vert-métallique. Les antennes ont leurs quatre premiers
articles d'un vert-bronzé avec quelques teintes dorées; les au-

tres sont obscurs. La tête est finement striée entre les yeux, et granulée à sa partie postérieure; elle est d'un vert - cuivreux avec
quelques lignes et quelques nuances d'un vert-bleuâtre. Le corselet est assez étroit, presque carré, et légèrement granulé; les
sillons transversaux et la ligne longitudinale sont assez bien
marqués; il est en-dessus d'un vert - cuivreux avec quelques
teintes bleues et dorées dans les sillons et sur les côtés; il a
quelques poils blanchâtres à sa partie antérieure et sur ses côtés.
L'écusson est d'un vert-doré. Les élytres sont allongées et parallèles ; elles sont d'un vert-obscur avec la suture un peu cuivreuse et le bord extérieur bleuâtre. Elles ont une tache blanche en croissant à l'angle de la base, qui, au lieu de se recourber,
descend un peu obliquement; une autre tache en croissant à
l'extrémité, dont la partie supérieure se recourbe et est presque
séparée du reste de la tache; et cinq points blancs, dont le premier tout-à-fait à la base, trois autres près de la suture sur une
ligne longitudinale, dont les deux premiers allongés, et le
troisième arrondi et le cinquième près du bord extérieur, entre
le troisième et le quatrième; il est placé un peu obliquement,
et il se réunit presque au quatrième, avec lequel il forme une
espèce de bande oblique sinuée. La suture est terminée par une
petite pointe; le bord postérieur est très-finement dentelé en
scie. Le dessous du corps est d'un bleu-verdâtre; les côtés sont
couverts de poils blancs. Les cuisses et les jambes sont d'un
vert - cuivreux; l'extrémité de ces dernières et les tarses sont
d'un bleu-métallique.

Elle se trouve aux Indes orientales.

92. C. LURIDA.

*Supra obscuro-œnea ; elytris lunula humerali apicalique, fascia
media recurva dentata, punctisque duobus albis.*

FABR. *Sys. el.* 1. p. 236. n° 22.
OLIV. 33. p. 18. n° 17. T. 3. fig. 35.
SCH. *Syn. ins.* 1. p. 241. n° 23.

Long. 5 ½, 6 lignes. Larg. 2, 2 ½ lignes.

Elle ressemble beaucoup à la *Flexuosa*, mais elle est un peu plus large, et sa couleur en-dessus est plus obscure, surtout sur les élytres qui sont presque noirâtres. La lèvre supérieure est un peu moins avancée, et les trois petites dents qui sont à sa partie antérieure sont un peu plus fortement marquées. Les antennes du mâle n'ont point de crochet ou bouquet de poils au milieu de leur quatrième article. Le corselet est moins carré ; il est arrondi sur ses côtés et un peu rétréci postérieurement. Les élytres sont un peu plus larges et plus planes ; elles sont un peu rugueuses à leur base, et elles paraissent presque lisses vers l'extrémité ; elles ont à peu près les mêmes taches que celles de la *Flexuosa*, mais la lunule humérale est un peu plus mince et plus allongée ; celle de l'extrémité est aussi un peu moins large ; le second point de la base près de la suture manque totalement, et le quatrième près du bord extérieur est réuni à la bande du milieu et il la fait paraître fourchue à son extrémité. Le dessous du corps est d'un bleu–verdâtre un peu violet ; les côtés du corselet et de la poitrine sont moins cuivreux que dans la *Flexuosa*, et ils sont ainsi que ceux de l'abdomen beaucoup moins garnis de poils blancs. Les pattes sont d'un vert-bronzé un peu cuivreux ; elles sont garnies de poils blanchâtres, moins serrés, mais plus roides que dans la *Flexuosa*.

Elle se trouve au Cap de Bonne-Espérance.

93. C. FLEXUOSA.

Supra viridi-obscura ; elytris lunula humerali apicalique, fascia media recurva, punctisque quatuor albis.

FABR. *Sys. el.* I. p. 237. n° 26.
OLIV. II. 33. p. 18. n° 17. T. I. fig. 10.
SCH. *Syn. ins.* I. p. 242. n° 27.
Iconographie. I. p. 58. n° 17. T. 5. fig. 3.
DEJ. *Cat.* p. 1.
VAR. A. *C. Lurida.* DEJ. *Cat.* p. 2.

Long. 5, 6 lignes. Larg. 2, 2 ½ lignes.

Elle est un peu plus petite que l'*Hybrida*, et elle est en-dessus
d'un vert-bronzé plus ou moins clair, plus ou moins obscur,
souvent un peu cuivreux, et quelquefois même rougeâtre. La
lèvre supérieure est d'un blanc un peu jaunâtre; elle a au milieu
de sa partie antérieure trois petites dents, qui sont plus marquées dans la femelle que dans le mâle, et dont l'intermédiaire
est la plus avancée. Les mandibules sont d'un noir-bronzé avec
une tache d'un blanc-jaunâtre à la base. Les palpes maxillaires
sont d'un vert-bronzé; les labiaux sont d'un blanc-roussâtre avec
le dernier article d'un vert-bronzé. Les quatre premiers articles
des antennes sont d'un vert-bronzé plus ou moins mêlé de rouge-
cuivreux; les autres sont d'un gris-obscur. Dans le mâle, le quatrième article a dans son milieu un petit crochet ou bouquet de
poils. La tête et le corselet sont à peu près comme dans l'*Hybrida*, et ils ont quelques nuances cuivreuses plus ou moins
marquées. Les élytres sont légèrement ponctuées; elles ont une
tache blanche en croissant à l'angle de la base; une bande sinuée
au milieu, à peu près comme dans la *Trisignata*, mais plus large,
ne touchant pas le bord extérieur, et seulement un peu dilatée
à sa base; une tache triangulaire un peu en croissant à l'extrémité; et quatre points blancs, le premier tout-à-fait à la base,
le second un peu plus bas et près de la suture, le troisième plus
bas sur la même ligne, entre la lunule humérale et la bande du
milieu, et le quatrième près du bord extérieur, entre la bande
et la tache de l'extrémité. La suture est cuivreuse et terminée
par une petite pointe; le bord postérieur est dentelé en scie un
peu plus fortement que dans l'*Hybrida*. En-dessous, les côtés du
corselet et de la poitrine sont d'une belle couleur cuivreuse;
l'abdomen est d'un vert-bleuâtre brillant; les côtés sont couverts de poils blancs. Les pattes sont d'un vert-bronzé plus ou
moins cuivreux; les cuisses sont garnies de poils blanchâtres.

Elle se trouve communément dans le midi de la France et en
Espagne, sur le bord des rivières et des ruisseaux. Elle se trouve
aussi dans les provinces méridionales de la Russie. Sa couleur

est plus ou moins brillante à raison de la température des pays qu'elle habite. Elle varie beaucoup pour la grandeur des taches des élytres, qui sont quelquefois très-petites et bordées d'une couleur plus foncée; quelques-unes disparaissent même parfois entièrement. La *C. Lurida* de mon catalogue doit se rapporter à une de ces variétés.

94. C. BREVICOLLIS.

Supra obscuro-cuprea ; elytris margine cyaneo, lunula humerali apicalique, fascia media recurva suturaque sinuata abbreviata albis.

WIEDEMANN. *Zoologisches Magazin.* II. I. p. 67. n° 102.
C. Hottentotta. Muséum royal de Berlin.

Long. 4 ½, 5 lignes. Larg. 1 ¾, 2 lignes.

Elle ressemble beaucoup à la *Flexuosa*, mais elle en diffère par des caractères essentiels. Les palpes sont d'un blanc-roussâtre avec le dernier article d'un vert-bronzé. Les antennes du mâle n'ont point de crochet ou bouquet de poils au milieu de leur quatrième article. La tête et le corselet sont un peu plus obscurs. Les élytres sont d'une couleur moins verte, plus cuivreuse et un peu rougeâtre; leur bord extérieur est d'un beau bleu, et cette couleur borde souvent toutes les taches blanches. La bande du milieu est un peu plus dilatée à sa base, mais elle ne touche ni la lunule humérale, ni celle de l'extrémité. Le point qui se trouve entre la bande et la lunule de l'extrémité, et qui en est toujours séparé dans la *Flexuosa*, est ordinairement réuni à la lunule de l'extrémité et il en forme la partie supérieure. Les trois points de la base sont plus grands, plus allongés, et réunis comme dans les espèces suivantes. Le dessous du corps est d'un vert plus bleu que dans la *Flexuosa*. Les côtés sont également couverts de poils blancs, et ceux du corselet et de la poitrine sont d'une belle couleur cuivreuse.

Elle se trouve au Cap de Bonne-Espérance.

95. C. Discoidea.

Supra viridi-cuprea; elytris margine laterali, lunula humerali
subinterrupta apicalique, striga tenui media recurva sutu-
raque sinuata abbreviata albis.

Dej. *Cat.* p. 2.

Long. 4 ½ lignes. Larg. 1 ½ ligne.

Elle ressemble à la *Flexuosa*, mais elle est plus petite et un
peu plus étroite. Les palpes sont d'un blanc-jaunâtre avec le
dernier article d'un vert-bronzé. Les quatre premiers articles
des antennes sont d'un vert-bronzé, les autres sont d'un gris-
roussâtre. Dans le mâle, il n'y a pas de crochet ou bouquet de
poils au milieu du quatrième article, comme dans la *Flexuosa*.
Le corselet est proportionnellement un peu plus étroit que celui
de la *Flexuosa*. Il est ainsi que la tête d'un vert-bronzé un
peu cuivreux, et ils sont presque entièrement couverts de poils
blanchâtres, autant que j'en peux juger d'après les individus
que je possède, qui sont en très-mauvais état. Les élytres sont
d'un vert-cuivreux un peu rougeâtre ; elles ont à peu près la
même disposition de taches que dans la *Flexuosa*, mais le bord
latéral est entièrement blanc et il se réunit à la lunule humérale
et à celle de l'extrémité. La lunule humérale est presque interrompue à l'endroit où elle touche le bord latéral, et elle est un peu
dilatée à son extrémité ; la bande du milieu est beaucoup plus
étroite, et elle est aussi presque interrompue près du bord latéral ;
le point de la base et les deux près de la suture sont plus grands,
réunis, et ils forment une espèce de tache suturale, sinuée, qui
descend presque au milieu des élytres. Le dessous du corps est
d'un vert-brillant avec les côtés couverts de poils blancs. Les
pattes sont d'un vert-cuivreux.

Elle provient de la collection de feu Palisot de Beauvois, où
sa patrie n'était pas indiquée. Je crois cependant qu'elle doit
être de la côte de Guinée.

96. C. Neglecta. *Mihi.*

Supra obscuro-viridi-ænea; elytris margine laterali, lunula hu-

merali subhamata apicalique, fascia tenui media recurva su-
turaque sinuata abbreviata subinterrupta albis.

Long. 4 $\frac{3}{4}$ lignes. Larg. 1 $\frac{2}{3}$ ligne.

Elle ressemble beaucoup à la *Discoidea*, mais elle est un peu
plus grande et proportionnellement un peu plus large. La tête
et le corselet sont d'un vert-bronzé obscur très-légèrement
cuivreux, et ils n'ont presque pas de poils blanchâtres. Les yeux
sont un peu plus saillants. Le corselet est un peu arrondi
sur ses côtés, et les deux sillons transversaux sont plus fortement marqués. Les élytres sont d'un vert-bronzé obscur; elles
ont à peu près la même disposition de taches que dans la *Discoidea*, mais la lunule humérale est plus large, elle ne paraît
pas interrompue, et son extrémité est un peu dilatée tant en-
dessus qu'en-dessous; la bande du milieu est plus large sans
l'être cependant autant que dans les espèces suivantes; elle ne
paraît pas interrompue près du bord latéral, et elle est un peu
dentelée sur tous ses bords; enfin, le second point allongé près
de la suture est presque entièrement séparé du premier. Le dessous du corps est d'un vert-bleuâtre assez brillant avec les côtés
du corselet et de la poitrine d'un beau rouge-cuivreux. Les
côtés sont couverts de poils blanchâtres. Les pattes sont également d'un bleu-verdâtre, et légèrement garnies de poils blanchâtres.

Elle m'a été donnée par M. Chevrolat, comme venant du Sénégal.

97. C. CLATHRATA. *Mihi.*

*Supra viridi-cuprea; elytris margine laterali, lunula humerali
apicalique, fascia media recurva suturaque sinuata abbreviata albis.*

Long. 5 $\frac{1}{2}$ lignes. Larg. 2 lignes.

Elle ressemble beaucoup à la *Catena*, et elle semble être intermédiaire entre cette espèce et la *Brevicollis*. La lèvre supérieure, les mandibules, les palpes, les antennes et la tête sont

8.

absolument comme dans la *Brevicollis*. Le corselet est un peu plus étroit, mais il est toujours carré, plane, et il n'est pas arrondi et un peu convexe comme celui de la *Catena*. Les élytres sont un peu plus allongées que celles de la *Brevicollis* ; elles sont d'un vert - obscur un peu cuivreux et un peu rougeâtre, bordées entièrement de blanc ; mais cette bordure est un peu moins large que dans la *Catena*, elle ne se rapproche pas autant du bord extérieur et elle paraît elle-même bordée de bleu assez brillant comme dans la *Brevicollis*. La lunule humérale, celle de l'extrémité et la bande du milieu sont comme dans cette espèce; le point de la base et les deux près de la suture sont réunis, ils sont un peu plus grands et ils descendent un peu plus bas, mais ils ne se réunissent pas par la base au bord extérieur comme dans la *Catena*. Le dessous du corps et les pattes sont comme dans la *Flexuosa*.

Elle se trouve au cap de Bonne - Espérance, et elle m'a été envoyée par M. Schüppel comme une nouvelle espèce voisine de la *Catena*.

98. C. Cancellata. *Mihi.*

Supra viridi-cuprea ; elytris margine laterali, lunula humerali apicalique, fascia media recurva suturaque sinuata abbreviata interrupta albis.

Long. 5 ¼ lignes. Larg. 1 ¾ ligne.

Elle ressemble beaucoup aussi à la *Catena* et à la *Clathrata*, et il est facile de la confondre avec ces deux espèces. Elle est un peu plus petite. La tête est d'une couleur cuivreuse à peu près comme celle de la *Catena*; elle est comme elle assez fortement striée entre les yeux, mais elle est plus lisse à sa partie postérieure. Les yeux sont un peu plus saillants que dans la *Catena* et que dans les espèces précédentes. Le corselet est un peu moins cuivreux que celui de la *Catena* et un peu plus que celui de la *Clathrata*; il est un peu plus étroit que celui de cette dernière espèce, et il n'est nullement arrondi sur ses côtés. Les élytres ressemblent beaucoup à celles de la *Catena*, mais les taches et le bord blanc sont un peu moins larges ; l'extrémité de la lunule humérale est plus arrondie et elle se recourbe davantage vers la base. Le point de la base ne se réunit pas au bord extérieur, et il est plus allongé comme dans la *Clathrata* ; enfin, le second point près de la suture paraît tout-à-fait séparé du premier, ce qu'on voit au reste dans quelques individus de la *Catena*. Le dessous du corps et les pattes sont comme dans la *Catena*.

Elle m'a été envoyée par M. de Haan, conservateur du Muséum royal de Leyde, comme venant de Java, et sous le nom de *Catena*.

99. C. Senegalensis. *Mihi.*

Capite thoraceque viridi-cupreis, subrugosis ; elytris viridi-æneis, margine laterali, lunula humerali apicalique, fascia media obliqua sinuata suturaque subsinuata abbreviata albis.

Long. 4 ½ lignes. Larg. 1 ½ ligne.

Elle ressemble beaucoup à la *Catena*, mais elle est plus petite et proportionnellement un peu plus étroite. La tête et le corselet sont d'une couleur un peu plus verte et moins cuivreuse ; ils sont plus fortement granulés, et ils paraissent même presque rugueux. Le corselet est un peu plus étroit et plus cylindrique. Les élytres sont proportionnellement moins larges, et les taches sont disposées à peu près de la même manière, mais elles sont un peu moins larges ; la bande du milieu est plus oblique et plus droite ; le point de la base est presque séparé du bord latéral ; les deux points près de la suture sont plus réunis, et ils forment une ligne qui paraît seulement légèrement échancrée dans son milieu. Le dessous du corps est à peu près comme dans la *Catena*.

Elle se trouve au Sénégal, et elle m'a été donnée par M. Chevrolat.

100. C. Catena.

Capite thoraceque cupreo-æneis ; elytris albidis, punctis sex viridibus concatenatis.

Fabr. *Sys. cl.* 1. p. 241. n° 46.
Oliv. 11. 33. p. 20. n° 19. t. 1. fig. 12.
Sch. *Syn. ins.* 1. p. 245. n° 49.
Dej. *Cat.* p. 2.

Long. 4 ¾, 5 ½ lignes. Larg. 1 ⅔, 2 lignes.

Elle est un peu plus petite que la *Flexuosa.* La lèvre supérieure et les mandibules sont comme dans cette espèce. Les
palpes sont d'un blanc un peu roussâtre avec le dernier article
d'un vert-bronzé. Les quatre premiers articles des antennes sont
d'un vert-bronzé plus ou moins mêlé de rouge-cuivreux, les
autres sont d'un gris-roussâtre. Dans le mâle, il n'y a pas de crochet ou bouquet de poils au milieu du quatrième article. La tête
a à peu près la forme de celle de la *Flexuosa ;* elle est d'une couleur plus cuivreuse ; elle est plus fortement striée entre les yeux,
et plus fortement granulée à sa partie postérieure. Le corselet
est de la couleur de la tête ; il est un peu plus étroit que celui
de la *Flexuosa*, moins carré, plus cylindrique, un peu arrondi
sur ses côtés, un peu convexe ; il est plus fortement granulé ;
ses impressions sont moins marquées, et il est beaucoup plus
garni de poils blanchâtres. A la première vue, les élytres paraissent d'un blanc-jaunâtre avec six taches vertes alternes, disposées sur deux lignes, dont l'une au milieu et l'autre vers la suture. Ces taches sont réunies entre elles par des lignes qui vont
des taches extérieures à celles de la suture, et par une ligne de
la première tache suturale à la seconde extérieure ; mais, en
considérant attentivement la disposition de ces taches, on s'aperçoit qu'elle est absolument la même que dans la *Flexuosa* et
les espèces précédentes, mais que la grandeur des taches et des
points blancs a beaucoup augmenté, de manière que ce qui faisait le fond de la couleur dans la *Flexuosa* forme les taches dans
celle-ci. La suture est d'un vert-cuivreux. Les taches vertes
sont assez fortement ponctuées ; la partie blanche paraît lisse.
En-dessous, les côtés du corselet et de la poitrine sont d'une
belle couleur cuivreuse. L'abdomen est d'un vert-bleuâtre. Les

côtés sont couverts de poils blancs. Les pattes sont d'un vert-cuivreux, et garnies de poils blanchâtres.

Elle se trouve aux Indes orientales.

101. C. NILOTICA. *Klug.*

Supra viridi-cuprea ; elytris margine laterali, lunula humerali alteraque apicis dentata, striga media recurva, macula baseos lineaque suturali albis.

Long. 4, 4 $\frac{1}{4}$ lignes. Larg. 1 $\frac{2}{3}$, 1 $\frac{3}{4}$ ligne.

Elle ressemble un peu à la *Trisignata*, mais elle est un peu plus petite, et proportionnellement plus courte et plus large. La lèvre supérieure est blanche; elle est courte, transverse, coupée carrément à sa partie antérieure, sans dents apparentes dans les deux sexes. Les mandibules sont d'un vert-bronzé avec l'extrémité et les dents intérieures noirâtres, et une tache d'un blanc-jaunâtre à la base. Les palpes sont d'un blanc un peu roussâtre avec le dernier article d'un vert-bronzé. Les quatre premiers articles des antennes sont d'un vert-bronzé, varié de rouge-cuivreux; les autres sont d'un gris un peu roussâtre. Dans le mâle, on voit au milieu du quatrième article un petit bouquet de poils blanchâtres, proportionnellement plus longs que dans la *Flexuosa*. La tête est à peu près comme dans la *Trisignata*; elle paraît cependant un peu plus courte et un peu plus large. Le corselet est aussi plus court et plus large, et son bord postérieur est assez fortement sinué; il est ainsi que la tête d'un vert-bronzé un peu plus cuivreux. Les élytres sont un peu plus larges et plus courtes; leur couleur est d'un vert bronzé un peu moins cuivreux que la tête et le corselet; elles sont assez fortement ponctuées, et elles ont une bordure extérieure blanche, à peu près comme dans la *Trisignata*; une ligne droite le long de la suture, qui va depuis la base jusqu'à l'extrémité; une tache à la base presque triangulaire; une lunule humérale, dont l'extrémité descend obliquement jusqu'près de la ligne suturale; une bande assez étroite, sinuée au milieu, qui descend plus bas que dans la *Trisignata*, et dont l'extrémité touche la ligne suturale, ou en est au moins très-rapprochée ; enfin, une lunule postérieure dont la partie supérieure se recourbe et vient joindre le bord latéral. On aperçoit au milieu de la bordure blanche une petite ligne d'un vert-bleuâtre, qui va depuis la base jusque un peu au-dessous de la lunule humérale. La suture est d'un vert-bronzé un peu cuivreux ; elle se termine par une pointe assez marquée ; le bord postérieur est assez fortement dentelé en scie. Le dessous du corps est d'un vert-brillant un peu cuivreux. Les côtés du corselet et de la poitrine sont d'un rouge-cuivreux ; ils sont, ainsi que ceux de l'abdomen, couverts de poils blancs. Les pattes sont d'un vert-bronzé cuivreux, et garnies de poils blanchâtres.

Elle se trouve en Égypte, et elle m'a été envoyée par MM. Klug et Schüppel, sous le nom que je lui ai conservé.

102. C. Nitidula.

Cupreo-nitida ; elytris albis, linea triramosa suturaque cupreis.

Dej. *Cat.* p. 2.
C. *Capensis. Var.* Oliv. ii. 33. p. 19. n° 18. t. 2. fig. 19.

Long. 4 ½ lignes. Larg. 1 ½ ligne.

Elle est plus petite que la *Catena*, et proportionnellement plus étroite. La lèvre supérieure est d'un blanc un peu jaunâtre ; elle est courte, transverse, coupée carrément, et sans dents apparentes à sa partie antérieure. Les mandibules sont d'un vert-bronzé avec une tache d'un blanc-jaunâtre à la base. Les palpes sont d'un blanc un peu roussâtre avec le dernier article d'un vert-bronzé. La tête est d'une belle couleur cuivreuse ; elle est très-légèrement striée entre les yeux, et légèrement granulée à sa partie postérieure. Les yeux sont brunâtres et assez saillants. Le corselet est de la couleur de la tête il est presque carré, et il s'élargit un peu postérieurement ; ses impressions sont peu marquées, et il est presque entièrement couvert de poils blancs. L'écusson est d'un rouge-cuivreux brillant. Les élytres sont plus étroites et plus parallèles que celle de la *Catena ;* elles sont blanches, et elles out des taches d'un rouge-cuivreux obscur, disposées à peu près comme dans la *Capensis ;* mais la ligne longitudinale ne se joint pas à la base avec la suture ; elle est interrompue un peu avant l'extrémité ; la troisième tache se joint à cette extrémité par un filet très-mince, et le point qu'on voit quelquefois dans la *Capensis,* est plus grand et un peu oblong. En considérant attentivement la disposition de ces taches, on s'aperçoit qu'elle est absolument la même que dans la *Nilotica,* mais que les taches blanches sont devenues beaucoup plus grandes, et que ce qui faisait le fond de la couleur dans la *Nilotica* forme les taches dans celle-ci. La suture est d'un rouge-cuivreux, et elle est terminée par une petite pointe assez bien marquée. Le bord postérieur est assez fortement dentelé en scie. Le dessous du corps est d'une belle couleur cuivreuse brillante. Les côtés sont couverts de poils blancs. Les pattes sont d'un vert-cuivreux, et garnies de poils blanchâtres.

L'individu que je possède provient de la collection de feu Palisot de Beauvois, où sa patrie n'était pas indiquée. Je crois cependant que cette espèce doit être de Guinée, et qu'elle doit se rapporter à la variété de la *Capensis,* qu'Olivier dit être très-commune au Sénégal.

103. C. Capensis.

Capite thoraceque æneis ; elytris albis, punctatis, linea triramosa suturaque æneis ad basin coadunatis.

Fabr. *Sys. el.* 1. p. 237. n° 27.
Oliv. 11. 33. p. 19. n° 18. t. 1. fig. 11.
Sch. *Syn. ins.* 1. p. 242. n° 28.
Dej. *Cat.* p. 2.

Long. 5, 6 lignes. Larg. 2, 2 $\frac{1}{2}$ lignes.

Elle est à peu près de la grandeur de la *Campestris.* La lèvre supérieure est d'un blanc un peu jaunâtre ; elle est courte, transverse, coupée carrément à sa partie antérieure, avec une petite dent au milieu, qui est peu marquée dans la femelle, et qui n'est presque pas sensible dans le mâle. Les mandibules sont d'un vert-bronzé avec l'extrémité et les dents intérieures noirâtres, et une tache d'un blanc-jaunâtre à la base ; elles sont à peu près de la longueur de la tête, et elles ont trois fortes dents à leur base, dont l'intermédiaire est la plus petite. Les palpes sont d'un blanc-roussâtre avec le dernier article d'un vert-bronzé. Les antennes ont leurs quatre premiers articles d'un vert-brillant plus ou moins cuivreux, les autres sont obscurs ; celles du mâle ont au milieu du quatrième article un petit crochet ou bouquet de poils plus blanchâtres et un peu plus longs que dans la *Flexuosa*. La tête est d'une couleur bronzée un peu cuivreuse ; elle est finement granulée, et elle a quelques stries peu marquées entre les yeux ; elle est garnie de poils blancs assez longs sur ses côtés et à la base des antennes. Les yeux sont brunâtres et peu saillants. Le corselet est de la couleur de la tête ; il est à peu près de la même largeur et presque carré ; il est finement granulé ; les sillons transversaux et la ligne longitudinale sont fortement marqués ; ses angles postérieurs sont un peu prolongés, et il est garni de poils blancs assez longs, particulièrement sur ses côtés. L'écusson est de la couleur du corselet. Les élytres sont assez larges, ovales, un peu dilatées postérieurement dans la femelle, un peu convexes, et assez fortement ponctuées. Elles sont blanches ; la suture est d'une couleur bronzée un peu cuivreuse, et elle s'élargit un peu à la base ; elles ont chacune une ligne longitudinale de la même couleur, qui se réunit à la suture à la base, et trois taches, ou lignes obliques, qui se réunissent à la ligne longitudinale ; celle-ci est souvent interrompue avant de se joindre à la dernière ligne. Elles ont en outre un point arrondi entre le bord extérieur et la deuxième tache, qui manque quelquefois. La suture est terminée par une petite pointe très-peu marquée ; le bord extérieur est légèrement dentelé en scie. Le dessous du corps est d'un vert-bronzé avec des reflets violets et cuivreux. Les côtés du corselet et de la poitrine sont couverts de longs poils blancs. Les pattes sont d'un vert-cuivreux, et garnies de longs poils blancs, particulièrement sur les cuisses.

Elle se trouve au cap de Bonne-Espérance.

104. C. CANDIDA. *Mihi.*

Capite thoraceque æneis; elytris lævigatis, albidis, linea inter-
rupta ramosa punctata suturaque æneis.

C. Caffra. Muséum royal de Berlin.

Long. 4 ¾, 5 ¼ lignes. Larg. 2, 2 ¼ lignes.

Elle ressemble beaucoup, à la première vue, à la *Capensis*,
mais elle est réellement très-différente. Elle est un peu plus
petite. La lèvre supérieure est d'un blanc-jaunâtre, et elle a à sa
partie antérieure trois petites dents, dont l'intermédiaire est beaucoup plus grande que les deux autres, et qui sont plus marquées
dans la femelle que dans le mâle. Les mandibules sont moins grandes. Les antennes du mâle n'ont point de crochet ou bouquet de
poils au milieu de leur quatrième article, ou ce bouquet est si
petit qu'il n'est presque pas sensible, au moins dans l'individu que
je possède. La tête est moins fortement granulée. Le corselet est
plus plane; ses impressions sont moins marquées, et les angles
postérieurs ne paraissent pas prolongés. Les élytres sont plus
planes; elles sont lisses et d'un blanc un peu jaunâtre; la suture
est bronzée, et elles ont un bord extérieur très-étroit d'un bleu un
peu métallique. Elles ont chacune une ligne longitudinale bronzée,
figurée à peu près comme dans la *Capensis*, mais moins marquée,
un peu sinuée, qui ne se réunit pas à la suture, et qui est interrompue avant de se joindre à la troisième tache, dont sa partie
postérieure est presque entièrement séparée. Cette ligne et les
taches qui s'y joignent sont très-fortement ponctuées. On voit en
outre quelques points bronzés très-petits, placés irrégulièrement,
et qui manquent souvent aux extrémités et sur les côtés de la ligne
longitudinale. Le dessous du corps est d'un vert-bronzé brillant;
les côtés du corselet et de la poitrine sont d'un rouge-cuivreux,
et ils sont, ainsi que ceux de l'abdomen, couverts de poils
blancs, moins longs que dans la *Capensis*. Les pattes sont d'un
vert-cuivreux, et garnies de poils blancs.

Elle se trouve au cap de Bonne-Espérance.

1o5. C. Signata.

*Viridi-œnea ; elytris albis, sutura lineisque tribus obliquis viridi-
œneis.*

Dej. *Cat.* p. 2.

Long. 5 ½, 6 lignes. Larg. 2, 2 ¼ lignes.

Elle est plus grande et plus allongée que la *Flexuosa*. La lèvre
supérieure est blanche; elle est assez large, coupée carrément
à sa partie antérieure, et elle a dans son milieu une dent plus
saillante dans la femelle que dans le mâle. Les mandibules sont
d'un vert-bronzé avec l'extrémité et les dents intérieures noirâtres, et une grande tache d'un blanc un peu jaunâtre à la base.
Les palpes sont d'un blanc un peu roussâtre avec le dernier article d'un vert-bronzé. Les quatre premiers articles des
antennes sont d'un vert-bronzé, les autres sont obscurs. La tête
est d'un vert-bronzé avec quelques reflets cuivreux; elle est
très-finement striée entre les yeux, et très-légèrement ridée postérieurement. Les yeux sont brunâtres et assez saillants. Le corselet est de la couleur de la tête; il est plane, presque carré,
et il va un peu en s'élargissant vers sa partie postérieure; il
est finement granulé; ses impressions sont peu marquées; et il
est garni de poils blancs, principalement sur ses côtés. L'écusson
est de la couleur du corselet. Les élytres sont assez allongées,
ovales, et un peu rétrécies postérieurement; elles sont blanches,
finement ponctuées, et elles ont trois lignes d'un vert un peu
bronzé, l'une au-dessus de l'autre, placées un peu obliquement:
la première, qui est la plus courte, est presque en forme de
croissant, et elle se joint à la suture un peu au-dessous de l'é-
cusson; la seconde est allongée, un peu courbée en dehors; son
extrémité supérieure est recourbée en dehors vers l'extrémité,
et elle se termine un peu au-delà de la moitié des élytres; la
troisième est au contraire courbée un peu en dedans; elle commence à peu près à la moitié de la seconde ligne, entre celle-ci et
le bord extérieur, et elle se joint à la suture entre la fin de la
seconde ligne et l'extrémité. La suture est également d'un vert

un peu bronzé ; elle est un peu dilatée près de la base, à l'endroit où elle se réunit à la première ligne, et elle se termine par une petite pointe très-peu sensible. Le bord postérieur est très-finement dentelé en scie. Le dessous du corps est d'un vert-bronzé un peu cuivreux. Les côtés sont couverts de poils blancs. Les pattes sont d'un vert un peu bronzé, avec quelques poils blancs, principalement sur les cuisses.

Elle se trouve dans l'Amérique septentrionale, d'où elle a été rapportée par Palisot de Beauvois, et par M. Milbert.

106. C. Albida.

Viridi-œnea, niveo pilosa ; elytris albis, linea triramosa sutura-que œneis.

Dej. *Cat.* p. 2.

C. *Albina.* Wiedemann. *Zoologisches Magazin.* 1. 3. p. 169. n° 17.

Long. 5 ¾ lignes. Larg. 2 lignes.

Elle est plus allongée et plus cylindrique que les espèces précédentes. La lèvre supérieure est d'un blanc un peu jaunâtre avec trois petites dents très-peu marquées à sa partie antérieure. Les mandibules sont d'un blanc-jaunâtre avec l'extrémité noirâtre. Les palpes sont d'un blanc un peu roussâtre, avec l'extrémité du dernier article d'un vert-bronzé. Les quatre premiers articles des antennes sont d'un vert-bronzé, et presque entièrement couverts de poils blancs ; les autres sont d'un gris un peu roussâtre. La tête est d'un vert-bronzé un peu cuivreux, et elle est presque entièrement couverte de poils blancs. Les yeux sont brunâtres et assez saillants. Le corselet est de la couleur de la tête, et comme elle presque entièrement couvert de poils blancs ; il est presque carré, un peu allongé et un peu cylindrique, et très-légèrement arrondi sur ses côtés ; il est finement granulé, et ses impressions ne sont pas très-marquées. L'écusson est de la couleur du corselet. Les élytres sont allongées, parallèles, coupées un peu obliquement à l'extrémité, et finement ponctuées ; elles sont blanches, et elles ont chacune une ligne longitudinale d'un vert-bronzé, et trois lignes obliques qui s'y réunissent à peu près comme dans la *Capensis*; mais ces lignes sont plus étroites et moins marquées : celle longitudinale ne se réunit pas à la base avec la suture; elle ne se joint pas non plus avec la troisième ligne oblique, et celle-ci a un petit crochet au milieu de sa partie extérieure, lequel remplace le point qui se trouve ordinairement dans la *Capensis*. La suture est également d'un vert-bronzé, qui devient un peu roussâtre vers l'extrémité. Tout le bord extérieur est très-légèrement roussâtre. Le bord postérieur est finement dentelé en scie, mais les dents sont un peu plus éloignées les unes des autres que dans les autres espèces. Le dessous du corps est d'un beau vert-brillant, et presque entièrement couvert de poils blancs. Les pattes sont d'un vert-bronzé, et elles sont également couvertes de poils blancs; l'origine des cuisses est d'un rouge-ferrugineux.

Elle se trouve aux Indes orientales.

107. C. UPSILON. *Mac Leay.*

Ænea; elytris albis, sutura ad basin dilatata lineaque tenui media dentata abbreviata œneis.

Long. 5 ½ lignes. Larg. 2 lignes.

Elle ressemble un peu à la *Capensis* pour la forme et la grandeur. Dans la femelle, le seul sexe que je connaisse, la lèvre supérieure est d'un blanc-jaunâtre, et elle a une petite dent peu saillante à sa partie antérieure. Les mandibules sont d'un noir-bronzé obscur, et elles ont une tache jaunâtre à la base. Les palpes sont d'un blanc fortement roussâtre avec l'extrémité du dernier article d'un vert-bronzé obscur. Les quatre premiers articles des antennes sont d'un bronzé-cuivreux, les autres sont obscurs. La tête est d'une couleur bronzée un peu cuivreuse; elle est très-finement striée entre les yeux, et légèrement granulée à sa partie postérieure. Les yeux sont brunâtres et peu saillants. Le corselet est de la couleur de la tête; il est presque carré, un peu arrondi sur ses côtés et un peu convexe; il est finement granulé ; les deux sillons transversaux sont bien marqués ; la ligne longitudinale l'est proportionnellement beaucoup moins, et il a quelques poils blancs, surtout sur ses côtés. L'écusson est de la couleur du corselet. Les élytres sont en ovale assez allongé, et elles sont un peu rétrécies postérieurement ; elles sont blanches et très-légèrement ponctuées. La suture est d'une couleur bronzée un peu cuivreuse, et elles ont une grande tache de la même couleur à la base, à peu près en forme de losange, qui va presque jusqu'à la moitié des élytres, et qui se termine par un petit crochet très-peu marqué. Elles ont en outre sur chaque une petite ligne longitudinale en forme de V très-ouvert, qui est réunie par son angle à la tache suturale, et une autre petite ligne mince, un peu courbée, légèrement dentée extérieurement à sa base, qui est placée longitudinalement au milieu de l'élytre, au-dessous de la tache suturale. Elles ont aussi une ligne de petits points enfoncés sur les bords de la tache suturale, et une seconde plus courte sur la ligne qui se joint à cette tache. La suture est terminée par une petite pointe peu marquée. Le bord postérieur n'est presque pas dentelé en scie. Le dessous du corps est d'un vert-bronzé avec des reflets cuivreux. Les côtés du corselet et de la poitrine sont garnis de poils blancs, peu serrés. Les pattes sont d'un vert-cuivreux, et garnies de poils blanchâtres.

Elle m'a été envoyée par M. Mac Leay, comme venant de la Nouvelle-Hollande, et sous le nom que je lui ai conservé.

108. C. Conspersa. *Mihi.*

Ænea, niveo pilosa ; elytris glabris albidis, sutura maculisque sparsis obsoletis æneis.

Long. 4 $\frac{1}{2}$, 5 lignes. Larg. 1 $\frac{3}{4}$, 2 lignes.

Elle ressemble beaucoup à la *Nivea*, mais elle est un peu plus petite et proportionnellement plus courte et plus large. La lèvre supérieure, les mandibules, les antennes et la tête sont comme dans la *Nivea*. Le dernier article des palpes est d'un vert-bronzé. Le corselet est proportionnellement un peu plus court et un peu

plus large. Les élytres sont plus larges, plus courtes, et elles vo
un peu en s'élargissant vers l'extrémité, surtout dans la femell
elles sont d'un blanc un peu jaunâtre. La suture est d'un ver
bronzé et un peu plus marquée que dans la *Nivea*, et l'on vo
un assez grand nombre de petites taches irrégulières de la mêm
couleur autour des deux lignes de points enfoncés. Le dessot
du corps et les pattes sont comme dans la *Nivea*.

Elle m'a été envoyée par M. Schüppel, comme venant de l'î
de Sainte-Catherine, au Brésil.

109. C. NIVEA.

Ænea, niveo pilosa ; elytris glabris albis.

KIRBY's *Century of insects*. p. 376. n. 2.
C. Albipennis. DEJ. *Cat.* p. 2.

Long. 5 $\frac{1}{4}$, 5 $\frac{3}{4}$ lignes. Larg. 2, 2 $\frac{1}{4}$ lignes.

Elle est à peu près de la grandeur de la *Flexuosa*, mais ell
est un peu moins large. La lèvre supérieure est d'un blanc u
peu jaunâtre, avec une petite dent à sa partie antérieure, un pe
plus saillante dans la femelle que dans le mâle. Les mandibul
sont jaunâtres avec l'extrémité noirâtre; la partie noirâtre e
un peu plus grande dans la femelle que dans le mâle. Les palpe
sont d'un blanc-roussâtre avec l'extrémité du dernier articl
obscur. Les quatre premiers articles des antennes sont d'un vert
bronzé, et garnis de poils blancs; les autres sont obscurs. L
tête est d'un vert-bronzé; elle est finement striée entre les yeux
légèrement granulée à sa partie postérieure, et garnie de poi
blancs, surtout sur le front et sur ses côtés. Les yeux son
brunâtres et peu saillants. Le corselet est de la couleur d
la tête; il est presque carré, finement granulé; ses impres
sions ne sont pas très-marquées, et il est presque entièremen
couvert de poils blancs. Les élytres sont presque parallèles dan
le mâle, et très-légèrement en ovale dans la femelle; elles son
blanches, glabres, et très-légèrement ponctuées; elles ont un
ligne longitudinale un peu sinuée de petits points enfoncés noi
râtres, qui sont plus marqués et plus près les uns des autre

près de la base, et le commencement d'une autre ligne à la base entre la première et le bord latéral. L'écusson et la suture sont d'un vert-bronzé ; cette dernière est très-mince, et la couleur bronzée s'efface même vers l'extrémité. Le dessous du corps est d'une couleur bronzée cuivreuse, assez brillante. Les côtés sont couverts de poils blancs très-serrés. Les pattes sont d'un vert-bronzé cuivreux, et fortement garnies de poils blancs.

Elle se trouve au Brésil.

110. C. SUTURALIS.

Subcylindrica, viridi-ænea ; elytris albis, punctatis, sutura ad basin dilatata lunulaque media (sæpe obsoleta) cupreo-æneis.

FABR. *Sys. el.* I. p. 242. n° 50.
SCH. *Syn. ins.* I. p. 245. n° 53.
DEJ. *Cat.* p. 2.

Long. 3 $\frac{1}{2}$, 4 $\frac{1}{4}$ lignes. Larg. 1 $\frac{1}{3}$, 1 $\frac{2}{3}$ ligne.

Elle ressemble un peu pour la forme à la *Trisignata*, mais elle est un peu plus petite et un peu plus étroite. La lèvre supérieure est d'un blanc-jaunâtre ; elle a une très-petite dent à sa partie antérieure dans la femelle, et qui n'est presque pas sensible dans le mâle. Les mandibules sont assez longues, minces et aiguës ; elles sont d'un vert-bronzé avec l'extrémité noirâtre, et une grande tache d'un blanc-jaunâtre à la base. Les palpes sont d'un blanc un peu roussâtre avec le dernier article d'un vert-bronzé. Les quatre premiers articles des antennes sont d'un vert-bronzé, les autres sont obscurs. La tête et le corselet sont presque absolument comme dans la *Trisignata* ; la tête est seulement un peu plus finement striée entre les yeux ; le corselet est un peu plus étroit et un peu plus cylindrique, et son bord postérieur est un peu sinué. Les élytres sont un peu plus étroites et un peu plus allongées que celles de la *Trisignata* ; elles sont d'un blanc un peu jaunâtre et fortement ponctuées. La suture est d'une couleur bronzée cuivreuse ; sa partie antérieure est dilatée, et elle occupe à peu près la moitié des élytres ; elle va d'a-

Tome I.   9

bord presque en s'élargissant jusque un peu au-dessous de l'écusson, puis ensuite en se rétrécissant jusque un peu au-delà du milieu, où elle forme un petit crochet recourbé. La suture est ensuite très-mince; elle est terminée par une petite pointe assez aiguë, et le bord postérieur est finement dentelé en scie. Le dessous du corps est d'un vert-bronzé cuivreux ; les côtés du corselet et de la poitrine sont d'un rouge-cuivreux ; ils sont, ainsi que ceux de l'abdomen, couverts de poils blancs. Les pattes sont d'un vert-bronzé cuivreux, et garnies de poils blanchâtres.

Je possède deux individus femelles de cette espèce, qui m'ont été envoyés par M. Schœnherr, comme venant de l'île Saint-Barthélemy, aux Antilles. J'en ai vu dans la collection de M. Latreille, qui venaient de la Guadeloupe et qui étaient absolument semblables. J'en possède un individu mâle, qui m'a été envoyé par M. Von Wintheim, comme venant de Bahia au Brésil, et dans lequel on voit sur chaque élytre, un peu avant le milieu, une tache irrégulière, qui se joint à la suture par une ligne oblique très-mince, et, au-dessous de cette tache, une petite ligne longitudinale en forme de croissant courbée vers la suture, et qui paraît presque envelopper le crochet qui termine la partie dilatée de la suture. Cette variété paraît se rapprocher des individus décrits par Fabricius, et qui étaient de l'île Saint-Thomas.

iii. C. Longipes.

Subcylindrica, viridi-cuprea ; elytris rubro-cupreis, margine dentato ramoque flexuoso albis ; pedibus posticis longissimis.

Fabr. *Sys. el.* i. p. 241. n° 47.
Sch. *Syn. ins.* i. p. 245. n° 5o.
Dej. *Cat.* p. 2.

Long. 4 ¾ lignes. Larg. 1 ½ ligne.

Elle est à peu près de la grandeur de la *Germanica.* Dans la femelle, le seul sexe que je connaisse, la lèvre supérieure est d'un blanc-jaunâtre ; elle est assez grande, avancée, terminée par une petite dent assez marquée à sa partie antérieure, et elle

en a une autre arrondie de chaque côté. Les mandibules sont en
partie cachées par la lèvre supérieure; la partie visible est d'un
noir-obscur. Les palpes sont d'un blanc-roussâtre avec l'extrémité du dernier article d'un vert-bronzé. Les quatre premiers
articles des antennes sont d'un vert-bronzé avec des nuances
cuivreuses, les autres sont obscurs. La tête est d'un vert-doré
avec des reflets cuivreux; elle est assez large; le front est assez
élevé; elle est légèrement striée entre les yeux, et très-finement
ridée à sa partie postérieure. Les yeux sont brunâtres, assez gros
et peu saillants. Le corselet est de la couleur de la tête; il est
presque carré, et il s'élargit un peu postérieurement. Il a quelques rides très-peu marquées; les deux sillons transversaux sont
assez profonds, et la ligne longitudinale l'est proportionnellement beaucoup moins. Les élytres ne sont guère plus larges que
le corselet à sa partie postérieure; elles sont allongées, parallèles,
et presque en forme de parallélogramme; elles sont fortement
ponctuées et d'un rouge-obscur cuivreux. Elles ont une bordure
blanche assez large, qui commence à la base près de l'écusson,
où elle est terminée par une petite ligne courte, presque en
forme de triangle allongé dont la pointe s'écarte un peu de la suture; un rameau tortueux en forme d'S, qui part de la bordure
à peu près au quart de l'élytre, et qui se termine près de la
suture, à peu près aux trois quarts de sa longueur; et une dent
assez large près de l'extrémité, qui remplace la partie supérieure
de la lunule postérieure; la bordure est aussi un peu sinuée
entre cette dent et la bande blanche. On remarque dans la bordure un petit point de la couleur du fond des élytres, placé à
l'origine du rameau tortueux. La suture est terminée par une
petite pointe assez marquée, et le bord postérieur est très-finement dentelé en scie. Le dessous du corps est d'un vert-doré
brillant; les côtés, principalement ceux du corselet et de la poitrine, sont garnis de poils blancs. Les pattes sont d'un vert-cuivreux, et elles ont quelques poils blanchâtres; elles sont longues
et déliées; les cuisses postérieures sont presque de la longueur
de tout le corps.

Elle se trouve aux Indes orientales.

112. C. QUADRILINEATA.

Subcylindrica, viridi-ænea; elytrorum margine vittaque media albis.

Fabr. *Sys. el.* 1. p. 239. n° 39.
Oliv. 11. 33. p. 25. n° 25. t. 1. fig. 4. et 8. a. b.
Sch. *Syn. ins.* 1. p. 244. n° 41.
Dej. *Cat.* p. 2.

Long. 6, 7 lignes. Larg. 2, 2 ½ lignes.

Elle est à peu près de la grandeur de la *Littoralis*, mais elle est beaucoup plus étroite. La lèvre supérieure est d'un blanc un peu jaunâtre; elle est courte, transverse, coupée carrément et sans dentelure apparente à sa partie antérieure. Les mandibules sont d'un noir-obscur avec une grande tache d'un blanc-jaunâtre à la base. Les palpes sont d'un blanc un peu roussâtre avec le dernier article et la base du second des maxillaires d'un vert-bronzé. Les quatre premiers articles des antennes sont d'un vert-bronzé, les autres sont obscurs. La tête est d'un vert-bronzé avec quelques reflets cuivreux; elle est assez large, très-finement striée entre les yeux, et légèrement granulée à sa partie postérieure. Les yeux sont assez gros, assez saillants, et d'une couleur brunâtre. Le corselet est de la couleur de la tête; il est presque carré, arrondi sur ses côtés, et un peu rétréci antérieurement et postérieurement; il est très-finement et irrégulièrement ridé. Les sillons transversaux sont assez bien marqués; la ligne longitudinale ne l'est pas proportionnellement autant, et il a quelques poils blanchâtres sur ses côtés. Les élytres sont allongées, et presque en forme de parallélogramme; elles sont ponctuées et d'un vert-bronzé; elles ont une bordure extérieure blanche assez large, et une ligne longitudinale droite de la même couleur, placée un peu plus près de la suture que du bord extérieur, qui se réunit à la bordure par sa base, et qui ne va pas tout-à-fait jusqu'à l'extrémité, de manière que les élytres paraissent divisées en sept bandes longitudinales à peu près de la même

largeur : savoir quatre blanches et trois vertes. La suture est terminée par une petite pointe assez marquée. Le bord postérieur
est assez fortement dentelé en scie. Le dessous du corps est d'un
vert-doré cuivreux ; les côtés sont couverts de poils blanchâtres,
qui ne sont pas très-serrés. Les pattes sont d'un vert-cuivreux,
et garnies de poils blanchâtres.

Elle se trouve aux Indes orientales.

113. C. BIRAMOSA.

*Subcylindrica , supra obscuro-œnea ; clytris margine laterali ,
macula media rotundata margini connexa lunulaque apicis
albis.*

FABR. *Sys. el.* I. p. 240. n° 42.
OLIV. II. 33. p. 26. n° 26. T. 2. fig. 16. a. b. et T. 3. fig. 29.
SCH. *Syn. ins.* I. p. 244. nᵘ 44.
DEJ. *Cat.* p. 2.

Long. 4 $\frac{3}{4}$, 5 $\frac{3}{4}$ lignes. Larg. 1 $\frac{1}{2}$, 2 lignes.

Elle est un peu plus grande que la *Germanica*, et elle a une
forme plus cylindrique. La lèvre supérieure est jaunâtre, courte,
transverse ; elle est coupée carrément, et elle a trois petites
dents à sa partie antérieure, plus marquées dans la femelle que
dans le mâle. Les mandibules sont d'un vert-bronzé avec l'extrémité et les dents intérieures noirâtres, et une tache jaunâtre
à la base. Les palpes sont d'un vert-bronzé cuivreux ; les premiers articles des labiaux sont garnis de poils blanchâtres. Les antennes sont assez courtes ; leurs quatre premiers articles sont d'un
vert-bronzé cuivreux , les autres sont obscurs. La tête est d'un
vert-bronzé cuivreux, quelquefois plus ou moins obscur ; elle
est finement striée entre les yeux, et légèrement ridée à sa
partie postérieure. Les yeux sont brunâtres, et assez saillants. Le corselet est de la couleur de la tête ; il est arrondi,
presque globuleux, et très-finement ridé ; les deux sillons transversaux sont assez bien marqués ; la ligne longitudinale l'est
beaucoup moins. Les élytres sont ordinairement un peu plus

obscures que le corselet; elles sont allongées, parallèles, un peu convexes et arrondies à l'extrémité; elles sont très-légèrement ponctuées, et elles ont une ligne longitudinale de petits points enfoncés brillants, assez éloignés les uns des autres, plus près de la suture que du bord extérieur, et le commencement d'une autre ligne près de l'angle de la base, dont les points sont beaucoup plus rapprochés. Le bord extérieur est d'un blanc un peu jaunâtre; il est un peu dilaté un peu au-dessous de l'angle de la base, et il semble marquer la lunule humérale; sa partie postérieure est beaucoup plus large que le reste, et elle paraît former la lunule de l'extrémité. On voit en outre sur chaque élytre, à peu près au milieu, une assez grande tache arrondie, qui touche au bord extérieur, et qui semble former une bande droite, interrompue dans son milieu. La suture est terminée par une petite pointe; le bord extérieur est assez fortement dentelé en scie. Le dessous du corps est d'une couleur cuivreuse brillante. Les pattes sont d'un vert-cuivreux.

Elle se trouve aux Indes orientales.

114. C. DISTANS.

Subcylindrica, supra fusco-ænea; elytris lunula humerali distante, striga media obliqua sinuata abbreviata, lunula apicali, limbo communi conjunctis, albidis.

FISCHER. *Entomographie de la Russie.* 1. p. 192. n° 7. T. 17. fig. 7. a. b.

C. Infuscata? PALLAS. *icon.* T. G. fig. 16.

Long. 5, 5 ½ lignes. Larg. 1 ¾, 2 ¼ lignes.

Elle est un peu plus grande que la *Germanica*, dont elle approche un peu pour la forme du corps. La lèvre supérieure est d'un blanc-jaunâtre. Elle est un peu avancée, et elle a trois petites dents à sa partie antérieure. Les mandibules sont d'un noir-bronzé obscur, avec une tache jaunâtre à la base. Les palpes sont d'un blanc-roussâtre avec le dernier article d'un noir-obscur. Les quatre premiers articles des antennes sont d'un vert-bronzé obscur, les autres sont roussâtres. La tête est d'une couleur bronzée - obscure; elle est légèrement striée entre les yeux, et finement granulée à sa partie postérieure. Les yeux sont bruns et assez saillants. Le corselet est de la couleur de la tête; il est presque carré et un peu arrondi sur ses côtés; il est assez fortement granulé, et les sillons transversaux et la ligne longitudinale sont bien marqués, ce qui le fait paraître presque bilobé. Les élytres sont un peu plus brunes et un peu moins bronzées que le corselet; elles sont assez allongées, presque parallèles, et arrondies à l'extrémité. Elles sont très-légèrement ponctuées, et, à la vue simple, elles paraissent lisses, surtout vers l'extrémité; elles ont une ligne longitudinale de petits points enfoncés, très-peu marqués et nullement brillants, et le commencement d'une autre ligne près de l'angle de la base. Elles ont chacune une lunule humérale d'un blanc-jaunâtre, dont la partie inférieure n'est pas recourbée vers la base; une bande oblique un peu sinuée au milieu, qui ne va pas jusqu'à la suture, et dont la base remonte le long du bord extérieur jusque près de la lunule humérale, sans cependant la toucher; une lunule à l'extrémité, qui se joint à la bande par une bordure de la même couleur. La suture est terminée par une petite pointe très-peu sensible; le bord postérieur ne paraît presque pas dentelé en scie. Le dessous du corps est d'un vert-bronzé obscur; l'abdomen est d'un bleu-métallique brillant. Les cuisses sont d'un vert-bronzé obscur; les jambes et les tarses sont roussâtres.

M. Fischer dit qu'elle se trouve dans la Russie méridionale près de Sarepta, depuis la fin de juin jusqu'à la fin d'août, dans les steppes couverts d'un terrain noir et non sablonneux. M. Stéven me l'a envoyée comme venant de la Géorgie. M. Schüppel croit que cette espèce doit se rapporter à l'*Infuscata* de Pallas.

115. C. ZWICKII.

Subcylindrica, supra fusco-ænea; elytris puncto humerali albido.

FISCHER. *Entomographie de la Russie.* I. p. 194. n° 8. T. 17. fig. 10. a. b.

C. Atrata? PALLAS. *it.* 1. *append.* p. 465. n° 42.
GMELIN. 1. p. 1924. n° 45.

Long. 5 ½ lignes. Larg. 2 lignes.

Elle ressemble entièrement à la *Distans* pour la forme et la grandeur, et il est possible qu'elle n'en soit qu'une variété. Elle en diffère seulement par les élytres qui sont d'une couleur un peu plus noire, plus bronzée, et qui n'ont qu'un point d'un blanc-jaunâtre placé à l'angle de la base. Les jambes et les tarses sont aussi un peu moins roussâtres et plus obscurs.

M. Fischer dit qu'elle se trouve avec la précédente dans les mêmes régions, et qu'il lui a donné le nom qu'elle porte en l'honneur d'un des membres de la société des naturalistes de Moscou, M. Zwick, habitant de Sarepta, qui s'est livré avec beaucoup d'amour et de zèle à l'entomologie.

M. Schüppel regarde cette espèce comme une variété de la *Distans*, et il croit qu'elle doit se rapporter à l'*Atrata* de Pallas.

116. C. STEVENII.

Subcylindrica, viridi-cyanea; labro albido fusco maculato; tibiis tarsisque brunneis.

Long. 4 ¾ lignes. Larg. 1 ⅔ ligne.

Elle ressemble beaucoup à la *Germanica* pour la forme et la grandeur, et elle est entièrement en-dessus d'un vert un peu bleuâtre, comme le sont beaucoup d'individus de cette espèce. Elle en diffère par la lèvre supérieure, qui dans la femelle, le seul sexe que je connaisse, est un peu plus courte, plus transverse, et dont les trois petites dents qui se trouvent à sa partie antérieure sont plus fortement marquées, surtout celle du milieu, et sur laquelle on voit une tache brunâtre allongée qui couvre toute la dent du milieu, et qui ne touche pas à la base; par les antennes, dont les sept derniers articles sont un peu plus brunâtres; par le corselet, qui est un peu plus cylindrique, et un peu moins arrondi sur ses côtés; par les élytres, qui sont plus parallèles et un peu plus convexes, et qui sont entièrement d'un vert-bleuâtre changeant sans aucune tache blanche. Le dessous du corps est d'un bleu un peu verdâtre. Les cuisses sont d'un vert-métallique. Les jambes et les tarses sont brunâtres.

J'ai dédié cette espèce à M. Stéven, qui me l'a envoyée comme la *Cœrulea* de Pallas, insecte tout différent, et comme venant des environs de Kislar près de la mer Caspienne dans le gouvernement du Caucase.

117. C. SCALARIS. *Latreille.*

Subcylindrica, viridi-obscura; elytris vitta submarginali abbreviata sinuata (sœpe interrupta) lunulaque apicis albis.

Iconographie. I. p. 60. n° 18. T. 5. fig. 4. 5.
DEJ. *Cat.* p. 2.
C. *Paludosa.* DUFOUR. *Annales générales des sciences physiques.* VI. 18e *cahier.* p. 318.

Long. 4 $\frac{1}{2}$, 5 lignes. Larg. 1 $\frac{1}{2}$, 1 $\frac{3}{4}$ ligne.

Cette jolie espèce ressemble beaucoup à la *Germanica.* Elle varie comme elle pour les couleurs, mais ordinairement la tête et le corselet sont un peu plus bronzés et plus cuivreux, et les élytres sont d'un vert plus obscur et presque noirâtre. La lèvre supérieure a à peu près la même forme, mais les trois petites dents qui se trouvent à sa partie antérieure sont un peu plus éloignées les unes des autres, et celle du milieu n'est pas plus longue que les deux latérales. Les sept derniers articles des antennes sont d'un gris un peu roussâtre. Le corselet est un peu moins cylindrique; il est un peu plus arrondi sur ses côtés, un peu plus convexe, et il se rétrécit un peu postérieurement. Les élytres sont un peu plus allongées et un peu plus parallèles, elles paraissent moins ponctuées. La ligne de points enfoncés, qui est très-peu distincte dans la *Germanica,* est plus marquée dans celle-ci, et ces points paraissent bleuâtres. Elles ont chacune, en place du point de l'angle de la base, une ligne blanche sinuée qui descend jusqu'à la tache marginale, qui est plus grande, en forme de virgule renversée, et qui se réunit souvent à cette bande ou qui s'en rapproche au moins beaucoup. La lunule postérieure est aussi plus grande, plus fortement marquée, et son extrémité supérieure remonte davantage et se prolonge quelquefois jusqu'à la tache marginale. Le dessous du corps et les pattes sont à peu près comme dans la *Germanica*.

Elle se trouve dans les provinces méridionales de la France, et dans la partie orientale de l'Espagne.

J'ai conservé à cette espèce le nom de *Scalaris* que M. Latreille lui avait donné depuis long-temps dans son Catalogue des insectes du Muséum d'histoire naturelle.

118. C. GERMANICA.

Subcylindrica, viridi - cyanea; elytris puncto humerali, macula marginali, lunulaque apicis albis.

FABR. *Sys. el.* 1. p. 237. n° 29.
OLIV. 11. 33. p. 21. n° 20. T. 1. fig. 9. a. b.
SCH. *Syn. ins.* 1. p. 242. n° 30.
DUFT. 11. p. 228. n° 6.
Iconographie. 1. p. 61. n° 19. T. 5. fig. 6. 7.
DEJ. *Cat.* p. 2.
Le bupreste vert à six points blancs. GEOFF. 1. p. 155. n° 29.

Long. 4 , 5 lignes. Larg. 1 $\frac{1}{4}$, 1 $\frac{3}{4}$ ligne.

Elle est beaucoup plus petite que la *Campestris*, et sa forme est beaucoup plus allongée. Sa couleur en-dessus varie beaucoup: elle est ordinairement d'un vert un peu bleuâtre avec quelques nuances bronzées et même cuivreuses sur la tête et le corselet; quelquefois elle est d'une belle couleur bleue, d'autres fois d'une couleur bronzée plus ou moins obscure, et même parfois, mais rarement, tout-à-fait noirâtre; et l'on trouve des passages entre toutes ces couleurs. La lèvre supérieure est d'un blanc un peu jaunâtre; elle a au milieu de sa partie antérieure trois petites dents peu marquées, dont l'intermédiaire est la plus longue et est un peu plus saillante dans la femelle que dans le mâle. Les mandibules sont d'un noir - obscur un peu bronzé avec une tache d'un blanc-jaunâtre à la base. Les palpes sont d'un blanc-roussâtre avec le dernier article d'un noir-bronzé. Les quatre premiers articles des antennes sont d'un vert-bronzé plus ou moins cuivreux, les autres sont obscurs. La tête est striée entre les yeux, et légèrement granulée à sa partie postérieure; les yeux sont brunâtres et assez saillants. Le corselet est un peu plus étroit que la tête, un peu plus long que large, et presque cylindrique; les deux sillons transversaux et la ligne longitudinale sont très-peu marqués. A la vue simple, il paraît légèrement granulé; mais avec la loupe on s'aperçoit qu'il est finement ridé transversalement. Les élytres sont assez allongées, et elles vont un peu en s'élargissant vers l'extrémité; elles sont légèrement ponctuées, et elles ont une ligne longitudinale de petits points enfoncés, qui ne sont presque pas marqués, et le commencement d'une autre ligne près l'angle de la base. Elles ont chacune un petit point blanc arrondi à l'angle de la base, un autre un peu plus grand près du bord extérieur, à peu près au milieu, qui est quelquefois allongé et quelquefois triangulaire, et une tache en croissant à l'extrémité. La suture est terminée par une petite pointe; le bord postérieur ne paraît presque pas dentelé en scie. Le dessous du corps est d'un bleu un peu verdâtre et brillant. Souvent les côtés du corselet et de la poitrine sont d'une couleur cuivreuse. Les cuisses sont d'un vert-bronzé; les jambes et les tarses sont brunâtres.

Elle n'a pas les mêmes habitudes que les autres espèces de ce genre. Quoiqu'elle ait des ailes, je ne l'ai jamais vue voler. On la trouve courant dans les champs entre les herbes; elle est assez commune en France et en Allemagne. On la trouve aussi en Dalmatie, en Russie, et jusque dans la Sibérie.

119. C. GRACILIS.

Subcylindrica, nigro-ænea; elytris maculis duabus marginalibus albis, macula communi postica ferruginea.

PALLAS. *voy.* III. p. 475. n° 40.
GMELIN. IV. p. 1924. n° 44.
FISCHER. *Entomographie de la Russie.* I. p. 10. n° 6. T. I. fig. 5.

Iconographie. I. p. 62. n° 20. T. 5. fig. 8.

Long. 4 ½, 5 lignes. Larg. 1 ¼, 1 ½ ligne.

Elle ressemble beaucoup à la *Germanica* pour la forme et la grandeur; mais elle est un peu plus étroite, et elle est toujours en-dessus d'une couleur noire-obscure un peu bronzée et comme veloutée. La lèvre supérieure a à peu près la même forme; mais elle est un peu plus courte, et elle laisse un peu plus les mandibules à découvert. Dans la femelle, elle est entièrement d'une couleur noirâtre; dans le mâle, elle est d'un blanc-jaunâtre avec une grande tache noirâtre de chaque côté. Les mandibules sont un peu plus saillantes; elles sont d'un noir-bronzé-obscur, et elles ont une tache d'un blanc-jaunâtre à la base, beaucoup plus grande dans le mâle que dans la femelle. Les palpes sont roussâtres avec le dernier article d'un noir-obscur. Les antennes sont un peu plus longues que celles de la *Germanica;* leurs quatre premiers articles sont d'un noir-bronzé, les autres sont obscurs. La tête est un peu moins large, et les yeux sont un peu plus saillants. Le corselet est un peu plus étroit, un peu plus allongé et un peu plus cylindrique. Les élytres sont un peu plus étroites. Elles ont un très-petit point blanc à l'angle de la base, qui souvent disparaît entièrement; une tache blanche au milieu près du bord extérieur, qui est un peu plus allongée que dans la *Germanica;* et une autre près de l'extrémité, remplaçant la partie supérieure de la lunule. Elles ont en outre sur la suture une grande tache oblongue d'une couleur ferrugineuse un peu orangée, qui s'étend depuis le milieu des élytres jusqu'à l'extrémité. Le dessous du corps est d'un noir-bronzé-obscur, un peu plus brillant que le dessus: Les cuisses sont d'un vert-bronzé-obscur; les jambes et les tarses sont d'un brun-obscur, avec la base des jambes plus claire.

Elle se trouve dans la Russie méridionale et dans la Sibérie.

120. C. Abdominalis.

Subcylindrica, supra nigra, subtus viridi-cyanea; labro elytro-rumque lunula apicis albis; abdomine rufo.

FABR. *Sys. el.* 1. p. 237. n° 28.
SCH. *Syn. ins.* 1. p. 242. n° 29.
DEJ. *Cat.* p. 2.

Long. 3 ¼, 3 ¾ lignes. Larg. 1, 1 ¼ ligne.

Elle ressemble un peu à la *Germanica*, mais elle est beaucoup plus petite. Elle est en-dessus d'une couleur noire avec quelques légers reflets bronzés et même cuivreux sur la tête et sur le corselet. Dans le mâle, le seul sexe que je connaisse, la lèvre supérieure est blanche ; elle est assez avancée, arrondie, et sans dentelure apparente à sa partie antérieure. Les mandibules sont d'un vert-bronzé obscur avec une tache jaunâtre à la base. Les palpes maxillaires sont d'un vert-bronzé ; les labiaux sont roussâtres avec le dernier article d'un vert-bronzé. Les quatre premiers articles des antennes sont d'un vert-bronzé, les autres sont obscurs. La tête est finement striée entre les yeux, et elle est très-légèrement ridée à sa partie postérieure. Les yeux sont gros, très-saillants et brunâtres. Le corselet est un peu allongé et presque cylindrique ; il a quelques rides transversales peu sensibles ; les deux sillons transversaux sont assez marqués ; la ligne longitudinale l'est proportionnellement beaucoup moins. Les élytres sont presque parallèles ; elles sont très-légèrement ponctuées, et elles ont une lunule blanche à l'extrémité, et trois points blancs : le premier un peu avant le milieu, un peu plus près du bord extérieur que de la suture ; le second un peu au-delà du milieu, plus près de la suture que du bord extérieur ; et le troisième près du bord extérieur, un peu au-dessus de la lunule. Ces trois points sont très-petits, et ils disparaissent souvent entièrement. On voit en outre une ligne longitudinale de points enfoncés, assez éloignés les uns des autres, d'un bleu-verdâtre assez brillant, et le commencement d'une autre ligne près de l'angle de la base. Le dessous du corps est d'un bleu-verdâtre brillant ; l'abdomen est entièrement d'un jaune-ferrugineux. Les pattes sont d'un vert-métallique un peu bleuâtre.

Elle se trouve dans l'Amérique septentrionale.

121. C. TERMINATA. *Roger.*

Subcylindrica, obscuro-œnea ; elytris apice spinosis, macula hu-
merali, lunula media marginali transversa limboque postico
albidis.

Long. 4 ¼ lignes. Larg. 1 ½ ligne.

Elle est plus petite que la *Germanica*, et elle est en-dessus
d'une couleur bronzée obscure, un peu cuivreuse. La lèvre supérieure dans la femelle, le seul sexe que je connaisse, est d'un
blanc-jaunâtre ; elle est très-courte, transverse, coupée carrément, et même presque échancrée à sa partie antérieure, avec
une petite dent peu marquée au milieu. Les mandibules sont
d'un noir-bronzé obscur avec une tache jaunâtre à la base. Les
palpes sont roussâtres avec le dernier article d'un noir-obscur.
Les quatre premiers articles des antennes sont d'un noir-bronzé,
les autres sont obscurs. La tête est finement striée entre les yeux,
et légèrement granulée à sa partie postérieure. Les yeux sont
brunâtres, et assez saillants. Le corselet est presque carré, et il
va insensiblement en s'élargissant vers sa partie postérieure ;
il est finement granulé ; le sillon transversal postérieur est
assez fortement marqué ; celui antérieur et la ligne longitudinale le sont beaucoup moins ; le bord postérieur est un peu
sinué et presque échancré. L'écusson est proportionnellement
un peu plus grand que dans les espèces voisines. Les élytres
sont assez allongées, parallèles, et assez fortement ponctuées ;
leur bord postérieur est assez fortement dentelé en scie ; il est
coupé obliquement extérieurement, et arrondi du côté de la
suture ; celle-ci est terminée sur chaque élytre, un peu avant
l'extrémité, par une pointe ou épine un peu relevée, et beaucoup plus longue que dans toutes les autres espèces de ce genre.
Elles ont une tache d'un blanc-jaunâtre allongée, en forme de
virgule, à l'angle de la base ; une tache en croissant, transversale, au milieu près du bord extérieur ; et leur bord postérieur
est terminé par une bordure étroite de la même couleur. Le
dessous du corps est d'un vert-bronzé un peu cuivreux, surtout

sur les côtés. Les pattes sont d'un vert-bronzé; l'origine des cuisses, leur extrémité et la base des jambes sont d'une couleur roussâtre.

Elle m'a été envoyée par M. Roger, sous le nom que je lui ai conservé, et comme venant des îles Philippines.

122. C. Gyllenhalii. *Mihi.*

Viridi-ænea; elytrorum margine albo.

Long. 5 lignes. Larg. 1 ¾ ligne.

Elle est plus petite que la *Campestris*. Dans le mâle, le seul sexe que je possède, la lèvre supérieure est jaunâtre, transverse, sans dents apparentes à sa partie antérieure. Les mandibules sont plus longues, plus aiguës, et moins larges que dans les autres espèces de ce genre; les dents intérieures sont aussi plus longues; elles sont d'un vert-bronzé, noirâtres vers l'extrémité, et elles ont une tache jaunâtre à la base. Les palpes sont d'un blanc-jaunâtre avec le dernier article bronzé; ils sont plus allongés, surtout le dernier article, que dans les autres espèces. Les antennes ont leurs quatre premiers articles d'un vert-bronzé, les autres sont obscurs. La tête est d'un vert-bronzé; elle est légèrement striée entre les yeux, et légèrement rugueuse postérieurement. Les yeux sont d'un gris-jaunâtre. Le corselet est de la couleur de la tête; il est arrondi sur les côtés, légèrement rugueux; les sillons transversaux et la ligne longitudinale sont assez marqués. Les élytres sont d'un vert-bronzé avec un reflet cuivreux; elles sont assez fortement ponctuées; les points sont très-rapprochés les uns des autres, et ils se réunissent dans quelques endroits; elles ont une bordure blanche, assez étroite, depuis l'angle de la base jusqu'à la suture. Le bord postérieur est très-finement dentelé en scie, et la suture est terminée par une petite pointe. Le dessous du corps est d'un vert-bronzé avec quelques poils blanchâtres sur l'abdomen. Les pattes sont d'un vert-bronzé; les cuisses ont quelques poils blanchâtres.

J'ai dédié cette jolie espèce à M. Gyllenhal, qui me l'a envoyée comme venant des Indes orientales.

123. C. Elegans. *Mihi.*

Viridi-cyanea, nitida ; elytris obscuris, viridi variegatis.

Long. 4 lignes. Larg. 1 ¼ ligne.

Cette jolie espèce est plus petite que la *Germanica*, et elle a une forme moins allongée. Dans la femelle, le seul sexe que je connaisse, la lèvre supérieure est d'un beau vert-métallique ; elle est courte, transverse, et elle a au milieu de sa partie antérieure, trois petites dents bien marquées, dont l'intermédiaire est un peu plus avancée. Les mandibules sont d'un noir-bronzé avec une tache jaunâtre à la base. Les palpes sont d'un blanc-roussâtre ; les deux derniers articles des maxillaires et le dernier des labiaux sont d'un vert-bronzé. Les quatre premiers articles des antennes sont d'un bleu-métallique, les autres sont obscurs. La tête est d'un beau bleu-métallique brillant avec quelques reflets verts ; elle est assez fortement striée entre les yeux, et très-légèrement ridée transversalement à sa partie postérieure. Les yeux sont gros, très-saillants, et d'un gris-noirâtre. Le corselet est de la couleur de la tête ; il est presque globuleux ; les deux sillons transversaux sont fortement marqués, et la ligne longitudinale n'est presque pas sensible ; il paraît lisse, mais avec une forte loupe, on aperçoit quelques rides transversales très-peu marquées. Les élytres sont peu allongées, parallèles, arrondies à l'extrémité et un peu convexes ; elles sont légèrement ponctuées, d'un noir-obscur avec des reflets d'un beau vert, qui forment trois grandes taches le long du bord extérieur : une à l'angle de la base, une vers le milieu, et la troisième vers l'extrémité, et une autre sur la suture entre la première et la seconde. La partie postérieure des élytres présente également un reflet vert, qui devient d'un beau bleu vers l'extrémité. La suture est terminée par une petite pointe peu marquée ; le bord postérieur ne paraît pas dentelé en scie. Le dessous du corps est d'un vert-bleuâtre. Les cuisses sont vertes ; leur extrémité, les jambes et les tarses sont d'un bleu-métallique.

Elle m'a été donnée par le Muséum d'Histoire naturelle,

comme venant de Sumatra; et par M. Drapiez, comme venant de Java.

124. C. Decempunctata. *Mihi.*

Subcylindrica, supra nigro-ænea, subtus cyanea; elytris punctis quatuor lunulaque apicis albis.

Long. 4 ¼ lignes. Larg. 1 ⅓ ligne.

Elle est un peu plus petite que la *Germanica*, et sa forme est un peu plus allongée. Dans la femelle, le seul sexe que je connaissse, la lèvre supérieure est d'une couleur noirâtre avec deux taches jaunâtres qui ne sont presque pas apparentes; elle est un peu avancée et elle a trois petites dents peu marquées à sa partie antérieure. Les mandibules sont d'un bronzé-obscur avec une tache jaunâtre à la base. Les palpes sont d'un blanc-roussâtre avec les deux derniers articles des maxillaires et le dernier des labiaux d'un vert-bronzé. Les antennes sont assez longues et déliées; leurs quatre premiers articles sont d'un vert-bronzé, les autres sont obscurs. La tête est d'un noir-bronzé-obscur avec quelques nuances verdâtres, principalement à sa partie antérieure et à la base des antennes. Elle est légèrement striée entre les yeux, et très-finement granulée à sa partie postérieure. Les yeux sont gros, très-saillants et d'un brun-jaunâtre. Le corselet est de la couleur de la tête; il a quelques nuances verdâtres et un peu cuivreuses sur ses côtés. Il est étroit, allongé, presque cylindrique, finement granulé et légèrement ridé transversalement; les deux sillons transversaux et la ligne longitudinale sont très-peu marqués. Les élytres sont d'une couleur un peu plus foncée que la tête et le corselet; elles sont assez fortement ponctuées et elles ont chacune quatre points blancs : le premier à l'angle de la base; le second au tiers de l'élytre, un peu plus près de la suture que du bord extérieur; le troisième au milieu vers le bord extérieur, et le quatrième un peu plus bas sur la ligne du second. On voit en outre une petite lunule blanche très-étroite qui termine l'élytre, et dont la partie supérieure se recourbe et forme un point blanc de la grandeur

des quatre autres. La suture est terminée par une petite pointe;
le bord postérieur est finement dentelé en scie. Le dessous du
corps est d'un bleu assez brillant. Les pattes sont d'un vert-
bronzé un peu bleuâtre.

Elle m'a été envoyée par M. Bonfils, comme venant des Indes
orientales.

125. C. Triguttata.

Subcylindrica, supra nigro-œnea; elytris maculis duabus margi-
nalibus punctoque centrali albis.

Herbst. x. p. 182. n° 29. t. 172. fig. 5.
C. *Sexmaculata. Mihi.*

Long. 3 $\frac{1}{4}$, 3 $\frac{3}{4}$ lignes. Larg. 1, 1 $\frac{1}{4}$ ligne.

Elle ressemble un peu pour la forme à la *Germanica*, mais
elle est beaucoup plus petite. Elle est en-dessus d'une couleur
bronzée-obscure, presque noirâtre, avec quelques légères teintes
verdâtres. La lèvre supérieure est d'un vert-bronzé obscur, et
elle a dans les deux sexes trois petites dents peu marquées à sa
partie antérieure. Les mandibules sont assez grandes, larges et
un peu aplaties à leur base : dans le mâle, elles sont d'un blanc-
jaunâtre avec la pointe et les dents intérieures d'un noir-bronzé;
dans la femelle, elles sont de cette dernière couleur avec une
tache d'un blanc-jaunâtre à la base. Les palpes sont d'un blanc-
roussâtre avec le dernier article d'un vert-bronzé. Les antennes
sont minces et déliées; leurs quatre premiers articles sont d'un
vert-bronzé-obscur, les autres sont obscurs. La tête est striée
entre les yeux et légèrement granulée à sa partie postérieure.
Les yeux sont saillants et d'un brun-jaunâtre. Le corselet est
étroit, allongé, presque cylindrique et très-légèrement arrondi
sur ses côtés; il est très-finement granulé, et les deux sillons
transversaux et la ligne longitudinale sont très-peu marqués.
Les élytres sont ponctuées, et elles ont sur chaque trois petites
taches blanches : la première près du bord extérieur, à peu près
au milieu; elle est étroite, transversale, et elle ne va pas jusqu'au milieu de l'élytre; elle se dilate quelquefois à sa base,

et elle forme un petit crochet vers l'extrémité le long du bord extérieur; la seconde un peu plus bas au milieu de l'élytre; elle est ronde et elle paraît former l'extrémité d'une bande transversale dont le milieu serait effacé; la troisième sur le bord extérieur, vers l'extrémité, remplaçant la partie supérieure de la lunule. La suture est terminée par une petite pointe; le bord postérieur est très-légèrement dentelé en scie. Le dessous du corps est d'un bleu - verdâtre avec quelques poils blanchâtres sur les côtés. Les pattes sont d'un vert-bronzé obscur.

Elle se trouve aux Indes orientales, et c'est par erreur que Herbst lui donne pour patrie l'Amérique septentrionale.

126. C. Argentata.

Subcylindrica, supra nigro - œnea ; elytris puncto, striga media recurva lunulaque apicis albis.

Fabr? *Sys. el.* 1. p. 242. n° 52.
Sch? *Syn. ins.* 1. p. 245. n° 55.

Long. 3 lignes. Larg. 1 ligne.

Elle ressemble beaucoup à la *Triguttata ;* mais elle est un peu plus petite, et c'est, je crois, la plus petite espèce de ce genre. Dans le mâle, le seul sexe que je connaisse, la lèvre supérieure est jaunâtre, et elle a trois petites dents à sa partie antérieure. Les mandibules sont larges et aplaties; elles sont d'un blanc-jaunâtre avec l'extrémité et les dents intérieures d'un noir-bronzé. Les palpes sont d'un blanc - roussâtre avec le dernier article d'un vert - bronzé. Les quatre premiers articles des antennes sont d'un vert-bronzé obscur, les autres sont obscurs. La tête est d'une couleur bronzée-obscure; elle est très-légèrement striée entre les yeux, et très-finement granulée à sa partie postérieure. Les yeux sont noirâtres, et un peu moins saillants que dans la *Triguttata.* Le corselet est de la couleur de la tête; il est un peu moins allongé et un peu moins cylindrique que dans la *Triguttata.* Les élytres sont d'une couleur un peu plus noirâtre et moins bronzée que le corselet, et elles ont quelques légères teintes verdâtres. Elles sont légèrement ponctuées , et elles ont sur chaque un petit point arrondi, d'un blanc un peu jaunâtre, au tiers de l'élytre et à peu près au milieu; plus bas, à peu près au milieu, une bande étroite, transversale, un peu dilatée des deux côtés le long du bord, et recourbée postérieurement, à peu près comme dans la *Trisignata*; et une lunule très-étroite à l'extrémité. La suture est terminée par une petite pointe très-peu marquée; le bord postérieur est très-légèrement dentelé en scie. Le dessous du corps est d'un bleu-verdatre avec quelques poils blanchâtres sur les côtés. Les cuisses et les tarses sont d'un vert-bronzé; l'origine des cuisses et les jambes sont un peu roussâtres.

Elle m'a été envoyée par M. Schüppel comme l'*Argentata* de Fabricius, mais je n'en suis pas bien certain, et comme venant de Para au Brésil. Elle se trouve aussi à Cayenne.

SEPTIÈME DIVISION.

127. C. Funesta.

Subcylindrica, obscuro-ænea; pedibus flavescentibus.

Fabr. *Sys. el.* i. p. 243. n° 56.
Sch. *Syn. ins.* i. p. 246. n° 60.

Long. 4 lignes. Larg. 1 ¼ ligne.

Elle a quelques rapports avec la *Viridula*, mais elle se rapproche cependant davantage des autres espèces de ce genre. La lèvre supérieure est d'un brun un peu bronzé; elle est grande, avancée, arrondie, coupée presque carrément, avec quelques petites dentelures, plus sensibles dans la femelle que dans le mâle, à sa partie antérieure. Les mandibules sont d'un brun-pâle un peu bronzé, et noirâtres vers l'extrémité. Les palpes sont jaunâtres avec le dernier article obscur. Les antennes ont environ les trois quarts de la longueur de l'insecte; elles sont minces et déliées; leur premier article est assez long et un peu renflé; il est d'une couleur jaunâtre; les autres vont en s'obscurcissant vers l'extrémité: le troisième est assez long et un peu courbé;

les derniers articles sont presque insensiblement plus gros que les premiers. La tête est d'une couleur bronzée obscure avec quelques reflets cuivreux; elle est très-légèrement striée entre les yeux, qui sont très-saillants et jaunâtres. Le corselet est de la couleur de la tête; il est presque cylindrique, un peu plus long que large; les côtés sont un peu arrondis, et les deux sillons transversaux et celui longitudinal sont assez peu marqués. Les élytres sont d'un bronzé-obscur avec quelques reflets cuivreux, qui forment des taches brillantes et irrégulières; elles sont légèrement ponctuées, un peu plus fortement vers la base. Le dessous du corps est d'un bronzé-obscur; l'extrémité de l'abdomen est un peu jaunâtre. Les pattes sont longues et déliées; les cuisses et les jambes sont jaunâtres; les tarses sont un peu plus obscurs.

Elle se trouve aux Indes orientales.

128. C. Viridula.

Subcylindrica, viridi-nitens, elytris obscurioribus; antennarum basi pedibusque pallidis.

Sch. *Syn. ins.* 1. p. 243. n° 31.
Dej. *Cat.* p. 2.

Long. 3 ½ lignes. Larg. 1 ligne.

Cette petite espèce a une forme particulière, et elle pourrait bien constituer un nouveau genre. Dans le mâle, le seul sexe que je connaisse, la lèvre supérieure est verdâtre; elle est avancée, arrondie, presque coupée carrément à sa partie antérieure, avec quelques petites dents très-peu marquées. Les mandibules sont brunes, jaunâtres à la base. Les palpes sont jaunâtres. Les antennes sont longues et minces; leur premier article est d'un jaune-pâle; il est assez long, plus gros vers l'extrémité et un peu courbé; les trois suivants sont d'une couleur bronzée-obscure; le troisième est assez long et un peu courbé; les autres sont obscurs, et ils vont un peu en grossissant vers l'extrémité. La tête est d'un vert-bronzé; elle est finement striée entre les yeux, qui sont très-gros, très-saillants et grisâtres. Le corselet est d'un vert-bronzé assez brillant ; il est beaucoup plus étroit que la tête, presque cylindrique, arrondi sur les côtés ; les deux sillons transversaux sont assez fortement marqués ; celui longitudinal l'est beaucoup moins. Les élytres sont d'un vert plus obscur que le corselet ; ce vert devient plus pâle vers l'extrémité, comme si elles étaient transparentes ; elles sont peu allongées, presque cylindriques, assez finement ponctuées, et elles ont à leur base une petite impression à peu près au milieu, et une petite élévation près de la suture. Le dessous du corps est d'un vert-bronzé ; l'abdomen est plus obscur, presque d'un noir-violet. Les pattes sont longues et déliées ; les cuisses sont d'un jaune-pâle ; les jambes et les tarses sont plus obscurs.

Elle a été rapportée de l'île de France par M. Catoire. Schœnherr dit qu'elle se trouve aux Indes orientales.

V. EUPROSOPUS. *Latreille.*

CICINDELA. *Iconographie.*

Les trois premiers articles des tarses antérieurs des mâles dilatés, aplatis, peu allongés, carénés longitudinalement en-dessus, ciliés également des deux côtés ; les deux premiers s'élargissant un peu vers l'extrémité et légèrement échancrés ; le troisième presque en cœur. Palpes labiaux ne dépassant pas les maxillaires : les deux premiers articles très-courts ; le premier ne dépassant pas l'extrémité de l'échancrure du menton ; le troisième presque cylindrique et renflé ; le dernier beaucoup plus mince, court et grossissant très-légèrement vers l'extrémité.

Ce genre avait d'abord été établi par Latreille ; mais ne l'ayant pas ensuite trouvé assez tranché, il s'est contenté de donner la figure de la seule espèce connue, dans la première livraison de l'*Iconographie des coléoptères d'Europe*, sous le nom de *Cicindela Quadrinotata*. Cependant cet insecte me paraissant devoir former un genre particulier, je lui ai conservé le nom qui lui

avait d'abord été donné par Latreille. En effet, il diffère essentiellement des *Cicindela* par les palpes labiaux, dont le troisième
article est renflé et assez gros, et dont le dernier est beaucoup
plus mince et assez court ; et par les trois premiers articles des
tarses antérieurs des mâles, qui sont aplatis, carénés longitudinalement en-dessus, ciliés également des deux côtés, dont les
deux premiers vont en s'élargissant un peu vers l'extrémité, et
sont légèrement échancrés, et dont le troisième est presque en
cœur. Les antennes sont aussi un peu plus minces et plus déliées,
et elles paraissent être un peu plus grosses vers l'extrémité. Les
yeux sont très-gros et très-saillants, presque comme dans les
Therates. L'écusson est placé un peu plus haut, et sa pointe ne
dépasse presque pas la base des élytres. Celles-ci sont plus allongées et plus parallèles que dans toutes les espèces de *Cicindela*.
L'avant-dernier anneau de l'abdomen des mâles est assez fortement échancré. Les pattes sont très-longues et assez déliées.

1. E. QUADRINOTATUS.

Viridis, nitidus; elytris æneo variegatis alboque quadri-
maculatis.

Cicindela Quadrinotata. Iconographie. 1. p. 38. T. 1. fig. 6.

Long. 7, 8 lignes. Larg. 1 $\frac{3}{4}$, 2 $\frac{1}{4}$ lignes.

La lèvre supérieure est d'une couleur jaunâtre ; elle est assez
grande, avancée, arrondie, un peu convexe, et elle a sept dentelures à sa partie antérieure, un peu plus marquées dans la
femelle que dans le mâle. Les mandibules sont jaunâtres avec
l'extrémité obscure. Les palpes sont jaunâtres ; dans la femelle
les deux derniers articles des maxillaires et le dernier des labiaux, dans le mâle l'extrémité du dernier article seulement,
sont d'un brun-noirâtre. Les antennes sont à peu près de la
longueur de la moitié du corps ; elles sont minces, déliées, et elles
vont un peu en grossissant vers le bout ; elles sont obscures, et
leurs trois premiers articles sont jaunâtres en-dessous. La tête
est d'un vert-brillant ; elle a deux lignes longitudinales enfon-

cées entre les yeux, un sillon transversal qui les unit, et une petite élévation sur le front, un peu au-dessus des antennes. Elle a quelques stries le long des yeux, et quelques rides très-peu marquées à sa partie postérieure. Les yeux sont d'un brun-noirâtre; ils sont arrondis, très-gros et très-saillants. Le corselet est de la couleur de la tête; il est un peu plus étroit qu'elle; il a deux sillons transversaux, bien marqués, et une ligne longitudinale très-peu enfoncée. Ses côtés sont un peu arrondis, et ses bords antérieur et postérieur sont un peu relevés. Les élytres sont presque le double plus larges que le corselet; elles sont très-allongées, parallèles, et très-peu convexes; leur extrémité est presque tronquée et terminée par trois petites pointes très-peu marquées, dont l'intermédiaire est la moins saillante. Elles sont d'une couleur bronzée-obscure, et elles ont une ligne d'un vert-brillant, qui, partant de l'angle de la base, va en obliquant jusqu'à un peu plus du milieu des élytres; une autre ligne le long de la suture, qui ne va pas tout-à-fait jusqu'à l'extrémité, et dont la partie supérieure se recourbe près de la base et se joint à la première; et une tache de la même couleur tout-à-fait à l'extrémité près de la suture. Elles ont en outre sur chaque deux taches blanches, arrondies, la première à peu près au milieu, près du bord extérieur, et la seconde sur la même ligne près de l'extrémité. Toute la partie verte est fortement ridée; celle bronzée est lisse avec quelques points enfoncés à la base. Le dessous du corps est d'un vert-brillant; l'extrémité de l'abdomen est plus obscure. Les pattes sont longues et déliées; les cuisses sont jaunâtres; leur extrémité, les jambes et les tarses sont d'un brun-obscur.

Il se trouve au Brésil.

VI. CTENOSTOMA. *Klug.*

C aris *Fischer.* C ollyris. *Fabricius.*

Les trois premiers articles des tarses antérieurs des mâles dilatés; le troisième prolongé obliquement en dedans. Corps étroit et

allongé. Corselet en forme de nœud globuleux. Antennes séta-
cées. Palpes très-saillants.

Fabricius avait placé la seule espèce qu'il connaissait de ce
genre parmi ses *Collyris*, avec lesquelles cependant les *Cteno-*
stoma ont bien peu de rapports. Fischer, dans son *Entomographie*
de la Russie, en avait fait connaître une autre espèce sous le
nom générique de *Caris*, nom déja employé par Latreille pour
désigner un genre d'*Arachnides*; et peu de temps après, Klug,
qui n'avait pas connaissance de son travail, a établi le même
genre, dans son *Entomologiæ brasilianæ specimen*, sous le nom
de *Ctenostoma*, que Latreille a conservé dans l'*Iconographie des*
Coléoptères d'Europe.

Les *Ctenostoma* diffèrent essentiellement des *Colliuris* et des
Tricondyla par la dent qui se trouve au milieu de l'échancrure du menton; par leurs palpes très-saillants, dont les labiaux
un peu plus longs que les maxillaires ont les deux premiers articles très-courts, le troisième très-long et cylindrique, et le
dernier court et sécuriforme; et par les antennes qui sont longues,
minces et sétacées.

Ils diffèrent des autres genres de cette tribu par leur forme
étroite et allongée, et par les tarses antérieurs des mâles, dont
les trois premiers articles sont dilatés, et dont le troisième est
prolongé obliquement en dedans, comme dans le genre *Tri-*
condyla.

La tête est assez grande, plane et presque en forme de losange. Les yeux sont petits, assez saillants sur les côtés, mais
nullement en-dessus. La lèvre supérieure est avancée, arrondie,
convexe, et elle a plusieurs dentelures. Le corselet est en forme
de nœud presque globuleux, avec les bords antérieur et postérieur relevés en forme de bourrelet. L'écusson est presque entièrement caché par le corselet, et sa pointe n'atteint pas la base
des élytres. Celles-ci sont allongées, rétrécies antérieurement, et
elles vont en s'élargissant plus ou moins vers l'extrémité, suivant
les espèces. L'avant dernier anneau de l'abdomen des mâles est
légèrement échancré. Les pattes sont longues et déliées.

Fischer et Latreille disent que ces insectes sont aptères. Klug leur donne des ailes médiocres. Ne possédant qu'un seul individu de chacune des espèces de ce genre, je n'ai pas osé les détruire pour vérifier ce fait.

Ce genre ne renferme jusqu'à présent que trois espèces qui appartiennent toutes les trois aux régions équinoxiales de l'Amérique méridionale.

1. C. FORMICARIUM.

Nigro-œneum ; elytris punctatis , macula media transversa flava.

KLUG. *Ctenostoma.* p. 4. n° 1.
KLUG. *Entomologiæ brasilianæ specimen.* p. 28. T. 21. fig. 7.
Collyris Formicaria. FABR. *Sys. el.* 1. p. 226. n° 3.
SCH. *Syn. ins.* 1. p. 236. n° 3.

Long. 5 ½ lignes. Larg. 1 ligne.

Cette espèce, que M. Klug regarde comme la véritable *Collyris Formicaria* de Fabricius, ressemble beaucoup à la *Trinotatum*, mais elle est un peu plus étroite et plus cylindrique. Les antennes sont entièrement d'un brun un peu roussâtre. La tête est un peu plus petite; elle est presque lisse, et elle a un sillon très-marqué en demi-cercle à sa partie postérieure, et deux lignes longitudinales enfoncées entre les yeux. Ceux-ci sont plus saillants. Le milieu du corselet est un peu plus globuleux. Les élytres sont plus allongées, plus cylindriques, et elles ne sont presque pas renflées postérieurement. Leur extrémité est échancrée et n'est pas prolongée. Elles sont fortement ponctuées, surtout vers la base, mais les points ne sont pas réunis et ils ne forment pas de rides transversales. Elles ont un peu au-delà du milieu une tache transversale, jaune, un peu oblique, qui ne touche ni au bord extérieur ni à la suture; on ne voit de taches jaunes ni à la base, ni à l'extrémité. Les pattes sont un peu plus brunes, et il y a moins de jaune à la base des cuisses.

Elle m'a été donnée par M. Chevrolat, qui l'avait reçue de Cayenne. Elle se trouve aussi dans les parties septentrionales du Brésil.

2. C. TRINOTATUM.

Nigro-æneum ; elytris transversim rugosis, postice punctatis,
fasciis duabus apiceque flavis.

KLUG. *Ctenostoma.* p. 5. n° 2.
C. *Formicaria. Iconographie.* 1. p. 35. T. 2. fig. 1.
Caris Trinotata. FISCHER. *Entomographie de la Russie.* 1. *Genre*
des insectes. p. 99. *Caris Fasciata. idem.* T. 1. fig. 3.

Long. 5 ½ lignes. Larg. 1 ligne.

Cette espèce étant la plus connue des trois qui composent ce
genre, j'en donnerai une description plus détaillée, et c'est à elle
que je rapporterai les descriptions comparatives des deux autres. La lèvre supérieure est d'un noir-bronzé; elle est assez
avancée; elle a trois dentelures bien marquées sur la même
ligne à sa partie antérieure, et une autre de chaque côté. Les
mandibules sont d'un noir-bronzé obscur. Les palpes sont très-
grands, très-saillants et d'un noir-obscur. Les antennes sont un
peu plus courtes que le corps; elles sont filiformes, minces et
déliées; leurs deux premiers articles sont jaunâtres avec une
tache obscure qui occupe presque toute la partie supérieure;
tous les autres sont brunâtres. La tête est d'un noir-bronzé; elle
est assez large, presque en losange, plane, et elle a quelques
enfoncements irréguliers entre les yeux; ceux-ci sont brunâtres
et peu saillants. Le corselet est à peu près de la couleur de la
tête, un peu plus brillant et un peu plus verdâtre; il a deux sillons transversaux très-marqués: le premier près du bord antérieur, et le second près du bord postérieur; la partie entre
les deux sillons est arrondie presque globuleuse et très-lisse;
les bords antérieur et postérieur sont relevés en bourrelet, et
l'on aperçoit une ligne transversale enfoncée entre le sillon et
le bord postérieur. Les élytres sont allongées, très-étroites à leur
base et un peu renflées postérieurement; leur extrémité est un
peu prolongée, tronquée et presque échancrée. Elles sont fortement ponctuées, et, depuis la base jusqu'à la seconde bande

jaune, les points se confondent et forment des rides transversales assez distinctes. Elles ont trois bandes d'un jaune-pâle : la
première près de la base, peu distincte; la seconde un peu au-delà
du milieu, plus large, mieux marquée et interrompue à la suture; et la troisième, assez étroite et peu distincte, tout-à-fait à
l'extrémité. On aperçoit sur la tête, le corselet et les élytres
quelques poils assez longs, mais très-éloignés les uns des autres.
Le dessous du corps est d'un noir-bronzé obscur. Les pattes
sont longues et déliées; elles sont d'un noir-brunâtre légèrement
bronzé avec la base des cuisses d'un jaune-pâle.

Elle se trouve au Brésil, particulièrement dans les environs
de Rio Janeiro.

3. C. Rugosum.

Nigro-œneum ; elytris transversim rugosis, postice lœvigatis,
fasciis duabus flavis apiceque late pallido.

Klug. *Ctenostoma.* p. 7. n° 3. т. 3. fig. 3.

Long. 6 $\frac{1}{4}$ lignes. Larg. 1 $\frac{1}{4}$ ligne.

Elle ressemble aussi beaucoup à la *Trinotatum*, mais elle est un
peu plus grande et proportionnellement un peu plus large. La
tête est plus grande, plus large, et le front est couvert de points
enfoncés beaucoup plus nombreux et presque contigus. Les
élytres sont moins étroites à leur base, et elles vont en s'élargissant d'une manière plus insensible. Leur extrémité est arrondie;
elles sont ridées de la même manière depuis la base jusqu'à la
seconde bande jaune, mais la partie postérieure est presque lisse,
surtout vers l'extrémité. La bande de la base est un peu plus
large et plus distincte, et elle est ainsi que celle du milieu d'un
jaune un peu plus pâle; toute la partie entre la seconde bande
et l'extrémité est d'une couleur jaunâtre un peu obscure. Les
pattes sont d'une couleur plus noire et presque bronzée, et il
y a moins de jaune à la base des cuisses.

Elle se trouve au Brésil, et elle m'a été donnée par M. Chevrolat.

VII. THERATES. *Latreille.*

EURYCHILES. *Bonelli.* CICINDELA. *Fabricius.*

*Tarses presque semblables dans les deux sexes ; le troisième article
plus court que les deux premiers et légèrement échancré à son
extrémité ; le quatrième très-court et en cœur. Point de dent au
milieu de l'échancrure du menton. Palpes maxillaires internes
très-petits, peu distincts et d'un seul article.*

Latreille a, le premier, indiqué ce genre dans l'ouvrage sur
le règne animal de Cuvier, et presqu'en même temps Bonelli en
a exposé les caractères sous le nom d'*Eurychiles*, dans le *Recueil
des Mémoires de l'Académie royale des sciences de Turin.* Fabricius l'avait confondu avec ses *Cicindela;* il en décrit trois espèces: *Labiata, Flavilabris* et *Fasciata.* Latreille en a figuré deux
autres espèces, sous les noms de *Cœrulea* et de *Spinipennis,* dans
la première livraison de l'*Iconographie des Coleoptères d'Europe.*

Les *Therates* sont suffisamment distinguées des *Cicindela* et
de tous les autres genres de cette tribu, par l'absence de dent
au milieu de l'échancrure du menton; par la petitesse des palpes
maxillaires internes, qui sont peu distincts et d'un seul article; et
surtout par les tarses qui sont presque semblables dans les deux
sexes, et dont les deux premiers articles sont allongés et presque cylindriques, et dont le troisième, plus court que les deux
premiers, va un peu en grossissant et est échancré à son extrémité pour recevoir le quatrième, qui est très-court et en
forme de cœur.

Elles ont, à la première vue, quelques rapports avec les *Cicindela* des troisième et septième divisions; mais elles en diffèrent par la lèvre supérieure, qui est très-grande, en forme de
demi-ovale, légèrement convexe, très-avancée et recouvrant
presque entièrement les mandibules; par les yeux qui sont très-
saillants; par le corselet, dont le milieu, arrondi et presque globuleux, est séparé de ses deux extrémités par un sillon transversal très-profond; enfin, par les élytres qui ont une petite

élévation assez marquée à leur base, et dont l'extrémité est échancrée ou se termine en pointe assez aiguë. L'avant-dernier anneau de l'abdomen des mâles est assez fortement échancré.

Ces insectes paraissent habiter exclusivement les îles au nord de la Nouvelle-Hollande et celles de la Sonde.

1. T. Labiata.

Cyanea , nitida ; labro , femoribus abdomineque rufis.

Cicindela Labiata. Fabr. *Sys. el.* 1. p. 232. n° 3.
Sch. *Syn. ins.* 1. p. 238. n° 3.
Eurychiles Labiata. Bonelli. *Memorie della R. accademia di Torino.* xxiii. *parte* 1. p. 248. n° 1.

Long. 9 ½ lignes. Larg. 2 ¾ lignes.

Tout le corps est en-dessus d'un beau bleu-foncé avec des reflets violets. La lèvre supérieure est d'un jaune-roussâtre avec une tache d'un noir-obscur au milieu de sa base; elle est très-grande, très-avancée, légèrement convexe, en forme de demi-ovale allongé; elle a huit petites dentelures à sa partie antérieure, dont les deux latérales sont plus grandes que les autres, et une autre de chaque côté un peu en arrière. Les mandibules sont grandes, arquées, d'un rouge-ferrugineux, avec l'extrémité, les dents et tout le bord intérieur noirâtres. Les palpes sont d'un rouge-ferrugineux avec le dernier article d'un noir-obscur. Les antennes sont assez courtes; leur premier article est d'un rouge ferrugineux, les autres sont obscurs. La tête est assez grande; elle est lisse, et elle a un enfoncement sémi-circulaire entre les yeux, et une proéminence assez forte sur le front un peu au-dessus des antennes. Les yeux sont gros, très-saillants et d'un gris-brunâtre. Le corselet est presque cylindrique; il a deux sillons transversaux très-profonds: l'un près du bord antérieur, l'autre près du bord postérieur; la partie entre les deux sillons est plus large que longue, arrondie et très-lisse; les bords antérieur et postérieur sont relevés en bourrelet. Les élytres sont presque le double plus larges que le corselet; elles sont allon-

gées, parallèles et assez convexes; elles sont légèrement ponctuées, et elles ont une petite élévation à leur base; leur extrémité
est échancrée près de la suture, et elle forme deux petites pointes,
l'une au milieu et l'autre à l'extrémité de la suture. Le dessous
du corps est d'un bleu - violet, quelquefois un peu verdâtre.
L'abdomen est d'un rouge-ferrugineux. Les cuisses et la base des
quatre jambes antérieures sont de la même couleur; les jambes
postérieures, l'extrémité des quatre autres et les tarses sont d'un
bleu-noirâtre.

Elle a été trouvée par M. de la Billardière, et par M. Gaudichaud, naturaliste de l'expédition du capitaine Freycinet, dans
les îles au nord de la Nouvelle - Hollande. Il paraît qu'elle se
tient ordinairement sur les feuilles des arbres et qu'elle vole avec
rapidité.

2. T. DIMIDIATA. *Mihi.*

Cyanea , nitida; elytrorum basi , labro , pedibus abdomineque
flavis.

Long. 5 lignes. Larg. 1 $\frac{1}{2}$ ligne.

Elle est beaucoup plus petite que la *Labiata.* La lèvre supérieure est jaune; elle a six petites dentelures presque sur la
même ligne à sa partie antérieure, et une autre de chaque côté
un peu en arrière. Les mandibules sont jaunes avec l'extrémité
noirâtre. Les palpes sont d'un jaune un peu roussâtre. Les antennes sont à peu près de la longueur de la tête et du corselet
réunis; leurs trois premiers articles sont d'une couleur jaunâtre
en-dessous; le dessus et tous les autres articles sont d'un brun-
obscur. La tête est d'un bleu quelquefois un peu violet, quelquefois un peu verdâtre; elle est très-lisse et brillante, elle n'a
pas d'enfoncement entre les yeux, et la proéminence du front
est moins marquée que dans la *Labiata.* Les yeux sont proportionnellement un peu plus gros et un peu plus saillants. Le corselet est de la couleur de la tête; la partie entre les deux sillons
est un peu plus globuleuse que dans la *Labiata.* Les élytres sont
de la couleur du corselet; elles ont une bande jaune qui occupe

toute la base et qui va à peu près jusqu'au quart de leur longueur. Elles sont un peu plus fortement ponctuées que dans la *Labiata ;* elles sont terminées par une pointe assez forte et assez aiguë près de la suture, et elles ont en outre une très-petite dent près de cette pointe et un peu en dehors. Le dessous du corps est d'un bleu un peu noirâtre. L'abdomen et les pattes sont jaunes.

Elle faisait partie d'une collection venant de l'île de Java, que j'ai achetée à Marseille.

VIII. TRICONDYLA. *Latreille.*

CICINDELA. *Olivier.* COLLYRIS. *Schœnherr.*

Les trois premiers articles des tarses antérieurs des mâles dilatés ; le troisième prolongé obliquement en dedans. Corps étroit et allongé. Corselet en forme de nœud ovalaire. Antennes filiformes. Palpes peu saillants ; pénultième article des labiaux dilaté. Point de dent au milieu de l'échancrure du menton.

Ce genre établi par Latreille sur la *Cicindela aptera* d'Olivier, qui ne paraît pas être le même insecte que la *Collyris aptera* de Fabricius, approche beaucoup, à la première vue, du genre *Colliuris ;* mais il en diffère essentiellement par les tarses, dont le quatrième article est un peu échancré, avec la partie intérieure un peu plus longue, mais qui n'est nullement prolongé et dont les trois premiers articles des pattes antérieures sont dilatés dans les mâles, et ont leur troisième article prolongé obliquement en dedans, comme dans le genre *Ctenostoma ;* par les antennes qui sont filiformes, et qui ne vont pas en grossissant vers l'extrémité ; par le corselet, qui est en forme de nœud ovalaire avec les bords antérieur et postérieur relevés en bourrelet ; par la tête, dont les yeux sont un peu plus grands et plus saillants, et qui n'est presque pas rétrécie postérieurement ; par les élytres, qui vont en s'élargissant un peu plus vers l'extrémité, et qui se relèvent plus ou moins en bosse un peu au-delà du milieu ; et par l'avant-dernier anneau de l'abdomen des mâles, qui est assez fortement échancré.

Ces insectes paraissent aptères ; ils habitent les mêmes contrées que les *Colliuris*. Je n'en possède qu'une espèce, mais qui
n'est pas la même que celle figurée par Latreille dans l'*Iconographie des Coléoptères d'Europe*.

1. T. CYANEA. *Mihi.*

*Cyanea; elytris profunde punctatis, antice subrugatis, pone me-
dium gibbosis; femoribus ferrugineis.*

Long. 8 ½ lignes. Larg. 1 ¼ ligne.

Elle ressemble beaucoup, à la première vue, à une *Colliuris*. Elle
est entièrement en-dessus d'une couleur bleue un peu violette.
La lèvre supérieure est assez avancée, convexe ; elle a une impression assez marquée de chaque côté : elle a quatre dentelures
assez marquées presque sur la même ligne à sa partie antérieure,
et une autre plus petite de chaque côté. Les mandibules sont
entièrement recouvertes par la lèvre supérieure. Les palpes sont
d'un rouge-ferrugineux avec les deux derniers articles des maxillaires et le dernier des labiaux d'un bleu-noirâtre. Les antennes
sont presque aussi longues que la tête et le corselet réunis ; elles
sont minces et filiformes ; leurs quatre premiers articles sont
d'un bleu-noirâtre avec une petite tache jaunâtre vers l'extrémité des troisième et quatrième ; les autres sont obscurs. La tête
est assez grande ; elle ne se rétrécit pas postérieurement comme
dans les *Colliuris*, et elle ne se termine pas par un col distinct ;
elle a un enfoncement assez considérable entre les yeux, dont
le milieu est un peu relevé en bosse allongée ; les deux côtés le
long des yeux sont finement striés. Les yeux sont très-gros,
très-saillants et d'un brun-jaunâtre. Le corselet est très-allongé et
beaucoup plus étroit que la tête ; il a deux sillons transversaux :
le premier près du bord antérieur, et le second près du bord
postérieur ; la partie entre les deux sillons est en forme de nœud
ovalaire ; elle est lisse ; elle a une ligne longitudinale enfoncée,
très-peu marquée, et une autre de chaque côté presque en demi-
cercle. Les bords antérieur et postérieur sont relevés en bourrelet, et l'on voit une ligne transversale enfoncée entre le sillon

et le bord postérieur. Les élytres sont allongées, à peu près de la largeur du corselet, cylindriques à leur base, renflées et bossues postérieurement. Leur extrémité est un peu sinuée et légèrement arrondie; elles sont très-fortement ponctuées, et, depuis la base jusqu'au milieu, les points se confondent et paraissent former des rides transversales. Le dessous du corps est d'un bleu un peu plus clair que le dessus. Les cuisses sont d'un rouge-ferrugineux. Les jambes et les tarses sont d'un bleu-noirâtre.

Elle se trouve dans l'île de Java.

IX. COLLIURIS. *Latreille.*

COLLYRIS. *Fabricius.*

Quatrième article de tous les tarses prolongé obliquement en dedans dans les deux sexes. Corps étroit et allongé. Corselet presque cylindrique, rétréci antérieurement. Antennes courtes, grossissant plus ou moins vers l'extrémité. Palpes peu saillants; pénultième article des labiaux dilaté. Point de dent au milieu de l'échancrure du menton.

Le nom de *Colliuris* a été primitivement donné par Degéer à un insecte appartenant au genre *Casnonia* de Latreille. Fabricius, en établissant ensuite celui dont il est ici question, lui a donné le nom de *Collyris;* mais Latreille et la plupart des autres entomologistes ayant adopté celui de *Colliuris,* j'ai cru devoir me conformer à cette dénomination.

Les *Colliuris* diffèrent de presque tous les autres genres de cette tribu par leur forme allongée et presque cylindrique. Les seuls avec lesquels elles aient quelques rapports sont les *Ctenostoma* et les *Tricondyla;* mais elles diffèrent du premier par l'absence de dent au milieu de l'échancrure du menton; par les palpes, qui sont peu saillants, et dont les labiaux ont le premier article dilaté presque en triangle, avec une dent à son extrémité intérieure; le second très-court et à peine visible; le troisième plus ou moins dilaté et aplati, ou tout au moins courbé; et le dernier sécuriforme, surtout dans les mâles : et de tous les deux par les antennes qui sont courtes et qui vont en grossissant plus ou moins vers l'extrémité; par le corselet qui est presque cylindrique et rétréci antérieurement; et par les tarses qui paraissent semblables dans les deux sexes, et dont le quatrième article de toutes les pattes est prolongé obliquement en dedans en forme d'appendice ovale.

Les *Colliuris* ont la tête assez grosse, arrondie, très-rétrécie postérieurement et tenant au corselet par un col court et beaucoup plus étroit qu'elle. La lèvre supérieure est arrondie, convexe et dentelée antérieurement. Les antennes sont assez courtes, renflées plus ou moins vers l'extrémité, avec le troisième article assez long et courbé. L'écusson est presque entièrement caché par le corselet, et sa pointe n'atteint pas la base des élytres. Celles-ci sont allongées, presque cylindriques; elles s'élargissent presque insensiblement vers l'extrémité, et elles sont plus ou moins ridées et ponctuées. L'avant-dernier anneau de l'abdomen des mâles n'est échancré que très légèrement. Les pattes sont longues et déliées.

Ces insectes paraissent tous pourvus d'ailes. Toutes les espèces connues jusqu'ici ont été trouvées dans les parties les plus méridionales de l'Asie et dans les îles au nord de la Nouvelle-Hollande.

1. C. LONGICOLLIS.

Cyanea; elytris profunde punctatis, in medio subrugatis, apice rotundatis, subemarginatis; femoribus tarsisque posticis ferrugineis; antennis capite longioribus, extrorsum vix crassioribus.

Iconographie. 1. p. 67. T. 2. fig. 3.
Collyris Longicollis. FABR. *Sys. el.* 1. p. 226. n° 1.
SCH. *Syn. ins.* 1. p. 236. n° 1.

Long. 7, 7 ½ lignes. Larg. 1 ¼, 1 ½ ligne.

Sa forme est très-allongée et presque cylindrique, et elle est en-dessus d'une couleur bleue, quelquefois un peu violette. La lèvre supérieure est avancée et convexe ; elle est coupée presque carrément, et elle a cinq dentelures égales presque sur la même ligne à sa partie antérieure, et une autre de chaque côté un peu en arrière. Les mandibules sont peu saillantes. Les palpes sont d'un bleu-violet foncé. Les antennes sont deux fois aussi longues que la tête ; leurs quatre premiers articles sont bleus avec une petite tache jaunâtre vers l'extrémité des troisième et quatrième ; les autres sont obscurs : le premier article est assez gros ; le second très-court ; le troisième très-long est un peu courbé ; le quatrième moitié plus court ; tous les autres sont à peu près de la même longueur, et ils vont insensiblement en grossissant vers l'extrémité. La tête est assez grosse, arrondie, très-rétrécie postérieurement, et elle tient au corselet par un col court et beaucoup plus étroit qu'elle ; elle est lisse, et elle a un enfoncement allongé entre les yeux : ceux-ci sont arrondis, d'un brun-jaunâtre et très-saillants. Le corselet est plus étroit que la tête ; il est allongé et cylindrique ; il est rétréci près de son bord antérieur, et il y forme un étranglement bien marqué ; il a un sillon transversal assez profond près de son bord postérieur, et une ligne enfoncée entre le sillon et le bord. Les élytres sont allongées, presque cylindriques ; elles sont à leur base à peu près de la largeur de la tête, et elles vont un peu en grossissant vers l'extrémité, qui est arrondie extérieurement et très-légèrement échancrée vers la suture : elles sont très-fortement ponctuées ; vers la base les points sont très-marqués et peu rapprochés les uns des autres ; au milieu ils se confondent et ils forment presque des rides transversales, et vers l'extrémité ils sont beaucoup plus petits et moins marqués. Le dessous du corps est d'un bleu un peu plus obscur que le dessus. Les pattes sont assez longues, minces et déliées. Les cuisses sont d'un rouge-ferrugineux ; les jambes et les tarses sont d'un bleu-noirâtre ; l'extrémité des jambes et les trois premiers articles des tarses postérieurs sont de la couleur des cuisses.

Cette espèce, qui se trouve dans l'île de Java, m'a été envoyée par M. Westermann, comme la véritable *Longicollis* de Fabricius.

2. C. Emarginata. *Mihi.*

Cyanea; elytris profunde punctatis, apice truncato-emarginatis;
femoribus ferrugineis; antennis capite longioribus, extrorsum
vix crassioribus.

Iconographie. 1. p. 67.
C. Longicollis. Latreille. *Genera crustaceorum et insecto-*
rum. 1. p. 174. n° 1.
Cicindela Longicollis. Oliv. 11. 33. p. 7. n° 2. t. 2. fig. 17.

Long. 5, 6 lignes. Larg. $\frac{3}{4}$, 1 $\frac{1}{4}$ ligne

Elle ressemble beaucoup à la précédente, et elle a été prise
par Olivier et par presque tous les autres entomologistes français pour la véritable *Longicollis.* Je crois que c'est d'elle dont
Fabricius a voulu parler dans sa description en disant : *Duplo*
minorem ex India misit D. Daldorff, at vix distinctam. Elle est
ordinairement beaucoup plus petite, et elle est d'une couleur
bleue plus claire et quelquefois un peu verdâtre. La lèvre supérieure est un peu moins convexe. Les antennes vont un peu
plus en grossissant vers le bout; les taches jaunes, qui se trouvent sur les troisième et quatrième articles, sont un peu plus
grandes, et le cinquième article, et quelquefois même le sixième,
sont jaunes avec la base obscure. Les yeux sont un peu plus
éloignés l'un de l'autre, et ils paraissent un peu moins saillants.
L'étranglement antérieur du corselet finit moins brusquement,
et sa partie postérieure, au lieu d'être cylindrique, va insensiblement en s'élargissant. Les élytres sont moins fortement ponctuées; les points sont un peu plus rapprochés les uns des autres,
et ceux du milieu ne sont pas réunis et ne paraissent pas former
de rides transversales. L'extrémité du côté de la suture est
comme tronquée et échancrée, ce qui les fait paraître terminées
par deux pointes peu saillantes, l'une au milieu et l'autre à l'extrémité de la suture. L'extrémité des jambes et les tarses postérieurs sont de la même couleur que les antérieurs.

Elle se trouve aux Indes orientales.

3. C. Crassicornis. *Mihi.*

Cyanea; elytris profunde punctatis, apice rotundatis, submar-
ginatis; femoribus ferrugineis; antennis longitudine capitis,
extrorsum crassioribus.

C. Longicollis. Dej. *Cat.* p. 1.

Long. 6 ½, 7 lignes. Larg. 1 ⅓, 1 ⅔ ligne.

Elle ressemble aux espèces précédentes, mais elle est proportionnellement moins allongée. Elle est d'une belle couleur bleue, un peu plus claire et moins violette que la *Longicollis*, et moins verdâtre que l'*Emarginata*. La lèvre supérieure est un peu moins convexe, et les sept dentelures qui se trouvent à sa partie antérieure sont presque sur la même ligne. Le premier article des palpes labiaux est roussâtre. Les antennes ne sont guère plus longues que la tête; leurs quatre premiers articles sont à peu près comme dans la *Longicollis*; ils sont un peu plus courts, et ils ont de même une tache jaune à l'extrémité des troisième et quatrième articles : les suivants sont beaucoup plus courts, plus larges et plus renflés. La tête est proportionnellement plus grosse; les yeux sont plus éloignés l'un de l'autre, et l'on voit une petite bosse assez bien marquée au milieu de l'enfoncement qui les sépare. Le corselet est à peu près comme celui de l'*Emarginata*, mais il est proportionnellement un peu plus court; l'étranglement antérieur est un peu plus marqué, et sa partie postérieure est un peu plus arrondie et un peu moins cylindrique. Les élytres sont un peu plus courtes et plus larges; elles sont terminées comme dans la *Longicollis*, et elles sont à peu près ponctuées comme celles de l'*Emarginata*. Les pattes sont comme celles de l'*Emarginata*, mais elles sont proportionnellement un peu plus courtes.

Elle m'a été donnée à Vienne, comme venant des Indes orientales.

TRONCATIPENNES.

Cette tribu comprend tous les genres que Latreille avait placés dans ses trois *Stirps : Graphipterides, Crepitantes* et *Longopalpati* de son *Genera crustaceorum et insectorum*, et dans ses deux premières sections de la tribu des carabiques du règne animal de Cuvier.

Bonelli, dans ses observations entomologiques, en donnant à sa troisième section des carabiques le nom de *Troncatipennes*, n'y avait fait entrer que les *Crepitantes* et les *Longopalpati* de Latreille, et il en avait même exclu, je ne sais pourquoi, le genre *Cymindis*, qui cependant a les plus grands rapports avec les *Lebia* et les *Dromius*, et qui ne peut en être éloigné.

Ce nom de *Troncatipennes* indique assez le principal caractère des insectes composant cette tribu, lequel consiste dans les élytres dont l'extrémité est plus ou moins coupée carrément et comme tronquée. Latreille, en adoptant cette division dans l'*Iconographie des Coléoptères d'Europe*, y a introduit deux genres, ceux de *Graphipterus* et d'*Anthia*, qui formaient le *Stirps Graphipterides* de son *Genera*, dans lesquels ce caractère est beaucoup moins marqué, et dont les élytres, surtout dans le dernier, paraissent plutôt sinuées que tronquées à l'extrémité. J'ai cru cependant ne pas devoir m'écarter de la marche adoptée par ce savant entomologiste, et j'ai conservé dans cette tribu tous les genres qu'il y avait placés.

J'ajouterai ici que l'*Odacantha Dorsalis* et mon nouveau genre *Ctenodactyla* forment aussi une espèce d'anomalie dans cette tribu, et que leurs élytres paraissent plutôt arrondies que tronquées à l'extrémité; mais, dans une méthode naturelle, ce n'est pas sur un seul caractère, mais bien sur l'ensemble de l'organisation que l'on doit se régler pour établir la classification.

Les vingt-quatre genres, qui composent maintenant cette tribu, sont presque tous assez peu nombreux en espèces. Le tableau suivant en présente les principaux caractères.

CROCHETS DES TARSES SANS DENTELURES.

Dernier article des palpes de forme ovalaire et terminé presque en pointe.
- Premier article des antennes plus court que la tête.
  - Corselet en forme de col allongé, cylindrique et très-rétréci antérieurement .... 1 *Casnonia*.
  - Corselet en ovale allongé et presque cylindrique .... 2 *Odacantha*.
- Premier article des antennes presque aussi long que la tête .... 3 *Cordistes*.

Dernier article des palpes allongé et plus ou moins sécuriforme.
- Mandibules avancées et presque droites .... 4 *Drypta*.
- Mandibules courtes et peu avancées.
  - Trois premiers articles des tarses antérieurs fortement dilatés dans les mâles .... 5 *Galerita*.
  - Tarses antérieurs peu ou point dilatés dans les mâles.
    - Premier article des antennes aussi long que la tête .... 6 *Zuphium*.
    - Premier article des antennes plus court que la tête .... 7 *Polistichus*.

Dernier article des palpes peu allongé, cylindrique, ou grossissant insensiblement vers l'extrémité.
- Antennes filiformes .... 18 *Helluo*.
- Antennes moniliformes ou grossissant vers l'extrémité.
  - Lèvre supérieure courte, transverse, et laissant les mandibules à découvert.
    - Élytres en ovale plus ou moins allongé.
      - Point d'ailes .... 19 *Aptinus*.
      - Des ailes .... 20 *Brachinus*.
    - Élytres en ovale peu allongé, presque suborbiculaire .... 21 *Corsyra*.
  - Lèvre supérieure avancée, et recouvrant plus ou moins les mandibules.
    - Lèvre supérieure échancrée .... 22 *Catascopus*.
    - Lèvre supérieure arrondie.
      - Élytres en ovale peu allongé, presque suborbiculaire .... 23 *Graphipterus*.
      - Élytres en ovale plus ou moins allongé .... 24 *Anthia*.

CROCHETS DES TARSES DENTELÉS EN DESSOUS.

Corps plus ou moins allongé.

- Dernier article des palpes labiaux fortement sécuriforme, au moins dans les mâles.
  - Tête très-rétrécie postérieurement, et séparée du corselet par un étranglement très-marqué.......... 8 Agra.
  - Tête peu rétrécie postérieurement.
    - Pénultième article de tous les tarses non bilobé.......... 9 Cymindis.
    - Pénultième article de tous les tarses bilobé...... 10 Calleida.
- Dernier article des palpes labiaux, non sécuriforme.
  - Tête rétrécie postérieurement, et séparée du corselet par un étranglement........ 11 Ctenodactyla.
  - Tête peu rétrécie postérieurement.
    - Pénultième article de tous les tarses bilobé.... 12 Demetrias.
    - Pénultième article de tous les tarses non bilobé.......... 13 Dromius.

Corps plus ou moins large et aplati. Élytres presque carrées.

- Dernier article des palpes labiaux fortement sécuriforme.......................
  - Bord postérieur du corselet prolongé dans son milieu............. 14 Plochionus.
  - Bord postérieur du corselet, coupé carrément................. 15 Lebia.
- Dernier article des palpes labiaux, non sécuriforme.
  - Pénultième article de tous les tarses non bilobé............ 16 Coptodera.
  - Pénultième article de tous les tarses bilobé.... 17 Orthogonius.

I. CASNONIA. *Latreille.*

OPHIONEA. *Klug.* ODACANTHA. *Fabr.* ATTELABUS. *Linné.*
COLLIURIS. *Degéer.*

*Dernier article des palpes de forme ovalaire, et terminé presque
en pointe. Antennes beaucoup plus courtes que le corps, à articles presque égaux : le premier plus court que la tête. Tarses
filiformes; le pénultième article, au plus, bifide. Corselet en forme
de col allongé, cylindrique et très-rétréci antérieurement. Tête
presqu'en forme de losange, prolongée et très-rétrécie postérieurement.*

C'est à ce genre qu'il faut rapporter la *Colliuris* de Degéer,
et il aurait peut-être fallu lui conserver ce nom. Linné, frappé
par quelques rapports de forme avec quelques *Apoderus* exotiques, a placé ces insectes dans son genre *Attelabus.* Fabricius
et Herbst en ont fait des *Odacantha.* Latreille les avait d'abord
placés parmi les *Agra*, et il en a fait ensuite un genre particulier sous le nom que je lui ai conservé; Klug, n'ayant pas connaissance de son travail, l'avait établi dans son *Entomologiæ
brasilianæ specimen*, sous le nom d'*Ophionea.*

Les *Casnonia* ont une forme assez singulière et qui a quelques rapports avec celle des *Raphidia* et de quelques *Apoderus.*
Elles se rapprochent un peu, par plusieurs caractères, des *Odacantha;* mais elles en diffèrent par leur tête beaucoup plus rétrécie et très-prolongée postérieurement, et tenant au corselet
par un col court, presque globuleux, dont elle est séparée par
un étranglement très-marqué; par le corselet qui est très-allongé, cylindrique, rétréci antérieurement, et par les élytres qui
sont plus larges et moins allongées. Je possède quatre espèces
de ce genre; savoir, trois d'Amérique, et une des Indes-Orientales. Dans cette dernière, le pénultième article des tarses est
bifide et presque bilobé; tandis que, dans les autres, il est filiforme comme les précédents. A l'exception de la *Colliuris surinamensis* de Degéer, je ne connais pas d'autres espèces que
l'on puisse rapporter à ce genre.

1. C. Pensylvanica.

Nigra ; elytris fulvis, macula laterali, altera suturali, apice-que nigris ; pedibus testaceis, geniculis fuscis.

Dej. *Cat.* p. 2.
Ophionea Pensylvanica. Klug. *Entomologiæ brasilianæ spe-cimen.* p. 24. n° 1.
Agra Pensylvanica. Latreille. *Gen. crust. et insect.* 1. p. 196. n° 3. t. 7. fig. 1.
Odacantha Pensylvanica. Herbst. *Kœfer.* x. p. 221. n° 2. t. 173. fig. 12.
Attelabus Pensylvanicus. Lin. *Sys. nat. ed.* xii. 1. 2. p. 620. n° 5.
Gmelin. 1. 4. p. 1810. n° 5.
Fabr. *Mant. ins.* 1. p. 124. n° 3.

Long. 3 lignes. Larg. $\frac{3}{4}$ ligne.

Sa tête est grande, presque en forme de parallélogramme, large entre les yeux, peu avancée antérieurement, très-prolon-gée postérieurement, atténuée insensiblement, très-mince un peu avant sa jonction avec le corselet, et terminée par un nœud arrondi et un peu renflé qui s'enchasse dans ce dernier. Elle est lisse et d'un noir-luisant. Les mandibules sont peu saillantes et d'une couleur ferrugineuse. Les antennes ne sont guère plus longues que la tête et le corselet réunis ; leurs quatre premiers articles sont d'un jaune ferrugineux, les autres sont obscurs. Les yeux sont grands et très-peu saillants. Le corselet est à peu près de la longueur de la tête et beaucoup plus étroit qu'elle ; il est presque cylindrique, un peu renflé postérieurement, avec les bords antérieur et postérieur relevés ; il est d'un noir-bril-lant, lisse en dessus, et très-fortement ponctué sur les côtés. L'écusson est très-petit, triangulaire, et de la couleur des élytres. Celles-ci sont plus larges que la tête, moins longues que la tête et le corselet réunis, un peu arrondies postérieure-ment, et tronquées un peu obliquement à l'extrémité ; elles sont un peu convexes et légèrement rebordées ; elles ont de

gros points enfoncés, rangés en stries depuis la base jusqu'au
milieu, et elles sont lisses vers l'extrémité ; elles sont d'un rouge-
ferrugineux, et elles ont à peu près au milieu une tâche noire,
arrondie, qui touche au bord extérieur, et une autre un peu
plus grande sur la suture ; l'extrémité est également noire et elle
se joint avec la tâche marginale. Le dessous du corps est d'un
noir un peu brun. Les pattes sont d'une couleur ferrugineuse-
pâle ; l'extrémité des cuisses est d'un brun-obscur.

Elle se trouve dans l'Amérique septentrionale.

2. C. Rufipes.

Nigra, subænea; pedibus rufis.

Dej. *Cat.* p. 2.

Long. 4 lignes. Larg. 1 ligne.

Elle ressemble pour la forme à la *Pensylvanica;* mais elle est
plus grande ; sa tête est un peu plus large et un peu moins
prolongée postérieurement ; les yeux sont un peu plus saillants ;
le corselet à la même forme, il a en-dessus quelques rides peu
marquées vers sa partie postérieure, et il n'a pas de points enfoncés sur les côtés ; il est, ainsi que la tête, d'un noir-brillant
un peu bronzé. Les élytres sont de la même couleur, un peu
brunâtres vers l'extrémité ; elles sont moins convexes, et elles
ont une petite élévation vers la base, et une autre vers l'extrémité près du bord extérieur. Les points enfoncés, rangés en
stries, sont beaucoup moins marqués, et ils se prolongent un
peu plus. L'extrémité est assez fortement échancrée, et elle
forme une dent bien marquée vers le bord extérieur. Le dessous
du corps est d'un noir un peu brun. Les pattes sont d'un rouge-
ferrugineux ; les cuisses intermédiaires et postérieures ont leur
extrémité d'une couleur obscure, autant que j'en ai pu juger
sur l'individu mal conservé que je possède.

Elle se trouve dans l'Amérique septentrionale, d'où elle a
été rapportée par feu Palisot de Beauvois.

3. C. Rugicollis. *Mihi.*

Nigro-œnea; thorace transversim rugato; elytris striatis, macula postica pallida obsoleta; antennis pedibusque rufis, pallido variegatis.

Long. 3 ¾ lignes. Larg. 1 ligne.

Elle ressemble à la *Rufipes*, mais elle est un peu plus petite. Sa couleur est en-dessus d'un noir un peu bronzé. La tête est plus large, plus arrondie, très-peu prolongée postérieurement et très-finement ridée. Les mandibules et les palpes sont brunâtres. Les antennes sont d'un brun-rougeâtre; leurs troisième, quatrième et leurs deux derniers articles sont d'un blanc un peu jaunâtre. Le corselet a la même forme que celui de la *Rufipes*; mais il est assez fortement ridé transversalement, et il a trois lignes longitudinales enfoncées : une au milieu, et une autre de chaque côté. Les élytres ont la même forme que celles de la *Rufipes*; elles paraissent un peu inégales, et elles sont assez fortement striées depuis la base jusqu'à l'extrémité; les stries sont légèrement pointillées. Elles ont une petite tâche jaunâtre, peu distincte, vers l'extrémité près du bord extérieur, et une autre de la même couleur, oblongue, à peine marquée, tout à fait sur le bord au milieu de l'élytre. Le dessous du corps est d'un brun-noirâtre. Les pattes sont d'un brun-rougeâtre; les cuisses sont d'un blanc-jaunâtre depuis la base jusqu'au milieu, et les jambes ont dans leur milieu, une grande tâche de la même couleur.

Cette espece me paraît avoir beaucoup de rapports avec la *Colliuris surinamensis* de Degéer; mais, comme dans la description qu'en donne cet auteur il ne parle ni des rides du corselet, ni des taches des élytres, j'ai cru devoir en faire une espèce particulière.

Elle m'a été donnée par M. Audouin, qui ignorait sa patrie; il supposait cependant qu'elle venait de Cayenne.

4. C. Cyanocephala.

Rufa; capite elytrorumque fasciis duabus nigro-cyaneis.

Iconographie. II. p. 130. T. 8. fig. 6.

DEJ. *Cat.* p. 2.

Ophionea Cyanocephala. KLUG. *Ent. bras. specimen.* p. 24. n° 2.

Odacantha Cyanocephala. FABR. *Sys. el.* I. p. 229. n° 3.

SCH. *Syn. ins.* I. p. 237. n° 3.

Long. 3 ½ lignes. Larg. ¾ ligne.

Elle est un peu plus allongée que la *Pensylvanica.* La tête est un peu moins prolongée postérieurement; elle est d'un bleu-noirâtre avec le renflement postérieur du col et la bouche d'une couleur ferrugineuse; elle est lisse et elle a deux enfoncements longitudinaux à sa partie antérieure. Les antennes et les palpes sont d'un jaune-testacé. Le corselet est d'un rouge-ferrugineux; il est un peu plus allongé que celui de la *Pensylvanica;* il est plus mince antérieurement, un peu renflé au-delà du milieu, et ses bords antérieur et postérieur sont très-peu relevés. Avec une forte loupe, on aperçoit une ligne longitudinale enfoncée au milieu, et quelques rides transversales très-peu marquées. Les élytres sont un peu plus allongées, plus aplaties et plus parallèles; elles sont tronquées et un peu sinuées à l'extrémité; elles sont finement striées dans toute leur longueur, et les stries sont ponctuées; elles sont de la couleur du corselet, et elles ont une bande d'un bleu un peu foncé à la base, et une autre plus large un peu au-delà du milieu; elles ont en outre deux petites tâches arrondies, un peu allongées, d'un blanc-jaunâtre au milieu de l'élytre, sur les bords de la bande bleue, l'une dessus et l'autre dessous. Le dessous du corps est d'une couleur ferrugineuse, avec la base de l'abdomen d'un brun un peu bleuâtre. Les pattes sont d'un jaune-testacé avec l'extrémité des cuisses obscure. Le pénultième article des tarses est bifide, ce qu'on n'observe pas dans les autres espèces.

Elle se trouve aux Indes-Orientales.

II. ODACANTHA. *Fabricius.*

ATTELABUS. *Linné.* CARABUS. *Olivier.*

Dernier article des palpes de forme ovalaire, et terminé presque en pointe. Antennes beaucoup plus courtes que le corps, à articles presque égaux : le premier plus court que la téte. Tarses filiformes; le pénultième article, au plus, bilobé. Corselet en ovale allongé et presque cylindrique. Téte ovale, rétrécie postérieurement, mais nullement prolongée.

Des six espèces que Fabricius a placées dans ce genre, la *Tripustulata* est un *Anthicus*; la *Bifasciata*, et, je crois, l'*Elongata*, qui m'est inconnue, sont des *Cordistes*; et la *Cyanocephala* est une *Casnonia*. Il ne reste donc dans ce genre que la *Melanura* et la *Dorsalis* : il serait même possible que la dernière dût constituer un genre particulier, ce qui réduirait le genre *Odacantha* à une seule espèce. L'*Odacantha melanura*, véritable type de ce genre, a quelques rapports avec quelques espèces de *Dromius*, et surtout avec le *Linearis*, que M. Stéven a même décrit dans les *Mémoires de la Société des naturalistes de Moscou*, sous le nom d'*Odacantha præusta*; mais elle en diffère essentiellement par les crochets des tarses, qui sont simples et sans dentelures. Elle a une forme allongée, presque cylindrique. Le dernier article des palpes est allongé, ovalaire, et presque terminé en pointe. Les mandibules sont peu saillantes. Les antennes sont beaucoup plus courtes que le corps; leur premier article est beaucoup plus court que la tête; le second est un peu plus court que les suivants, qui sont presque égaux. La tête est ovale, rétrécie postérieurement, mais nullement prolongée; elle tient au corselet par un col court, dont elle est séparée par un étranglement beaucoup moins marqué que dans les genres voisins. Le corselet est un peu plus étroit que la tête, en ovale allongé et presque cylindrique. Les élytres sont allongées, parallèles et tronquées à l'extrémité. Les pattes sont assez courtes. Les tarses sont presque filiformes; ceux antérieurs sont très-légèrement dilatés dans les mâles.

Dans la *Dorsalis*, les articles des tarses sont moins filiformes, presque triangulaires, et le pénultième est fortement bilobé; l'extrémité des élytres n'est pas tronquée, et elle paraît arrondie. Il conviendrait peut-être de faire un nouveau genre de ce insecte.

1. O. MELANURA.

Viridi-cyanea ; antennarum basi, pectore pedibusque testaceis elytris testaceis, apice nigro-cyaneis.

FABR. *Sys. el.* I. p. 228. n° 1.

SCH. *Syn. ins.* I. p. 236. n° 1.

GYL. II. p. 177. n° 1.

DUFT. II. p. 230. n° 1.

Iconographie. II. p. 128. n° 1. T. 10. fig. 6.

DEJ. *Cat.* p. 2.

Carabus Angustatus. OLIV. III. 35. p. 113. n° 159. T. 1 fig. 7. a. b.

Long. 3 lignes. Larg. $\frac{8}{4}$ ligne.

Elle a une forme allongée, presque cylindrique. La tête est assez grande, ovale, peu avancée antérieurement, arrondie postérieurement, et terminée brusquement par un col cylindrique plus étroit que la moitié de la tête entre les yeux; elle est lisse avec une ligne enfoncée de chaque côté le long des yeux; elle est d'un bleu – verdâtre brillant; la partie antérieure et la bouche sont d'un brun-noirâtre. Les antennes sont de la longueur de la tête et du corselet réunis; leurs trois premiers articles sont d'un jaune-testacé, les autres sont brunâtres. Le corselet est de la couleur de la tête; il est plus étroit qu'elle, allongé, presque cylindrique, un peu renflé dans son milieu et fortement ponctué; il a une ligne longitudinale enfoncée au milieu, une ligne un peu élevée, peu distincte, sur les côtés, et une impression transversale peu marquée près du bord postérieur. L'écusson est très-petit, triangulaire, et de la couleur des élytres. Les élytres sont un peu plus larges que la tête, allongées, presque parallèles, presque planes, un peu arrondies antérieurement, coupées presque carrément à l'extrémité, et légèrement rebordées; elles ont des stries très-fines, peu apparentes, formées par de petits points enfoncés; elles sont d'un jaune-testacé, et elles ont à l'extrémité une grande tache d'un bleu-noirâtre, qui ne touche pas tout-à-fait le bord extérieur. En-dessous, la poitrine est d'un jaune-testacé un peu rougeâtre, et l'abdomen d'un bleu un peu verdâtre. Les pattes sont d'un jaune-testacé, avec l'extrémité des cuisses noire, et les tarses obscurs.

Elle se trouve en Allemagne, en Suède, en Angleterre et dans le nord de la France, dans les endroits marécageux et humides; mais jamais au pied des arbres, ainsi que je l'ai dit à tort dans l'*Iconographie*. Elle n'est pas rare aux environs de Lille; on prétend qu'elle a été quelquefois trouvée aux environs de Paris.

2. O. DORSALIS.

Brunnea; antennis, pedibus elytrisque testaceis; sutura brunnea postice dilatata.

FABR. *Sys. el.* I. p. 229. n° 6.
SCH. *Syn. ins.* I. p. 237. n° 6.
DEJ. *Cat.* p. 2.

Long. 3 ¼ lignes. Larg. ¾ ligne.

Elle est un peu plus allongée que la *Melanura*. La tête est un peu plus large; elle est d'un brun-foncé luisant avec la partie antérieure plus pâle. Les antennes et les palpes sont d'un jaune-testacé. Le corselet est un peu plus pâle que la tête, surtout vers sa partie postérieure; il a quelques petits points enfoncés; il est légèrement ridé; il a une ligne longitudinale enfoncée au milieu, et une autre élevée sur les côtés, qui sont très-peu marquées. Les élytres sont plus allongées que celles de la *Melanura*; elles sont moins aplaties, et elles sont arrondies à l'extrémité et nullement tronquées; elles ont des stries bien distinctes, formées par des points enfoncés assez gros, et en outre trois petits points enfoncés, placés entre la seconde et la troisième strie : le premier au quart, le second à la moitié, et le troisième un peu au-delà des trois quarts des élytres. Elles sont d'un jaune-testacé, et elles ont une suture brune assez étroite depuis la base jusqu'au delà du milieu, laquelle s'élargit ensuite et forme une grande tache oblongue qui n'arrive pas tout-à-fait jusqu'à l'extrémité. En-dessous, la poitrine est d'un brun-ferrugineux; l'abdomen est d'une couleur un peu plus foncée. Les pattes sont d'un jaune-testacé. Le pénultième article des tarses est fortement bilobé; ce qu'on n'observe pas dans la *Melanura*. Cette espèce, à cause de ce caractère et de la forme des élytres qui ne sont nullement tronquées, pourrait peut-être bien former un nouveau genre.

Elle se trouve dans l'Amérique septentrionale. Je l'ai reçue de la Caroline et de la Géorgie.

III. CORDISTES. *Latreille.*

CALOPHÆNA. *Klug.* ODACANTHA. *Fabr.*

Dernier article des palpes de forme ovalaire, et terminé presque en pointe. Antennes filiformes, presque aussi longues que le corps; le premier article presque aussi long que la tête, le second très-court. Les quatre premiers articles de tous les tarses larges, plus ou moins en forme de cœur ou de triangle renversé. Tête arrondie, rétrécie postérieurement. Yeux très-saillants. Corselet presque plane, un peu plus long que large et presque cordiforme. Élytres plus larges que la tête, presque planes, parallèles, et en forme de carré très-allongé.

Ce genre, établi par Latreille sous le nom de *Cordistes*, et par Klug sous celui de *Calophæna*, sur les *Carabus Acuminatus* d'Olivier et *Odacantha Bifasciata* de Fabricius, a quelques rapports génériques avec les deux précédents; mais il en diffère par sa forme moins allongée et plus aplatie; par les antennes filiformes, presque aussi longues que le corps, dont le premier article est aussi long que la tête et dont le second est très-court; par la tête qui est plus grande, plus arrondie, et qui est rétrécie brusquement postérieurement; par les yeux qui sont plus saillants; par le corselet qui est plane et presque cordiforme; par les élytres qui sont planes, plus larges et presque en carré allongé; par les pattes qui sont proportionnellement plus longues, et dont les tarses ont leurs quatre premiers articles larges, plus ou moins en forme de cœur ou de triangle renversé, et garnis de duvet en-dessous.

Toutes les espèces de ce genre, connues jusqu'à présent, paraissent habiter exclusivement les régions équinoxiales de l'Amérique méridionale.

1. C. ACUMINATUS.

Niger; elytris acuminatis, chalybeis, maculis duabus rotundatis flavescentibus.

Iconographie. II. p. 127. T. 7. fig. 4.
DEJ. *Cat.* p. 2.
Calophœna Acuminata. KLUG. *Entomologiæ brasilianæ spe-cimen.* p. 21. n° 1.
Odacantha Acuminata. SCH. *Syn. ins.* 1. p. 237. n° 7.
Carabus Acuminatus. OLIV. III. 35. p. 66. n° 83. T. 1. fig. 8.

Long. 6 lignes. Larg. 1 $\frac{3}{4}$ ligne.

Sa tête est assez grande, arrondie, presque en forme de lo-sange, peu avancée antérieurement; elle se rétrécit insensible-ment postérieurement, et elle tient au corselet par un col de la largeur de la moitié de la tête entre les yeux; elle est lisse avec deux enfoncements longitudinaux à sa partie antérieure; sa couleur est d'un noir-brillant. Les antennes sont presque aussi longues que le corps; le premier article est presque aussi long que la tête, et un peu en fuseau; le second est très-court; le troisième et les suivants sont égaux et un peu plus courts que le premier; les quatre premiers articles sont d'un brun-noirâtre, les autres sont d'une couleur jaunâtre un peu livide. Les yeux sont arrondis et assez saillants. Le corselet est de la couleur de la tête; il est plus étroit qu'elle dans sa plus grande largeur, mais plus large que le col, presque deux fois aussi long que large, un peu échancré antérieurement, coupé carrément pos-térieurement, et un peu arrondi sur les côtés; il est lisse, un peu bombé au milieu, et ses bords latéraux sont un peu relevés et en carèné. L'écusson est petit, triangulaire et noirâtre. Les élytres sont un peu plus larges que la tête, allongées, parallèles, tronquées obliquement à l'extrémité, et terminées extérieurement par une petite dent peu marquée, et à la suture par une pointe aiguë, allongée et un peu relevée. Elles ont des stries assez enfoncées, qui les font paraître presque sillonnées ; avec une forte loupe, on aperçoit au fond des stries de très-petits points enfoncés, et quelques-uns plus gros et plus marqués sur le second et sur le quatrième intervalle. Elles sont d'une belle couleur bleue-d'acier, et elles ont chacune deux taches arrondies d'un jaune-pâle : la première un peu avant le milieu, et la seconde près de l'extrémité. Le dessous du corps est d'un noir un peu bleuâtre. Les cuisses et les jambes sont de la même couleur ; elles sont longues et déliées. Les tarses sont d'une couleur plus obscure.

Il se trouve à Cayenne et dans la partie septentrionale du Brésil.

2. C. MACULATUS.

Pallidus ; elytris nigris, fascia lata interrupta apiceque pallidis.

Iconographie. II. p. 127. T. 7. fig. 5.
DEJ. *Cat.* p. 2.

Long. 5 lignes. Larg. 1 $\frac{1}{2}$ ligne.

Il ressemble au *Bifasciatus*, mais il est beaucoup plus grand. Sa couleur est un peu plus pâle, autant que j'en puis juger d'après le seul individu que je possède. Les angles postérieurs du corselet sont un peu plus saillants. Les élytres sont un peu échancrées à l'extrémité, et la dent du bord extérieur est un peu plus saillante ; leurs stries sont moins marquées, et elles sont formées par plusieurs petits points serrés à côté les uns des autres ; on aperçoit quatre à cinq points enfoncés, distincts, près de la seconde strie, entre celle-ci et la troisième ; leur couleur est noire, et elles ont, un peu avant leur milieu, une large bande pâle, interrompue à la suture, ou, si l'on veut, une grande tache un peu arrondie qui touche au bord extérieur et qui ne va pas tout-à-fait jusqu'à la suture. L'extrémité est également de couleur pâle, ainsi qu'une bordure très-mince qui va depuis la bande jusqu'à l'extrémité.

Ce bel insecte m'a été envoyé de Cayenne.

3. C. Bifasciatus.

Pallidus ; elytris fasciis duabus nigris.

Calophœna Bifasciata. Klug. *Entomologiœ brasilianœ specimen.* p. 21. n° 2.

Odacantha Bifasciata. Fabr. *Sys. el.* i. p. 229. n° 2.

Sch. *Syn. ins.* i. p. 237. n° 2.

Carabus Bifasciatus. Oliv. iii. 35. p. 88. n° 119. t. 7. fig. 80.

Long. 3 lignes. Larg. 1 ligne.

Il est entièrement, à l'exception des élytres, d'un jaune-pâle, qui est un peu plus foncé sur la tête et le corselet que sur le reste de l'insecte. La tête est assez grande, un peu moins allongée que celle de l'*Acuminatus*, peu avancée antérieurement, arrondie postérieurement, et terminée brusquement par un col cylindrique plus étroit que la moitié de la tête entre les yeux ; elle est lisse avec deux enfoncements longitudinaux à sa partie antérieure. Les antennes sont un peu plus courtes que le corps ; leur premier article est proportionnellement un peu moins long et un peu moins en fuseau que dans l'*Acuminatus*. Les yeux sont assez saillants ; ils sont noirs dans quelques individus, grisâtres dans d'autres. Le corselet est un peu plus étroit que la tête, un peu plus long que large, légèrement échancré antérieurement pour recevoir le col, coupé carrément postérieurement, un peu arrondi antérieurement sur les côtés ; il est lisse ; il a une ligne longitudinale enfoncée au milieu, une légère impression transversale près de la base, et les bords latéraux sont relevés et en carène. L'écusson est petit et triangulaire. Les élytres sont plus larges que la tête, parallèles, un peu moins allongées que dans l'*Acuminatus*, tronquées un peu obliquement à l'extrémité avec une petite dent peu marquée à l'angle extérieur ; elles sont assez fortement striées, les stries ont des points enfoncés serrés et assez marqués, et l'on aperçoit en outre avec la loupe quelques points enfoncés sur les second et quatrième intervalles; elles ont deux bandes assez larges d'un noir un peu bleuâtre : la première presque à la base, mais qui cependant n'y touche pas et qui ne touche pas non plus au bord extérieur; elle est coupée postérieurement un peu obliquement, et elle forme un angle obtus sur la suture; la seconde est au-delà du milieu, et elle ne va pas tout-à-fait jusqu'au bord extérieur. Les cuisses et les jambes sont proportionnellement un peu plus courtes que dans l'*Acuminatus*, et les articles des tarses sont un peu moins larges.

Il se trouve dans la partie septentrionale du Brésil.

IV. DRYPTA. *Fabricius.*

CICINDELA. *Olivier.*

Dernier article des palpes fortement sécuriforme dans les deux sexes. Antennes filiformes, plus courtes que le corps; le premier article au moins aussi long que la tête, le second très-court. Les trois premiers articles des tarses antérieurs des mâles légèrement dilatés, et ciliés plus fortement en dedans qu'en dehors. Le pénultième article de tous les tarses très-fortement bilobé dans les deux sexes. Mandibules avancées, presque droites et courbées à l'extrémité. Tête en forme de triangle allongé. Corselet étroit, plus ou moins allongé et cylindrique.

Ce genre, établi par Fabricius, se distingue facilement de tous ceux de la famille des carabiques. Toutes les *Drypta* ont des palpes assez saillants, dont le dernier article est assez fortement sécuriforme dans les deux sexes. Les mandibules sont avancées presque droites, et recourbées à l'extrémité. Les antennes son filiformes, plus courtes que le corps; leur premier article es très-grand, au moins aussi long que la tête, et il va en grossissant vers l'extrémité; le second est très-court. La tête est en forme de triangle plus ou moins allongé. Le corselet est plu ou moins allongé et cylindrique. Les élytres sont en ovale allongé presque parallèles, et légèrement convexes. Les pattes ne sont pas très-longues, et elles sont assez fortes pour la grosseur de l'insecte. Le premier article de tous les tarses est assez allongé, le second et le troisième sont en ovale arrondi, le quatrième est très-fortement bilobé. Dans les mâles, les trois premiers articles des tarses antérieurs sont légèrement dilatés, et ciliés plus fortement en dedans qu'en dehors.

Ces insectes paraissent habiter exclusivement l'Europe méridionale, le nord de l'Afrique, les Indes orientales et la Nouvelle-Hollande.

Je n'ai pas encore pu me procurer la *Drypta Cylindricollis* de Fabricius, *Carabus distinctus* de Rossi, que l'on trouve en Italie et sur la côte de Barbarie.

1. D. EMARGINATA.

Viridi-cœrulea; ore, antennis pedibusque rufis.

FABR. *Sys. el.* i. p. 230. n° 1.
SCH. *Syn. ins.* i. p. 237. n° 1.
DUFT. ii. p. 232. n° 1.
Iconographie. ii. p. 118. n° 1. т. 10. fig. 1.
DEJ. *Cat.* p. 2.
Cicindela Emarginata. OLIVIER. ii. 33. p. 32. n° 35. т. 3. fig. 38. a. b.
Carabus Dentatus. ROSSI. *Fauna etr.* i. p. 222. n° 551. т. 2. fig. 11. *Mant.* i. p. 83. n° 189.

Long. 4 lignes. Larg. 1 $\frac{1}{2}$ ligne.

Elle est d'une belle couleur bleue-claire, un peu verdâtre, tant en-dessus qu'en-dessous. La partie antérieure de la tête, la lèvre supérieure, les mandibules et les palpes sont d'un jaune-fauve. Les antennes sont de la même couleur avec l'extrémité du premier article et un anneau au second et au troisième noirâtres; elles sont un peu plus longues que la moitié du corps; leur premier article est très-grand, aussi long que la tête, et il va en grossissant vers l'extrémité; le second est très-court; les autres sont presque égaux, et ils ont à peu près le tiers de la longueur du premier. La tête est en forme de triangle allongé; elle est très-fortement ponctuée. Les yeux sont assez saillants et noirâtres. Le corselet est allongé, à peu près de la largeur de la tête, rétréci postérieurement; il a un sillon longitudinal au milieu très-peu marqué, et il est très-fortement ponctué. Les élytres sont deux fois aussi larges que le corselet; elles sont assez allongées, légèrement convexes, et elles s'élargissent un peu postérieurement; leur extrémité est coupée carrément et un peu échancrée; elles sont fortement striées; les stries sont formées de points bien marqués, et les intervalles entre les stries sont assez fortement ponctués. Tout le corps est légèrement pubescent. Les pattes sont assez courtes et d'un jaune-fauve; les tarses sont un peu plus obscurs.

Elle se trouve dans les bois humides et marécageux, au pied des arbres et sous les pierres, dans le midi de la France, en Espagne, en Italie, en Dalmatie, et dans les provinces méridionales de la Russie. Elle est fort rare aux environs de Paris.

2. D. LINEOLA. *Megerle.*

Obscuro-cyanea; capite, thorace, elytrorum vitta longitudinali, antennis pedibusque ferrugineis.

DEJ. *Cat.* p. 2.

Long. 4 lignes. Larg. 1 ½ ligne.

Elle ressemble entièrement à l'*Emarginata* pour la forme et la grandeur. Les antennes sont de la même couleur, et elles ont les mêmes taches noires sur les trois premiers articles. La tête et le corselet sont d'un rouge-ferrugineux. La ponctuation est un peu moins profonde, et les points sont plus nombreux. La ligne longitudinale du corselet est un peu plus marquée. Les élytres sont striées comme dans l'*Emarginata*, mais les intervalles sont plus finement ponctués; elles sont d'une couleur obscure, un peu bleuâtre, avec une raie longitudinale d'un rouge-ferrugineux sur chaque, qui ne touche pas tout-à-fait à la base ni à l'extrémité. En-dessous, la poitrine et l'abdomen sont d'une couleur obscure, un peu bleuâtre ; les pattes sont d'un jaune - ferrugineux avec les genoux noirâtres et les tarses un peu obscurs.

Cette espèce, qui se rapproche un peu de la *Cylindricollis* de Fabricius, m'a été donnée à Vienne, comme venant des Indes orientales.

3. D. AUSTRALIS. *Mac Leay.*

Obscuro - cyanea ; capite, thorace, elytrorum vitta longitudinali
ferrugineis.

Long. 4 lignes. Larg. 1 ½ ligne.

Elle ressemble beaucoup à la *Lineola*, et elle n'en est peut-être qu'une variété. Elle en diffère par les antennes, dont les trois premiers articles sont presque entièrement obscurs avec un peu de ferrugineux à la base, et dont les autres articles sont d'une couleur moins claire ; par le corselet, qui est un peu plus cylindrique ; par la couleur du corps et par celle des élytres, qui est d'un bleu un peu moins obscur ; et par les pattes, qui sont d'un bleu - obscur avec la base des cuisses seulement ferrugineuse.

Elle m'a été envoyée par M. Mac Leay, comme venant de la Nouvelle-Hollande, et sous le nom que je lui ai conservé.

4. D. LONGICOLLIS. *Megerle.*

Elongata, nigro-cyanea ; thorace cylindrico ; femoribus flavis.

DEJ. *Cat.* p. 2.
Desera Bonelliana. LEACH.

Long. 5 ¼ lignes. Larg. 1 ½ ligne.

Elle est plus grande et beaucoup plus allongée que les espèces précédentes, et elle est entièrement en-dessus d'une couleur bleue un peu obscure. La lèvre supérieure est d'une couleur ferrugineuse-obscure. Les mandibules sont de la même couleur et très-avancées. Les palpes sont un peu plus grands, et leur dernier article est un peu plus dilaté que dans les autres espèces; ils sont d'une couleur ferrugineuse avec la base des premiers articles légèrement obscure. Le premier article des antennes est proportionnellement plus long que dans les autres espèces ; il est obscur, et sa base est ferrugineuse ; le second est très-court et presque globuleux ; le troisième est à peu près le quart du premier, et les suivants vont un peu en diminuant de longueur jusqu'à l'extrémité ; le second et le troisième sont d'une couleur ferrugineuse obscure ; les autres sont plus clairs. La tête est étroite, allongée, et très fortement ponctuée. Les yeux sont peu saillants. Le corselet est un peu plus étroit que la tête; il est très-allongé, cylindrique, légèrement étranglé près de sa base ; il est fortement ponctué, et il a une ligne longitudinale enfoncée, peu marquée, au milieu. Les élytres ont plus de deux fois la largeur du corselet; elles sont allongées, arrondies antérieurement, presque parallèles ; elles s'élargissent un peu postérieurement, et elles sont coupées carrément à l'extrémité; elles sont striées et ponctuées comme dans l'*Emarginata*. Tout le corps est légèrement pubescent. Le dessous du corps est d'une couleur un peu plus obscure que le dessus. Les cuisses sont jaunes ; leur extrémité et les jambes sont noirâtres ; les tarses sont brunâtres.

M. Leach a fait un genre particulier de cette espèce, sous le nom de *Desera*.

Elle se trouve aux Indes orientales.

V. GALERITA. *Fabricius.*

CARABUS. *Olivier.*

Dernier article des palpes fortement sécuriforme dans les deux sexes. Antennes filiformes, presque aussi longues que le corps; le premier article presque aussi long que la tête. Les trois premiers articles des tarses antérieurs fortement dilatés en dedans dans les mâles. Mandibules courtes, peu avancées. Tête ovale, très-rétrécie postérieurement. Corselet presque en forme de cœur tronqué.

Fabricius, en établissant ce genre, y a fait entrer des insectes

entièrement différents : son *Hirta*, et, je crois, l'*Attelaboides*
qui m'est inconnue, sont des *Helluo* ; l'*Olens* est un *Zuphium* ;
les *Depressa*, *Plana*, *Flesus* et *Bufo* sont des *Siagona*, et la *Fasciolata* est un *Polistichus*. La seule veritable *Galerita*, décrite
par Fabricius, est donc l'*Americana*. Il faut y ajouter le *Carabus
Occidentalis* d'Olivier et trois nouvelles espèces.

Les *Galerita* sont des insectes d'assez grande taille, de forme
allongée et un peu aplatie. Leurs palpes sont très-saillants, et
leur dernier article est fortement sécuriforme dans les deux sexes.
Les mandibules sont courtes et peu avancées. Les antennes sont
filiformes, presque aussi longues que le corps ; leur premier article est allongé, presque aussi long que la tête, et il va un peu
en grossissant vers l'extrémité ; le second est un peu plus court
que les suivants. La tête est ovale, plus ou moins allongée ; elle
est rétrécie brusquement à sa partie postérieure, et elle tient au
corselet par un col très-court, cylindrique, dont elle est séparée
par un étranglement. Le corselet est plane, plus ou moins allongé
et plus ou moins en forme de cœur tronqué. Les élytres sont
presque planes et en ovale plus ou moins allongé. Les pattes
sont très-grandes. Les articles des tarses sont presque cylindriques ; le pénultième est bifide, mais non bilobé. Les mâles
ont les trois premiers articles des tarses antérieurs très-fortement
dilatés, en forme de triangle renversé, et beaucoup plus prolongés en dedans qu'en dehors.

M. Latreille avait cru pendant long-temps que ces insectes
appartenaient exclusivemeut à l'Amérique, mais j'en possède une
espèce qui vient du Sénégal.

1. G. AMERICANA.

Nigra ; thorace, antennis pedibusque ferrugineis.

FABR. *Sys. el.* I. p. 214. n° 1.
SCH. *Syn. ins.* I. p. 229. n° 1.
DEJ. *Cat.* p. 2.
Carabus Americanus. OLIV. III. 35. p. 63. n° 77. T. 6. fig. 72.

Long. 8, 10 lignes. Larg. 2 ¼, 3 ½ lignes.

Les palpes sont d'un jaune-ferrugineux. Les antennes sont presque aussi longues que le corps; elles sont d'un jaune-ferrugineux avec une grande tache obscure, peu marquée, sur les second, troisième et quatrième articles. Tout le corps est couvert d'un duvet court, serré et un peu roussâtre. La tête est noire, ovale, peu allongée antérieurement, arrondie postérieurement, et elle tient au corselet par un col étroit, court et cylindrique, dont elle est séparée par un étranglement. Le corselet est d'un jaune-ferrugineux, tant en-dessus qu'en-dessous; il est plus large que la tête, un peu plus long que large, arrondi antérieurement, un peu rétréci vers sa base, et presque en forme de cœur tronqué; il est un peu convexe; il n'a pas de ligne longitudinale au milieu; le bord antérieur est un peu échancré, le postérieur est coupé carrément; ceux latéraux sont un peu relevés et en carène, et ses angles postérieurs sont un peu saillants. L'écusson est petit, triangulaire et peu apparent. Les élytres sont presque le double de la largeur du corselet; elles sont en ovale allongé, arrondies antérieurement, tronquées un peu obliquement à l'extrémité et légèrement rebordées; elles sont d'un noir un peu bleuâtre; elles sont striées, et avec une forte loupe, on s'aperçoit que les stries et les intervalles sont finement ponctués. Le dessous du corps est d'un noir-obscur. Les pattes sont grandes, fortes et entièrement d'un jaune-ferrugineux.

Elle se trouve dans l'Amérique septentrionale.

2. G. OCCIDENTALIS.

Nigro-cyanea ; capite thoraceque supra rufis.

SCH. *Syn. ins.* I. p. 229. n° 3.
DEJ. *Cat.* p. 2.
Carabus Occidentalis. OLIV. III. 35. p. 64. n° 79. T. 8. fig. 94.

Long. 7 $\frac{1}{2}$ lignes. Larg. 2 $\frac{1}{2}$ lignes.

Elle est un peu plus petite et plus allongée que l'*Americana*. Les palpes sont noirâtres. Les quatre premiers articles des antennes sont de la même couleur, les autres sont roussâtres. La

GALERITA.

celle de l'*Americana*, moins ovale, presque en forme de losange,
et moins arrondie postérieurement; elle est légèrement rugueuse,
et elle a une ligne longitudinale élevée, peu marquée, entre les
yeux. Le corselet est en-dessus de la couleur de la tête; il est
allongé, très-étroit à sa partie antérieure, et il n'est pas plus
large que la tête dans sa plus grande largeur; il est légèrement
rugueux; il a une ligne longitudinale peu marquée, enfoncée,
dans son milieu, et ses bords latéraux sont relevés en carène et
un peu noirâtres. Les élytres sont le double plus larges que le
corselet, en ovale très-allongé, coupées carrément et presque
échancrées à l'extrémité; elles sont d'un noir-bleuâtre, et elles
ont chacune neuf lignes longitudinales élevées, formant autant
de sillons; avec une forte loupe, on remarque dans les intervalles deux petites lignes longitudinales élevées, une ligne de
points enfoncés entre elles et des stries transversales très-serrées,
mais le tout très-peu marqué. Le dessous de la tête, du corselet
et de tout le corps, ainsi que les pattes, sont d'un noir un peu
bleuâtre.

Elle se trouve à Cayenne.

3. G. UNICOLOR.

Nigro-cyanea; elytris sulcatis, interstitiis bilineatis.

Iconographie. II. p. 117. T. 6. fig. 6.
Dej. Cat. p. 2.

Long. 6 $\frac{1}{2}$ lignes. Larg. 2 $\frac{1}{4}$ lignes.

Elle est plus petite et moins allongée que l'*Occidentalis*. Les
quatre premiers articles des antennes sont d'un noir-obscur, les
autres sont brunâtres. La tête a la même forme que celle de
l'*Americana*; elle est d'un noir-obscur très-légèrement bleuâtre,
un peu pubescente, rugueuse, et elle a une ligne longitudinale
élevée, très-peu marquée, entre les yeux. Le corselet est de la
couleur de la tête; il est un peu moins allongé que dans l'*Americana*, et beaucoup moins que dans l'*Occidentalis*; il est en

forme de cœur, plus large que la tête antérieurement, un peu rétréci postérieurement, avec les angles postérieurs saillants et un peu relevés ; le bord antérieur est un peu échancré ; le postérieur est coupé carrément, et ceux latéraux sont un peu relevés et en carène ; il est légèrement rugueux, un peu pubescent, et il a une ligne longitudinale enfoncée au milieu, mais très-peu marquée. Les élytres sont un peu plus bleues que le corselet ; elles sont un peu moins allongées que celles de l'*Occidentalis;* elles ont chacune neuf lignes longitudinales élevées, qui forment autant de sillons, dans lesquels on remarque, avec une forte loupe, deux petites lignes longitudinales élevées et des stries transversales très-serrées, mais très-peu marquées. Le dessous du corps est d'un noir un peu bleuâtre. Les pattes sont d'un noir-obscur, et les tarses sont brunâtres.

Elle se trouve à Cayenne.

4. G. Africana. *Mihi.*

Nigro-cyanea ; elytris sulcatis, interstitiis pilosis.

Long. 10 ½ lignes. Larg. 3 ½ lignes.

Elle est plus grande que l'*Americana*, et elle est entièrement d'un noir un peu bleuâtre. Les quatre premiers articles des antennes sont d'un noir-obscur, les autres sont brunâtres. La tête est assez grande, ovale, allongée, un peu pubescente, et elle a deux enfoncements longitudinaux, peu marqués, à sa partie antérieure. Le corselet est plus large que la tête, en forme de cœur ; il est arrondi antérieurement, un peu rétréci postérieurement ; ses angles postérieurs sont saillants et un peu relevés ; il est légèrement rugueux, un peu convexe ; il a une ligne longitudinale enfoncée, très-peu marquée, au milieu ; le bord antérieur est un peu échancré, le postérieur est coupé carrément, et ceux latéraux sont un peu relevés et en carène. Les élytres ont la forme de celles de l'*Unicolor;* elles ont chacune neuf lignes longitudinales élevées, mais qui le sont moins que dans les deux espèces précédentes, et entre lesquelles on distingue, avec une forte loupe, des petits poils courts, roides et peu rapprochés les uns des autres, et des stries transversales très-peu marquées. Le dessous du corps est à peu près de la couleur du dessus. Les pattes sont d'un noir-obscur; les tarses sont brunâtres.

Elle se trouve au Sénégal et sur la côte de Guinée. Elle m'a été donnée par M. Roger.

5. G. Ruficollis. *Mihi.*

Nigra ; thorace rufo.

Long. 8 ½ lignes. Larg. 3 lignes.

Elle est moins allongée et plus aplatie que toutes les espèces précédentes. Les quatre premiers articles des antennes sont d'un noir-obscur, les autres sont d'une couleur brunâtre. La tête est un peu plus large, moins allongée et plus arrondie; elle est noire, légèrement rugueuse, et elle a deux enfoncements longitudinaux, peu marqués, à sa partie antérieure. Le corselet est plus large et plus court; il est d'un rouge-sanguin, tant en-dessus qu'en-dessous; il est plus large que la tête, un peu plus long que large, et légèrement en cœur; il est un peu arrondi antérieurement, légèrement rétréci postérieurement, avec les angles postérieurs saillants et un peu relevés; il est légèrement rugueux, et il a une ligne longitudinale enfoncée au milieu, très-peu marquée; le bord antérieur est un peu échancré, le postérieur est coupé carrément, et ceux latéraux sont relevés en carène et un peu noirâtres. Les élytres sont plus larges, plus courtes et plus planes; elles ont à peu près le double de la largeur du corselet; leur extrémité est tronquée un peu obliquement; elles sont d'un noir un peu bleuâtre; et elles ont environ vingt-six lignes longitudinales élevées, dont les 1re, 4e, 7e, 10e, 13e, 16e, 19e et 22e sont un peu plus marquées que les autres; avec une forte loupe, on aperçoit dans les intervalles des points enfoncés et des stries transversales très-peu marqués. Le dessous du corps et les pattes sont d'un noir un peu obscur.

Je dois aussi cette belle espèce à M. Roger, qui me l'a donnée comme venant de l'île de Cuba.

VI. ZUPHIUM. *Latreille.*

GALERITA. *Fabr.*

Dernier article des palpes allongé, assez fortement sécuriforme dans les deux sexes. Antennes filiformes, presque sétacées; le premier article au moins aussi long que la tête, le second très-court. Articles des tarses presque cylindriques; ceux antérieurs très-légèrement dilatés dans les mâles, et ciliés également des deux côtés. Corps aplati. Tête presque triangulaire, très-rétrécie postérieurement et tenant au corselet par un col court et très-étroit. Corselet plane et cordiforme.

On ne connaît encore qu'une seule espèce de ce genre, et que Fabricius avait placée dans ses *Galerita*. Latreille, en établissant le genre *Zuphium*, avait pris pour type la *Galerita Fasciolata*, sur laquelle Bonelli a fait le genre *Polistichus* : je me suis conformé, ainsi que Latreille dans l'*Iconographie*, à cette dénomination. Le genre *Zuphium*, tel qu'il est aujourd'hui, me paraît suffisamment distingué des *Polistichus* et des autres genres de cette tribu. Sa forme est aplatie; les palpes sont assez saillants, et leur dernier article est allongé et assez fortement sécuriforme, quoique beaucoup moins que dans les deux genres précédents. Les antennes sont filiformes, presque sétacées; leur premier article est au moins aussi long que la tête, et il va un peu en grossissant vers l'extrémité; le second est très-court. La tête est presque triangulaire; elle est rétrécie brusquement à sa partie postérieure, et elle tient au corselet par un col très-étroit, court et cylindrique, sur lequel elle paraît implantée. Le corselet est plane et cordiforme. Les élytres sont planes et en ovale allongé. Les pattes ne sont pas très-longues, et elles sont assez fortes pour la grosseur de l'insecte. Les articles des tarses sont presque cylindriques; ceux des tarses antérieurs sont légèrement dilatés dans les mâles, et ciliés également des deux côtés.

I. Z. OLENS.

Rufum; capite nigro; coleoptris fuscis, maculis tribus rufis.

LATREILLE. *Genera crust. et insect.* I. p. 198. n° 1.

FISCHER. *Entomographie de la Russie.* I. p. 130. n° 1. T. 12.
fig. 1.

Iconographie. II. p. 121. n° 1. T. 10. fig. 3.

DEJ. *Cat.* p. 2.

Galerita Olens. FABR. *Sys. el.* I. p. 215. n° 4.

SCH. *Syn. ins.* I. p. 229. n° 5.

Carabus Olens. OLIV. III. 35. p. 94. n° 129. T. 13. fig. 156.

Long. 4 lignes. Larg. $1\frac{1}{4}$ ligne.

Ce joli insecte a une forme aplatie et un peu allongée. Les
antennes ont environ les trois quarts de la longueur de l'insecte;
elles sont d'un rouge-ferrugineux avec une grande tache obscure sur le premier article. La tête est presque triangulaire,
arrondie postérieurement, et légèrement ponctuée; elle est noire
avec la partie antérieure, la bouche et les palpes d'une couleur
ferrugineuse; elle tient au corselet par un col très-court, cylindrique, trois fois moins large que la tête, d'un rouge-ferrugineux, et dont elle est séparée par un étranglement très-marqué.
Les yeux sont noirs et peu saillants. Le corselet est d'un rouge-
ferrugineux; il est en forme de cœur allongé et tronqué, aplati,
très-finement ponctué et légèrement rebordé; il est un peu plus
large que la tête à sa partie antérieure; il va en se rétrécissant
vers sa base; ses angles postérieurs sont un peu relevés, et il
a au milieu une ligne enfoncée, peu marquée. L'écusson est
triangulaire, un peu allongé, et de la couleur du corselet. Les
élytres sont un peu plus larges que le corselet, allongées, presque
parallèles, arrondies antérieurement, et coupées presque carrément à l'extrémité; elles sont légèrement striées, très-finement
ponctuées, et un peu pubescentes; elles sont d'une couleur obscure, et elles ont chacune une tache ferrugineuse, arrondie,
peu distincte, près de leur base, et une autre, commune, sur
la suture, près de l'extrémité. Tout le dessous du corps est d'un
rouge-ferrugineux. Les pattes sont de la même couleur; les
cuisses sont assez grosses et presque un peu renflées.

On le trouve sous les pierres et les écorces, dans le midi de

la France, en Espagne, en Italie et dans les provinces méridionales de la Russie; mais il est fort rare partout. M. Westermann m'en a envoyé un individu, comme venant des Indes
orientales.

VII. POLISTICHÚS. *Bonelli.*

ZUPHIUM. *Latreille.* GALERITA. *Fabricius.*

*Dernier article des palpes assez fortement sécuriforme dans les
deux sexes. Antennes filiformes, presque moniliformes; le premier article plus court que la tête. Articles des tarses courts et
presque bifides; ceux antérieurs très-légèrement dilatés dans
les mâles, et ciliés également des deux côtés. Corps aplati.
Tête presque triangulaire, rétrécie postérieurement. Corselet
plane et cordiforme.*

Ce genre, établi par Bonelli sur la *Galerita Fasciolata* de Fabricius, laquelle était, comme je l'ai déjà dit, le type du genre
Zuphium de Latreille, me semble différer essentiellement de son
Zuphium, et se rapprocher plutôt du genre *Helluo* avec lequel
il a quelques rapports. Le dernier article des palpes est un peu
moins allongé. Les antennes sont moins filiformes, et elles paraissent presque moniliformes; leur premier article est plus
court que la tête, et le second est presque aussi long que le
troisième. La tête est beaucoup moins rétrécie postérieurement,
et le col par lequel elle tient au corselet est plus large, et il
ne paraît presque pas séparé du reste de la tête. Les articles
des tarses sont beaucoup plus courts et presque bifides: ainsi
que dans le genre *Zuphium*, ceux des tarses antérieurs sont légèrement dilatés dans les mâles, et ciliés également des deux côtés.

Les deux espèces de ce genre, connues jusqu'à présent, appartiennent au midi de l'Europe.

1. P. FASCIOLATUS.

*Brunneus; elytrorum vitta abbreviata, pectore, abdomine pedi-
busque ferrugineis.*

Iconographie. II. p. 123. n° 1. T. 10. fig. 4.

DEJ. *Cat.* p. 2.

Zuphium Fasciolatum. LATREILLE. *Gen. crust. et ins.* I. p. 198. n° 2.

FISCHER. *Entomographie de la Russie.* I. p. 131. n° 2. T. 12. fig. 2.

Galerita Fasciolata. FABR. *Sys. el.* I. p. 216. n° 9.

SCH. *Syn. ins.* I. p. 229. n° 9.

Lebia Fasciolata. DUFT. II. p. 238. n° 1.

Carabus Fasciolatus. OLIV. III. 35. p. 95. n° 130. T. 13. fig. 155. a. b.

Long. 3 $\frac{1}{4}$, 4 $\frac{1}{4}$ lignes. Larg. 1, 1 $\frac{1}{2}$, ligne.

La tête est presque triangulaire ; elle est arrondie postérieure-ment, et elle tient au corselet par un col de la largeur de la moitié de la tête, et qui n'en est pas séparé par un étranglement comme dans le genre *Zuphium* ; elle est profondément ponctuée ; sa couleur est d'un brun un peu ferrugineux ; la partie antérieure est un peu plus claire. Les palpes sont d'un rouge-ferrugineux. Les antennes sont de la même couleur, et elles ont un peu plus de la moitié de la longueur de l'insecte. Les yeux sont bruns et peu saillants. Le corselet est en forme de cœur, un peu allongé et tronqué ; il est un peu plus large que la tête à sa partie an-térieure ; il se rétrécit en allant vers sa base, et les angles pos-térieurs sont un peu relevés ; il est très-fortement ponctué, légèrement rebordé, et il a au milieu une ligne enfoncée, très-peu marquée, et une impression de chaque côté près des an-gles postérieurs ; il est, ainsi que la tête, couvert de poils assez longs, mais assez rares. Les élytres sont un peu plus larges que le corselet, allongées, parallèles, arrondies antérieurement, et coupées presque carrément postérieurement ; elles sont couvertes de poils beaucoup plus serrés et plus courts que ceux du cor-selet ; elles sont assez fortement striées ; les stries sont ponc-tuées, et les intervalles sont couverts de petits points enfoncés très-serrés ; elles ont chacune une bande longitudinale d'une couleur ferrugineuse, qui part de la base et qui se prolonge

13.

plus ou moins jusques un peu au-delà de leur moitié. Le dessous de la tête et du corselet est à peu près de la couleur du
dessus. La poitrine et l'abdomen sont d'un rouge-ferrugineux.
Les pattes sont de la même couleur.

On le trouve sous les pierres, dans les endroits humides,
dans le midi de la France, en Espagne, en Italie, et dans les
provinces méridionales de la Russie. Il a été pris quelquefois
dans les environs de Paris.

2. P. DISCOIDEUS. *Stéven.*

*Ferrugineus; capite, thorace, pectore, sutura abbreviata api-
cibusque elytrorum obscuris.*

Iconographie. II. p. 125. n° 2. T. 10. fig. 5.
Carabus Fasciolatus. ROSSI. *Fauna etrusca.* I. p. 223. n° 553.
T. 2. fig. 8.

Long. 3 $\frac{3}{4}$ lignes. Larg. 1 $\frac{1}{4}$ ligne.

Il ressemble beaucoup au *Fasciolatus*, et je crois qu'il a été
confondu avec lui par plusieurs entomologistes. La tête et le
corselet sont d'une couleur un peu plus foncée. Les élytres sont
d'un rouge-ferrugineux, un peu plus vif que la bande longitudinale qui se trouve dans le *Fasciolatus;* elles ont à la base une
tache obscure qui descend sur la suture jusqu'à leur moitié,
et elles sont terminées par une bordure de la même couleur,
qui remonte en s'amincissant le long du bord extérieur jusqu'à
la hauteur de l'endroit où finit la tache de la suture. En-dessous, la tête, le corselet et la poitrine sont d'un noir-obscur.
L'abdomen et les pattes sont d'un rouge-ferrugineux, assez vif.

Cet insecte m'a été envoyé par M. Stéven, comme venant
des environs de Kislar, dans le gouvernement du Caucase, près
de la mer Caspienne. Sa description se rapporte entièrement à
celle que donne Rossi, dans sa *Fauna etrusca*, du *Carabus Fasciolatus*, et je présume qu'il doit aussi se trouver en Italie.

VIII. AGRA. *Fabricius*.

CARABUS. *Olivier*.

Crochets des tarses dentelés en dessous. Dernier article des palpes labiaux très-fortement sécuriforme. Les trois premiers articles des tarses plus ou moins larges, triangulaires ou cordiformes ; le pénultième bilobé. Corps allongé et étroit. Tête ovale, très-rétrécie postérieurement, et tenant au corselet par un col court, dont elle est séparée par un étranglement très-marqué. Corselet allongé, plus ou moins cylindrique, et plus ou moins rétréci antérieurement.

Ce genre, formé par Fabricius, se distingue facilement de tous ceux de cette famille par une forme allongée qui lui donne quelque ressemblance avec certaines espèces de *Brentus*. Il diffère des précédents, ainsi que les neuf genres suivants, par les crochets des tarses qui sont fortement dentelés en dessous et comme pectinés, caractère que Latreille a observé le premier.

Le dernier article des palpes labiaux est très-grand, dilaté, et très-fortement sécuriforme. Les antennes sont filiformes et beaucoup plus courtes que le corps. La tête est longue, en ovale, plus ou moins allongé ; elle est très-brusquement rétrécie à sa partie postérieure, et elle tient au corselet par un col court, dont elle est séparée par un étranglement très-marqué. Le corselet est cylindrique, plus ou moins allongé, et plus ou moins rétréci antérieurement. Les élytres sont à peu près le double plus larges que le corselet ; elles sont plus ou moins allongées, un peu convexes ; elles vont un peu en s'élargissant vers l'extrémité, qui est tronquée et ordinairement dentée. Les pattes sont assez grandes. Les trois premiers articles des tarses sont plus ou moins larges, triangulaires ou cordiformes ; le pénultième est fortement bilobé.

Je ne possède que quatre espèces de ce genre. M. Klug en a décrit vingt, toutes des régions équinoxiales de l'Amérique méridionale, à l'exception toutefois de l'*Agra Attelaboides* de Fabricius qu'il donne comme des Indes orientales ; cela cependant

ne me paraît pas bien certain, et je serais assez porté à croire
qu'il y a ici une erreur de localité et que cet insecte, ainsi que
tous les autres de ce genre, vient de l'Amérique méridionale.

1. A. ÆNEA.

Ænea ; capite angusto-ovali, lœvi ; thorace profunde punctato ;
elytris profunde punctatis, apice oblique truncato-emarginatis,
subbidentatis ; antennis piceis ; pedibus piceo-cupreis.

Fabr. *Sys. el.* 1. p. 224. n° 1.
Sch. *Syn. ins.* 1. p. 236. n° 1.
Klug. *Agra.* p. 12. n° 1. t. 1. fig. 1.
Dej. *Cat.* p. 2.
A. Cayennensis. Latreille. *Gen. crust. et ins.* 1. p. 195. n°1.
Carabus Cayennensis. Oliv. iii. 35. p. 53. n° 60. t. 12. fig. 133.
Drypta Cayennensis. Sch. *syn. ins.* 1. p. 237. n° 3.

Long. 11 lignes. Larg. 2 ¼ lignes.

La tête a une forme ovale allongée, un peu rétrécie entre les
yeux et les antennes ; elle est lisse, et elle a une petite ligne longitudinale enfoncée de chaque côté entre les antennes ; elle est
d'une couleur bronzée-obscure avec la partie antérieure, la
bouche et les palpes d'un brun-obscur. Les antennes sont de cette
dernière couleur, qui est un peu plus foncée vers l'extrémité de
chaque article ; elles ne sont guère plus longues que la tête et le
corselet réunis. Les yeux sont petits, assez saillants et jaunâtres.
Le corselet est en-dessus d'une belle couleur bronzée ; il est un
peu plus long que la tête, plus étroit qu'elle à sa partie antérieure ; il grossit insensiblement jusqu'un peu au-delà du milieu,
où il est de la même largeur que la tête ; il est couvert de gros
points irréguliers, presque rangés en stries ; les bords antérieur
et postérieur sont un peu relevés ; il a une ligne longitudinale
élevée au milieu, et une autre de chaque côté, très-peu marquées, et un léger étranglement et une impression transversale
près du bord postérieur. En dessous, il est presque lisse et d'une
couleur plus foncée. L'écusson est petit, presque triangulaire

et lisse. Les élytres sont plus longues que la tête et le corselet réunis; elles sont de la couleur du corselet, presque le double plus larges que lui à leur base; d'abord presque parallèles et ensuite un peu plus larges vers l'extrémité, qui est tronquée obliquement, presque échancrée, et qui forme presque deux dents, une vers le bord extérieur et l'autre à la suture. Elles sont couvertes de gros points enfoncés, presque rangés en stries; ceux situés vers la base et la suture sont un peu plus petits que les autres. Le dessous du corps est d'une couleur plus obscure. Les pattes son d'un brun-foncé avec une teinte cuivreuse assez brillante.

Elle se trouve à **Cayenne**.

2. A. ERYTHROPUS. *Mihi.*

Nigro-ænea; capite ovali, lævi; thorace parum punctato; elytris lineato-punctatis, apice subtruncatis, extrorsum unidentatis; antennis pedibusque rufis.

A. Rufipes. DEJ. *Cat.* p. 2.

Long. 9 lignes. Larg. 2 ¼ lignes.

Elle est plus petite et proportionnellement beaucoup plus large que l'*Ænea*. Sa couleur est en-dessus d'un noir-verdâtre un peu bronzé. La tête est plus large et moins allongée que celle de l'*Ænea*; elle est lisse, et elle a un enfoncement longitudinal de chaque côté entre les antennes; la lèvre supérieure, les palpes et les antennes sont d'un rouge un peu brunâtre. Le corselet est à peu près de la longueur de la tête; il est très-étroit à sa partie antérieure; il va en s'élargissant, et il est à peu près de la largeur de la tête vers sa base; il a trois larges sillons, peu marqués, dans lesquels on aperçoit vers la base quelques points enfoncés, irréguliers, confluents et peu marqués; les bords antérieur et postérieur sont relevés, et il a un léger étranglement et un enfoncement transversal près du bord postérieur; sur les côtés et en-dessous, il est presque lisse. L'écusson est petit, triangulaire et légèrement ridé. Les élytres sont plus longues que la tête et le corselet réunis ; elles sont à leur base le double plus larges que le corselet, et elles s'élargissent un peu vers l'extré-mité, qui est tronquée un peu obliquement, et qui a une dent bien marquée vers le bord extérieur ; elles ont des points en-foncés, rangés en stries, moins gros et plus réguliers que ceux de l'*Ænea*. La poitrine est de la couleur du dessus ; l'abdomen est un peu plus brun. Les pattes sont d'un rouge un peu brunâtre.

Elle se trouve à Cayenne.

3. A. BRENTOIDES. *Mihi.*

Cylindrica, æneo-rufescens ; capite angusto, lœvi ; thorace lineato profunde punctato ; elytris profunde punctato-excavatis, apice truncatis, extrorsum unidentatis ; antennis pedibusque rufis.

A. *Gemmata ?* KLUG. *Agra.* p. 28. n° 11. T. 2. fig. 2.

Long. 7 ¼ lignes. Larg. 1 ½ ligne.

Elle est beaucoup plus petite que l'*Ænea*, et elle est plus al-longée et plus cylindrique. La tête est d'un brun-clair, légère-ment bronzé ; elle est allongée, lisse, et elle a deux enfonce-ments longitudinaux entre les antennes. Sa partie antérieure, les palpes et les antennes sont d'un brun-clair un peu rougeâtre. Le corselet est plus long que la tête ; il est plus étroit qu'elle à sa partie antérieure, et il est à peu près de sa largeur vers sa base ; il paraît un peu plus bronzé que la tête ; il est couvert en-dessus de gros points enfoncés, rangés en stries ; les bords antérieur et postérieur sont un peu relevés, et il a un léger étranglement et un enfoncement transversal près du bord posté-rieur : en-dessous, il a également des points enfoncés, mais moins marqués qu'en-dessus et placés irrégulièrement. L'écusson est petit, presque triangulaire et lisse. Les élytres sont plus lon-gues que la tête et le corselet réunis ; elles sont à leur base le double plus larges que le corselet ; elles sont presque parallèles, et elles ne s'élargissent presque pas vers l'extrémité, qui est tronquée un peu obliquement, un peu sinuée, et qui a une dent bien marquée vers le bord extérieur ; elles sont couvertes de très-gros points enfoncés, un peu allongés, presque rangés en stries. Leur couleur est d'un brun-clair avec une légère teinte bronzée; le fond des points est d'un bronzé un peu verdâtre, et l'on aperçoit entre les points, surtout vers l'extrémité, des taches obscures, très-peu marquées. En-dessous, la poitrine et l'abdomen sont d'un brun-clair, légèrement bronzé. Les pattes sont d'un brun-clair un peu rougeâtre.

Elle se trouve dans les environs de Rio-Janeiro, au Brésil.

Je ne crois pas que cette espèce soit la même que celle figurée sous le même nom т. 8. fig. 2. de l'*Iconographie des Coléoptères d'Europe*.

4. A. Puncticollis. Mihi.

Cupreo – rufescens ; capite angusto, lœvi, postice punctato ; thorace punctatissimo ; elytris micantibus, striato-punctatis, apice truncatis, bidentatis ; antennis pedibusque rufis.

A. Attenuata ? Klug. Agra. p. 26. n° 10. т. 2. fig. 1.

Long. 5 ½ lignes. Larg. 1 ¼ ligne.

Elle est beaucoup plus petite que les précédentes. Sa tête est allongée et d'un brun-clair un peu bronzé; elle est lisse avec plusieurs points enfoncés à sa partie postérieure et deux enfoncements longitudinaux entre les antennes. La partie antérieure, les palpes et les antennes sont d'un brun-clair un peu rougeâtre. Le corselet est un peu plus long que la tête; il est plus étroit qu'elle à sa partie antérieure, et de sa largeur vers sa base; il est d'une couleur un peu plus foncée et plus bronzée que la tête, et il est entièrement couvert tant en–dessus qu'en–dessous de petits points enfoncés, très-serrés les uns près des autres; il a de chaque côté une ligne longitudinale élevée, derrière laquelle est une espèce de sillon, et au milieu une ligne très-peu marquée, qui paraît élevée antérieurement et enfoncée postérieurement. Le bord postérieur est peu relevé, et l'étranglement et l'enfoncement transversal près de la base sont très-peu marqués. L'écusson est très-petit, presque triangulaire et lisse. Les élytres sont plus longues que la tête et le corselet réunis; elles sont à leur base le double plus larges que le corselet, et elles ne s'élar-

gissent presque pas vers l'extrémité, qui est tronquée, un peu
sinuée, et qui a deux dents peu marquées : une vers le bord extérieur, et l'autre à la suture. Elles sont d'une couleur cuivreuse
un peu changeante avec un reflet brillant, principalement sur
la suture et le bord extérieur. Elles ont des stries régulières,
formées par des points enfoncés, et en outre plusieurs points
enfoncés plus gros entre la seconde et la troisième strie. Le dessous du corps et les pattes sont d'un brun-clair un peu rougeâtre avec une légère teinte bronzée.

Elle se trouve dans les environs de Rio-Janeiro, au Brésil.

IX. CYMINDIS. *Latreille.*

TARUS. *Clairville.* ANOMOEUS. *Fischer.* LEBIA. *Duftschmid.*
CARABUS. *Fabricius.*

*Crochets des tarses dentelés en-dessous. Dernier article des palpes
labiaux plus ou moins sécuriforme, plus dilaté dans les mâles.
Articles des tarses presque cylindriques ; ceux antérieurs très-
légèrement dilatés dans les mâles. Corps allongé et aplati. Tête
ovale, peu rétrécie postérieurement. Corselet cordiforme.*

Latreille avait d'abord placé les insectes qui forment ce genre
parmi ses *Lebia ;* il les en a ensuite séparés sous le nom de *Cymindis*, et presque dans le même temps Clairville leur avait donné
le nom de *Tarus ;* mais celui de Latreille a été généralement
adopté. Plus tard Fischer, trompé par la dilatation du dernier
article des palpes labiaux des mâles, avait établi un nouveau
genre sous le nom d'*Anomœus*, auquel il donnait pour caractère
le signe distinctif des mâles de ce genre.

Les *Cymindis* sont des insectes de moyenne grandeur, d'une
forme allongée et en même temps aplatie. Ils sont généralement
d'une couleur brunâtre, et tout le dessus du corps est ordinairement plus ou moins ponctué. Le dernier article des palpes labiaux est plus ou moins sécuriforme, et ordinairement beaucoup
plus dilaté dans les mâles que dans les femelles ; cependant ce
caractère est peu apparent dans quelques espèces alpines et de
Sibérie, telles que les *Punctata* et *Binotata*. Les antennes sont fili-

formes et plus courtes que le corps. La tête est ovale et peu rétrécie postérieurement. Le corselet est à sa partie antérieure plus
large que la tête; il est légèrement convexe, rétréci postérieurement et plus ou moins cordiforme. Les élytres sont planes,
en ovale allongé, et tronquées à l'extrémité. Les articles des
tarses sont presque cylindriques : ceux antérieurs sont très-
légèrement dilatés dans les mâles. Les crochets des tarses sont
dentelés en dessous.

Les *Cymindis* se trouvent sous les pierres, dans presque toute
l'Europe, particulièrement dans les parties méridionales et dans
les montagnes. On en trouve aussi plusieurs espèces en Sibérie,
dans le nord de l'Afrique et dans l'Amérique septentrionale.

1. C. CRUCIATA.

Ferruginea, punctata; thorace cordato; elytris testaceis, striatis,
interstitiis punctatis, sutura fasciaque media abbreviata nigris;
pedibus testaceis.

Iconographie. II. p. 133. n° 1. T. 10. fig. 7.
Anomœus Cruciatus. FISCHER. *Entomographie de la Russie.* I.
p. 128. n° 2. T. 12. fig. 2.
Carabus Pictus. PALLAS. *Voyages.* I. p. 724.

Long. 5 ½, 6 ½ lignes. Larg. 2, 2 ½ lignes.

Cette belle espèce ressemble pour la forme à la *Lineata;* mais
elle est beaucoup plus grande, et le corselet est un peu plus
convexe, plus large antérieurement et plus rétréci postérieurement. La tête est d'un rouge-ferrugineux; elle est légèrement
ponctuée. Les palpes et les antennes sont d'une couleur plus pâle
et presque testacée. Le corselet est de la couleur de la tête; il a
quelques rides transversales très-peu marquées. Les élytres sont
d'un jaune-testacé; elles sont striées; les stries sont lisses; les
intervalles sont légèrement ponctués, et, à l'aide de la loupe,
on aperçoit un petit poil qui part de chaque point. La suture
est noire et assez large; elle est un peu dilatée à sa base, et elle
ne va pas tout-à-fait jusqu'à l'extrémité. On voit un peu au-delà

du milieu une large bande noire, formant la croix avec la suture, qui ne touche pas les bords extérieurs, et dont les extrémités sont fortement dilatées. Le dessous du corps est d'une couleur ferrugineuse, plus claire sur l'abdomen. Les pattes sont testacées.

Elle se trouve dans la Russie méridionale, dans les environs d'Astracan et de Sarepta.

2. C. LATERALIS.

Rufa, punctata, subpubescens; elytris fuscis, confertissime punctatissimis, margine exteriori, macula humerali cum margine cohærente punctoque apicis ferrugineis.

FISCH. *Entomographie de la Russie.* I. p. 120. n° I. T. 12. fig. I.

Long. 5, 5 ½ lignes. Larg. 1 ¾, 2 lignes.

Elle est à peu près de la forme de la *Cruciata*, mais elle est ordinairement un peu plus petite. La tête, les antennes et le corselet sont d'un rouge-ferrugineux. Ce dernier est un peu plus large, moins rétréci postérieurement, plus convexe, plus ponctué, et sa ligne longitudinale est un peu plus enfoncée que dans la *Cruciata*. Les élytres sont d'un brun-noirâtre; elles sont pubescentes et légèrement striées; les stries sont très-finement ponctuées, et les intervalles sont couverts de petits points très-serrés et très-rapprochés les uns des autres. Leur bord extérieur est d'une couleur ferrugineuse claire depuis la base jusqu'à la suture, et elles ont en outre une tache assez grande à l'angle de la base, qui se confond avec le bord extérieur et un point de la même couleur, un peu oblong, vers l'extrémité près de la suture. Le dessous du corps et les pattes sont d'un rouge-ferrugineux, un peu plus clair que le corselet.

Elle se trouve dans la Russie méridionale, dans le gouvernement de Saratof près de Sarepta.

3. C. HUMERALIS.

Nigra, punctata; elytris margine laterali maculaque humerali cum margine cohærente, ore, antennis pedibusque ferrugineis.

GYL. II. p. 172. n° I.

DEJ. *Cat.* p. 3.

Lebia Humeralis. DUFT. II. p. 240. n° 3.

Carabus Humeralis. FABR. *Sys. el.* I. p. 181. n° 63.

OLIV. III. 35. p. 95. n° 131. t. 13. fig. 154.

Carabus Humerosus. SCH. *Syn. ins.* I. p. 184. n° 84.

Long. 3 $\frac{3}{4}$, 5 lignes. Larg. 1 $\frac{1}{2}$, 2 lignes.

Cette espèce, que je regarde comme la véritable *Humeralis* de Fabricius et de presque tous les auteurs, est peu connue en France. Elle a la forme de toutes les autres *Cymindis*; mais elle se distingue facilement de presque toutes les autres espèces par son corselet noirâtre. La tête est noirâtre, assez grande, oblongue, et assez fortement ponctuée; sa partie antérieure, la bouche et les palpes sont ferrugineux. Les antennes sont de la même couleur et de la longueur de la tête et du corselet réunis. Les yeux sont noirs et assez saillants. Le corselet est en cœur, plus large que la tête à sa partie antérieure et rétréci postérieurement; ses bords latéraux sont déprimés et un peu relevés; le bord antérieur est légèrement échancré; la base est un peu arrondie, et les angles postérieurs forment une petite dent; il est légèrement convexe, un peu rugueux, légèrement ponctué dans son milieu, assez fortement sur les côtés, et il a une ligne longitudinale enfoncée, peu marquée dans son milieu. Sa couleur est noirâtre, moins foncée et un peu ferrugineuse sur les côtés. Les élytres sont oblongues, un peu ovales, planes, arrondies antérieurement, et tronquées presque carrément à l'extrémité; elles sont assez profondément striées; les stries sont très-légèrement ponctuées, et l'on aperçoit des points très-petits dans les intervalles, et en outre deux ou trois points assez fortement marqués dans la troisième strie à partir de la suture; elles sont noirâtres; leur bord extérieur est d'une couleur ferrugineuse depuis la base jusque près de l'extrémité, et elles ont une tache de la même couleur, un peu oblongue, à l'angle de la base, qui se confond avec le bord extérieur. Le dessous du corps est d'une couleur moins foncée que le dessus. Les pattes sont d'une couleur ferrugineuse.

Elle se trouve sous les pierres, en Allemagne, en Suède, dans le nord et dans les parties montagneuses de la France. Je l'ai trouvée assez communément dans les Pyrénées orientales. Elle se trouve aussi dans les provinces méridionales de la Russie.

4. C. Suturalis. *Mihi.*

Pallida ; capite thoraceque ferrugineis ; elytris striato-punctatis, interstitiis punctatis, sutura lineolaque postica obsoleta fuscis.

Long. 4 ¼ lignes. Larg. 1 ½ ligne.

Elle ressemble à la *Lineata* pour la forme et la grandeur. La tête est d'une couleur plus claire, et elle est beaucoup moins fortement ponctuée. Le corselet est moins en cœur, plus arrondi et plus convexe; ses angles postérieurs sont moins saillants, et il est beaucoup moins rugueux. Les élytres ont la même forme; les stries sont un peu moins marquées et plus finement ponctuées, et les intervalles sont plus légèrement ponctués; elles sont d'un jaune-pâle. Leur suture est d'un brun-obscur, un peu dilatée au-delà du milieu, et l'on voit en outre une petite ligne de la même couleur, peu apparente, près du bord extérieur vers l'extrémité. Le dessous du corps est d'une couleur ferrugineuse-pâle. Les pattes sont d'un jaune-pâle.

Elle se trouve en Égypte.

J'en possède une variété dans laquelle les élytres ont une petite tache d'un brun-obscur à la base près de l'écusson, et une ligne un peu oblique de la même couleur, qui semble faire la continuation de cette tache, et qui se joint à la suture un peu au-delà du milieu.

5. C. Dorsalis.

Punctata ; capite, antennis thoraceque rufis; elytris fuscis, leviter striatis ; striis obsolete punctatis ; interstitiis subtilissime punctatis; margine exteriori, vitta lata pedibusque ferrugineo-pallidis.

Anomœus Dorsalis. Fischer. *Entomographie de la Russie.* I. p. 127. n° 1. T. 12. fig. 1.

Long. 5 lignes. Larg. 1 ¾ ligne.

Elle ressemble beaucoup à la *Lineata*, et elle n'en est peut-être qu'une variété. Elle est un peu plus grande. La tête est de la couleur du corselet. Celui‑ci est un peu moins fortement ponctué. La bande longitudinale des élytres est un peu plus large, et la partie brune qui se trouve entre cette bande et le bord extérieur ne remonte pas autant vers la base. Les stries sont moins profondes; elles sont très-légèrement ponctuées, et la ponctuation· des intervalles est aussi beaucoup moins marquée.

Elle m'a été envoyée par M. le comte de Mannerheim, comme venant de la Russie méridionale. Fischer dit qu'elle se trouve dans les Steppes des Kirguises, au midi d'Orembourg.

6. C. LINEATA.

Fusca, punctata; thorace, ore antennisque rufis; elytris profunde striatis; striis interstitiisque punctatis; margine exteriori, vitta pedibusque ferrugineo-pallidis.

DEJ. *Cat.* p. 3.
Carabus Lineatus. SCH. *Syn. ins.* 1. p. 179. n° 61. T. 3. fig. 5.
Lebia Lineola. DUFOUR. *Annales gen. des sciences physiques.* VI. 18ᵉ cahier. p. 322. n° 11.

Long. 3 ½, 4 ½ lignes. Larg. 1 ¼, 1 ¾ ligne.

Elle est à peu près de la grandeur de l'*Humeralis*. La tête est un peu plus ponctuée; elle est d'une couleur brune, quelquefois presque ferrugineuse. Le corselet est un peu plus court, plus fortement ponctué, et plus rugueux, surtout sur les côtés, et d'un rouge-ferrugineux. Les élytres sont un peu plus planes; les stries sont plus fortement ponctuées et les points que l'on aperçoit dans les intervalles sont plus marqués; elles sont d'un brun-noirâtre; tout le bord extérieur depuis la base jusqu'à la suture est d'un jaune-ferrugineux un peu pâle, et la tache humérale se prolonge en forme de bande longitudinale un peu arquée jusqu'à l'extrémité des élytres; cette bande ainsi que les pattes sont également d'un jaune-ferrugineux un peu pâle. Le dessous du corps est d'un brun un peu ferrugineux.

Elle se trouve communément sous les pierres, dans le midi de la France, en Espagne, en Italie, dans la Russie méridionale, et sur la côte de Barbarie.

Dans quelques individus, la bande longitudinale est très-peu distincte, et alors elle peut à peine se distinguer de la variété de l'*Homagrica* que j'avais autrefois nommée *Meridionalis*.

7. C. HOMAGRICA.

Nigra, punctata; thorace, ore antennisque rufis; elytris margine exteriori lineolaque humerali pedibusque ferrugineo-pallidis.

DEJ. *Cat.* p. 3.
Lebia Homagrica. DUFT. II. p. 240. n° 4.

Long. $3\frac{1}{2}$, $4\frac{1}{4}$ lignes. Larg. $1\frac{1}{2}$, $1\frac{3}{4}$ ligne.

VAR. A. *C. Meridionalis.* DEJ. *Cat.* p. 3.

Long. 4, $4\frac{1}{2}$ lignes. Larg. $1\frac{3}{4}$, 2 lignes.

VAR. B. *C. Lunaris.* DEJ. *Cat.* p. 3.
Lebia Lunaris. DUFT. II. p. 241. n° 5.

Long. 3 lignes. Larg. $1\frac{1}{4}$ ligne.

Cette espèce, qui est la plus commune et la plus répandue, varie beaucoup pour la grandeur, suivant le pays et les localités qu'elle habite. Elle ressemble beaucoup à la *Lineata*, mais elle est ordinairement un peu plus petite. Le corselet est un peu plus allongé et un peu plus rouge. La tête et les élytres sont d'une couleur un peu plus foncée, et la bande longitudinale est remplacée par une tache humérale un peu allongée, qui se détache de suite du bord extérieur, tandis que dans l'*Humeralis* elle paraît presque confondue avec lui. Les stries sont aussi un peu moins profondes et un peu moins fortement ponctuées.

On la trouve dans une grande partie de la France, particulièrement dans les départements de l'ouest et du midi; en Allemagne, en Autriche, et dans la Russie méridionale.

La variété A, que j'avais long-temps considérée comme une espèce particulière, mais qui ne me paraît pas assez caractérisée pour pouvoir en être séparée, est un peu plus grande et d'une couleur un peu moins foncée; son corselet est un peu moins rouge, et les stries des élytres sont un peu plus fortement ponctuées. Elle paraît former le passage entre cette espèce et la *Lineata*: plusieurs entomologistes l'ont même considérée comme l'un des sexes de cette dernière; mais j'ai en ma possession des mâles et des femelles de chaque espèce et de cette variété.

Elle se trouve dans le midi de la France, en Espagne, en Italie, en Illyrie, et jusque dans la Russie méridionale.

La variété B, *Lebia Lunaris* de Duftschmid, dont je possède un des trois individus trouvés par M. Dahl dans les montagnes de la Carinthie, ne me paraît non plus qu'une variété de cette espèce. Je n'ai pu y apercevoir aucune différence sensible; elle est seulement plus petite, ce qui est un effet naturel du climat, et les pattes sont un peu plus pâles.

8. C. Cingulata. *Ziegler.*

Nigra, punctata; elytris basi profunde punctatis, margine exteriori maculaque humerali cum margine cohærente, ore, antennis pedibusque ferrugineis.

Dej. *Cat.* p. 3.

Long. 3 ¾ lignes. Larg. 1 ½ ligne.

Elle ressemble beaucoup à l'*Humeralis*, et elle a comme elle le corselet noirâtre. Elle en diffère par sa forme moins allongée et un peu plus convexe; par la tête, qui est un peu moins ponctuée et dont les points sont plus fortement marqués; par le corselet, qui est un peu plus court, plus large antérieurement, plus rétréci postérieurement, plus convexe, moins ponctué et moins ridé sur ses côtés; par les élytres moins allongées, plus ovales, moins planes, et dont les intervalles entre les stries sont assez fortement ponctués à la base et ne le sont presque pas vers l'extrémité. Le bord extérieur ferrugineux se prolonge aussi jusqu'à la suture ; la tache humérale est plus large et elle est encore moins séparée du bord extérieur.

J'ai trouvé le seul individu que je possède de cette espèce, près de Sulzbach, dans les Alpes de la Styrie.

9. C. Coadunata. *Mihi.*

Nigra, punctata ; thorace rufo ; elytris basi profunde punctata, margine laterali maculaque humerali cum margine cohærente, ore antennisque ferrugineis ; pedibus pallidioribus.

Long. 3 ½, 4 lignes. Larg. 1 ¼, 1 ½ ligne.

Elle ressemble beaucoup, à la première vue, à l'*Homagrica*, et elle semble tenir le milieu entre cette espèce et la *Cingulata*. Elle diffère de la première par le corselet un peu plus large, plus convexe et un peu plus ponctué antérieurement ; par les élytres, qui sont un peu moins planes, dont les intervalles des stries sont assez fortement ponctués à la base et ne le sont que très-légère-ment vers l'extrémité, dont le bord extérieur est d'une couleur un peu plus foncée, et ne va pas tout-à-fait jusqu'à l'extrémité, et dont la tache humérale n'est pas séparée du bord extérieur, et se confond avec lui. Elle paraît aussi très-légèrement pubes-cente. Elle diffère de la *Cingulata* par son corselet d'un rouge-ferrugineux, et par les élytres, qui sont un peu moins convexes, dont la tache humérale est moins grande et dont le bord exté-rieur ne va pas jusqu'à l'extrémité.

Elle se trouve dans les montagnes du Languedoc et de la Pro-vence, aux environs de Lyon et dans les Pyrénées orientales.

10. C. Melanocephala. *Mihi.*

Nigra, subpubescens, confertissime punctata ; thorace rufo ; ely-tris margine laterali maculaque humerali cum margine cohæ-rente, sæpe obsoleta, ore antennisque ferrugineis ; pedibus pallidioribus.

Long. 3 ½, 4 lignes. Larg. 1 ¼, 1 ½ ligne.

Elle ressemble beaucoup à l'*Homagrica*; mais elle en diffère ainsi que de toutes les espèces précédentes par la ponctuation, qui est beaucoup plus nombreuse et plus serrée, et qui couvre entièrement la tête, le corselet et les élytres. Elle est aussi légèrement pubescente. Son corselet est un peu plus en cœur et plus rétréci postérieurement. Le bord extérieur des élytres, qui ne va pas tout-à-fait jusqu'à l'extrémité, et la tache humérale, qui y est réunie comme dans la *Cingulata*, sont d'une couleur plus foncée; ils sont peu distincts, et quelquefois même ils sont presque entièrement effacés. Les pattes sont d'une couleur ferrugineuse plus pâle.

Je l'ai trouvée communément dans les Pyrénées orientales, principalement dans les montagnes aux environs de Pratz de Mollo.

11. C. Axillaris.

Fusca, subpubescens, confertissime punctata; thorace rufo; elytris margine laterali lineolaque humerali, ore antennisque ferrugineis; pedibus pallidioribus.

Dej. *Cat.* p. 3.
Lebia Axillaris. Duft. 11. p. 239. n° 2.
Carabus Axillaris. Fabr. *Sys. el.* p. 182. n° 66.
Sch. *Syn. ins.* 1. p. 185. n° 86.

Long. 4, 4 ½ lignes. Larg. 1 ½, 1 ¾ ligne.

Elle ressemble beaucoup à la *Lineata* pour la forme; mais elle est un peu plus grande, légèrement pubescente, et tout le dessus du corps est couvert de petits points enfoncés, encore plus serrés que dans la *Melanocephala*, surtout sur la tête et le corselet. Ce dernier est un peu plus court, plus large et plus arrondi. Le bord extérieur des élytres, qui ne va pas tout-à-fait jusqu'à l'extrémité, et la tache humérale, qui est sé-

14.

parée comme dans l'*Homagrica*, sont d'une couleur ferrugineuse un peu plus foncée. Les pattes sont plus pâles.

Elle se trouve en Autriche, en Espagne et dans le midi de la France. Je l'ai trouvée communément dans les Pyrénées orientales, principalement dans les montagnes au-dessus de Pratz de Mollo. J'ai trouvé dans le même lieu une variété de cette espèce, qui est entièrement d'une couleur brune-obscure.

12. C. ANGULARIS.

Fusca, subpubescens, confertissime punctatissima; thorace rufo; elytris margine laterali maculaque humerali cum margine cohærente, ore antennisque ferrugineis; pedibus pallidioribus.

GYLLENHAL. II. p. 173. n° 2.
DEJ. *Cat.* p. 3.

Long. 3 , 3 ½ lignes. Larg. 1 ¼, 1 ½ ligne.

Elle est un peu plus petite que l'*Homagrica*, et elle est proportionnellement plus courte et plus large. Tout le dessus du corps est légèrement pubescent, et entièrement couvert de points enfoncés comme dans l'*Axillaris*, mais qui sont plus gros et plus marqués sur la tête et sur le corselet, plus serrés et plus nombreux sur les élytres. Le bord extérieur, qui ne va pas jusqu'à l'extrémité, et la tache humérale, qui y est réunie comme dans l'*Humeralis*, sont d'une couleur ferrugineuse assez foncée. Les pattes sont plus pâles.

Elle se trouve en Suède, en Finlande, et dans le nord de la Russie.

13. C. MACULARIS. *Mannerheim.*

Fusca, subpubescens, confertissime punctatissima; elytris margine laterali, macula humerali cum margine cohærente, punctoque apicis sæpe obsoleto, ore antennisque ferrugineis; pedibus pallidioribus.

Long. 3 ½, 4 lignes. Larg. 1 ½, 1 ¾ ligne.

Elle ressemble beaucoup à l'*Angularis*; mais elle est ordinairement un peu plus grande, proportionnellement un peu plus large, et sa couleur est un peu plus claire et plus brune. La tête et le corselet sont ponctués de la même manière ; mais ce dernier est plus large, plus court, plus convexe, plus arrondi et d'une couleur ferrugineuse plus obscure et presque brune. Les élytres sont plus larges ; elles sont ponctuées de la même manière, mais la tache humérale est un peu plus grande, et elles ont à l'extrémité près de la suture une petite tache de la même couleur, peu distincte, et qui disparaît même souvent entièrement.

Elle se trouve en Suède, en Finlande, dans le nord de la Russie et en Sibérie. Elle a été trouvée quelquefois aux environs de Berlin.

14. C. BINOTATA.

Rufa, punctata, subpubescens ; elytris fuscis, confertissime punctatissimis, margine exteriori, macula humerali, punctoque apicis sæpe obsoleto, ore antennisque ferrugineis ; pedibus pallidioribus.

FISCHER. *Entomographie de la Russie.* 1. p. 121. n° 2. T. 12. fig. 2.

Long. 4, 4 ½ lignes. Larg. 1 ½, 1 ¾ ligne.

Elle est un peu plus large et un peu plus aplatie que les autres espèces de ce genre. La tête est d'un rouge-ferrugineux ; elle est marquée de points enfoncés, assez gros et peu serrés. Les antennes sont d'une couleur ferrugineuse plus claire. Le corselet est de la couleur de la tête ; il est un peu plus large, plus court, plus arrondi et plus convexe que dans les espèces précédentes ; il a des points enfoncés, assez gros et peu serrés, et une ligne longitudinale au milieu assez enfoncée. Les élytres sont un peu plus larges et plus ovales que dans les autres espèces ; elles sont d'un brun-obscur, un peu plus clair et presque ferrugineux vers la base ; elles sont légèrement pubescentes et striées ; les stries et les intervalles sont finement ponctués, et l'on aperçoit trois points enfoncés peu distincts dans la troisième strie.

Leur bord extérieur, depuis la base jusqu'à la suture, est d'un jaune-ferrugineux; elles ont en outre une tache humérale, un peu allongée, qui se détache du bord extérieur, et un point allongé de la même couleur, peu distinct, et souvent entièrement effacé, vers l'extrémité près de la suture. Le dessous du corps est d'un brun-ferrugineux. Les pattes sont d'un jaune-ferrugineux, presque testacé.

Elle se trouve en Sibérie. Elle m'avait d'abord été envoyée par M. Gebler sous le nom de *Depressa*; mais, dans un second envoi, il a adopté le nom donné par M. Fischer. Ce dernier dit qu'elle se trouve aussi dans la Russie méridionale.

15. C. PUNCTATA. *Bonelli.*

Fusca, subpubescens, confertissime profunde punctata; elytrorum basi, ore antennisque ferrugineis; pedibus pallidioribus.

DEJ. *Cat.* p. 3.
C. *Basalis.* GYLLENHAL. II. p. 174. n° 3.
C. *Scapularis.* ANDERSCH. DAHL. *Coleoptera und Lepidoptera.* p. 2.
Carabus Humeralis. SCH. *Syn. ins.* I. p. 185. n° 85.

Long. 3 ½, 4 ¼ lignes. Larg. 1 ¼, 1 ½ ligne.

Cette espèce a été long-temps regardée par Paykull, Schœnherr, et les autres entomologistes suédois comme le véritable *Carabus Humeralis* de Fabricius. Gyllenhal a rectifié cette erreur, et il lui a donné le nom de *Basalis*; mais elle était depuis long-temps connue dans le reste de l'Europe sous celui de *Punctata* que lui avait donné Bonelli, et j'ai cru devoir le lui conserver. Elle se rapproche un peu de l'*Angularis*, et sa forme est un peu plus courte, plus large et moins aplatie que celle de la plupart des espèces précédentes. Elle est légèrement pubescente. La tête et le corselet sont d'une couleur brune-obscure, et couverts de points enfoncés, beaucoup plus gros et plus marqués que dans l'*Axillaris*. La bouche, les palpes et les antennes sont d'une couleur ferrugineuse. Les élytres ont des stries ponctuées, et les intervalles sont entièrement couverts de points enfoncés, très-serrés, un peu moins profonds que ceux du corselet, mais qui le sont beaucoup plus que dans l'*Angularis* et l'*Axillaris*. Elles sont d'un brun - obscur, et leur base est d'une couleur ferrugineuse, qui se confond insensiblement avec la couleur du reste des élytres. Les pattes sont d'un jaune-ferrugineux.

Elle se trouve en Suède dans les plaines, et dans le reste de l'Europe sur les hautes montagnes. Je l'ai trouvée dans les Alpes de la Haute Styrie, et dans les Pyrénées orientales au Canigou et près des étangs de Carlitte. Je l'ai reçue aussi de M. Bonelli, qui l'a trouvée dans les Alpes du Piémont. Cette espèce se trouve toujours beaucoup plus haut que les *Humeralis*, *Melanocephala* et *Axillaris*; l'*Homagrica* et la *Coadunata* se trouvent au contraire beaucoup plus bas.

16. C. Pubescens.

Fusca, pubescens, profunde punctata ; elytrorum margine , ore , antennis pedibusque ferrugineis.

Dej. *Cat.* p. 3.
C. Resplendens. Knoch.

Long. 4 ½, 5 lignes. Larg. 1 ½, 1 ¼ ligne.

Elle ressemble pour la forme à l'*Humeralis* et aux espèces voisines; mais elle est un peu moins aplatie, et tout le corps est couvert de poils assez longs et d'un brun un peu ferrugineux. La bouche, les palpes et les antennes sont d'une couleur ferrugineuse. La tête et le corselet sont d'un brun - obscur, et couverts de points enfoncés, plus gros et plus marqués que dans la *Punctata*. Le corselet est plus convexe que celui de l'*Humeralis*; il a une ligne longitudinale au milieu assez enfoncée, et ses bords latéraux sont presque ferrugineux. Les élytres sont d'un brun un peu plus foncé que le corselet, et elles ont un reflet un peu violet; elles ont des stries bien marquées, et assez fortement ponctuées; les intervalles sont aussi fortement ponctués, mais ils le sont d'une manière un peu inégale. Elles ont, depuis la base jusque près de l'extrémité, une bordure ferrugineuse très-étroite. Le dessous du corps est d'un brun un peu ferrugineux. La poitrine et le dessous du corselet sont assez fortement ponctués. Les pattes sont d'un jaune-ferrugineux.

Elle se trouve dans l'Amérique septentrionale. M. Klug m'en a envoyé un individu sous le nom de *Resplendens*. Knoch.

17. C. MILIARIS.

Fusca, subpubescens, profunde punctata; elytris cyaneis confertissime punctatissimis; antennis pedibusque ferrugineis.

Dej. *Cat.* p. 3.
Lebia Miliaris. Duft. 11. p. 242. n° 6.
Carabus Miliaris. Fabr. *Sys. el.* 1. p. 182. n° 65.
Sch. *Syn. ins.* 1. p. 185. n° 87.

Long. $4\frac{1}{4}$, $4\frac{3}{4}$ lignes. Larg. $1\frac{1}{2}$, $1\frac{3}{4}$ ligne.

Elle ressemble pour la forme aux autres *Cymindis*; mais elle est un peu moins aplatie, et la tête et le corselet sont un peu plus larges. La bouche, les palpes et les antennes sont d'un rouge-ferrugineux. La tête est d'un brun-obscur, et elle est fortement ponctuée. Le corselet est de la couleur de la tête; il est très-légèrement en cœur, presque arrondi, et ses angles postérieurs sont peu saillants; il est un peu convexe, la ligne longitudinale est peu enfoncée, et il est entièrement couvert de points enfoncés, très-serrés et assez profonds. Les élytres sont d'une couleur bleue un peu violette, et quelquefois un peu verdâtre; elles ont des stries légèrement ponctuées, et les intervalles sont entièrement couverts de petits points enfoncés, très-serrés, mais qui ne sont pas très-marqués. Tout l'insecte est légèrement pubescent. Le dessous du corps est d'un brun-obscur. Les pattes sont d'un rouge-ferrugineux.

Elle est assez commune en Autriche. Elle a été trouvée en France par M. de la Frenaye, dans le département de l'Eure. J'en ai pris deux individus en Espagne, entre Burgos et Valladolid, et je l'ai reçue aussi de la Russie méridionale.

18. C. Onychina. *Hoffmansegg.*

Fusca, subpubescens, profunde punctata; thorace postice atte-
nuato; elytris brunneis, striato-punctatis, punctis profunde
excavatis, interstitiis punctatis; ore, antennis pedibusque fer-
rugineis.

DEJ. *Cat.* p. 3.

Long. 3 ¼ lignes. Larg. 1 ¼ ligne.

Cette jolie espèce est un peu plus petite que l'*Homagrica*. Elle
est en-dessus d'une couleur brune, un peu plus claire sur les
élytres. Tout l'insecte est légèrement pubescent. La tête est profondément ponctuée. La bouche, les palpes et les antennes sont
d'une couleur ferrugineuse obscure. Le corselet est très-fortement en cœur, presque triangulaire, et très-étroit postérieurement; les angles postérieurs ne sont nullement saillants; il est
profondément ponctué, légèrement convexe; la ligne longitudinale est assez enfoncée, et les bords latéraux sont un peu relevés et presque en carène. Les élytres sont planes, ovales,
tronquées et presque échancrées à l'extrémité; les bords latéraux
sont un peu relevés; elles sont striées, et l'on voit sur chaque
strie une suite de points assez grands et profondément enfoncés.
Les intervalles sont assez finement ponctués. Le dessous du corps
est d'un brun-obscur. Les pattes sont d'un rouge-ferrugineux.

Elle a été rapportée du Portugal par M. le comte de Hoffmansegg. Je l'ai aussi trouvée dans ce pays et en Espagne près
de Ciudad Rodrigo, dans les endroits secs et arides sous les
pierres.

19. C. Variegata.

Fusca, glabra, impunctata; elytris punctato-striatis, margine
laterali maculisque sparsis obsoletis, ore, antennis pedibusque
ferrugineis.

DEJ. *Cat.* p. 3.

Long. 4 lignes. Larg. 1 ¾ ligne.

Elle ressemble assez pour la forme à l'*Humeralis* et aux espèces
voisines. La tête est noirâtre, sans points enfoncés, et très-légèrement striée longitudinalement entre les yeux. Sa partie antérieure, la bouche, les palpes et les antennes sont d'une couleur
ferrugineuse. Le corselet est d'un brun un peu roussâtre; il est
presque plane; ses bords latéraux sont assez saillants, et il a
une ligne longitudinale assez enfoncée au milieu; il a quelques
rides transversales peu marquées, mais il n'est nullement ponctué. Les élytres sont d'une couleur un peu plus obscure; elles
ont des stries légèrement ponctuées; les intervalles paraissent
lisses, mais, avec une très-forte loupe, on s'aperçoit qu'ils sont
très-finement granulés. Le bord extérieur depuis la base jusque
près de l'extrémité est d'une couleur ferrugineuse claire, et elles
ont plusieurs taches de la même couleur, peu marquées et souvent effacées; les plus apparentes se trouvent vers l'extrémité
près du bord extérieur, où l'on distingue trois ou quatre petites
taches près l'une de l'autre. Le dessous du corps est d'un brun-
obscur. Les pattes sont d'un jaune-ferrugineux.

Elle se trouve aux Antilles. Les individus que je possède m'ont
été envoyés par M. Schœnherr, comme venant de l'île Saint-
Barthélemy. M. Latreille l'a reçue de la Guadeloupe.

20. C. PARALLELA. *Mihi.*

Fusca, glabra; thorace subquadrato; elytris subparallelis, punc-
tato-striatis punctisque duobus impressis; lineola humerali,
punctoque postico obsoleto, antennis pedibusque ferrugineis.

Long. 4 ¾ lignes. Larg. 1 ¾ ligne.[1]

Elle s'éloigne un peu de toutes les espèces précédentes. Le
corselet est plus carré, et les élytres sont un peu plus étroites
et plus parallèles. La tête est d'un brun-noirâtre; elle a quelques rides longitudinales peu marquées, et, avec une très-forte
loupe, on s'aperçoit qu'elle est très-légèrement et très-finement
ponctuée. Les antennes sont d'un jaune-ferrugineux. Le corselet

est de la couleur de la tête, plus large qu'elle, presque carré et un peu convexe ; tous ses bords sont un peu relevés ; l'antérieur est un peu échancré ; les latéraux sont légèrement arrondis, et le postérieur est un peu prolongé dans son milieu ; les angles postérieurs ont une petite dent peu marquée ; il a quelques rides transversales peu marquées ; avec une très-forte loupe, il paraît ponctué comme la tête, et il a une ligne longitudinale enfoncée assez bien marquée. Les élytres ne sont guère plus larges que le corselet ; elles sont allongées, presque parallèles, arrondies antérieurement, et tronquées à l'extrémité ; elles sont planes, légèrement rebordées ; elles ont des stries très-finement ponctuées ; les intervalles paraissent lisses, et l'on aperçoit deux points enfoncés entre la seconde et la troisième strie. Elles sont d'une couleur un peu plus claire que le corselet ; elles ont à l'angle de la base une tache allongée, presque en virgule, d'un jaune-ferrugineux, et un point peu distinct de la même couleur près de l'extrémité, entre la quatrième et la cinquième strie. Le dessous du corps est d'un brun-obscur. Les pattes sont d'un jaune-ferrugineux.

Elle m'a été envoyée par M. Roger, comme venant de l'île de Cuba.

21. C. Morio.

Nigra, glabra ; elytris subparallelis, punctato-striatis punctisque duobus impressis ; ore, antennis tarsisque brunneis.

Dej. *Cat.* p. 3.

Long. 5 lignes. Larg. 1 ¾ ligne.

Elle est entièrement en-dessus d'un noir-mat et peu brillant, et elle se rapproche par sa forme de l'espèce précédente. La tête est un peu plus grande ; elle a des rides longitudinales assez marquées, et elle est finement ponctuée. La lèvre supérieure et les palpes sont d'un brun un peu ferrugineux. Les antennes sont de la même couleur ; elles sont un peu plus courtes que dans les autres espèces, et presque moniliformes. Le corselet est un peu plus large que la tête, presque carré, et un-peu rétréci postérieurement. Tous ses bords sont un peu relevés ; l'antérieur est échancré, et le postérieur est légèrement sinué ; les angles antérieurs sont arrondis, et les postérieurs ont une petite dent très-peu marquée. Il a des rides transversales peu marquées, et il est finement ponctué. Les élytres ont la forme de celles de l'espèce précédente ; elles sont striées de la même manière, et elles ont de même deux points enfoncés entre la seconde et la troisième strie. Le dessous du corps et les pattes sont d'un noir-brunâtre. Les tarses sont d'un brun un peu ferrugineux.

Elle m'a été donnée par feu Palisot de Beauvois, qui l'avait rapportée de l'Amérique septentrionale.

X. CALLEIDA. *Mihi.*

DROMIUS. *Dejean, Catalogue.* CARABUS. *Fabricius.*

Crochets des tarses dentelés en-dessous. Dernier article des palpes labiaux fortement sécuriforme. Antennes beaucoup plus courtes que le corps. Les trois premiers articles des tarses presque triangulaires, le pénultième fortement bilobé. Corps allongé. Tête ovale, peu rétrécie postérieurement. Corselet presque cordiforme.

Les *Calleida* sont de jolis insectes à couleurs brillantes et métalliques, qui avaient été confondus jusqu'à présent avec les *Cymindis*, les *Dromius* et les *Lebia* ; mais ils se distinguent facilement des premiers par leurs tarses, dont le pénultième article est fortement bilobé, et des deux derniers par leurs palpes labiaux, dont le dernier article est fortement sécuriforme.

Les antennes sont filiformes, et beaucoup plus courtes que le corps. La tête est ovale, et peu rétrécie posterieurement. Le corselet est allongé, arrondi antérieurement, et plus ou moins rétréci postérieurement. Les élytres sont allongées, très-légèrement convexes, parallèles, tronquées à l'extrémité, et plus ou moins en carré très-allongé. Les trois premiers articles des tarses sont assez larges, et presque triangulaires ; le pénultième est très-fortement bilobé. Les crochets des tarses sont dentelés en-dessous. Toutes les espèces que je possède de ce genre viennent d'Amérique; mais j'ai vu dans la collection du Muséum plusieurs insectes, venant de la Nouvelle-Hollande et du cap de Bonne-Espérance, qui me paraissent devoir y être réunis.

Le nom de *Calleida*, que j'ai donné à ce nouveau genre, a à peu près la même étymologie que celui de *Callidium*, et il est tiré des deux mots grecs : καλὸς, beau, et εἶδος, forme.

1. C. Metallica. *Mihi.*

Nigro-ænea; thorace æneo; elytris viridi-æneis, profunde striato-punctatis punctisque duobus impressis.

Long. 5 ¼ lignes. Larg. 2 lignes.

La tête est d'un noir-bronzé; elle est un peu allongée, presque triangulaire, lisse, et elle a un point enfoncé assez marqué entre les yeux. Les antennes, qui sont au plus de la longueur de la tête et du corselet réunis, sont d'un noir-bronzé à la base, et obscures vers l'extrémité; la base du second et du troisième article et l'extrémité du premier sont d'un brun-obscur. Le corselet est d'un vert-bronzé-obscur; il est un peu plus long que large, un peu arrondi antérieurement sur ses côtés, et coupé carrément à sa base; les angles postérieurs sont un peu relevés; il a quelques rides transversales peu marquées, un sillon longitudinal au milieu, et un enfoncement de chaque côté près des angles postérieurs. L'écusson est petit, triangulaire, et d'une couleur bronzée un peu cuivreuse. Les élytres sont allongées, presque parallèles, arrondies à la base, tronquées à l'extrémité; elles sont d'un vert-bronzé, plus clair que le corselet; elles sont profondément striées, et les stries sont ponctuées. On aperçoit en outre deux points enfoncés, assez fortement marqués : le premier au quart, et le second aux trois quarts des élytres, entre la seconde et la troisième strie à partir de la suture. Le dessous du corps et les pattes sont d'un noir un peu bronzé.

Elle se trouve au Brésil.

2. C. Marginata. *Mihi.*

Supra viridi-œnea; elytris margine rubro-cupreo.

Long. 4 ½ lignes. Larg. 1 ¾ ligne.

Elle est un peu plus petite que la *Metallica*, et elle est un peu plus allongée. Elle est en-dessous d'un vert-bronzé. La tête est d'une couleur plus foncée et brunâtre à sa partie antérieure; elle est lisse, et elle a deux enfoncements longitudinaux peu marqués en avant des yeux. Les trois premiers articles des antennes sont d'un brun – ferrugineux, les autres sont obscurs. Le corselet est un peu plus étroit que celui de la *Metallica*; le sillon longitudinal est moins marqué, et les angles postérieurs sont moins saillants. L'écusson est petit, triangulaire, et d'une couleur bronzée un peu cuivreuse. Les élytres ont des stries peu enfoncées, presque lisses; elles ont deux points enfoncés, assez fortement marqués, entre la seconde et la troisième strie, à partir de la suture : le premier au tiers de l'élytre près de la troisième strie, et le second aux trois quarts près de la seconde. Elles ont en outre une bordure d'un beau rouge-cuivreux, qui va depuis l'angle de la base jusqu'à la suture. Le dessous du corps et les cuisses sont d'un noir-verdâtre un peu bronzé. Les jambes et les tarses sont d'un noir un peu brunâtre.

Elle se trouve dans l'Amérique septentrionale, et elle m'a été envoyée par M. Escher Zollikofer, comme venant de la Géorgie.

3. C. Æruginosa. *Mihi.*

Capite thoraceque ferrugineo-œneis; elytris œneis, striato-punctatis punctisque duobus impressis; abdomine, antennis pedibusque ferrugineis.

Long. 3 ½ lignes. Larg. 1 ¼ ligne.

Elle est à peu près de la même forme que la *Metallica*, mais elle est beaucoup plus petite. La tête est d'une couleur ferrugineuse un peu bronzée, et plus claire antérieurement; elle est lisse avec un petit enfoncement en forme de V entre les yeux, et une ligne enfoncée de chaque côté. La bouche, les palpes et les antennes sont d'une couleur ferrugineuse. Le corselet est de la couleur de la tête, un peu plus clair sur ses côtés ; il est proportionnellement plus court et plus large que celui de la *Metallica*, et le sillon longitudinal est un peu moins enfoncé. Les élytres sont allongées, presque parallèles, arrondies à la base, tronquées et un peu échancrées à l'extrémité ; elles sont d'une couleur bronzée, tirant un peu sur le ferrugineux, avec les bords latéraux en-dessous d'un jaune-ferrugineux. Elles sont finement striées, et les stries sont ponctuées. Elles ont deux points enfoncés, assez fortement marqués entre la seconde et la troisième strie : le premier au tiers, et le second au trois quarts des élytres. Le dessous du corps est d'une couleur ferrugineuse un peu bronzée. L'abdomen et les pattes sont d'un jaune-ferrugineux.

Elle se trouve au Brésil.

4. C. Viridipennis. *Mihi.*

Rufa ; thorace transverso-striato, postice quadrato ; elytris viridibus, profunde striatis, striis punctatis, margine suturaque rufis.

Long. 3 ¾ lignes. Larg. 1 ¼ ligne.

Sa forme est à peu près la même que celle des espèces précédentes. La tête est un peu plus courte et plus triangulaire ; elle est d'un rouge-ferrugineux ; elle est lisse, et elle a un enfoncement entre les yeux, et une ligne enfoncée de chaque côté. Les antennes sont d'un jaune-ferrugineux, avec l'extrémité du quatrième article et des suivants légèrement obscure. Les yeux sont noirâtres et assez saillants. Le corselet est de la couleur de la tête, et un peu plus clair sur ses bords ; il est proportionnellement plus court et plus large que celui de la *Metallica*; les rides transversales sont plus serrées et plus fortement marquées ; le sillon longitudinal est moins profond, et les bords latéraux sont plus relevés. Les élytres sont d'un vert-bronzé assez clair ; elles sont profondément striées, et les stries sont légèrement ponc-

tuées; leur bord extérieur et la suture sont d'un rouge-ferrug
neux. Le dessous du corps et les pattes sont de la même couleu
Elle se trouve au Brésil.

L'individu que je possède étant en mauvais état, je n'ai p
m'assurer s'il y avait deux points enfoncés entre la seconde et
troisième strie des élytres, comme dans les espèces précédente

5. C. DECORA.

*Viridis, nitida ; thorace, antennarum basi, pectore pedibusqu
rufis ; capite geniculisque nigro-cyaneis.*

Iconographie. II. p. 132. T. 7. fig. 7.
Carabus Decorus. FABR. *Sys. el.* I. p. 181. n° 60.
SCH. *Syn. ins.* I. p. 183. n° 77.

Long. 3 ¾ lignes. Larg. 1 ¼ ligne.

Elle est allongée comme les précédentes, mais son corsele
a une forme différente. La tête est d'un noir-bleuâtre; elle e
lisse, et elle a une ligne enfoncée, peu marquée de chaque côt
le long des yeux. La bouche et les palpes sont d'un brun un pe
ferrugineux. Les quatre premiers articles des antennes sont d'u
jaune-ferrugineux, les autres sont obscurs. Le corselet est d'u
rouge un peu ferrugineux; il est presque en cœur,. un peu plu
long que large, guère plus large que la tête au tiers de sa lon
gueur, arrondi antérieurement, et rétréci postérieurement;
est un peu convexe, et il a une ligne longitudinale enfoncée a
milieu, quelques rides transversales peu marquées et une impression transversale très-peu marquée près du bord postérieur
les bords latéraux sont un peu relevés, et les angles postérieur
sont très-peu saillants. L'écusson est petit, triangulaire, et de l
couleur du corselet. Les élytres sont d'un beau vert-brillant
elles sont allongées, presque parallèles, un peu arrondies à l
base, tronquées et presque échancrées à l'extrémité; elles son
striées, et les stries sont légèrement ponctuées. Les intervalle
paraissent lisses; mais, avec une forte loupe, on s'aperçoit qu'il
sont très-finement ponctués. On voit en outre deux points en-

foncés, bien marqués, entre la seconde et la troisième strie :
le premier un peu avant la moitié, et le second aux trois quarts
des élytres. En-dessous, la poitrine est d'un rouge-ferrugineux,
l'abdomen est d'un vert-obscur un peu bronzé. Les pattes sont
d'un rouge-ferrugineux avec les genoux d'un noir-bleuâtre et
les tarses obscurs.

Elle se trouve dans l'Amérique septentrionale.

6. C. Rubricollis. *Mihi.*

Viridis, nitida; thorace, antennis, tibiis tarsisque rufis.

Dromius Decorus. Dej. *Cat.* p. 3.

Long. 3 ¼ lignes. Larg. 1 ligne.

Elle ressemble beaucoup à la *Decora*, mais elle est un peu
plus petite. La tête est de la couleur des élytres. Les antennes
sont presque entièrement ferrugineuses avec l'extrémité seulement un peu obscure. Le corselet est un peu plus court, plus
large, plus convexe et plus lisse. Les stries des élytres sont moins
marquées, et elles sont au contraire un peu plus fortement ponctuées; les intervalles sont plus lisses. On remarque de même les
deux points enfoncés entre la seconde et la troisième strie,
mais le premier est plus près de la base. En - dessous, la poitrine et l'abdomen sont d'un vert plus foncé que les élytres. Les
cuisses sont de la même couleur; leur origine, les jambes et les
tarses sont d'un rouge-ferrugineux.

Elle se trouve dans l'Amérique septentrionale.

7. C. Smaragdina. *Mihi.*

*Viridis, nitida; thorace oblongo, angulis posticis rotundatis; an-
tennis basi rufis; pedibus nigro-cyaneis.*

Dromius Festinans. Dej. *Cat.* p. 3.

Long. 3 ¾ lignes. Larg. 1 ¼ ligne.

Elle est à peu près de la forme et de la grandeur de la *De-*

cora. La tête est d'une belle couleur verte; elle est légèrement ponctuée, et elle est un peu rugueuse de chaque côté en avant des yeux. La bouche et les palpes sont d'un brun-noirâtre. Les trois premiers articles des antennes et la base du quatrième sont d'un rouge-ferrugineux, les autres sont obscurs. Le corselet est de la couleur de la tête; il est un peu plus long que large, légèrement ridé transversalement, et assez fortement ponctué sur tous ses bords; il a une ligne longitudinale assez fortement marquée au milieu, et une impression de chaque côté près des angles postérieurs; les bords latéraux sont un peu relevés, surtout vers la base; ils sont arrondis antérieurement, et les angles postérieurs, quoique un peu relevés, sont arrondis et ne sont pas du tout saillants. Les élytres sont allongées, presque parallèles, un peu arrondies à la base, tronquées à l'extrémité; elles sont d'un vert plus mat et moins brillant que le corselet; elles sont légèrement striées; les stries sont finement ponctuées; les intervalles paraissent lisses, mais vus à la loupe, on y aperçoit des petits points enfoncés, qui ne sont presque pas apparents; on voit en outre deux points enfoncés, assez marqués, entre la seconde et la troisième strie : le premier au quart, et le second aux trois quarts des élytres. Le dessous du corps est de la même couleur que le dessus. Les pattes sont d'un noir-bleuâtre.

Elle se trouve dans l'Amérique septentrionale. Elle m'a été envoyée par M. Mac Leay, comme venant de la Géorgie.

XI. CTENODACTYLA. *Mihi.*

Crochets des tarses dentelés en-dessous. Dernier article des palpes de forme ovalaire, et terminé presque en pointe. Antennes beaucoup plus courtes que le corps. Les trois premiers articles des tarses larges, triangulaires ou cordiformes ; le pénultième très-fortement bilobé. Tête arrondie, rétrécie postérieurement. Corselet presque plane, plus long que large. Elytres allongées, presque arrondies à l'extrémité.

L'insecte, sur lequel j'ai établi ce nouveau genre, a beaucoup de rapports avec l'*Odacantha Dorsalis;* mais il en diffère essen-

tiellement par les crochets des tarses qui sont dentelés, et c'est
ce que j'ai voulu exprimer par son nom tiré des deux mots grecs :
κτεὶς, peigne, et δάκτυλος, doigt.

Les palpes sont peu allongés ; leur dernier article est un
peu ovalaire et presque terminé en pointe. Les antennes sont
filiformes, et beaucoup plus courtes que le corps. La tête est
assez grande, arrondie, rétrécie brusquement à sa partie postérieure, et elle tient au corselet par un col court et cylindrique,
dont elle est séparée par un étranglement. Le corselet est à peu
près de la largeur de la tête ; il est presque plane, plus long que
large, et à peu près comme celui des *Cordistes*. Les élytres sont
le double plus larges que le corselet, allongées, un peu convexes, et elles vont un peu en s'élargissant vers l'extrémité, qui
est presque arrondie comme dans l'*Odacantha Dorsalis*. Le premier article des tarses est un peu allongé et triangulaire ; le second et le troisième sont courts, très-larges, triangulaires ou
cordiformes, et le pénultième est très-fortement bilobé.

1. C. Chevrolatii. *Mihi.*

*Supra nigro-cyanea, subtus brunnea ; thorace rufo ; antennis
pedibusque testaceis.*

Long. 5 lignes. Larg. 1 ½ ligne.

La tête est d'un noir un peu bleuâtre ; elle est assez grande,
arrondie, presque en forme de losange, et rétrécie postérieurement. Elle est lisse ; elle a deux enfoncements assez marqués
entre les antennes, un sillon transversal à l'endroit où elle se rétrécit, et une ligne enfoncée, recourbée dans son milieu, entre
ce sillon et le corselet. La lèvre supérieure, la bouche et les
palpes sont d'un rouge-ferrugineux. Les antennes sont d'une
couleur plus claire et presque testacée, et elles sont à peu près
de la longueur de la tête et du corselet réunis. Les yeux sont
brunâtres, arrondis et assez saillants. Le corselet est d'un rouge-
ferrugineux ; il est à peu près de la largeur de la tête, presque
en forme de carré long, un peu sinué sur ses côtés, et légèrement rétréci à sa partie antérieure et un peu avant sa base. Il

15.

est presque plane; il a quelques points enfoncés peu marqués; ses bords latéraux sont un peu relevés; il a une ligne longitudinale enfoncée au milieu, une autre transversale près du bord antérieur, et un enfoncement assez marqué de chaque côté près des angles postérieurs. L'écusson est triangulaire, allongé et d'un brun-ferrugineux. Les élytres sont d'un noir-bleuâtre; elles sont le double plus larges que le corselet, légèrement convexes, allongées, presque parallèles, et elles vont un peu en s'élargissant vers l'extrémité, qui est presque arrondie et très-légèrement sinuée; leur bord extérieur en-dessous est d'un brun-ferrugineux. Elles ont des stries ponctuées bien marquées, et en outre quatre points enfoncés entre la seconde et la troisième strie : le premier près de la base, le second au tiers, le troisième aux deux tiers, et le dernier aux cinq sixièmes des élytres; et deux autres points enfoncés entre la cinquième et la sixième strie près de l'extrémité. Le dessous du corps est entièrement d'un brun-ferrugineux. Les pattes sont d'un jaune-testacé.

Ce bel insecte m'a été donné, comme venant de Cayenne, par M. Chevrolat.

XII. DEMETRIAS. *Bonelli.*

DROMIUS. *Dejean, Catalogue.* LEBIA. *Duftschmid.* CARABUS. *Fabricius.*

Crochets des tarses dentelés en-dessous. Dernier article des palpes cylindrique. Les trois premiers articles des tarses presque triangulaires; le pénultième fortement bilobé. Corps allongé. Tête ovale, peu rétrécie postérieurement. Corselet presque cordiforme.

Ce genre, établi par Bonelli, a beaucoup de rapports avec les *Dromius,* auxquels même je l'avais réuni dans mon Catalogue. Il en diffère uniquement par la forme des articles des tarses, dont les trois premiers sont presque triangulaires, et dont le pénultième est très-fortement bilobé.

Les *Demetrias* sont de petits insectes allongés, d'une couleur jaunâtre, et que l'on trouve assez communément au printemps sur les haies et les broussailles, ou que l'on prend au vol à l'approche de la nuit. Toutes les espèces connues jusqu'à présent sont européennes. Linné, Olivier, Illiger, Schœnherr, Gyllenhal, et beaucoup d'autres entomologistes, les avaient confondues ensemble, comme des variétés du *Carabus Atricapillus*; elles présentent cependant toutes des différences de forme assez faciles à saisir.

1. D. IMPERIALIS. *Megerle.*

Pallidus; capite pectoreque nigro-piceis; thorace rufo, postice angustato; elytris obsolete striato-punctatis, punctis quatuor impressis; sutura in medio dilatata, macula marginali posteriore ramoque arcuato obliquo alteram alteri sœpius connectente, nigro-piceis.

Dromius Imperialis. GERMAR. *Coleopt. species novæ.* p. 1. n° 1. DEJ. *Cat.* p. 2.
Lebia Atricapilla. var. c. GYLLENHAL. 11. p. 188. n° 9.
Carabus Atricapillus. var. e. SCH. *Syn. ins.* 1. p. 218. n° 277.

Long. 2 ¼ lignes. Larg. ¾ ligne.

La tête est grande, aplatie, avancée en pointe, rétrécie et arrondie postérieurement, et elle présente à peu près la forme d'un losange. Sa couleur est d'un noir-obscur, plus ou moins foncé, quelquefois brunâtre, avec la partie antérieure et la postérieure d'un jaune-ferrugineux. Les antennes sont un peu plus pâles, et elles sont un peu plus longues que la moitié du corps. Le corselet est d'un jaune-ferrugineux; il est allongé, un peu plus étroit que la tête antérieurement, rétréci postérieurement, et presque en forme de cœur; il a une ligne longitudinale enfoncée au milieu, et l'on aperçoit à la loupe quelques rides transversales très-peu marquées; les côtés sont légèrement rebordés, arrondis antérieurement, et les angles postérieurs ne sont nullement saillants. Les élytres sont allongées, un peu plus larges que la tête, planes, arrondies à la base, presque parallèles; elles vont un peu en s'élargissant vers

l'extrémité, qui est presque coupée carrément, et elles ne re-
couvrent pas entièrement l'abdomen. Elles sont très-minces,
presque transparentes et d'un jaune-pâle; elles ont des stries
peu marquées, qui sont faiblement ponctuées, mais plus distinctement à la base; elles ont en outre quatre points enfoncés: le
premier au quart de l'élytre près de la troisième strie, le second au milieu près de la seconde strie, le troisième aux trois
quarts, et le quatrième près de l'extrémité sur la même ligne.
La suture est d'un brun-noirâtre depuis la base jusques un peu
au-delà du milieu; elle est dilatée au milieu, et elle y forme
une tache en forme de losange; elle se dilate aussi quelquefois
à la base, et paraît former une tache triangulaire peu marquée.
On voit en outre une tache arrondie, de la même couleur, plus
ou moins grande, vers le bord extérieur près de l'extrémité.
Cette tache est souvent réunie à celle de la suture par une ligne
oblique de la même couleur. Le dessous du corps et les pattes
sont d'un jaune-pâle. La poitrine est d'un brun-noirâtre, plus
ou moins foncé.

Il se trouve, mais assez rarement, en Autriche et en Dalmatie. Il doit aussi se trouver en Suède, si, comme je le crois,
la variété *c* de la *Lebia Atricapilla* de Gyllenhal se rapporte
à cette espèce.

2. D. Unipunctatus. *Creutzer.*

*Pallidus; capite nigro; thorace rufo, postice subangustato; ely-
tris obsolete striato-punctatis, punctis quatuor impressis; sutura nigro-picea, ante apicem in maculam rotundam dilatata.*

Dromius Unipunctatus. Germar. *Coleopterorum species novæ.*
p. 1. n° 2.
Dej. *Cat.* p. 2.
Lebia Atricapilla. var. d. Duft. 11. p. 256. n° 25.
Idem. var. b? Gyllenhal. 11. p. 188. n° 9.
Carabus Atricapillus. var. d. Sch. *Syn. ins.* 1. p. 218. n° 277.

Long. 2 lignes. Larg. $\frac{3}{4}$ ligne.

M. Creutzer est le premier qui ai fait connaître cet insecte,

qui me paraît former une espèce bien distincte. Il est un peu
moins allongé que le précédent. La tête est presque entièrement
noire; la bouche seulement est d'une couleur ferrugineuse; elle
est moins avancée antérieurement et moins rétrécie postérieurement. Le corselet est moins allongé, moins en cœur et moins
rétréci postérieurement. Les angles postérieurs, sans être saillants, sont un peu relevés. Les élytres sont un peu plus larges;
elles sont striées de la même manière, mais les points des stries
sont moins marqués à la base que dans l'*Imperialis*; elles ont les
mêmes points enfoncés. Leur suture est d'un brun-noirâtre;
elle est très-mince à la base; elle va un peu en s'élargissant vers
l'extrémité, où elle se dilate tout-à-coup et forme une grande
tache arrondie. Le dessous du corps est entièrement d'un jaune-
pâle. Les pattes sont de la même couleur.

Il se trouve en Autriche, en Allemagne, et quelquefois, mais
fort rarement, en France et même aux environs de Paris.

3. D. ATRICAPILLUS.

Pallidus ; capite nigro ; thorace rufo , postice subangustato ; ely-
tris obsolete striatis, interstitiis punctatis ; pectore abdomine-
que basi nigro-piceis.

Dromius Atricapillus. DEJ. *Cat.* p. 2.
Lebia Atricapilla. DUFT. II. p. 256. nº 25.
GYLLENHAL. II. p. 288. nº 9.
Carabus Atricapillus? LINNÉ. *Sys. nat.* II. p. 673. nº 42.
SCH. *Syn. ins.* I. p. 218. nº 277.

Long. 2 lignes. Larg. $\frac{3}{4}$ ligne.

Il est à peu près de la forme et de la grandeur de l'*Unipunc-*
tatus. La tête a la même forme; elle est noire avec la partie antérieure d'un jaune-ferrugineux. Le corselet est de la même forme
et de la même couleur. Les élytres sont d'un jaune-pâle; elles
sont légèrement striées, et les intervalles sont ponctués : ce qui
le distingue facilement des deux espèces précédentes. La suture
est de la couleur des élytres; on aperçoit seulement quelquefois

une tache triangulaire à la base, et une autre vers l'extrémité de chaque élytre, mais elles sont très-peu marquées et presque effacées. Le dessous du corps et les pattes sont d'un jaune un peu ferrugineux; la poitrine et le milieu de la base de l'abdomen sont d'un brun-noirâtre.

Il se trouve en France et en Allemagne, mais il n'y est pas très-commun. Il doit aussi se trouver en Suède, si, comme je le crois, la *Lebia Atricapilla* de Gyllenhal se rapporte à cette espèce.

4. D. ELONGATULUS. *Zenker.*

Pallidus; capite nigro; thorace rufo, postice subangustato, angulis posticis prominulis; elytris obsolete striatis, interstitiis punctatis; pectore abdomineque basi nigro-piceis.

Dromius. Elongatulus. DEJ. Cat. p. 2.
Lebia Elongatula. DUFT. p. 257. n° 26.
Carabus Atricapillus. OLIVIER. III. 35. p. 111. n° 155. T. 9. fig. 106. a. b.
Le Bupreste fauve à tête noire. GEOFF. I. p. 153. n° 25.

Long. 2 ½ lignes. Larg. ¾ ligne.

Cet insecte a été jusqu'à présent regardé par presque tous les entomologistes comme le *Carabus Atricapillus* de Linné. Il me semble cependant que la description de Gyllenhal ne peut lui convenir, puisqu'il dit en parlant du corselet: *Angulis obliquis nonnihil prominulis;* et j'ai cru devoir, à l'exemple de MM. Zenker et Duftschmid, en former une espèce particulière. Il ressemble entièrement à l'*Atricapillus;* mais il est un peu plus grand, et il se distingue facilement des trois espèces précédentes par les angles postérieurs du corselet, qui sont relevés et un peu saillants. Les intervalles entre les stries sont ponctués, mais moins fortement que dans l'*Atricapillus.* On aperçoit quelquefois une tache triangulaire, obscure, à la base des élytres, et une autre vers l'extrémité; mais elles sont très-peu distinctes et presque effacées. Le dessous du corps et les pattes sont comme dans l'*Atricapillus.*

Il se trouve assez communément en France et en Allemagne.

XIII. DROMIUS. *Bonelli.*

Lebia. *Latreille: Duftschmid.* Carabus. *Fabricius.*

Crochets des tarses dentelés en-dessous. Dernier article des palpes cylindrique. Articles des tarses presque cylindriques. Corps plus ou moins allongé. Tête ovale, peu rétrécie postérieurement. Corselet plus ou moins cordiforme.

Les insectes, qui forment ce genre, avaient d'abord été placés par Latreille parmi ses *Lebia*; mais Bonelli les en a séparés sous le nom qu'ils portent maintenant. Ils se distinguent facilement de tous les genres voisins par les caractères suivants : le dernier article des palpes est cylindrique ; les antennes sont filiformes et plus courtes que le corps ; celui-ci est plus ou moins allongé et un peu aplati ; la tête est ovale et peu rétrécie postérieurement ; le corselet est plus ou moins allongé et plus ou moins cordiforme ; les élytres sont planes et plus ou moins allongées ; tous les articles des tarses sont plus ou moins cylindriques, et les crochets des tarses sont dentelés en-dessous.

Les *Dromius* sont de petits insectes, presque tous européens, que l'on trouve communément sous les écorces et sous les pierres. Les uns sont d'une couleur brune ou jaunâtre, et ils se rapprochent des *Demetrias*. Les autres sont d'un noir un peu métallique ; quelques-uns de ces derniers, tels que les *Truncatellus*, *Punctatellus*, *Quadrillum* et *Albonotatus*, ont une forme moins allongée et plus raccourcie.

1. D. Linearis.

Elongatus, ferrugineus ; elytris punctato-striatis, pallidioribus, postice infuscatis ; antennis pedibusque pallidis.

Dej. *Cat.* p. 2.
Lebia Linearis. Gyllenhal. ii. p. 187. n° 8.
Carabus Linearis. Oliv. iii. 35. p. 111. n° 156. t. 14. fig. 167. a. b.
Sch. *Syn. ins.* i. p. 218. n° 276.

Lebia Punctato-striata. Duft. ii. p. 258. n° 27.

Odacantha Præusta. Steven. *Mémoires de la Société imp. des Nat. de Moscou.* ii. p. 34. n° 4.

Long. 2 lignes. Larg. ½ ligne.

Il est à peu près de la grandeur du *Demetrias Elongatulus*, mais il est un peu plus étroit et plus cylindrique. La tête est un peu moins avancée antérieurement, un peu moins rétrécie postérieurement, et elle est assez fortement striée entre les yeux; elle est d'une couleur ferrugineuse plus ou moins foncée et quelquefois même presque noirâtre; la partie antérieure et la bouche sont plus pâles. Les antennes sont d'un jaune-pâle; elles ont quelques poils rares, assez longs, et elles sont au plus de la longueur de la moitié du corps. Le corselet est d'une couleur ferrugineuse, un peu plus claire que la tête; il est un peu plus long que large, presque cordiforme, de la largeur de la tête antérieurement, et un peu rétréci postérieurement; il est très-légérement convexe; il a une ligne longitudinale enfoncée au milieu, très-peu marquée, et ses bords latéraux sont un peu relevés. Les élytres sont très-allongées, un peu plus larges que le corselet, parallèles, un peu arrondies à la base, et coupées carrément à l'extrémité; elles sont assez fortement striées, et les stries sont assez profondément ponctuées; elles sont plus pâles que le corselet, et elles ont une teinte obscure plus ou moins foncée et plus ou moins grande à l'extrémité. Le dessous du corps est d'une couleur ferrugineuse, qui devient plus foncée et presque brune sur l'abdomen. Les pattes sont d'un jaune-pâle.

Il est assez commun en France et en Allemagne. On le trouve aussi en Suède, en Dalmatie et dans la Russie méridionale. On le prend ordinairement en fauchant sur les haies, ou au vol dans les soirées des jours un peu chauds. On le trouve aussi sous les écorces des arbres.

2. D. Melanocephalus.

Capite nigro; thorace quadrato rufo; elytris substriatis, antennis pedibusque pallidis: subtus ferrugineus.

Dej. *Cat.* p 3.

D. Pallidus. Sturm.

D. Venustulus. Spence.

Long. 1 ½ ligne. Larg. ½ ligne.

Il ressemble beaucoup pour la forme au *Sigma* et au *Quadri-signatus*, mais il est un peu plus petit. La tête est noire. Le corselet est d'un rouge-ferrugineux, un peu plus clair sur ses côtés; il est presque carré, un peu rétréci postérieurement, et il a une ligne longitudinale enfoncée très-marquée. Les élytres sont entièrement d'un jaune-pâle, et leurs stries sont très-peu marquées. Les antennes et les pattes sont d'un jaune-pâle. Le dessous du corps est d'une couleur ferrugineuse-obscure et presque brunâtre.

On le trouve en France, en Allemagne, en Angleterre. Il n'est pas rare aux environs de Paris et de Lyon.

3. D. Sigma.

Pallidus; capite nigro; thorace quadrato rufo; elytris substriatis; sutura fasciaque postica dentata fuscis.

Carabus Sigma? Rossi. *Fauna etrusca.* 1. p. 226. n° 564.

Sch. *Syn. ins.* 1. p. 226. n° 338.

D. Fasciatus. Dej. *Cat.* p. 3.

Lebia Fasciata. Duft. 11. p. 255. n° 24.

Long. 1 ¾ ligne. Larg. ⅔ ligne.

Cet insecte et les quatre suivants ont été confondus ensemble par presque tous les entomologistes, et décrits, plus ou moins exactement, comme des variétés du *Fasciatus*. Lors de l'impression de mon Catalogue, je ne connaissais pas le véritable *Fasciatus*, et, à l'exemple de Duftschmid, c'est à cette espèce que j'avais donné ce nom. M. Schüppel m'a fait reconnaître mon erreur en m'envoyant ces deux insectes : il regarde celui-ci comme le *Carabus Sigma* de Rossi; et quoique je n'en sois pas bien certain, j'ai cru, à son exemple, devoir adopter cette détermination. Il ressemble un peu, pour la forme, au *Quadrimaculatus*, mais il est beaucoup plus petit et un peu moins allongé. La tête est noire, lisse, et elle a un petit enfoncement de chaque côté près des yeux. La bouche, les palpes et les antennes sont d'un jaune-pâle. Le corselet est d'un jaune-ferrugineux; il est presque carré, et un peu rétréci postérieurement; il est lisse; il a au milieu un sillon longitudinal peu marqué; les bords latéraux sont un peu relevés, et il a une petite impression de chaque côté de la base près des angles postérieurs; ceux-ci sont coupés presque carrément, et ils sont un peu relevés, sans être saillants. Les élytres sont proportionnellement un peu plus courtes que celles du *Quadrimaculatus*; elles sont très-légèrement striées, mais cependant les stries sont un peu plus marquées que dans le *Melanocephalus* et dans les espèces suivantes. Elles sont d'un jaune-testacé-pâle; la suture est étroite, d'un brun-obscur, et elle n'atteint pas tout-à-fait la base ni l'extrémité; elles ont en outre, un peu au-delà du milieu, une large bande de la même couleur, un peu dilatée à la suture, dentée au milieu antérieurement, et dilatée postérieurement le long du bord extérieur; quelquefois elle se joint presque avec l'extrémité de la suture, et la partie postérieure des élytres semble former alors une tache arrondie pâle sur un fond obscur. Le dessous du corps est d'un jaune-testacé-pâle, ce qui distingue cette espèce de toutes celles qui en sont voisines. Les pattes sont de la même couleur.

Il se trouve en Autriche, en Allemagne. M. Sahlberg me l'a envoyé de Finlande, sous le nom de *Fasciatus*. Si cette espèce est effectivement le *Carabus Sigma* de Rossi, on doit aussi la trouver en Italie.

4. D. QUADRISIGNATUS. *Mihi.*

Capite nigro; thorace quadrato rufo; elytris substriatis, fuscis, maculis magnis duabus, altera humerali, altera terminali, antennis pedibusque pallidis : subtus piceus.

DEJ. *Cat.* p. 3.

Long. 1 ¾ ligne. Larg. ⅔ ligne.

Il ressemble au *Sigma* pour la forme et la grandeur ; il en
diffère par le corselet qui est d'une couleur un peu plus rouge
et un peu plus foncée, et qui est quelquefois un peu obscur
dans son milieu ; par les élytres dont les stries sont moins marquées, dont la bande est plus large, moins fortement dentée
antérieurement, et qui ont une grande tache triangulaire à la
base qui se joint à la bande par la suture, et qui, en suivant la
base, se dilate un peu, et forme une tache allongée de chaque
côté ; et enfin par le dessous du corps qui est d'un brun-obscur,
surtout vers l'abdomen. Il diffère du *Bifasciatus* par sa taille
qui est plus grande ; par le corselet qui est un peu plus obscur ;
par la bande qui est plus large, qui n'est point dentée en-dessous, et qui ne se dilate pas vers la base le long du bord extérieur ; et par la suture qui ne se prolonge pas au-delà de la
bande, de manière que la partie postérieure des deux élytres
ne semble former qu'une seule grande tache.

Il se trouve assez communément sous les écorces, dans le
midi de la France et aux environs de Paris.

5. D. Bifasciatus. *Perroud.*

Capite nigro ; thorace quadrato rufo ; elytris substriatis, fuscis,
maculis magnis duabus, altera humerali, altera postica lu-
nata, antennis pedibusque pallidis : subtus piceus.

Long. 1 ½ ligne. Larg. ½ ligne.

Il ressemble beaucoup au *Quadrisignatus*, et pendant long-
temps je l'avais confondu avec lui ; mais M. Perroud m'a fait
connaître les différences spécifiques de ces deux insectes, et j'ai
conservé à celui-ci le nom qu'il lui a donné. Il est beaucoup plus
petit que le *Quadrisignatus*. Le corselet est ordinairement un peu
plus rouge ; la bande des élytres est dentée dans son milieu, tant
en-dessus qu'en-dessous ; elle est un peu plus étroite, plus
droite ; elle se dilate des deux côtés le long du bord extérieur :
en-dessus elle se joint presque à la tache de la base, et en-des-

sous elle suit le bord extérieur, et se joint à la suture qui se prolonge jusqu'à l'extrémité ; ce qui forme sur chaque élytre une grande tache pâle, presque en forme de croissant où de lunule. En-dessous, la poitrine et l'abdomen sont d'un brun-obscur, presque noirâtre. Les pattes et les antennes sont d'un jaune-testacé-pâle.

Il se trouve dans le midi de la France et aux environs de Paris, dans les mêmes endroits que le précédent.

6. D. Fasciatus.

Subelongatus ; capite nigro ; thorace quadrato, subelongato, ferrugineo ; elytris substriatis, antice pallidis, postice fuscis, macula pallida ; antennis pedibusque pallidis : subtus piceus.

Lebia Fasciata. Gyllenhal. II. p. 189. n° 10.
Carabus Fasciatus. Fabr. *Sys. el.* 1. p. 186. n° 85.
Sch. *Syn. ins.* 1. p. 189. n° 112.

Long. 1 ½ ligne. Larg. ½ ligne.

Cet insecte, que je regarde comme le véritable *Carabus Fasciatus* de Fabricius, ressemble beaucoup aux précédents, mais il est un peu plus allongé. Le corselet est d'un brun-ferrugineux, et il est un peu moins large. Les élytres sont un peu plus étroites ; toute la partie antérieure est d'un jaune-testacé-pâle, et la partie postérieure est d'un brun-obscur peu foncé, sur laquelle on voit une assez grande tache de la couleur de la base à l'extrémité près de la suture. Le dessous du corps est d'un brun-noirâtre. Les pattes et les antennes sont d'un jaune-testacé-pâle.

Il se trouve en Suède, en Allemagne, en Dalmatie, et dans la Russie méridionale.

7. D. Quadrinotatus.

Elongatus ; capite nigro ; thorace piceo, subelongato, postice attenuato, angulis posticis prominulis ; elytris fuscis, substriatis, maculis duabus, antennis pedibusque pallidis : subtus piceus.

DEJ. *Cat.* p. 3.

Lebia Quadrinotata. DUFT. II. p. 253. n° 23.

Carabus Quadrinotatus. PANZER. *Fauna german.* 73. n° 5.

SCH. *Syn. ins.* I. p. 221. n° 292.

Lebia Fasciata. var. b. GYLLENHAL. II. p. 190.

Long. 1 ¾ ligne. Larg. ½ ligne.

Sa forme est beaucoup plus allongée que celle des précédents. La tête est d'un noir-obscur ; elle est presque lisse, et
elle a un enfoncement un peu rugueux de chaque côté près des
yeux. La bouche, les palpes et les antennes sont d'un jaune-
pâle, plus foncé cependant que dans les espèces précédentes.
Le corselet est d'un brun-noirâtre un peu plus pâle, et ferrugineux vers les angles postérieurs ; il est un peu plus étroit et
un peu plus allongé, un peu rétréci postérieurement, et les angles postérieurs sont relevés et un peu saillants. Le sillon longitudinal est aussi plus fortement marqué. Les élytres sont d'un
brun-noirâtre ; elles sont très-légèrement striées, et elles ont
deux taches d'un jaune très-pâle : la première grande et ovale
vers la base, et la seconde plus petite à l'extrémité près de la
suture. Le dessous du corps est d'un brun-obscur. Les pattes
sont de la couleur des antennes.

Il se trouve en France, en Allemagne, en Angleterre,
en Suède, sous les écorces des arbres ; mais il n'est pas très-
commun.

8. D. QUADRIMACULATUS.

*Oblongus ; capite nigro ; thorace rufo subquadrato, angulis pos-
ticis rotundatis ; elytris substriatis, fuscis, maculis duabus,
antennis pedibusque pallidis : subtus piceus.*

DEJ. *Cat.* p. 3.

Lebia Quadrimaculata. GYLLENHAL. II. p. 186. n° 7.

DUFT. II. p. 250. n° 19.

Carabus Quadrimaculatus. FABR. *Sys. el.* 1. p. 207. n° 203.

OLIV. III. 35. p. 107. n° 150. T. 8. fig. 89. a. b. c. d.

Sch. *Syn. ins.* 1. p. 217. n° 275.

Le Bupreste Quadrille à corcelet plat et étuis lisses. Geoff. 1. p. 152. n° 21.

Long. 2 $\frac{1}{2}$ lignes. Larg. 1 ligne.

Il est plus grand que les précédents, et sa forme est plus allongée que celle du *Quadrisignatus*, mais elle l'est moins que celle du *Quadrinotatus*. La tête est d'un noir–obscur; elle est arrondie, plane en-dessus, presque lisse, et elle a quelques rides longitudinales entre les yeux. Sa partie antérieure, la bouche et les palpes sont d'un jaune–ferrugineux. Les antennes sont d'une couleur un peu plus pâle, et elle sont de la longueur de la tête et du corselet réunis. Ce dernier est d'un rouge-ferrugineux, un peu plus obscur au milieu, plus clair sur ses bords; il est presque carré, et un peu rétréci postérieurement; ses angles antérieurs et postérieurs sont très-arrondis; il est légèrement ridé transversalement; il a une ligne longitudinale enfoncée au milieu, peu marquée, et les bords latéraux sont un peu relevés, surtout postérieurement. L'écusson est triangulaire et de la couleur du corselet. Les élytres sont plus larges que le corselet; elles sont planes, allongées, presque parallèles, arrondies à la base, et coupées presque carrément à l'extrémité; ellet sont très-légèrement striées; leur couleur est d'un brun-noirâtre, et elles ont chacune deux taches d'un blanc-jaunâtre: la première grande, oblongue, placée vers la base au milieu de l'élytre et descendant jusqu'à la moitié; et la seconde tout–à–fait à l'extrémité, arrondie de manière à ce que la suture et le bord extérieur s'étendent presque jusqu'à l'extrémité. En–dessous, la poitrine est d'une couleur ferrugineuse-obscure; l'abdomen est d'un brun-noirâtre; les pattes sont d'un jaune-pâle.

Il se trouve communément sous les écorces, dans presque toute l'Europe.

9. D. Agilis.

Oblongus; capite thoraceque subquadrato ferrugineis; elytris fuscis, striatis lineisque duabus è punctis parvis impressis ; antennis pedibusque ferrugineo-pallidis.

DEJ. *Cat.* p. 3.

Lebia Agilis. **GYLLENHAL.** II. p. 184. n° 6.

DUFT. II. p. 251. n° 20.

Carabus Agilis. **FABR.** *Sys. el.* I. p. 185. n° 83.

Carabus Quadrimaculatus. var. d. e. g. **SCH.** *Syn. ins.* I. p. 218. n° 275.

VAR. A.

Lebia Agilis. var. e. **GYLLENHAL.** II. p. 184. n° 6.

Idem. var. c. d. **DUFT.** II. p. 251. n° 20.

Dromius Fenestratus. **DEJ.** *Cat.* p. 3.

Carabus Fenestratus. **FABR.** *Sys. el.* I. p. 209. n° 210.

Carabus Quadrimaculatus. var. c. **SCH.** *Syn. ins.* I. p. 217. n° 275.

Carabus Arcticus? **OLIV.** III. 35. p. 97. n° 133. T. 12. fig. 145.

VAR. B.

D. Bimaculatus. **BEAUDET-LAFARGE. DEJ.** *Cat.* p. 3.

Long. 2 ¾ lignes. Larg. 1 ligne.

Il ressemble beaucoup au *Quadrimaculatus,* et plusieurs ento-mologistes l'ont même considéré comme une variété de cette espèce ; il en diffère cependant par des caractères essentiels. Il est ordinairement un peu plus grand. La tête est moins arrondie et plus avancée antérieurement ; l'intervalle entre les yeux est presque lisse, et il y a seulement une ou deux petites lignes en-foncées de chaque côté ; elle est d'une couleur ferrugineuse plus ou moins obscure et plus claire antérieurement. Le corselet est un peu plus étroit et plus allongé, et ses angles postérieurs sont beaucoup moins arrondis et plus relevés ; il est d'un rouge-fer-rugineux plus ou moins obscur, et plus clair sur ses bords. Les stries des élytres sont plus fortement marquées, et l'on remarque deux lignes formées par sept ou huit points enfoncés assez dis-tincts : la première entre la seconde et la troisième strie, et la seconde entre la sixième et la septième ; la couleur des élytres est ordinairement d'un brun-ferrugineux plus ou moins foncé, mais toujours plus clair que dans le *Quadrimaculatus*. Les antennes et les pattes sont d'un jaune-ferrugineux pâle, mais toujours plus foncé que dans le *Quadrimaculatus*.

Il se trouve très-communément sous les écorces, dans presque toute l'Europe.

La variété A n'en diffère que par une tache plus ou moins claire, quelquefois à peine apparente, placée au milieu de l'élytre comme dans le *Quadrimaculatus*, mais qui se prolonge antérieurement jusqu'à la base; et par une petite tache à peine apparente et souvent effacée, placée vers l'extrémité.

On la trouve avec l'*Agilis*, mais moins communément.

La variété B m'a été envoyée du département du Puy-de-Dôme par M. Beaudet-Lafarge, et de Lyon par M. Foudras. Elle ne diffère de la première, que parce que les élytres sont d'une couleur un peu plus foncée, et les taches plus marquées et plus apparentes.

10. D. MERIDIONALIS. *Mihi.*

Oblongus; capite thoraceque ferrugineis; thorace subquadrato, angulis posticis rotundatis; elytris fuscis, striatis lineaque è punctis parvis impressis; antennis pedibusque pallidis.

Long. 2 ½ lignes. Larg. 1 ligne.

Il ressemble beaucoup à l'*Agilis*, et je l'ai confondu avec lui pendant long-temps; cependant, en l'examinant attentivement, j'ai cru m'apercevoir qu'il devait réellement former une espèce particulière. En-dessus, la couleur est absolument semblable à celle de l'*Agilis*; mais sa tête est plus arrondie, moins avancée, et semblable à celle du *Quadrimaculatus*, excepté qu'elle est un peu plus lisse entre les yeux. Le corselet ressemble beaucoup aussi à celui du *Quadrimaculatus*; il est cependant un peu moins large à sa partie antérieure, et il paraît par conséquent moins rétréci postérieurement. Les stries des élytres sont un peu moins marquées, mais elles le sont cependant plus que celles du *Quadrimaculatus*. On aperçoit une rangée de points enfoncés, assez distincts, entre la sixième et la septième strie, mais il n'y en a pas entre la seconde et la troisième. Les antennes et les pattes sont d'un jaune-pâle comme dans le *Quadrimaculatus.*

Il se trouve dans les provinces méridionales de la France. Je l'ai pris dans les départements de l'Aude et des Bouches-du-Rhône.

11. D. MARGINELLUS.

Oblongus , ferrugineo – pallidus ; capite elytrorumque limbo, præsertim postico , fuscis.

DEJ. *Cat.* p. 3.
Carabus Marginellus. FABR. *Sys. el.* 1. p. 186. n° 87.
Lebia Agilis. var. d. GYLLENHAL. 11. p. 184. n° 6.
Carabus Quadrimaculatus. var. f. SCH. *Syn. ins.* 1. p. 218. n° 275.

Long. 2 ½ lignes. Larg. 1 ligne.

Cet insecte me paraît former une espèce réellement distincte des trois précédentes. Sa tête est d'un brun-noirâtre; elle a la forme de celle du *Quadrimaculatus ,* mais elle est plus fortement ridée entre les yeux. Le corselet semble tenir le milieu entre celui de l'*Agilis* et celui du *Quadrimaculatus ;* il est plus large, plus court que le premier, et ses angles postérieurs sont plus arrondis; il est un peu moins large et plus allongé que le dernier. Les élytres sont striées comme dans l'*Agilis ,* mais elles n'ont pas les deux lignes de points enfoncés que l'on voit dans celui-ci; elles sont d'une couleur ferrugineuse un peu claire, et leurs bords latéraux et le postérieur sont d'un brun-noirâtre; cette couleur va en s'élargissant vers l'extrémité. Le dessous du corps et les pattes sont comme dans l'*Agilis.*

Il se trouve en Suède et en Allemagne.

12. D. BIPLAGIATUS. *Mihi.*

Subelongatus , nigro-obscurus ; elytris macula magna humerali, antennis pedibusque pallidis.

16.

Long. 1 $\frac{1}{2}$ ligne. Larg. $\frac{2}{3}$ ligne.

Il se rapproche un peu du *Glabratus* par sa forme, mais il est un peu plus grand. Sa couleur est en-dessus d'un brun-noirâtre. La tête est lisse et un peu avancée. Les palpes et les antennes sont d'un jaune-pâle un peu ferrugineux. Le corselet est un peu plus large que la tête; il est assez court, rétréci postérieurement et presque en cœur; il paraît lisse, ses côtés sont relevés; il a une ligne longitudinale enfoncée au milieu très-marquée, et une impression de chaque côté près des angles postérieurs, qui sont relevés et assez saillants. Les élytres sont plus larges que le corselet; elles sont allongées et presque ovales; elles sont très-légèrement striées, et elles ont chacune une grande tache oblique d'un jaune-pâle, qui occupe tout le bord extérieur depuis le milieu de la base jusque presque au milieu du bord latéral, et qui se prolonge en se rapprochant de la suture, et en diminuant de largeur jusqu'aux deux tiers des élytres. Le dessous du corps est à peu près de la couleur du dessus. Les pattes sont d'un jaune-pâle.

Il se trouve dans l'Amérique septentrionale, d'où il m'a été envoyé par M. Leconte.

13. D. GLABRATUS.

Elongatus, nigro-æneus ; elytris sublævibus.

DEJ. *Cat.* p. 3.
Lebia Glabrata. DUFT. II. p. 248. n° 16.

Long. 1 $\frac{1}{4}$, 1 $\frac{1}{2}$ ligne. Larg. $\frac{1}{3}$, $\frac{1}{2}$ ligne.

La forme de cet insecte est à peu près la même que celle du *Demetrias Elongatulus*, mais il est beaucoup plus petit. Il est entièrement d'une couleur noire-luisante, un peu bronzée. La tête est un peu oblongue, plane et lisse en-dessus. Les antennes sont noires, un peu obscures vers l'extrémité, et de la longueur de la tête et du corselet réunis. Ce dernier est presque carré, un peu rétréci postérieurement, lisse et un peu convexe; il a

une ligne longitudinale enfoncée au milieu ; les angles postérieurs sont coupés carrément et ne sont presque pas saillants.
Les élytres sont allongées, tronquées à l'extrémité, avec les
angles antérieurs et postérieurs arrondis ; elles sont presque
lisses ; on aperçoit cependant quelques stries, mais qui sont
presque entièrement effacées. Les pattes sont d'un noir un peu
moins brillant et moins foncé que le reste de l'insecte, surtout
les jambes et les tarses qui sont presque bruns.

On le trouve assez communément sous les pierres, ou courant par terre, et quelquefois sous les écorces, en France, en
Allemagne, surtout dans les parties méridionales ; on le trouve
aussi en Espagne, en Dalmatie et dans le midi de la Russie.

14. D. CORTICALIS.

*Elongatus, nigro-æneus ; elytris sublævibus, macula media
pallida.*

Lebia Corticalis. DUFOUR. *Annales gén. des sciences physiques.*
VI. 18ᵉ *cahier.* p. 322. n° 10.
D. Lineellus. STEVEN.
Lebia Plagiata? DUFT. II. p. 249. n° 18.

Long. 1 ½ ligne. Larg. ½ ligne.

Il ressemble presque entièrement au *Glabratus*, pour la forme,
la grandeur et la couleur. Il en diffère par les antennes dont
les deux premiers articles sont d'un brun un peu roussâtre ; par
le corselet, qui est un peu plus rétréci postérieurement, et dont
les angles postérieurs sont un peu plus saillants ; et par les élytres qui ont chacune dans leur milieu une grande tache oblongue
d'un blanc-jaunâtre.

M. Dufour dit avoir pris cet insecte dans la Navarre, sous
les écorces des oliviers. Je l'ai trouvé dans le midi de la France,
et il m'a été envoyé de la Russie méridionale par M. Steven.
Si, comme je le crois, il se rapporte à la *Lebia Plagiata* de
Duftschmid, il doit aussi se trouver en Autriche.

15. D. PALLIPES. *Ziegler.*

Oblongus , obscuro-æneus ; elytris substriatis ; pedibus pallidis.

DEJ. *Cat.* p. 3.

Long. 1 ⅓ ligne. Larg. ⅔ ligne.

Il est un peu moins allongé que le *Glabratus ,* un peu plus large , et sa couleur est moins noire et plus bronzée. La tête est un peu moins allongée. Les antennes sont brunâtres. Le corselet est un peu plus large , plus court , et plus convexe. Les élytres sont moins allongées et un peu plus convexes ; leur extrémité est tronquée un peu obliquement, et elle est un peu sinuée ; elles sont striées , mais les stries sont à peine marquées ; elles ont deux très - petits points enfoncés , qui sont très - peu apparents vers la troisième strie : le premier au milieu, et le second aux deux tiers des élytres. Le dessous du corps est d'un noir-obscur ; les pattes sont d'un jaune-pâle.

Il se trouve en Autriche. Il est assez commun sous les pierres, aux environs de Vienne.

16. D. SPILOTUS. *Ziegler.*

Oblongus , nigro-subæneus ; elytris obscuris , substriatis , punctis duobus impressis , sæpe obsoletis , maculis duabus , altera humerali , altera apicali lineaque suturali pallidis , plerumque obsoletis ; tibiis obscuro-pallidis.

DEJ. *Cat.* p. 3.
D. Signatus. STURM.
Lebia Obscuro-guttata ? DUFT. II. p. 249. n° 17.
VAR. A. *D. Obsoletus.* DEJ. *Cat.* p. 3.
VAR. B. *D. Impressus.* DEJ. *Cat.* p. 3.
VAR. C. *D. Atratus.* DEJ. *Cat.* p. 3.

Long. 1 ¼ , 1 ½ ligne. Larg. ½ , ⅔ ligne.

Il ressemble entièrement au *Pallipes* pour la forme et la grandeur. La tête et le corselet sont d'un noir très-légèrement

bronzé. Les élytres sont ordinairement d'une couleur plus obscure; elles sont minces et presque transparentes; elles ont des
stries très-peu marquées, et deux points enfoncés, ordinairement
très-peu apparents, entre la seconde et la troisième strie : le premier au milieu, et le second aux trois quarts des élytres. Elles
ont en outre une tache ronde d'une couleur jaunâtre-pâle, et
très-peu apparente à l'angle de la base; une seconde vers l'extrémité, et une ligne longitudinale de la même couleur le long
de la suture. Cette ligne et la tache de l'extrémité sont ordinairement entièrement effacées. Le dessous du corps et les cuisses
sont d'un noir-obscur; les jambes et les tarses sont d'un brun-
jaunâtre assez pâle.

Il se trouve sous les pierres, dans le midi de la France, en
Allemagne, en Autriche et en Dalmatie.

La variété A, que j'ai trouvée en Espagne, n'en diffère que
parce qu'elle est un peu plus grande, et que les stries des élytres
sont un peu plus marquées.

La variété B a les élytres d'un noir-bronzé; les deux points
enfoncés sont bien marqués; et la tache humérale est seule
visible. Je l'ai prise en Dalmatie. On peut rapporter à cette variété un individu que M. Schüppel m'a envoyé comme venant
d'Égypte, qui est d'une couleur un peu plus bronzée, et dont
les deux points enfoncés sont encore plus marqués.

Enfin la variété C a les élytres d'un noir-bronzé; les deux
points enfoncés sont assez bien marqués, et les taches des élytres ne sont nullement apparentes. Elle m'a été envoyée comme
prise aux environs de Vienne.

17. D. PUNCTATELLUS.

Supra subæneus; elytris substriatis, punctis duobus impressis.

DEJ. *Cat.* p. 3.
Lebia Punctatella. DUFT. II. p. 248. n° 15.
Lebia Foveola. GYLLENHAL. II. p. 183. n° 5.

Long. 1 $\frac{1}{2}$ ligne. Larg. $\frac{3}{4}$ ligne.

Il est de la grandeur des précédents, mais sa forme est plus

courte et plus large. Il est en - dessus d'une couleur bronzée-
obscure. La tête est assez large, peu avancée, lisse et plane en-
dessus. Le corselet est à peu près de la largeur de la tête, aussi
long que large, et un peu rétréci postérieurement; sa base est
un peu arrondie; il a une ligne longitudinale enfoncée, et bien
marquée au milieu, et ses bords latéraux sont un peu relevés.
Les élytres sont un peu plus larges et moins allongées que dans
les espèces précédentes; leur extrémité est tronquée un peu
obliquement et un peu sinuée; elles ont des stries peu marquées, et deux points enfoncés bien distincts vers la troisième
strie : le premier un peu avant le milieu, et le second aux deux
tiers des élytres. Le dessous du corps et les pattes sont d'un
noir assez brillant; les tarses sont brunâtres.

Il est très - commun sous les pierres, en France et en Allemagne. Beaucoup d'entomologistes français ont pris long-temps
cette espèce pour le *Truncatellus.*

J'en ai trouvé une variété aux environs de Paris, sur laquelle
les points enfoncés des élytres n'étaient presque pas marqués.

18. D. Truncatellus.

Supra nigro-subœneus; elytris substriatis.

Dej. *Cat.* p. 3.
Lebia Truncatella. Gyllenhal. II. p. 182. n° 4.
Duft. II. p. 247. n° 14.
Carabus Truncatellus. Fabr. *Sys. el.* I. p. 210. n° 222.
Sch. *Syn. ins.* I. p. 196. n° 161.
Oliv. III. 35. p. 113. n° 160. t. 13. fig. 159. a. b.

Long. 1 $\frac{1}{4}$ ligne. Larg. $\frac{2}{3}$ ligne.

Il ressemble entièrement pour la forme au *Punctatellus,* mais
il est un peu plus petit. Sa couleur en - dessus est beaucoup
plus noire, et elle n'est presque pas bronzée. Les élytres sont
un peu plus convexes; leurs stries sont un peu plus marquées,
et elles n'ont pas de points enfoncés.

Il est assez commun sous les pierres, en Suède et en Fin-

lande. On le trouve aussi en Autriche. J'en ai pris deux individus dans les Pyrénées orientales.

19. D. Quadrillum.

*Nigro-subæneus ; elytris striatis , interstitiis punctatis , maculis
duabus pallidis.*

Dej. *Cat.* p. 3.
Lebia Quadrillum. Duft. ii. p. 246. n° 12.

Long. 1 $\frac{1}{2}$ ligne. Larg. $\frac{3}{4}$ ligne.

Il est un peu plus grand et un peu plus large que le *Punctatellus.* Sa couleur est en-dessus d'un noir un peu bronzé. La
tête est assez large ; elle est plane, et elle a quelques stries peu
marquées et quelques points enfoncés entre les yeux. Les deux
premiers articles des antennes sont d'un brun un peu jaunâtre.
Le corselet est court, plus large que la tête à sa partie antérieure, rétréci postérieurement et presque en cœur ; le bord antérieur est assez fortement échancré ; la base est un peu arrondie,
les côtés sont un peu relevés, et il a dans son milieu une ligne
longitudinale enfoncée bien marquée. Les élytres sont assez
larges, planes, presque ovales, tronquées à l'extrémité, et leurs
angles antérieurs et postérieurs sont arrondis ; elles sont visiblement striées, surtout vers la suture, et l'on distingue entre
les stries des petits points enfoncés. Chaque élytre a deux taches
arrondies assez grandes, d'un blanc-jaunâtre : la première près
de l'angle de la base, et la seconde un peu au-delà du milieu.
Dans quelques individus, ces deux taches sont presque réunies,
et dans d'autres, la seconde est presque entièrement effacée. Le
dessous du corps et les pattes sont noirs.

On le trouve sous les pierres, en France, surtout dans les
parties méridionales, en Autriche, en Espagne, en Italie et en
Dalmatie.

20. D. Albonotatus. *Hoffmansegg.*

*Nigro-subæneus ; elytris striatis , interstitiis punctatis , vitta si-
nuata , abbreviata alba , interdum interrupta.*

DEJ. *Cat.* p. 3.

Long. 1 ¼ ligne. Larg. ⅔ ligne.

Il ressemble beaucoup au *Quadrillum;* mais il est plus petit, et les points enfoncés entre les stries des élytres sont plus fortement marqués. On voit sur chaque élytre une bande longitudinale d'un blanc un peu jaunâtre, qui part de l'angle de la base, et qui va, en obliquant un peu vers la suture, jusqu'un peu au-delà de la moitié des élytres. Cette bande est un peu sinuée, et elle est plus étroite dans son milieu; quelquefois même elle est tout-à-fait interrompue, et elle forme alors deux taches un peu allongées.

M. le comte de Hoffmansegg a rapporté, le premier, cet insecte du Portugal. Je l'ai trouvé aussi dans le même pays, près d'Ourem, sous des écorces de pins.

XIV. PLOCHIONUS. *Mihi.*

LEBIA. *Latreille.* CARABUS. *Fabricius.*

Crochets des tarses dentelés en-dessous. Le dernier article des palpes labiaux assez fortement sécuriforme. Antennes plus courtes que le corps, plus ou moins moniliformes. Articles des tarses courts, en cœur et profondément échancrés. Corps court et aplati. Tête ovale, presque triangulaire, peu rétrécie postérieurement. Corselet plus large que la tête, coupé carrément postérieurement. Élytres planes, en carré allongé.

J'ai donné à ce nouveau genre le nom de *Plochionus*, tiré du mot grec πλόχιον, collier, d'après la forme de ses antennes qui sont assez courtes, et dont les sept derniers articles sont un peu plus gros que les précédents, courts, égaux, presque carrés, ou arrondis comme des perles formant un collier, en un mot ce que l'on appelle moniliforme. A la première vue, les *Plochionus* se rapprochent beaucoup des *Lebia* et de quelques genres voisins, mais il est facile de les distinguer.

Le dernier article des palpes labiaux est assez fortement sé-

curiforme. Le corps est large et aplati. La tête est un peu
avancée antérieurement, et presque triangulaire. Le corselet est
plus large que la tête, aussi long que large et coupé carrément
postérieurement. Les élytres sont plus larges que le corselet,
presque planes, tronquées à l'extrémité, et en forme de carré
un peu allongé. Les pattes sont assez courtes. Les articles des
tarses sont courts, assez larges, cordiformes ou échancrés, et
le pénultième est presque bilobé.

Ces insectes, qui sont peu connus, paraissent vivre ordinairement sous les écorces.

1. P. BONFILSII.

Testaceus, immaculatus; elytris striatis.

DEJ. *Cat.* p. 5.

Long. 4 lignes. Larg. 1 ½ ligne.

Il ressemble beaucoup, à la première vue, à une *Lebia*, mais
il est un peu plus allongé. Il est entièrement d'une couleur jaune-
testacée. La tête est presque triangulaire; elle est avancée, lisse,
et elle a deux enfoncements longitudinaux entre les yeux. Les
antennes sont plus courtes que la tête et le corselet réunis. Leur
premier article est assez gros; le second plus petit et court; le
troisième de la même grosseur, mais un peu plus long; le quatrième va en grossissant vers le bout, et tous les autres sont
assez gros, égaux et presque carrés; le dernier seulement est
un peu plus allongé. Le corselet est un peu plus large que la
tête; il est presque carré, ses angles antérieurs sont arrondis et
sa base est coupée carrément; les bords latéraux sont déprimés,
surtout vers les angles postérieurs; il a une ligne longitudinale enfoncée au milieu, et quelques rides transversales peu
marquées. L'écusson est petit et triangulaire. Les élytres sont
plus larges que le corselet; elles sont un peu allongées, presque
parallèles, tronquées et un peu sinuées à l'extrémité; elles sont
assez fortement striées; les stries paraissent lisses, et elles ont
deux petits points enfoncés, peu marqués entre la seconde et la

troisième strie : le premier un peu avant le milieu, et le second
aux trois quarts des élytres. Le dessous du corps et les pattes
sont un peu plus pâles que le dessus.

Cet insecte a été trouvé aux environs de Bordeaux, sous des
écorces de pins, par M. Bonfils, qui a bien voulu me le communiquer, et auquel je l'ai dédié. Il s'éloigne un peu par son *Facies*
des insectes d'Europe, et il est possible qu'il ait été transporté
à Bordeaux. J'en ai un individu absolument semblable, pris
dans l'Amérique septentrionale par feu Palisot de Beauvois, et
M. Latreille en possède un autre qui ne diffère que par la couleur un peu plus foncée, et qui vient de l'île de France.

2. P. BINOTATUS. *Mihi.*

Brunneus; elytris striatis, macula magna ferruginea.

Long. 3 ½ lignes. Larg. 1 ¼ ligne.

Il est un peu plus petit que le *Bonfilsii.* La tête a la même
forme, et elle est d'un brun-ferrugineux. Les antennes sont un
peu plus longues, et leurs articles sont un peu moins gros. Le
corselet est un peu plus large, plus court, et il est un peu rétréci postérieurement; les bords latéraux sont un peu plus relevés; la ligne enfoncée du milieu est plus marquée, et les rides
transversales sont moins apparentes; il est de la couleur de la
tête, et un peu plus pâle sur ses bords. L'extrémité des élytres
est tronquée un peu moins carrément, et son angle extérieur
est plus arrondi; elles sont un peu moins fortement striées.
Avec une forte loupe, on aperçoit de très-petits points enfoncés dans les stries, et quelques autres dans les intervalles.
Elles ont en outre deux points enfoncés distincts : le premier
au tiers de l'élytre, sur la troisième strie, et le second entre la
seconde et la troisième, près de l'extrémité. Elles sont de la couleur du corselet, et elles ont une grande tache plus pâle, un
peu plus près de la base que de l'extrémité et presque commune. Tous les bords sont aussi un peu plus pâles. Le dessous
du corps et les pattes sont d'une couleur plus claire que le
dessus.

Il a été trouvé aux îles Mariannes par les naturalistes de l'expédition du capitaine Freycinet.

XV. LEBIA. *Latreille. Bonelli.*

LAMPRIAS. *Bonelli.* CARABUS. *Fabricius.*

Crochets des tarses dentelés en-dessous. Le dernier article des palpes filiforme ou presque ovalaire, tronqué à son extrémité, mais jamais sécuriforme. Antennes filiformes. Articles des tarses presque triangulaires ou cordiformes ; le pénultième bifide ou bilobé. Corps court et aplati. Tête ovale, peu rétrécie postérieurement. Corselet court, transversal, plus large que la tête, prolongé postérieurement dans son milieu. Élytres larges, presque carrées.

Ce genre, formé d'abord par Latreille, comprenait les insectes que j'ai placés dans mes genres *Plochionus* et *Coptodera* et les genres *Demetrias* et *Dromius*. Bonelli, en séparant les *Lebia* proprement dites, les avait divisées en deux genres sous les noms de *Lamprias* et de *Lebia*. Il donnait pour caractère au premier, dont le type était la *Lebia Cyanocephala*, d'avoir le pénultième article des tarses simple, les antennes linéaires et le dernier article des palpes tronqué ; et au second, dont le type était la *Lebia Crux minor*, d'avoir le pénultième article des tarses bifide, les antennes plus minces à leur base, et le dernier article des palpes moins tronqué que dans les *Lamprias*. En examinant bien attentivement toutes les *Lebia* que je possède, il m'a été impossible de conserver le genre *Lamprias*, car, même dans la *Lebia Cyanocephala*, type du genre, le pénultième article des tarses n'est point simple comme le dit Bonelli, mais il est distinctement bifide, et il y a des espèces où il est difficile de décider s'il est bifide ou bilobé, mais il n'est simple dans aucune ; et quant aux deux autres caractères, ils sont si peu sensibles, que je ne crois pas qu'il soit possible de s'en servir pour fonder un genre. J'ai donc réuni, sous le nom de *Lebia*, les *Lamprias* et les *Lebia* de Bonelli ; et il sera facile de les reconnaître aux caractères sui-

vants : le dernier article des palpes est filiforme ou presque
ovalaire, plus ou moins tronqué à l'extrémité, mais jamais
sécuriforme; les antennes sont filiformes et plus courtes que
le corps; le corps est large et aplati; la tête est ovale et peu
rétrécie postérieurement; le corselet est court, transversal,
plus large que la tête, et prolongé postérieurement dans son
milieu. Ce caractère est tout-à-fait particulier à ce genre, et il
le distingue de tous ceux avec lesquels il a quelques rapports.
Les élytres sont larges, légèrement convexes, tronquées à l'extrémité et en forme de carré peu allongé. Les trois premiers
articles des tarses sont presque triangulaires ou cordiformes;
le pénultième est bifide ou bilobé. Les crochets des tarses sont
dentelés en-dessous.

Les *Lebia* sont de jolis insectes, parés ordinairement de couleurs tranchantes. On les trouve sous les écorces et quelquefois
sous les pierres; presque toutes les espèces connues sont d'Europe ou d'Amérique.

1. L. Picta. *Mihi.*

Rufa, punctata; thorace maculis duabus nigris; elytris testaceis,
sutura maculisque duabus nigris.

Long. 5 $\frac{1}{2}$ lignes. Larg. 2 $\frac{1}{2}$ lignes.

Cette belle espèce, qui est, je crois, la plus grande de ce genre,
ressemble pour la forme à la *Cyanocephala.* La tête est d'un
rouge-ferrugineux avec deux taches obscures, peu marquées à
sa partie supérieure entre les yeux; elle est entièrement ponctuée, et les points sont très-serrés et souvent réunis. Les palpes
sont d'un brun-obscur avec l'extrémité des articles plus claire.
Les antennes sont noires; la base du premier article est d'un
rouge-ferrugineux. Le corselet est de la couleur de la tête; il
est entièrement ponctué; les points sont peu distincts, réunis,
et ils forment des espèces de rides; il a deux grandes taches
noirâtres, arrondies et un peu allongées. Les élytres ont des
stries peu enfoncées. Ces stries sont ponctuées, et les intervalles
sont entièrement couverts de petits points enfoncés; elles sont

d'un jaune-testacé; elles ont une large suture noire, dilatée à la base, où elle forme une tache carrée, et deux taches de la même couleur : la première, petite, arrondie et un peu allongée à l'angle de la base, et la seconde, en forme de carré long, arrondi sur ses bords, très-grande et séparée seulement de la suture et du bord extérieur par une ligne jaune assez étroite. Le dessous du corps et les cuisses sont d'un rouge un peu ferrugineux; l'extrémité des cuisses, les jambes et les tarses sont noirâtres.

Elle m'a été donnée par M. Sauvigny, qui l'a rapportée du Sénégal.

2. L. FULVICOLLIS.

Nigro-cyanea ; thorace, pectore femoribusque rubris ; elytris cyaneis, profunde striato-punctatis, interstitiis confertissime profunde punctatis.

DEJ. *Cat.* p. 3.
Carabus Fulvicollis. FABR. *Sys. el.* 1. p. 193. n° 127.
SCH. *Syn. ins.* 1. p. 198. n° 177.
Lebia Pubipennis. DUFOUR. *Annales gén. des sciences physiques.* VI. 18ᵉ *cahier.* p. 321. n° 6.

Long. 4 ½ lignes. Larg. 2 lignes.

Cette belle espèce ressemble beaucoup à la *Cyanocephala*, mais elle est beaucoup plus grande. La tête est d'un noir-bleuâtre, et elle est très-fortement ponctuée. Les palpes et le premier article des antennes sont d'une couleur ferrugineuse; les autres sont d'un brun-obscur avec leur extrémité un peu roussâtre. Le corselet est d'un rouge un peu sanguin. L'écusson est de la même couleur. Les élytres sont d'une belle couleur bleue, tirant un peu quelquefois sur le violet ; vues à la loupe, elles paraissent très-légèrement pubescentes; elles ont des stries fortement marquées, dans lesquelles on aperçoit des points enfoncés, et les intervalles sont entièrement couverts de points enfoncés, fortement marqués et assez serrés. En-dessous, le corselet et la poitrine sont d'un rouge un peu sanguin; l'abdomen est d'un noir-bleuâtre; les cuisses sont de la couleur du corselet; les jambes et les tarses sont noirâtres.

Elle se trouve, mais assez rarement, sous les écorces et sous les pierres, dans le midi de la France, en Portugal, en Espagne, en Italie et en Dalmatie.

3. L. CYANOCEPHALA.

Cyanea, vel viridis; thorace pedibusque rufis, femoribus apice nigris; elytris punctato-striatis, interstitiis punctatis.

GYL. II. p. 179. n° 1.
DUFT. II. p. 243. n° 8.
DEJ. *Cat.* p. 3.
Carabus Cyanocephalus. FABR. *Sys. el.* I. p. 200. n° 167.
OLIV. III. 35. p. 92. n° 125. T. 3. fig. 24. a. b. c.
SCH. *Syn. ins.* I. p. 208. n° 227.
Le Bupreste bleu à corcelet rouge. GEOFF. I. p. 149. n° 16.

Long. 2 $\frac{1}{4}$, 3 $\frac{1}{4}$ lignes. Larg. 1, 1 $\frac{1}{2}$ ligne.

Elle varie beaucoup pour la grandeur et les couleurs. Les individus dont les élytres sont vertes, sont ordinairement plus grands que ceux qui les ont bleues. La tête est d'un bleu un peu verdâtre; elle est presque triangulaire, un peu rétrécie postérieurement, plane et fortement ponctuée. Les palpes sont d'un brun-noirâtre. Les antennes sont de la longueur de la moitié du corps; elles sont d'un brun-obscur, avec le premier article d'un rouge-ferrugineux. Le corselet est de cette dernière couleur; il est court, plus large que long, presque carré et légèrement rebordé; les angles antérieurs sont arrondis; les postérieurs sont coupés carrément et un peu relevés, et le milieu de la base est un peu prolongé; il est un peu convexe, assez fortement ponctué; il a une ligne longitudinale enfoncée au milieu et une impression transversale à sa base qui sépare la partie qui se prolonge. L'écusson est assez petit, triangulaire et noirâtre. Les élytres sont un peu plus larges que le corselet; leur forme est presque celle d'un carré long; leurs angles sont arrondis, et

leur extrémité est tronquée carrément et un peu sinuée. Elles
sont glabres, assez brillantes, et leur couleur varie du vert-clair
au bleu un peu foncé et noirâtre; elles ont des stries peu enfoncées et finement ponctuées; les intervalles sont couverts de
points plus ou moins nombreux et plus ou moins profonds, et
qui le sont beaucoup plus dans les individus à élytres bleues.
En-dessous, la poitrine et l'abdomen sont d'un bleu-verdâtre;
les pattes sont d'un rouge-ferrugineux; l'extrémité des cuisses
est noirâtre; les tarses sont obscurs.

Elle est très-commune dans presque toute l'Europe, sous les
écorces, et quelquefois sous les pierres. On la trouve aussi en
Sibérie. J'en possède une variété prise dans les Pyrénées orientales, dont les cuisses postérieures et toutes les jambes sont entièrement noirâtres.

4. L. Chlorocephala.

*Cyaneo-virescens; thorace, pectore pedibusque rufis; elytris
smaragdinis, nitidis, punctato-striatis, interstitiis subtilissime punctulatis.*

Gyl. ii. p. 180. n° 2.
Duft. ii. p. 244. n° 9.
Dej. *Cat.* p. 3.
Carabus Chlorocephalus. Sch. *Syn. ins.* i. p. 209. n° 228.

Long. 2 ½, 3 lignes. Larg. 1 ¼, 1 ½ ligne.

Elle ressemble beaucoup à la *Cyanocephala*, mais elle en diffère par des caractères essentiels. La tête est un peu plus verte
et un peu moins fortement ponctuée. Les deux premiers articles
des antennes et la base du troisième sont d'un rouge-ferrugineux. Le corselet est un peu moins ponctué et il est un peu plus
long et un peu plus convexe. L'écusson est de la couleur du
corselet. Les élytres sont un peu plus larges, plus courtes, et
leur extrémité est coupée un peu plus carrément. Elles sont
toujours d'une belle couleur verte brillante; les stries sont un
peu moins marquées et plus finement ponctuées, et les inter-

valles ne le sont que très-légèrement. Elles ont en outre deux points enfoncés distincts près de la troisième strie du côté de la suture : le premier au tiers, et le second aux deux tiers des élytres. En-dessous, la poitrine est d'un rouge-ferrugineux, et l'abdomen d'un vert-bleuâtre. Les cuisses et les jambes sont de la couleur du corselet; les tarses sont d'un brun-obscur.

On la trouve sous les pierres et les mousses, principalement dans les bois, en Suède, eu Autriche, en Allemagne et dans le nord de la France. Elle n'est pas rare aux environs de Lille.

5. L. Rufipes. *Mihi.*

Nigro-cyanea; thorace, pectore pedibusque rufis; elytris cyaneis, striatis, striis interstitiisque obsolete punctatis.

Long. 2 ½ lignes. Larg. 1 ¼ ligne.

Elle ressemble beaucoup aux deux précédentes. Sa forme est celle de la *Cyanocephala.* Les antennes sont d'un jaune-ferrugineux à la base, un peu plus obscur vers l'extrémité. Le corselet paraît très-légèrement ridé transversalement. L'écusson est de la couleur du corselet. Les élytres sont bleues; elles sont striées, et il faut une forte loupe pour apercevoir des points enfoncés dans les stries et sur les intervalles ; elles ont deux points enfoncés bien distincts près de la troisième strie du côté de la suture : le premier au tiers, et le second aux trois quarts des élytres. En-dessous, l'abdomen est d'un noir-bleuâtre; la poitrine, les pattes et même les tarses sont de la couleur du corselet.

J'ai trouvé un seul individu de cette espèce, sous une pierre, dans le midi de la France, entre Narbonne et Perpignan.

6. L. Cyanoptera. *Mihi.*

Flava ; elytris cyaneis; antennis, tibiis tarsisque nigris.

Long. 3 lignes. Larg. 1 ½ ligne.

Elle est à peu près de la grandeur et de la forme de la *Cyanocephala.* La tête est d'un jaune-pâle, un peu testacé; elle est lisse, et elle a deux impressions longitudinales entre les antennes. Les palpes sont de la couleur de la tête, avec la base du dernier article d'un brun-noirâtre. Le premier article des antennes est d'un brun-ferrugineux, les autres sont noirs. Les yeux sont brunâtres. Le corselet est de la couleur de la tête; il est lisse, et un peu plus convexe que celui de la *Cyanocephala;* ses bords latéraux sont plus larges, et ses angles postérieurs sont plus relevés. L'écusson est de la couleur du corselet. Les élytres sont d'une couleur bleue-d'acier; elles sont un peu échancrées à l'extrémité, et elles ont des stries formées par une suite de petits points enfoncés; les intervalles paraissent lisses. Tout le dessous du corps est d'un jaune-pâle, un peu testacé. Les cuisses sont de la même couleur; leur extrémité, les jambes et les tarses sont noirâtres.

Elle se trouve au Brésil.

7. L. SELLATA. *Mihi.*

Rufa; elytris rufo-testaceis, maculis duabus dorsalibus communibus, altera ad basin, altera magna postica, lineolaque humerali, tibiis tarsisque nigris.

Long. 5 lignes. Larg. 2 ½ lignes.

Elle ressemble un peu, pour la forme, à la *Crux minor*, mais elle est beaucoup plus grande. La tête est d'un rouge un peu ferrugineux; elle est assez grande, large, peu avancée, et elle a une impression transversale derrière les yeux. Les trois premiers articles des antennes sont d'un jaune-ferrugineux, les autres sont noirâtres. Les yeux sont grisâtres et assez saillants. Le corselet est de la couleur de la tête; il est un peu plus court et plus large que celui de la *Crux minor;* les bords latéraux sont plus larges, plus déprimés et un peu plus relevés; la ligne longitudinale et l'impression transversale postérieure sont plus fortement marquées; et il a quelques rides transversales, irrégulières, peu marquées. L'écusson est de la couleur du corselet. Les élytres sont d'un jaune-ferrugineux; elles ont des stries ponctuées peu marquées, et les intervalles, au moyen d'une forte loupe, paraissent très-finement chagrinés. Elles ont deux grandes taches noires, communes : la première à la base, plus large que longue, en carré-long, arrondi sur ses bords, et qui occupe un peu plus de la moitié de la largeur des élytres ; la seconde très-grande, occupant présque tout le reste des élytres et ne laissant qu'une bordure jaune assez étroite aux bords latéraux et postérieurs, et une bande de la même largeur entre elle et la première tache. Cette bande est un peu échancrée sur la suture, antérieurement et postérieurement, comme si elle était formée de deux taches réunies sur la suture ; on voit en outre sur chaque élytre, à l'angle de la base, une petite tache noire allongée, en forme de virgule renversée, un peu courbée du côté de la suture, et dont l'extrémité, terminée par un point arrondi, ne dépasse pas la première tache. Le dessous du corps est d'un rouge-ferrugineux. Les cuisses sont d'une couleur un peu plus jaune ; leur extrémité, les jambes et les tarses sont noirâtres.

Elle m'a été envoyée par M. Bonfils, comme venant de Cayenne.

8. L. CYATHIGERA.

Nigra ; thorace, elytris pedibusque rufis ; coleoptris maculis posticis tribus nigris, media didyma communi.

DEJ. *Cat.* p. 3.

Carabus Cyathiger. ROSSI. *Fauna etrusca.* I. p. 222. n° 549. T. 7. fig. 3.

SCH. *Syn. ins.* I. p. 210. n° 240.

Lebia Anthophora. DUFOUR. *Annales gén. des sciences physiques.* VI. 18e cahier. p. 321. n° 8.

Long. 2 $\frac{1}{4}$, 2 $\frac{3}{4}$ lignes. Larg. 1 $\frac{1}{4}$, 1 $\frac{1}{2}$ ligne.

Elle ressemble absolument à la *Crux minor* pour la forme et la grandeur, et elle a même beaucoup de rapports avec elle pour la distribution des couleurs. La tête est noire et ponctuée. Les deux ou trois premiers articles des antennes sont d'un rouge-

ferrugineux, les autres sont plus ou moins obscurs. Le corselet
est d'un rouge-ferrugineux. L'écusson est noirâtre. Les élytres
sont d'une couleur un peu plus claire que le corselet; elles sont
striées; les stries sont finement ponctuées, et l'on aperçoit quelques points enfoncés dans les intervalles. Elles ont en outre
deux points enfoncés distincts près de la troisième strie du côté
de la suture : le premier au tiers, et le second aux deux tiers
des élytres. Elles ont chacune une assez grande tache noire,
arrondie, placée vers l'extrémité près du bord extérieur; et ,
sur la suture, à la même hauteur, une autre tache noire, commune, qui paraît formée par deux taches jointes ensemble. En-
dessous, la poitrine et l'abdomen sont noirs. Les pattes sont
entièrement de la couleur du corselet.

   Cette jolie espèce se trouve sous les pierres, mais assez rarement, dans le midi de la France, en Espagne, en Italie, en
Dalmatie et dans la Russie méridionale.

9. L. CRUX MINOR.

Nigra ; thorace elytrisque rufis ; coleoptris cruce nigra ; pedibus
rufis , geniculis tarsisque nigris.

GYL. II. p. 181. n° 3.
DUFT. II. p. 242. n° 7.
DEJ. *Cat.* p. 3.
Carabus Crux minor. FABR. *Sys. el.* I. p. 202. n° 177.
SCH. *Syn. ins.* I. p. 210. n° 239.
Carabus Crux major. OLIV. III. 35. p. 96. n° 132. T. 4. fig. 41. a. b.
Le Chevalier rouge. GEOFF. I. p. 150. n° 18.

Long. 2 $\frac{1}{4}$, 2 $\frac{3}{4}$ lignes. Larg. 1 $\frac{1}{4}$, 1 $\frac{1}{2}$ ligne.

Elle est un peu plus petite, et proportionnellement plus
courte et plus large que la *Cyanocephala.* La tête est noire et
assez fortement ponctuée. Les trois premiers articles des antennes et la base du quatrième sont d'un rouge-ferrugineux, les
autres sont d'un noir-obscur. Le corselet est d'un rouge-ferrugineux; il a à peu près la même forme que celui de la *Cya-*

nocephala, mais il est plus court, un peu plus large, et il n'est presque pas sensiblement ponctué. L'écusson est noirâtre. Les élytres sont courtes, presque carrées; leurs angles sont arrondis, et elles sont tronquées et un peu sinuées à l'extrémité; elles sont légèrement striées; les stries sont finement ponctuées, et l'on aperçoit de très-petits points enfoncés dans les intervalles. On voit en outre deux points enfoncés, distincts, près de la troisième strie du côté de la suture : le premier au tiers, et le second aux deux tiers des élytres. Leur couleur est d'un rouge-ferrugineux, un peu plus clair et plus jaune que le corselet. Elles ont un peu au-delà du milieu une large bande noire transversale, un peu sinuée, et qui se dilate des deux côtés sur la suture; et à leur base une grande tache triangulaire, noire, qui entoure l'écusson, et qui se joint ordinairement sur la suture à la bande du milieu, mais qui en est quelquefois séparée. Au-delà de la bande, les bords extérieurs et postérieurs sont noirs, et ils se joignent à la bande par la suture, de manière que le fond de l'élytre ne présente qu'une grande tache arrondie, entourée de noir. En-dessous, la poitrine et l'abdomen sont noirs. Les pattes sont de la couleur du corselet; l'extrémité des cuisses et les tarses sont noirâtres.

Elle se trouve sous les pierres et sur les arbres et les plantes, dans presque toute l'Europe. Elle est assez rare aux environs de Paris. M. Gebler me l'a aussi envoyée de Sibérie. Il m'a fait passer en même temps, sous le nom d'*Interrupta*, un individu qui ne m'en paraît nullement différer.

10. L. NIGRIPES.

Nigra; thorace elytrisque rufis; coleoptris cruce nigra; pedibus nigris.

DEJ. *Cat.* p. 3.

Long. 2 $\frac{3}{4}$ lignes. Larg. 1 $\frac{1}{2}$ ligne.

Elle ressemble beaucoup à la *Crux minor*, et elle n'en est peut être qu'une variété. Elle en diffère par les pattes, qui sont

entièrement noirâtres; par les antennes, dont seulement le premier article et une partie du second sont d'un rouge-ferrugineux; et par la tache de la base des élytres, qui est un peu plus
petite, moins triangulaire, et qui ne se joint pas à la bande du
milieu. Elle est aussi un peu plus grande, et les points enfoncés entre les stries des élytres sont un peu moins marqués.

Je l'ai trouvée en Dalmatie, près de Raguse, et dans les environs de Fiume.

11. L. TURCICA.

*Nigra; thorace rufo; elytris striatis, nigris, macula magna
humerali pedibusque testaceis.*

DEJ. *Cat.* p. 3.
Carabus Turcicus. FABR. *Sys. el.* I. p. 203. n° 181.
OLIV. III. 35. p. 98. n° 135. T. 6. fig. 68. a. b.
SCH. *Syn. ins.* I. p. 211. n° 244.

Long. 2 lignes. Larg. 1 ligne.

Elle est plus petite que la *Crux minor*, à laquelle elle ressemble pour la forme. La tête est noire, assez fortement ponctuée,
et un peu ridée entre les yeux. La bouche, les palpes et les antennes sont entièrement d'un rouge-ferrugineux. Le corselet est
de la même couleur, et il a quelque rides transversales peu
marquées. L'écusson est de la couleur du corselet. Les élytres
sont fortement striées; les stries sont presque lisses, cependant,
avec une forte loupe, on aperçoit quelques points enfoncés
très-peu marqués dans les stries, et d'autres dans les intervalles.
Elles ont deux points enfoncés distincts près de la troisième
strie, du côté de la suture : le premier au tiers, et le second
aux trois quarts des élytres. Elles sont noires, et elles ont une
grande tache d'un jaune-testacé à l'angle de la base, qui va
presque jusqu'au milieu, en se rapprochant de la suture, de
manière à faire paraître la base de l'élytre jaune, avec une
grande tache triangulaire noire autour de l'écusson. Elles ont
aussi une bordure très-étroite de la même couleur, qui se pro-

longe jusque près de l'extrémité. En-dessous, la poitrine est d'un rouge-ferrugineux; l'abdomen est noir avec une tache ferrugineuse plus ou moins marquée dans son milieu. Les pattes sont d'un jaune-testacé.

Elle se trouve sous les pierres et les écorces, dans le midi de la France, aux environs de Lyon et en Italie.

12. L. QUADRIMACULATA.

Nigra; thorace rufo; elytris striatis, nigris, macula magna humerali parvaque apicali pedibusque testaceis.

DEJ. *Cat.* p. 3.

Long. 2 lignes. Larg. 1 ligne.

Elle ressemble beaucoup à la *Turcica*, et elle n'en est peut-être qu'une variété. Elle en diffère par une tache arrondie d'un jaune-testacé, placée à l'extrémité des élytres près de la suture. Cette tache, ainsi que celle humérale, varie pour la grandeur, et quelquefois les élytres présentent presque le même dessin que dans la *Crux minor*.

Je l'ai trouvée en Espagne, sous des écorces. On la trouve aussi dans le midi de la France, aux environs de Lyon et en Italie.

13. L. HUMERALIS. *Sturm.*

Nigra; thorace rufo; elytris nigris, punctato-striatis, macula humerali parvaque apicali, pedibus anoque rufis.

DEJ. *Cat.* p. 3.
L. Turcica. DUFT. II. p. 245. n° 11.

Long. 1 ¾ ligne. Larg. ¾ ligne.

Elle ressemble beaucoup à la précédente, mais elle est un peu plus petite et un peu plus allongée. Les stries des élytres sont moins profondes, visiblement ponctuées, et l'on aperçoit des points enfoncés dans les intervalles. Les taches des élytres sont plus foncées et de la couleur du corselet; celle humérale

est moins grande, presque carrée, et elle ne s'avance pas postérieurement vers la suture. En-dessous, la poitrine est noire.
La base et les côtés de l'abdomen sont de la même couleur; son
milieu, ses derniers anneaux et les pattes sont d'un rouge-ferrugineux.

Je l'ai trouvée, sous les pierres, en Dalmatie. Duftschmid,
qui a décrit cette espèce sous le nom de *Turcica*, dit qu'elle se
trouve en Autriche.

14. L. ANALIS.

*Capite nigro, thorace rufo; elytris striatis, nigris, margine,
lineola humerali (sæpe obsoleta) maculaque apicali pedibusque rufis.*

DEJ. *Cat.* p. 3.

Long. 2, 2 ½ lignes. Larg. 1, 1 ¼ ligne.

Elle ressemble beaucoup à la *Turcica*, pour la forme et la
grandeur. La tête est entièrement noire, elle est assez fortement
striée longitudinalement entre les yeux. Les palpes sont d'un
brun-noirâtre. Les trois premiers articles des antennes et la
base du quatrième sont d'un jaune-ferrugineux; les autres sont
plus ou moins obscurs, et quelquefois jaunâtres. Le corselet
est d'un rouge-ferrugineux; il est très-légèrement ridé, et ses
bords latéraux sont un peu plus larges et plus relevés que dans
la *Turcica.* L'écusson est de la couleur du corselet. Les élytres
sont noires; elles sont assez profondément striées; les stries et
les intervalles paraissent lisses, et elles ont deux points enfoncés, distincts, comme dans la *Turcica.* Leur bord extérieur est
d'un jaune-ferrugineux, et elles ont en outre à l'angle de la
base une petite ligne de la même couleur, assez courte, et un
peu arquée du côté de la suture, qui est souvent peu apparente, et qui manque même quelquefois entièrement, et une
petite tache arrondie à l'extrémité près de la suture, qui touche au bord postérieur. Tout le dessous du corps est d'un

jaune-ferrugineux, plus foncé et presque brunâtre sur l'abdomen. Les pattes sont d'un jaune presque testacé.

Elle se trouve dans l'Amérique septentrionale.

15. L. Hæmorrhoidalis.

Rufa ; elytris nigris, apice rufis.

Duft. ii. p. 245. nº 10.
Dej. *Cat.* p. 3.
Carabus Hœmorrhoidalis. Fabr. *Sys. el.* i. p. 203. nº 182.
Oliv. iii. 35. p. 99. nº 136. t. 13. fig. 149. a. b.
Sch. *Syn. ins.* i. p. 211. nº 245.

Long. 1 $\frac{3}{4}$, 2 $\frac{1}{4}$ lignes. Larg. $\frac{3}{4}$, 1 ligne.

Elle est à peu près de la grandeur de la *Turcica*. La tête, les antennes, le corselet et l'écusson sont d'un rouge un peu ferrugineux. La tête a quelques petits points enfoncés et quelques rides longitudinales peu marquées entre les yeux. Ces derniers sont noirs. Le corselet ressemble à celui de la *Turcica*, mais il n'est nullement rétréci postérieurement; les angles antérieurs sont moins arrondis, et les postérieurs sont coupés plus carrément et un peu plus relevés. Les élytres ont des stries peu enfoncées et légèrement ponctuées; on aperçoit dans les intervalles quelques petits points enfoncés, très-peu marqués, et deux points distincts comme dans la *Turcica.* Elles sont noires, et elles ont à leur extrémité une tache d'un rouge-ferrugineux, un peu plus jaune que le corselet, qui en occupe toute la largeur, et qui est sinuée à sa partie supérieure. En-dessous, la poitrine est noirâtre; tout le reste et les pattes sont d'un rouge-ferrugineux.

Elle se trouve sous les écorces, sur les arbres et les plantes, comme la *Crux minor*, en France, en Allemagne et en Italie.

16. L. Bifasciata. *Roger.*

Rufa ; capite, elytris, ano pedibusque viridibus; elytrorum fasciis duabus, altera ante medium, altera apicali, rufis.

Long. 2 ¼ lignes. Larg. 1 ¼ ligue.

Elle est à peu près de la grandeur et de la forme de la *Crux minor*. La tête est très-légèrement ponctuée, et elle est d'une belle couleur verte un peu métallique. Le premier article des antennes est d'un jaune-ferrugineux; le second est de la même couleur avec la base noirâtre; tous les autres sont noirâtres. Le corselet est d'un rouge-ferrugineux. L'écusson est de la même couleur. Les élytres sont de la couleur de la tête; elles ont des stries très-peu marquées et très-légèrement ponctuées, et deux points enfoncés distincts près de la troisième strie du côté de la suture : le premier au tiers, et le second aux trois quarts des élytres. Elles ont en outre deux bandes transversales de la couleur du corselet : la première un peu avant le milieu; elle est interrompue près du bord extérieur, et paraît composée sur chaque élytre d'une grande tache transversale presque en lunule qui touche à la suture, et d'une très-petite tache sur le bord extérieur; la seconde est tout-à-fait à l'extrémité. On voit cependant, au-delà de cette bande et près de la suture, une petite tache de la couleur du fond des élytres. Le dessous du corps est d'un rouge-ferrugineux avec le dernier anneau de l'abdomen d'un vert-bronzé un peu obscur. Les pattes sont de cette dernière couleur avec la base des cuisses d'un rouge-ferrugineux.

Cette jolie espèce m'a été envoyée par M. Roger, comme venant de Cayenne, et sous le nom que je lui ai conservé.

17. L. VITTATA.

Rufa; elytris pallidis, sutura vittaque abbreviata, antennis pedibusque nigris.

Carabus Vittatus. FABR. *Sys. el.* 1. p. 202. n° 178.
OLIV. III. 35. p. 97. n° 134. T. 6. fig. 69. a. b.
SCH. *Syn. ins.* 1. p. 210. n° 241.

Long. 2 ¼ lignes. Larg. 1 ¼ ligne.

Elle est à peu près de la grandeur de la *Crux minor*, mais

elle est proportionnellement un peu moins large. La tête est
d'un rouge un peu ferrugineux ; elle est un peu plus avancée
que dans les espèces précédentes ; elle est très-légèrement ponctuée, et elle a quelques enfoncements peu marqués entre les
yeux. Les antennes sont noires avec le premier article ferrugineux. Les yeux sont noirs. Le corselet est de la couleur de la
tête ; il est un peu moins large et un peu moins convexe que
celui de la *Crux minor*; les bords latéraux sont plus déprimés
et plus larges, surtout vers les angles postérieurs ; la ligne longitudinale est moins enfoncée, et il a quelques rides transversales peu marquées. L'écusson est de la couleur du corselet.
Les élytres sont un peu moins larges et un peu plus allongées
que celles de la *Crux minor*. Elles ont huit stries assez profondes ; elles sont d'une couleur testacée-pâle, un peu plus foncée à la base et sur le bord extérieur, et elles ont une large
suture noire qui va jusqu'à la seconde strie et qui ne touche
pas tout-à-fait à la base, et une ligne longitudinale de la
même couleur qui ne touche ni à la base ni au bord postérieur, et qui occupe l'espace compris entre la quatrième et la
septième strie ; elle se dilate un peu postérieurement, et elle
va presque jusqu'à la huitième. Le dessous du corps et la base
des cuisses sont d'un rouge-ferrugineux ; le reste des pattes est
entièrement noir.

Elle se trouve dans l'Amérique septentrionale.

18. L. QUADRIVITTATA. *Mihi.*

Capite pectoreque nigris, thorace abdomineque rufis ; elytris
nigris, vittis duabus abbreviatis pallidis.

Long. 2 ½ lignes. Larg. 1 ¼ ligne.

Elle est à peu près de la forme et de la grandeur de la *Vittata*. La tête est noire, très-légèrement ponctuée, et elle a
quelques impressions peu marquées entre les yeux. Les trois
premiers articles des antennes sont d'un jaune-ferrugineux, les
autres sont noirâtres. Le corselet est d'un jaune-ferrugineux ;
il est convexe, arrondi, et très-peu rebordé ; les angles posté-

rieurs sont peu saillants; il est très-légèrement ponctué, et il a
une ligne longitudinale enfoncée au milieu et quelques rides
transversales très-peu marquées. L'écusson est de la couleur du
corselet. Les élytres ont des stries peu marquées. Ces stries et
les intervalles sont très-légèrement ponctués, et elles ont deux
points enfoncés distincts près de la troisième strie du côté de
la suture : le premier au tiers, et le second aux deux tiers des
élytres. Elles sont noires, et elles ont une bande longitudinale
d'un jaune-pâle presque blanchâtre, un peu oblique, qui va
depuis l'angle de la base en se rapprochant de la suture jusque
près du bord postérieur, et une autre bande courte, près du
bord extérieur, qui ne va que presque un peu au-delà du milieu. En-dessous, la poitrine est noire, et l'abdomen d'un jaune-
ferrugineux. Les pattes sont noirâtres avec la base des cuisses
et celle des jambes d'un jaune un peu ferrugineux.

Elle se trouve dans l'Amérique septentrionale. M. Klug me
l'a envoyée comme étant le *Carabus Bivittatus* de Fabricius; mais
comme, dans la description de cet auteur, il y a *corpus nigrum*,
je n'ai pu la rapporter à cette espèce.

19. L. SULCATA. *Roger.*

*Ferruginea; elytris sulcatis, fasciis duabus undatis obliquis
fuscis.*

Long. 3 lignes. Larg. 1 ½ ligne.

Elle ressemble pour la forme à la *Crux minor*, mais elle est
un peu plus grande. La tête est d'un rouge-ferrugineux peu
foncé et presque livide; elle a quelques impressions peu marquées entre les antennes. Celles-ci sont jaunâtres et un peu plus
obscures vers l'extrémité. Le corselet est de la couleur de la
tête; ses bords latéraux sont assez relevés, surtout vers les angles postérieurs, et il a quelques rides transversales très-peu
marquées. Les élytres sont d'une couleur un peu plus claire et
un peu plus jaune que le corselet; elles sont très-fortement
striées et elles paraissent presque sillonnées. Elles ont deux
bandes obliques d'un brun-obscur, formées par des taches

allongées de différentes grandeur, placées sur les intervalles des stries : la première presque à la base, et la seconde à peu près au milieu. Celle-ci se dilate beaucoup sur la suture, elle vient se rejoindre à la première bande, et elle se prolonge presque jusqu'à l'extrémité. Les deux bandes se joignent aussi près du bord extérieur. Le dessous du corps et les pattes sont d'un jaune-ferrugineux presque testacé.

Elle m'a été envoyée par M. Roger, sous le nom que je lui ai conservé, et comme venant de Cayenne.

20. L. Fuscata. *Mihi.*

Brunnea ; thoracis margine, elytris, antennis pedibusque testaceis ; elytrorum sutura abbreviata, antice posticeque dilatata, vittaque laterali abbreviata brunneis.

Long. 3 ½ lignes. Larg. 1 ⅔ ligne.

Elle est un peu plus grande que la précédente, et ses élytres sont proportionnellement un peu plus allongées. La tête est d'un brun-obscur ; elle a quelques impressions peu marquées entre les antennes. Sa partie antérieure, la bouche, les palpes et les antennes sont d'un jaune-testacé. Le corselet est de la couleur de la tête avec les bords latéraux d'un jaune-testacé. Ceux-ci sont assez larges, déprimés, et un peu relevés, surtout vers les angles postérieurs ; le milieu a quelques rides transversales assez marquées. Les élytres sont d'un jaune-testacé presque livide ; elles sont assez fortement striées, et elles ont deux points enfoncés distincts placés près de la troisième strie du côté de la suture : le premier au tiers, et le second aux deux tiers des élytres. Elles ont à leur base, sur la suture, une grande tache presque triangulaire, d'un brun-obscur ; une autre irrégulière un peu au-delà du milieu, qui se réunit par la suture à la première ; et de chaque côté une ligne longitudinale de la même couleur, qui suit le bord extérieur depuis l'angle de la base jusqu'aux deux tiers des élytres. Le dessous du corps est d'un brun un peu ferrugineux. Les pattes sont d'un jaune-testacé.

Elle se trouve dans l'Amérique septentrionale, et elle m'a été envoyée par M. Leconte.

21. L. Marginicollis. *Mihi.*

Nigro-ænea; thoracis margine laterali pallido, elytris viridi-æneis.

Long. 2 lignes. Larg. $\frac{3}{4}$ ligne.

Elle est à peu près de la grandeur de l'*Hæmorrhoidalis*, mais elle est un peu plus allongée et le corselet est un peu plus petit. La tête est d'un noir-bronzé un peu verdâtre; elle est lisse et elle a quelques stries peu marquées le long des yeux. Les palpes et les antennes sont noirâtres. Le corselet est de la couleur de la tête; les bords latéraux sont d'une couleur pâle et paraissent presque transparents; ils sont assez étroits, et un peu relevés, surtout vers les angles postérieurs. Les élytres sont d'un vert-bronzé. Elles sont très-légèrement striées, et elles ont deux points enfoncés distincts : le premier au tiers des élytres sur la troisième strie, et le second entre la seconde et la troisième, aux deux tiers des élytres. Le dessous du corps est d'un noir un peu bronzé. Les pattes sont d'un brun-noirâtre.

Elle se trouve dans l'Amérique septentrionale, et elle m'a été envoyée par M. Escher Zollikofer, comme venant de la Géorgie.

22. L. Viridis. *Mihi.*

Viridi-cyanea; antennis, tibiis tarsisque nigris.

Long. 2, 2 $\frac{1}{2}$ lignes. Larg. $\frac{3}{4}$, 1 ligne.

Elle est à peu près de la grandeur de la précédente, mais elle est un peu plus allongée. Elle est entièrement en-dessus d'un vert un peu bleuâtre et un peu métallique. La tête est très-légèrement ponctuée; sa partie antérieure, la bouche, les palpes et les yeux sont noirâtres. Les trois premiers articles des antennes sont d'un vert-bronzé-obscur, les autres sont noirâtres. Le corselet est un peu plus large que la tête; il est presque carré; les angles antérieurs sont arrondis; les bords latéraux sont assez étroits, déprimés et un peu relevés, surtout vers les angles postérieurs qui sont coupés carrément. Il a une ligne longitudinale

enfoncée, très-peu marquée ; un sillon transversal assez profond
près de la base, et quelques rides irrégulières très-peu marquées.
Les élytres sont allongées ; elles sont tronquées un peu obliquement, et presque échancrées à l'extrémité. Elles ont des stries
peu marquées, et deux points enfoncés distincts, placés près de
la troisième strie du côté de la suture : le premier au tiers, et le
second aux deux tiers des élytres. Le dessous du corps et les
cuisses sont d'une couleur un peu plus obscure que le dessus.
Les jambes et les tarses sont noirâtres.

Elle se trouve dans l'Amérique septentrionale.

23. L. Tuberculata. *Mihi.*

Fusca ; thoracis margine laterali pallido ; elytris tuberculatis.

Long. 2 $\frac{1}{2}$ lignes. Larg. 1 $\frac{1}{3}$ ligne.

Cette singulière espèce diffère beaucoup de toutes les précédentes, et il serait possible qu'elle appartînt à un nouveau
genre. La tête est d'une couleur brune-obscure ; elle est assez
large, fortement et irrégulièrement ridée. La lèvre supérieure,
la bouche et les palpes sont d'un jaune-ferrugineux. Les antennes sont d'un jaune plus pâle. Les yeux sont gros, saillants
et grisâtres. Le corselet est un peu plus large que la tête ; il
est plus large que long ; les angles antérieurs sont très-arrondis, les postérieurs sont coupés carrément, et la base est sinuée et un peu prolongée dans son milieu ; les bords latéraux
sont très-déprimés ; le milieu est un peu relevé, très-fortement
ridé, et il a une ligne longitudinale enfoncée au milieu. Il est
de la couleur de la tête avec quelques nuances plus claires, et
les bords latéraux sont d'un jaune-pâle. Les élytres sont d'un
brun-obscur ; elles sont larges, presque arrondies, coupées
carrément à l'extrémité, un peu convexes, et leurs bords latéraux sont un peu déprimés. Elles sont inégales, et elles ont
quatre rangées longitudinales de tubercules élevés, dont les
deux plus près de la suture sont composées de tubercules plus
gros et plus distincts. On remarque en outre, vers l'extrémité,
entre la première et la seconde rangée, un petit tubercule de

couleur jaunâtre. Le dessous du corps et les pattes sont d'un brun un peu plus jaunâtre.

Elle m'a été envoyée par M. Bonfils, comme venant de Cayenne.

XVI. COPTODERA. *Mihi.*

LEBIA. *Latreille.* CARABUS. *Fabricius.*

Crochets des tarses dentelés en-dessous. Dernier article des palpes cylindrique. Antennes plus courtes que le corps, et plus ou moins moniliformes. Articles des tarses antérieurs presque triangulaires ou cordiformes; ceux des quatre postérieurs presque filiformes; le pénultième de tous en cœur ou bifide, mais non bilobé. Corps court et aplati. Tête ovale et peu rétrécie postérieurement. Corselet court, transversal, coupé carrément postérieurement. Élytres planes, en carré allongé.

Les insectes qui forment ce genre avaient été confondus jusqu'à présent avec les *Lebia*, auxquelles ils ressemblent beaucoup; ainsi qu'aux *Plochionus*; mais il est cependant facile de les distinguer.

Le dernier article des palpes est presque cylindrique. Les antennes sont plus courtes que le corps, et plus ou moins moniliformes. Le corselet est court, transversal, et coupé carrément postérieurement, ce que j'ai voulu exprimer par le nom donné à ce genre, nom tiré des deux mots grecs, κόπτω, je coupe, et δερή, col. Les élytres sont à peu près comme dans les *Lebia*, mais un peu plus allongées. Les trois premiers articles des tarses antérieurs sont assez courts, presque triangulaires ou cordiformes; les trois premiers des quatre postérieurs sont presque filiformes; le pénultième de tous est en cœur ou bifide, mais non bilobé.

Toutes les espèces que je possède de ce genre viennent d'Amérique; et elles ont toutes des couleurs assez brillantes.

1. C. Festiva. *Mihi.*

Ferruginea; thorace maculis duabus viridi-æneis; elytris viridi-æneis, fasciis duabus undatis interruptis flavis.

Long. 3 ¼ lignes. Larg. 1 ⅓ ligne.

Elle ressemble beaucoup, à la première vue, à une *Lebia*; mais elle est un peu plus allongée. La tête est presque triangulaire; elle est d'un jaune ferrugineux, plus obscure et presque brunâtre à sa partie postérieure; elle paraît lisse, et elle a deux impressions longitudinales assez marquées entre les antennes. Ces dernières manquent dans l'individu que je possède. Les yeux sont brunâtres, assez gros et assez saillants. Le corselet est plus large que la tête; il est court, transverse, arrondi sur ses côtés, échancré antérieurement, un peu arrondi postérieurement, mais nullement prolongé dans son milieu. Il a quelques rides transversales peu marquées; ses bords latéraux sont un peu déprimés et relevés. Il a dans son milieu une ligne longitudinale enfoncée, très-peu marquée, et une impression transversale le long du bord postérieur. Il est d'un jaune-ferrugineux, et il a dans son milieu une grande tache d'un vert-bronzé, divisée en deux parties par une ligne longitudinale jaune. L'écusson est d'une couleur ferrugineuse. Les élytres sont plus larges que le corselet; elles sont assez allongées, presque parallèles; leurs angles antérieurs sont arrondis, et leur extrémité est tronquée un peu obliquement, et un peu échancrée. Elles ont des stries assez fortement marquées, et quatre points enfoncés distincts: le premier près de la base, sur la troisième strie; le second au tiers des élytres, aussi sur la troisième strie; le troisième près de la seconde strie, du côté extérieur, aux deux tiers des élytres; et le dernier sur la même ligne, près de l'extrémité. Elles sont d'un vert-bronzé, et elles ont deux bandes ondulées et interrompues, formées par des taches jaunes placées à côté les unes des autres: la première au tiers des élytres, et qui ne touche ni au bord extérieur ni à la suture; et la seconde, plus marquée, à peu près aux trois quarts des élytres. Le dessous du corps est d'un jaune-ferrugineux. Les pattes sont de la même couleur avec l'extrémité des cuisses et les jambes plus foncées et presque brunâtres.

Elle m'a été envoyée par M. Escher Zollikofer, comme venant de l'île de Cuba.

2. C. SIGNATA. *Mihi.*

Capite nigro; thorace rufo nigro maculato; elytris nigro-æneis, fascia ante medium interrupta, margine tenui, apiceque lato flavis.

Long. 2 ¼ lignes. Larg. 1 ligne.

Elle est beaucoup plus petite que la *Festiva*, avec laquelle elle a quelques ressemblances. La tête est un peu plus étroite et un peu plus allongée; elle est entièrement noire; elle est lisse, et elle a une légère impression transversale entre les antennes. Les yeux sont un peu moins gros et moins saillants. Les palpes et les antennes sont d'un jaune un peu ferrugineux. Le corselet est un peu moins large et plus allongé; il est arrondi sur ses côtés; le bord antérieur est assez fortement échancré, et la base est coupée carrément; les bords latéraux sont un peu déprimés et un peu relevés. Il a quelques rides transversales très-peu marquées; une ligne longitudinale assez enfoncée, et une petite impression transversale près de sa base. Il est d'un jaune-ferrugineux, et il a dans son milieu une tache noire qui touche au bord antérieur, mais qui ne se prolonge pas jusqu'à la base. L'écusson est de la couleur des élytres. Celles-ci sont plus larges que le corselet, assez allongées, presque parallèles; leurs angles antérieurs sont arrondis, et leur extrémité est tronquée obliquement, et assez fortement échancrée. Elles ont des stries assez fortement marquées, une petite impression arrondie à la base près de la suture, et un point enfoncé peu distinct aux deux tiers des élytres, entre la seconde et la troisième strie. Elles sont d'un noir-obscur un peu bronzé, et elles ont, un peu avant leur milieu, une bande ondulée, interrompue, formée par des taches d'un jaune un peu ferrugineux; une grande tache tout-

18.

à-fait à l'extrémité, et qui est fortement sinuée à sa partie supérieure; et une bordure latérale assez étroite de la même couleur. En-dessous, la poitrine et l'abdomen sont d'un brun-obscur avec le milieu de l'abdomen d'un jaune-ferrugineux. Les
pattes sont d'un jaune plus pâle.

Elle se trouve dans l'Amérique septentrionale, et elle m'a été
envoyée par M. Escher Zollikofer, comme venant de la Géorgie.

3. C. EMARGINATA. *Mihi.*

*Supra ænea; elytris apice emarginatis punctisque tribus im-
pressis : subtus ferruginea; ore, antennis pedibusque pallidioribus.*

Long. 4 ¼ lignes. Larg. 2 lignes.

Elle est beaucoup plus grande que les précédentes, et elle
est en-dessus d'une couleur bronzée, un peu verdâtre et un peu
cuivreuse. La tête est assez large, presque triangulaire; elle a
quelques rides très-peu marquées, et deux impressions longitudinales entre les antennes; sa partie antérieure, la bouche, les
palpes et les antennes sont d'un jaune un peu ferrugineux. Le
corselet est plus large que la tête; il est court, transverse, arrondi sur ses côtés, échancré antérieurement, et coupé presque
carrément postérieurement. Il a quelques rides transversales
peu marquées; ses bords latéraux sont assez relevés, surtout
vers les angles postérieurs; la ligne longitudinale est assez marquée, et il a une impression transversale près de sa base. Les
élytres sont plus larges que le corselet; elles sont assez allongées, et presque parallèles; leurs angles antérieurs sont arrondis, et leur extrémité est tronquée un peu obliquement, fortement échancrée, et elle forme une dent bien marquée à sa
partie extérieure. Elles sont striées, et, avec une très-forte
loupe, on aperçoit de très-petits points enfoncés dans les stries.
Elles ont trois points enfoncés bien distincts : le premier sur la
troisième strie près de la base; le second un peu avant le milieu, aussi sur la troisième strie; et le troisième aux deux tiers
des élytres, près de la seconde strie du côté extérieur. On voit

en outre une rangée de points enfoncés, assez distincts, le long du bord extérieur. Le dessous du corps est d'un jaune-ferrugineux-obscur, et même un peu bronzé. Les pattes sont d'un jaune plus pâle.

Elle m'a été envoyée par M. Schüppel, comme venant du Brésil.

4. C. ÆRATA.

Supra viridi - œnea : subtus obscura ; antennis pedibusque brunneis.

Lebia Ærata. KNOCH.

Long. 2 ¼, 2 ¾ lignes. Larg. 1 ¼, 1 ½ ligne.

Elle ressemble un peu, à la première vue, aux *Lebia Viridis* et *Marginicollis*, mais elle appartient à ce genre. La tête est assez grosse, presque triangulaire ; elle est lisse avec quelques petites stries le long des yeux ; elle est d'un vert-bronzé avec la lèvre supérieure, la bouche et les palpes d'un brun-ferrugineux. Les antennes sont d'une couleur un peu plus claire, et elles sont plus courtes que la tête et le corselet réunis. Ce dernier est de la couleur de la tête ; il est un peu plus large qu'elle, court, transverse ; il est arrondi sur ses côtés ; son bord antérieur est un peu échancré, et sa base est un peu arrondie, mais elle n'est nullement prolongée dans son milieu. Il a quelques rides transversales très-peu marquées ; les bords latéraux sont déprimés et un peu relevés, surtout vers les angles postérieurs ; il a une ligne longitudinale enfoncée au milieu, et une impression transversale près de la base. Les élytres sont d'une couleur un peu plus verte que le corselet. Elles sont un peu plus larges, peu allongées, presque parallèles, tronquées obliquement, et un peu échancrées à l'extrémité ; leurs angles antérieurs sont arrondis ; elles sont très-légèrement striées, et elles ont deux points enfoncés distincts : le premier près de la base sur la troisième strie ; et le second près de la seconde, du côté extérieur, et un peu au-delà du milieu des élytres. Le dessous du corps est d'un brun–noirâtre très-légèrement bronzé. Les pattes sont d'un brun-ferrugineux.

Elle se trouve dans l'Amérique septentrionale. Elle m'a été envoyée par M. Klug, sous le nom de *Lebia Ærata* de Knoch; je l'ai reçue aussi de M. Leconte.

5. C. QUADRIPUSTULATA.

Ferruginea ; elytris brunneis, maculis duabus testaceis.

Demetrias Quadripustulatus. KLUG.

Long. 2 ½ lignes. Larg. 1 ligne.

Elle est proportionnellement un peu plus allongée et un peu moins large que les précédentes. La tête est d'un rouge-ferrugineux - obscur; elle est grande, presque triangulaire, lisse, et elle a une petite ligne longitudinale élevée le long des yeux. Ceux-ci sont gros et saillants. Les antennes sont d'une couleur un peu plus claire que la tête, et plus courtes que la tête et le corselet réunis. Ce dernier est un peu plus large que la tête ; il est presque carré, et un peu rétréci postérieurement; les bords latéraux sont déprimés; les angles antérieurs sont arrondis, et la base est coupée carrément; il a quelques ridés transversales peu marquées, une ligne longitudinale enfoncée au milieu, et une légère impression transversale près de la base. Il est d'une couleur un peu plus foncée que la tête avec les bords et la ligne du milieu plus clairs. Les élytres sont un peu plus larges que le corselet; elles sont un peu allongées et parallèles; leurs angles antérieurs sont arrondis, et elles sont coupées presque carrément à l'extrémité; elles sont légèrement striées. Leur couleur est d'un brun - ferrugineux - obscur, et elles ont chacune deux taches plus pâles : la première, oblongue, un peu avant le milieu; et la seconde, arrondie, près de l'extrémité. Le dessous du corps et les pattes sont d'un jaune-ferrugineux.

Elle m'a été envoyée par M. Klug, sous le nom de *Demetrias Quadripustulatus*, et comme venant du Brésil.

XVII. ORTHOGONIUS. *Mihi.*

Plochionus. *Wiedemann.* Carabus. *Schœnherr.*

Crochets des tarses dentelés en-dessous. Dernier article des palpes cylindrique. Antennes plus courtes que le corps, et filiformes. Articles des tarses triangulaires ou en cœur; le pénultième fortement bilobé. Corps large. Tête ovale, peu rétrécie postérieurement. Corselet plus large que la tête, assez court, transversal, et coupé carrément postérieurement. Élytres larges, en carré assez allongé.

J'ai donné à ce nouveau genre le nom latin *d'Orthogonius* (rectangle), à raison de sa forme qui est à peu près celle d'un carré-long. Les insectes qui le composent paraissent, à la première vue, s'éloigner beaucoup des genres précédents, et se rapprocher des *Harpalus* : ils sont assez grands, et de couleur noire ou brune; mais, en les examinant attentivement, on voit qu'ils ne sont pas très-éloignés des *Lebia* et des genres voisins.

Le dernier article des palpes est cylindrique. Les antennes sont plus courtes que le corps et filiformes. Le corps est large et un peu aplati. La tête est ovale, presque pas rétrécie postérieurement. Le corselet est plus large que la tête, court, transversal, coupé carrément antérieurement et postérieurement, et arrondi sur les côtés. Les élytres sont un peu plus larges que le corselet, très-légèrement convexes, plus ou moins allongées, et en forme de rectangle ou de carré-long. Les trois premiers articles des tarses sont larges et plus ou moins triangulaires, ou en cœur; le pénultième est très-fortement bilobé. Les crochets des tarses sont fortement dentelés en-dessous.

Des quatre espèces que je possède, trois viennent de Java ou des Indes orientales, et l'autre de Sierra Léone.

1. O. Duplicatus.

Niger; elytris striato-punctatis, interstitiis alternatim punctulatis.

Carabus Duplicatus. WIEDEMANN. *Zoologisches Magazin.* 1. 3. p. 166. n° 14.

Long. 7 ¼ lignes. Larg. 3 lignes.

Il est entièrement d'une couleur noire assez luisante. La tête est peu avancée; elle est un peu arrondie et fortement ponctuée. Les antennes sont d'un noir-obscur, et de la longueur de la tête et du corselet réunis. Les yeux sont assez gros, saillants et jaunâtres. Le corselet est plus large que la tête; il est court, transverse, un peu moins long que large, et coupé presque carrément antérieurement et postérieurement; les angles antérieurs sont très-arrondis, et il forme presque un demi-cercle; les bords latéraux sont un peu relevés et déprimés, surtout vers les angles postérieurs; il est ridé transversalement et ponctué, principalement vers les bords; les points se confondent souvent avec les rides; il a une ligne longitudinale enfoncée et peu marquée au milieu, et une légère impression transversale près de la base. L'écusson est triangulaire et lisse. Les élytres sont un peu plus larges que le corselet; elles sont allongées, parallèles, presque en forme de carré-long, tronquées et légèrement échancrées à l'extrémité; elles ont chacune neuf stries qui sont légèrement ponctuées; les intervalles sont à peu près égaux, et l'on aperçoit sur ceux impairs quelques points enfoncés peu marqués. Elles ont en outre, entre la seconde et la troisième strie, trois points enfoncés distincts : le premier vers la base près de la troisième strie; le second un peu au-delà du milieu, et le troisième près de l'extrémité; tous les deux près de la seconde strie. Le dessous du corps et les pattes sont de la même couleur que le dessus.

Il se trouve aux Indes orientales, et il m'a été envoyé par M. Westermann, comme étant le *Carabus Duplicatus* de Wiedemann.

2. O. ALTERNANS.

Supra niger; elytris profunde striato-punctatis, interstitiis alternatim latioribus lineatoque punctatis : subtus brunneus, pedibus concoloribus.

Plochionus Alternans? WIEDEMANN. *Zoologisches Magasin.* II. I. p. 52. n° 75.

Long. 6 $\frac{1}{4}$, 7 $\frac{3}{4}$ lignes. Larg. 2 $\frac{3}{4}$, 3 $\frac{1}{4}$ lignes.

Il varie pour la grandeur. Les plus grands individus sont de la taille du *Duplicatus*; mais il est proportionnellement plus large et un peu plus aplati. Sa couleur est en-dessus d'un noir un peu moins foncé et un peu brunâtre. La tête est un peu plus large; elle est ridée, et elle a quelques enfoncements entre les yeux. La lèvre supérieure, la bouche, les palpes et les antennes sont d'un brun un peu ferrugineux. Le corselet est plus large que la tête; il est court, transverse, moins long que large, et coupé carrément antérieurement et postérieurement; ses côtés sont arrondis et fortement déprimés; les angles postérieurs sont arrondis et nullement saillants. Il a quelques rides transversales, qui sont plus marquées sur les bords, une ligne longitudinale enfoncée au milieu, et une légère impression transversale près de la base. L'écusson est triangulaire, lisse et brunâtre. Les élytres sont plus larges que le corselet, presque en forme de carré-long, un peu plus courtes que celles du *Duplicatus*, et presque arrondies à l'extrémité. Elles ont chacune neuf stries assez profondes et finement ponctuées. Les intervalles sont alternativement plus larges; les plus étroits sont presque lisses, et l'on aperçoit sur les plus larges des points enfoncés, rangés en lignes longitudinales. Elles ont en outre plusieurs gros points enfoncés, distincts, entre la sixième et la septième strie. Le dessous du corps et les pattes sont d'un brun un peu ferrugineux.

Cet insecte faisait partie d'une collection venant de l'île de Java, que j'ai achetée à Marseille. Je crois que c'est le même que celui que Wiedemann a décrit sous le nom de *Plochionus Alternans*, mais je n'en suis pas bien certain.

3. O. FEMORATUS. *Mihi.*

Brunneus; elytris profunde striato-punctatis, interstitiis sublævibus; femoribus ferrugineis.

Long. 5 ½ , 7 lignes. Larg. 2 ¼ , 3 lignes.

Il varie pour la grandeur, et il est plus court et plus large
que les précédents. Il est en-dessus d'une couleur brune un
peu ferrugineuse. La tête est assez large; elle est légèrement ridée, et elle a quelques enfoncements entre les yeux. La lèvre
supérieure, la bouche, les palpes et les antennes sont d'une
couleur ferrugineuse plus claire et un peu rougeâtre. Le corselet est plus large que la tête; il est court, transverse, moins
long que large, coupé carrément antérieurement et postérieurement; il se rétrécit un peu vers la base; les angles antérieurs
sont très-arrondis; les bords latéraux sont déprimés, surtout
vers les angles postérieurs, qui sont coupés presque carrément,
et qui sont un peu relevés. Il a une ligne longitudinale peu
marquée, enfoncée, au milieu; et deux impressions transversales, l'une près du bord antérieur, et l'autre près de la base.
Les élytres sont d'une couleur un peu plus claire que le corselet;
elles sont plus larges que lui, et plus courtes que dans les espèces précédentes; elles sont arrondies un peu obliquement vers
l'extrémité. Elles ont chacune neuf stries assez profondes et assez
fortement ponctuées. Les intervalles paraissent lisses; cependant, avec une forte loupe, on aperçoit quelques points enfoncés peu marqués. Elles ont en outre, un peu au-delà du milieu,
un point enfoncé distinct, entre la seconde et la troisième strie.
Le dessous du corps est d'une couleur un peu plus claire que
le dessus. Les cuisses sont d'un jaune-ferrugineux; leur extrémité, les jambes et les tarses sont d'un brun-ferrugineux.

Cet insecte faisait partie d'une collection venant de l'île de
Java, que j'ai achetée à Marseille. M. Westermann m'en a
envoyé aussi un individu, mais plus petit, sans nom, et comme
venant également de l'île de Java.

4. O. BREVITHORAX. *Schœnherr.*

Nigro-brunneus; elytris profunde striatis, interstitiis punctatis;
antennis pedibusque ferrugineis.

Harpalus Brevithorax. DEJ. *Cat.* p. 15.

Carabus Abdominalis? Fabr. *Sys. el.* 1. p. 196. n° 142.
Sch. *Syn. ins.* 1. p. 203. n° 194.

Long. 5 ½ lignes. Larg. 2 ¼ lignes.

Il est plus petit, et proportionnellement un peu plus large que le *Duplicatus*. La tête est d'un brun-noirâtre, et elle est couverte de points enfoncés très-serrés. La lèvre supérieure, les palpes et le premier article des antennes sont d'une couleur ferrugineuse un peu rougeâtre; le reste des antennes est un peu plus obscur. Le corselet est de la couleur de la tête, et un peu plus clair sur ses côtés; il a à peu près la forme de celui du *Duplicatus*, mais les bords latéraux sont plus larges et plus aplatis, et il est un peu moins ridé transversalement. Les élytres sont d'un brun presque noir. Elles sont un peu moins allongées que celles du *Duplicatus*; leur extrémité est presque arrondie; les stries sont plus profondes; il faut une forte loupe pour voir qu'elles sont ponctuées, et tous les intervalles sont couverts de petits points enfoncés, peu marqués et peu serrés. Le dessous du corps est d'un brun un peu rougeâtre. Les pattes sont d'un brun-ferrugineux assez clair.

Il m'a été envoyé par M. Schœnherr, comme venant de Sierra Léone, sous le nom d'*Harpalus Brevithorax*, et comme étant peut être le *Carabus Abdominalis* de Fabricius.

XVIII. HELLUO. *Bonelli.*

Galerita. *Fabricius.*

Dernier article des palpes court, un peu plus gros que les précédents, et allant un peu en grossissant vers l'extrémité. Antennes moniliformes ou allant en grossissant vers le bout. Une très-forte dent au milieu de l'échancrure du menton. Tête ovale, plus ou moins rétrécie postérieurement. Corselet presque plane et cordiforme. Élytres en ovale ou en carré très-allongé.

Le genre *Helluo* a été formé par Bonelli sur un insecte de la Nouvelle-Hollande, que Latreille avait nommé *Anthia Truncata*, et il a été successivement augmenté de la *Galerita Hirta* de Fabricius, de quelques autres espèces des Indes orientales décrites par Wiedemann, et enfin de deux nouvelles espèces d'Amérique.

Tous ces insectes présentent bien quelques différences génériques; mais j'ai cru cependant devoir les réunir, pour ne pas multiplier les genres qui ne sont déja que trop nombreux. Tel qu'il est maintenant, le genre *Helluo* présente les caractères suivants :

Le dernier article des palpes est court, un peu plus gros que les précédents, et il va un peu en grossissant vers l'extrémité. Les antennes sont moniliformes, ou renflées insensiblement vers l'extrémité, et plus ou moins longues, mais toujours beaucoup plus courtes que le corps. Le menton a une très-forte dent au milieu de son échancrure, et elle est aussi avancée que les deux latérales. La lèvre supérieure est tantôt courte et transverse, tantôt avancée et arrondie. Les mandibules sont courtes et peu saillantes. La tête est ovale, et plus ou moins rétrécie postérieurement. Le corselet est au moins aussi large que la tête, presque plane, et plus ou moins cordiforme. Les élytres sont en ovale ou en carré très-allongé, et tronquées à l'extrémité. Les pattes sont assez fortes et peu allongées. Les articles des tarses sont assez courts, plus ou moins bifides ou cordiformes; dans quelques espèces, le pénultième est bilobé; les crochets des tarses ne sont point dentelés en-dessous, comme dans les genres précédents. Le corps est allongé et plus ou moins déprimé; il est légèrement pubescent, et plus ou moins ponctué, et les insectes qui composent ce genre me paraissent se rapprocher beaucoup plus des *Polistichus* que des *Anthia*, près desquelles Bonelli et Latreille les ont placés.

1. H. HIRTUS.

Hirtus, ater; labro transverso; elytris oblongo-ovatis, sulcatis.

Iconographic. 11. p. 95. T. 7. fig. 1.
Galerita Hirta. FABR. *Sys. el.* 1. p. 214. n° 3.
SCH. *Syn. ins.* 1. p. 229. n° 4.

Omphra Tristis. Leach.
Helluo Tristis. Dej. *Cat.* p. 4.

Long. 6 $\frac{3}{4}$, 7 $\frac{3}{4}$ lignes. Larg. 2 $\frac{1}{4}$, 3 lignes.

Tout le corps est entièrement noir et couvert de poils brunâtres, courts, hérissés, et assez éloignés les uns des autres. La
lèvre supérieure est peu saillante; elle est courte, transverse,
presque échancrée, et elle a quelques points enfoncés assez fortement marqués. Les mandibules sont courtes et peu apparentes. Les palpes sont noirâtres avec l'extrémité des articles
d'un brun un peu rougeâtre. Les antennes sont à peu près de
la longueur de la tête et du corselet réunis; leurs trois premiers articles sont noirs, les autres sont d'un brun-obscur. La
tête est ovale; elle a deux enfoncements longitudinaux peu marqués à sa partie antérieure, et plusieurs points enfoncés distincts
et assez éloignés les uns des autres. Les yeux sont grisâtres et
assez saillants. Le corselet est en forme de cœur; il est plus
large que la tête à sa partie antérieure, et il se rétrécit postérieurement; le bord antérieur est un peu échancré; la base
est légèrement sinuée, et les angles postérieurs sont presque
coupés carrément. Il est un peu convexe, légèrement rebordé
sur les côtés; il a un sillon longitudinal peu marqué au milieu, et un assez grand nombre de gros points enfoncés, principalement sur les bords et le long du sillon. Les élytres sont
oblongues, ovales, un peu plus larges que le corselet, arrondies
antérieurement et presque coupées carrément postérieurement;
elles ont chacune neuf sillons assez profonds, et entre chacun,
une petite côte élevée, sur laquelle on remarque de chaque côté
une ligne de points enfoncés, plus ou moins marqués et plus ou
moins rapprochés les uns des autres. Le dessous du corps est à
peu près de la couleur du dessus. Les pattes sont d'un brun-
noirâtre; elles ne sont pas très-longues et elles sont assez fortes.
Les tarses sont d'une couleur un peu plus claire; leurs articles
sont courts; les trois premiers sont presque triangulaires, et
le pénultième est assez fortement bifide.

Il se trouve aux Indes orientales.

HELLUO.

2. H. Tripustulatus.

Fuscus, punctatissimus; labro rotundato, lævigato; elytrorum maculis duabus femoribusque testaceis; ore, antennis, tibiis tarsisque ferrugineis.

Brachinus Tripustulatus? Fabr. *Sys. el.* 1. p. 218. n° 6.
Sch. *Syn. ins.* 1. p. 230. n° 6.

Long. 5 ½ lignes. Larg. 1 ¾ ligne.

Il est plus petit, plus aplati et plus étroit que le précédent. Tout le corps est légèrement pubescent, et sa couleur est, en-dessus, d'un brun-noirâtre. La lèvre supérieure est assez avancée, et elle recouvre entièrement les mandibules; elle est très-lisse, convexe et arrondie antérieurement. La bouche et les palpes sont d'un brun-ferrugineux. Les antennes sont de la même couleur, et elles ont à peu près la longueur de la tête et du corselet réunis. La tête est assez grande, ovale, et un peu rétrécie postérieurement; elle est très-fortement ponctuée; les points sont assez gros et très-serrés, et elle a deux impressions peu marquées entre les antennes. Les yeux sont brunâtres, assez gros et assez saillants. Le corselet est un peu plus large que la tête; il est moins long que large, et en forme de cœur tronqué; le bord antérieur n'est nullement échancré; les angles postérieurs sont presque coupés carrément, et la base est un peu prolongée dans son milieu. Il est ponctué comme la tête; il a une ligne longitudinale enfoncée dans son milieu, une impression transversale près du bord antérieur, et une autre peu marquée de chaque côté, près des angles postérieurs. L'écusson est triangulaire et assez fortement ponctué. Les élytres sont plus larges que le corselet; elles sont allongées, parallèles, presque en forme de carré-long, avec leurs angles arrondis. Elles sont assez fortement striées; les stries sont ponctuées, et les intervalles sont couverts de points enfoncés, moins gros que ceux du corselet, mais assez serrés, et presque rangés en lignes longitudinales. Elles ont sur chaque, un peu avant le milieu, une tache arrondie d'un jaune-ferrugineux, presque testacée, et une autre de la même couleur, un peu plus grande, tout-à-fait à l'extrémité, près de la suture. Le dessous du corps est à peu près de la couleur du dessus. Les pattes sont courtes; les cuisses sont d'un jaune-testacé; les jambes et les tarses sont d'un brun-ferrugineux. Les trois premiers articles des tarses sont courts et presque cordiformes; le pénultième est assez fortement bifide.

Il se trouve dans l'île de Java, et il m'a été envoyé par M. Westermann, comme étant le véritable *Brachinus Tripustulatus* de Fabricius; cependant la description qu'en donne cet auteur ne me paraît pas s'y rapporter parfaitement.

3. H. Impictus.

Fuscus, punctatissimus; labro rotundato lœvigato, ore, antennis, pedibus abdomineque ferrugineis.

Wiedemann. *Zoologisches Magasin.* ii. 1. p. 49. n° 70.

Long. 6 lignes. Larg. 2 lignes.

Il ressemble beaucoup au précédent, mais il est un peu plus grand. La lèvre supérieure est d'un rouge-ferrugineux. La tête est un peu plus large et un peu plus rétrécie postérieurement. Le corselet est plus en cœur, beaucoup plus rétréci postérieurement, et il est un peu plus long; l'impression transversale, qui se trouve près du bord antérieur, est plus marquée, et presque en forme de V, et les angles postérieurs sont un peu plus saillants et un peu plus relevés; les points enfoncés qui couvrent tout le dessus de l'insecte sont un peu moins gros et un peu plus serrés, et les élytres n'ont aucune tache. En-dessous, l'abdomen est d'un rouge-ferrugineux; les cuisses sont de la même couleur; les jambes et les tarses sont un peu plus bruns et un peu plus foncés.

Il m'a été envoyé par M. Westermann, comme venant de l'île de Java.

4. H. BRASILIENSIS. *Mihi.*

*Ater, pubescens; labro transverso unidentato; elytris elongatis,
parallelis, profunde striatis; ore, antennis tibiisque ferrugineis.*

Long. 7 ¾ lignes. Larg. 2 ½ lignes.

Il est plus grand que les deux précédents, et sa forme est
proportionnellement plus allongée. Tout le corps est entièrement noir et un peu pubescent. La lèvre supérieure est d'un
rouge-ferrugineux; elle est courte, transverse, et elle a une
dent assez avancée dans son milieu. Les mandibules sont
peu saillantes et noirâtres. Les palpes sont d'un rouge-ferrugineux. Les antennes sont de la même couleur; elles vont
un peu en grossissant vers l'extrémité, et elles sont à peu
près de la longueur de la tête et du corselet réunis. La tête est
un peu plus allongée que dans les espèces précédentes; elle est
un peu rétrécie postérieurement; elle a quelques points enfoncés, assez gros et assez éloignés les uns des autres, une ligne
transversale enfoncée entre les antennes, deux impressions assez fortement marquées un peu en arrière, et une impression
transversale très-peu marquée derrière les yeux. Le corselet est
un peu plus large que la tête; il est presque aussi long que
large, et en forme de cœur tronqué; les bords latéraux sont
un peu rebordés, et les angles postérieurs sont coupés presque
carrément; il a une ligne longitudinale enfoncée au milieu, une
impression bien marquée de chaque côté, près des angles postérieurs, et un assez grand nombre de points enfoncés, assez
gros et bien marqués, placés principalement sur les bords latéraux et postérieur, et le long de la ligne longitudinale. L'é-
cusson est triangulaire et presque lisse. Les élytres sont un peu
plus larges que le corselet; elles sont parallèles, et proportionnellement plus allongées que dans les deux espèces précédentes;
leurs angles antérieurs et postérieurs sont arrondis, et leur
extrémité est tronquée presque carrément. Elles sont très-fortement striées et presque sillonnées; les intervalles forment

presque des côtes élevées, comme dans l'*Hirtus*, et l'on voit, de chaque côté, une ligne de points enfoncés assez fortement marqués. Le dessous du corps est à peu près de la couleur du dessus. Les pattes sont courtes, et d'un brun-noirâtre. Les tarses sont d'un rouge-ferrugineux; les trois premiers articles sont courts, larges et presque triangulaires, et le pénultième est bilobé.

Il se trouve au Brésil.

5. H. Præustus. *Mihi.*

Ferrugineus, punctatissimus; labro subrotundato; elytris sub-costatis, postice abdomineque infuscatis.

Long. 7 lignes. Larg. 2 lignes.

Cet insecte ressemble beaucoup pour la forme au *Polisti-chus Fasciolatus,* mais il est beaucoup plus grand, et ses élytres sont proportionnellement plus allongées. Tout le corps est un peu pubescent, et il est en-dessus d'un rouge-ferrugineux. La lèvre supérieure est lisse, arrondie antérieurement, et un peu avancée, sans l'être cependant autant que dans les *Tripustula-tus* et *Impictus.* Les antennes sont de la couleur de la tête, et un peu plus obscures vers l'extrémité; elles sont à peu près de la longueur de la moitié du corps; elles vont en grossissant vers l'extrémité, et leurs articles, à partir du cinquième, sont pres-que carrés, larges et aplatis. La tête est assez grande, arrondie et rétrécie postérieurement; elle est fortement ponctuée; elle a deux impressions longitudinales entre les antennes, et une autre transversale fortement marquée derrière les yeux. Le corselet est plus large que la tête, un peu plus long que large, et pres-que en forme de cœur tronqué; les bords latéraux sont légère-ment rebordés; les angles postérieurs sont tronqués oblique-ment et un peu relevés. Il est fortement ponctué; il a un sillon longitudinal bien marqué, une impression transversale près du bord antérieur, et une autre de chaque côté près des angles postérieurs. L'écusson est triangulaire, et il a quelques points enfoncés. Les élytres sont plus larges que le corselet;

Tome I.   19

elles sont allongées, parallèles, et presque en forme de carré-
long, avec leurs angles arrondis; leur base , et les bords extérieurs jusqu'au milieu, sont de la couleur du corselet, et tout
le reste est plus obscur et presque noirâtre. Elles sont très-fortement ponctuées, et elles ont chacune six lignes longitudinales
élevées, sans compter celle qui longe la suture. Le dessous du
corps et les pattes sont de la couleur du dessus. L'abdomen est
d'un brun-noirâtre. Les pattes sont un peu plus longues que
dans les espèces précédentes. Les articles des tarses sont presque triangulaires et un peu échancrés; le pénultième est presque bifide.

Il se trouve dans l'Amérique septentrionale , et il m'a été envoyé par M. Leconte.

XIX. APTINUS. *Bonelli.*

BRACHINUS. *Fabricius.*

*Dernier article des palpes un peu plus gros que les précédents ,
et allant un peu en grossissant vers l'extrémité. Antennes filiformes. Lèvre supérieure courte , et laissant les mandibules à
découvert. Point de dent, ou une très-petite au milieu de l'é-
chancrure du menton. Les trois premiers articles des tarses
antérieurs sensiblement dilatés dans les mâles. Point d'ailes.
Corselet cordiforme. Élytres ovales , allant en s'élargissant
vers l'extrémité.*

Les *Aptinus* ont le plus grand rapport avec les *Brachinus,* et
il est très-facile de les confondre; moi-même je n'en avais pas
d'abord bien saisi les véritables caractères, et toutes les espèces
exotiques que j'ai placées dans ce genre dans mon catalogue
imprimé sont de véritables *Brachinus.* Cependant je crois
qu'ils forment réellement un genre particulier; car, indépendamment de l'absence des ailes, ils présentent toujours les caractères suivants : les trois premiers articles des tarses antérieurs
sont toujours sensiblement dilatés dans les mâles, tandis que
cette dilatation n'est presque pas sensible dans les *Brachinus;*

les élytres sont tronquées obliquement à l'extrémité, de manière
à former un angle rentrant dont l'extrémité de la suture est le
sommet, tandis que dans les *Brachinus*, les élytres sont tronquées carrément; les élytres sont aussi plus ovales, et elles vont
en s'élargissant vers l'extrémité, tandis qu'elles sont ordinairement plus carrées et plus parallèles dans les *Brachinus ;* mais
cependant quelques espèces de ce dernier genre présentent aussi
ce dernier caractère. Ainsi que le dit Bonelli, quelques *Aptinus*
ont une petite dent bifide au milieu de l'échancrure du menton, mais d'autres espèces en sont dépourvues. Quant aux autres
caractères cités par Bonelli: tels que lèvre supérieure échancrée
dans les *Aptinus,* peu ou point échancrée dans les *Brachinus ;*
dernier article des palpes labiaux dilaté et comprimé dans les
Aptinus, allongé et ovale dans les *Brachinus;* pattes allongées
dans les *Aptinus*, médiocres dans les *Brachinus*, ils sont si peu
sensibles que je n'ai pu les distinguer.

Toutes les espèces de ce genre, connues jusqu'à présent, appartiennent à l'Europe méridionale ou au Cap de Bonne-Espérance. On les trouve, comme les *Brachinus*, sous les pierres,
mais plus particulièrement dans les montagnes.

1. A. NIGRIPENNIS.

Niger, elytris costatis; capite, antennis, thorace pedibusque
rufis.

Brachinus Nigripennis. FABR. *Sys. el.* 1. p. 218. n° 5.
SCH. *Syn. ins.* 1. p. 230. n° 5.
Carabus Fastigiatus. OLIVIER. III. 35. p. 63. n° 78. T. 8.
fig. 93.
SCH. *Syn. ins.* 1. p. 224. n° 311.

Long. 6 $\frac{1}{2}$, 7 lignes. Larg. 2 $\frac{1}{2}$, 2 $\frac{3}{4}$ lignes.

Il ressemble beaucoup au *Ballista*, mais il est ordinairement
un peu plus grand. La tête est d'un rouge-ferrugineux; elle
est un peu plus convexe que celle du *Ballista ;* elle a
deux impressions longitudinales très-peu marquées, et quel-

ques rides peu apparentes à sa partie postérieure. Les palpes et les antennes sont d'une couleur ferrugineuse, plus claire et plus jaune que celle de la tête. Les yeux sont noirs, assez petits et peu saillants. Le corselet est de la couleur de la tête; il est un peu plus large qu'elle, convexe, et très-peu rétréci postérieurement; il a quelques rides très-peu marquées; il est légèrement rebordé sur ses côtés, et il a dans son milieu une ligne longitudinale très-peu marquée, qui ne touche ni au bord antérieur, ni au postérieur, et des lignes aussi très-peu marquées, qui, partant des quatre angles, viennent joindre les extrémités de la ligne du milieu. Les élytres sont noires; elles ont à peu près la forme de celles du *Ballista*, et elles sont sillonnées de la même manière. En-dessous, le milieu de la poitrine est de la couleur du corselet, ses côtés et l'abdomen sont d'un brun noirâtre. Les pattes sont d'un rouge-ferrugineux, un peu plus clair et un peu plus jaunâtre que le corselet.

Il se trouve au Cap de Bonne-Espérance.

2. A. BALLISTA. *Illiger*.

Niger, elytris costatis, thorace rufo.

GERMAR. *Coleopt. sp. nov.* p. 2 n° 3.

AHRENS. *Fauna ins. Europ.* VIII. T. 5.

Iconographie. II. p. 100. n° 1. T. 8. fig. 1.

DEJ. *Cat.* p. 4.

Brachinus displosor. DUFOUR. *Annales du Muséum.* XVIII. T. 5. fig. 1.

DUFOUR. *Annales gén. des sciences physiques.* VI. 18e cahier. p. 320. n° 4.

Long. 5 ¦, 7 lignes. Larg. 2 ¦, 3 lignes.

Il ressemble beaucoup pour la forme au *Mutilatus*, mais il est plus grand. La tête est proportionnellement un peu plus grosse; elle est noire, et elle a deux enfoncements longitudinaux entre les yeux et quelques points enfoncés peu marqués sur le sommet. On aperçoit quelquefois une petite tache brune

peu distincte entre les yeux. La lèvre supérieure et les palpes
sont d'un brun-obscur. Les premiers articles des antennes sont
noirs, les autres sont obscurs. Le corselet est d'un rouge-sanguin un peu ferrugineux; il est assez allongé, presque en cœur,
assez plane; les bords latéraux sont un peu relevés; il a une
ligne longitudinale au milieu, quelques points enfoncés peu
distincts vers la base, et une impression peu marquée de chaque côté vers les angles postérieurs. L'on n'aperçoit pas la ligne
transversale qui se trouve dans le *Mutilatus*. Les élytres sont
noires; elles ont la même forme que celles du *Mutilatus*, et
elles sont sillonnées de même; leur extrémité est tronquée un
peu plus obliquement, et elle forme à la suture un angle rentrant un peu moins obtus. Le dessous du corps et les pattes
sont d'un brun-noirâtre.

Il a été rapporté du Portugal par M. le comte de Hoffmansegg; de la Navarre, de la Catalogne et du royaume de Valence, par M. Léon Dufour. On le trouve aussi quelquefois
dans le département des Pyrénées orientales. J'en ai pris un individu dans les montagnes près de Collioure.

3. A. Mutilatus.

*Ater, elytris costatis; antennis pedibusque ferrugineis; thorace
postice transversim impresso.*

Iconographie. II. p. 101. n° 2. T. 8. fig. 2.
Dej. *Cat.* p. 4.
Brachinus Mutilatus. Fabr. Sys. el. 1. p.218. n° 7.
Sch. *Syn. ins.* 1. p. 230. n° 7.
Duft. II. p. 233. n°. 1.

Long. 5 $\frac{1}{2}$ lignes. Larg. 2 $\frac{1}{4}$ lignes.

Il est en dessus d'une couleur noire un peu brunâtre. La tête
a deux enfoncements longitudinaux entre les yeux. La lèvre supérieure et les mandibules sont d'un brun-obscur. Les palpes
sont d'un jaune-ferrugineux. Les antennes sont de la même
couleur, et leurs derniers articles sont un peu plus obscurs. Le

corselet est presque en cœur; il est un peu rétréci postérieurement, ses bords latéraux sont un peu relevés; il a une ligne longitudinale enfoncée au milieu, et une impression transversale peu marquée près du bord postérieur; il a, en outre, un assez grand nombre de points enfoncés, assez marqués, épars çà et là. Les élytres ne sont guère plus larges que le corselet à leur base; elles vont en s'élargissant, et leur extrémité est tronquée un peu obliquement, et elle forme à la suture un angle rentrant très-obtus. Elles ont chacune huit côtes élevées, et la suture est en outre un peu saillante; les intervalles sont un peu granulés. Le dessous du corps est d'une couleur un peu plus claire et plus brune que le dessus. Les pattes sont d'un jaune-ferrugineux.

Il se trouve assez communément en Autriche, dans les montagnes, sous les pierres.

4. A. ATRATUS. *Ziegler.*

Niger, elytris costatis; antennis pedibusque nigro-piceis; thorace postice transversim impresso.

Long. 4 ½, 5 ½ lignes. Larg. 1 ¾, 2 ¼ lignes.

Il ressemble entièrement pour la forme au *Mutilatus*, et il n'en diffère que par sa couleur un peu plus noire, et surtout par celle des antennes et des pattes qui est d'un brun-noirâtre très-foncé.

Pendant quelque temps, j'avais considéré cet insecte comme un individu du *Mutilatus*, dont on avait altéré les couleurs par quelques moyens chimiques; mais, en ayant reçu successivement plusieurs individus, je n'ai pu me refuser à le considérer comme une espèce nouvelle.

Il m'a été envoyé par M. Ziegler, sous le nom que je lui ai conservé, et sans autre indication locale que celle d'Autriche. Je l'ai reçu aussi de M. Parreyss, comme venant des environs de Salzbourg.

5. A. Pyrenæus.

Ater, elytris costatis; antennis ferrugineis, pedibus testaceis.

Iconographie. ii. p. 102. n° 3. t. 8. fig. 3.

Long. 3, 4. lignes. Larg. 1 ¼, 1 ¾ ligne.

Il ressemble beaucoup au *Mutilatus*, mais il est beaucoup plus petit. Sa couleur est un peu moins foncée et presque brune. La tête est un peu plus allongée. Les palpes et les antennes sont à peu près de la même couleur. Le corselet est plus étroit, plus rétréci postérieurement et moins ponctué; les bords latéraux sont plus relevés, surtout postérieurement; la ligne longitudinale est plus fortement marquée et plus enfoncée, et il n'a pas d'impression transversale près du bord postérieur. Les élytres sont un peu plus convexes et proportionnellement un peu plus larges, surtout vers leur base. Les pattes sont d'un jaune-testacé.

Il se trouve dans les Pyrénées orientales. Je l'ai pris très-communément sous les pierres, dans les montagnes autour de Pratz de Mollo.

6. A. Jaculans. *Illiger.*

Fuscus; elytris subcostatis, pubescentibus; capite thoraceque rufis, pedibus testaceis.

Iconographie. ii. p. 103. n° 4. t. 8. fig. 4.
Dej. *Cat.* p. 4.
Brachinus bellicosus. Dufour. *Annales gén. des sciences physiques.* vi. 18ᵉ cahier. p. 320. n°. 5.

Long. 3 ¾, 4 ½ lignes. Larg. 1 ⅓, 1 ¾ ligne.

Quoique cet insecte soit aptère et appartienne à ce genre, il s'éloigne un peu des espèces précédentes, et il se rapproche des *Brachinus* par la forme du corps. La tête, les antennes et le corselet sont d'un rouge-ferrugineux. Le corselet a à peu près la forme de celui du *Brachinus Crepitans,* mais il est un peu plus étroit antérieurement. Les élytres sont d'un brun-obscur, et légèrement pubescentes. Elles sont striées et ponctuées comme celles du *Brachinus Crepitans*, mais elles sont plus convexes, plus étroites et plus arrondies antérieurement, plus larges postérieurement, et leur extrémité est tronquée un peu obliquement. Le dessous du corps est d'un brun-obscur. Les pattes sont d'un jaune-pâle.

Il a été rapporté du Portugal par M. le comte de Hoffmansegg. Je l'ai trouvé communément en Espagne, dans les environs de Ciudad Rodrigo, et M. Léon Dufour l'a rapporté de la Navarre. Je crois qu'il se trouve aussi en Italie.

7. A. INFUSCATUS. *Mihi.*

*Flavescens, elytrorum macula magna postica abdomineque
obscuris.*

Long. 2 ½ lignes. Larg. 1 ligne.

Il est beaucoup plus petit que les précédents, et sa forme approche un peu de celle du *Pyrenæus*. Il est en dessus d'un jaune-testacé assez pâle. La tête est légèrement granulée, et elle a deux impressions longitudinales peu marquées entre les antennes. Les yeux sont noirâtres et assez saillants. Le corselet est en cœur; ses bords latéraux sont relevés, et il a une ligne longitudinale enfoncée au milieu. Les élytres sont un peu plus courtes que celles des espèces précédentes; elles sont assez étroites à leur base, et elles vont en s'élargissant vers l'extrémité qui est tronquée obliquement; elles sont légèrement rugueuses et elles ont des côtes élevées très-peu marquées. Elles ont une grande tache obscure, plus ou moins marquée, vers l'extrémité, et qui remonte quelquefois jusque près de la base. Le dessous du corps et les pattes sont de la couleur du dessus. L'abdomen est d'un brun-noirâtre.

Il se trouve au cap de Bonne-Espérance, d'où il a été rapporté par feu Delalande.

XX. BRACHINUS. *Weber. Fabricius.*

CARABUS. *Olivier.*

*Dernier article des palpes un peu plus gros que les précédents,
et allant un peu en grossissant vers l'extrémité. Antennes filiformes. Lèvre supérieure courte, et laissant les mandibules à
découvert. Point de dent au milieu de l'échancrure du menton.
Tarses antérieurs point sensiblement dilatés dans les mâles.
Des ailes. Corselet cordiforme. Élytres ovales, presque aussi
larges à la base qu'à l'extrémité.*

Les *Brachinus* sont si connus par la singulière propriété, qu'ils
partagent avec les *Aptinus*, de faire sortir par l'anus une ma-
tière vaporisable et détonnante, qu'il est inutile de nous éten-
dre beaucoup sur ce genre. Je ne répéterai pas l'examen des
différences génériques qui les séparent des *Aptinus*, et je me
contenterai de dire qu'on les reconnaîtra facilement aux caractères suivants :

Le dernier article des palpes est un peu plus gros que les
précédents, et il va un peu en grossissant vers l'extrémité ; la
lèvre supérieure est courte, transverse, et elle laisse les mandibules à découvert ; celles-ci sont courtes et peu avancées ; il n'y
a point de dent au milieu de l'échancrure du menton ; les
antennes sont filiformes, assez fortes pour la grosseur de l'insecte, et plus courtes que le corps. Ces insectes sont tous ailés,
et leur corps est assez épais et non aplati ; la tête est ovale et
peu rétrécie postérieurement ; le corselet est assez allongé ; il
est à sa partie antérieure un peu plus large que la tête, rétréci
postérieurement et plus ou moins cordiforme ; les élytres sont
le double plus larges que le corselet, en ovale presque carré,
ordinairement presque aussi larges à la base qu'à l'extrémité,
assez allongées, légèrement convexes et coupées carrément à
l'extrémité ; les pattes sont peu allongées ; les articles des tarses
sont presque cylindriques ; ceux antérieurs ne sont pas sensiblement dilatés dans les mâles, et les crochets des tarses ne sont
pas dentelés en dessous.

Ce genre étant le plus nombreux en espèces de cette tribu, j'ai cru devoir le séparer en deux divisions. La première renferme les espèces dont les élytres sont sillonnées, ou qui ont, pour mieux dire, des côtes élevées, saillantes et bien marquées. Ces espèces sont généralement les plus grandes du genre, et elles sont presque toutes de l'ancien continent. Je n'en possède qu'une seule d'Amérique, le *Complanatus*, mais j'en ai vu quelques autres dans la collection du Muséum : elles se distinguent de toutes celles de l'ancien continent par la forme du corselet, dont les angles postérieurs sont très-saillants et aigus. J'ai placé dans la seconde division toutes les espèces dont les côtes des élytres sont peu élevées, et qui, même quelquefois, ne sont presque pas sensibles. Ces espèces sont généralement beaucoup plus petites que celles de la première division, et quelques-unes de l'ancien continent ont les angles postérieurs du corselet saillants et aigus, comme celles d'Amérique. Toutes les espèces de ce genre se trouvent ordinairement sous les pierres, et elles paraissent répandues sur toute la surface de la terre.

Les *B. Longipalpis* et *Thermarum* présentent quelques différences dans la conformation de leurs palpes, et il serait possible que ces insectes dussent constituer deux nouveaux genres.

PREMIÈRE DIVISION.

1. B. Jurinei. *Mihi.*

Testaceus; elytris costatis, nigris, margine laterali, macula magna media subquadrata apiceque testaceis.

Long. 9 ½ lignes. Larg. 3 ¾ lignes.

Il est plus grand que le *Bimaculatus*, et c'est je crois la plus grande espèce de ce genre. La tête est proportionnellement un peu plus grosse; elle est d'un jaune-testacé sans taches. Les antennes sont de la même couleur, et un peu plus obscures vers l'extrémité. Les yeux sont noirs et un peu plus saillants. Le corselet est plus étroit et plus allongé; il est un peu plus con-

vexe; on n'y aperçoit pas de points enfoncés, et il est entièrement de la couleur de la tête. Les élytres sont proportionnellement un peu plus allongées, plus étroites et un peu plus
rétrécies à leur base; leur extrémité est coupée plus carrément
et paraît même un peu échancrée. Elles sont noires et sillonnées
de la même manière; leur bord latéral est d'un jaune-testacé,
il se recourbe un peu à l'angle de la base et forme presque une
tache humérale; le bord postérieur est également d'un jaune-
testacé, et il se dilate un peu à l'angle extérieur et vers la suture. Elles ont en outre au milieu de chaque une grande tache
de la même couleur, presque carrée et un peu irrégulière, qui
touche presque par un de ses angles au bord latéral. Le dessous
du corps et les pattes sont d'un jaune-testacé.

Il se trouve au Sénégal, et il m'a été donné par M. de Jurine,
fils du célèbre entomologiste de ce nom, qui a hérité de la belle
collection de feu son père.

2. B. BIMACULATUS.

*Capite flavescente, vertice obscuro; thorace obscuro, maculis
duabus flavescentibus; elytris costatis, nigris, puncto humerali, fascia lata media sinuata abbreviata, apice, antennis
pedibusque flavescentibus.*

FABR. *Sys. el.* I. p. 217. n° 1.
SCH. *Syn. ins.* I. p. 229. n° 1.
Aptinus Bimaculatus. DEJ. *Cat.* p. 3.
Carabus Bimaculatus. OLIV. III. 35. p. 65. n° 81. T. 2. fig.
a. b. c.

Long. 7, 7 ¾ lignes. Larg. 2 ¼, 3 ¼ lignes.

Cet insecte, que je regarde comme le véritable *Bimaculatus*
de Fabricius, est souvent confondu avec plusieurs autres espèces voisines. La tête est jaunâtre avec une tache obscure un
peu allongée sur le sommet, laquelle se prolonge jusqu'au corselet; elle a deux impressions longitudinales peu marquées
entre les antennes. Celles-ci sont à peu près de la longueur de la

moitié du corps ; elles sont jaunâtres avec l'extrémité un peu plus obscure. Les yeux sont peu saillants et brunâtres. Le corselet est presque en forme de cœur tronqué; il est un peu plus large que la tête à sa partie antérieure, et un peu rétréci postérieurement ; les angles postérieurs sont coupés carrément et ils ne sont pas saillants; il a une ligne longitudinale enfoncée, peu marquée, au milieu, et quelques points enfoncés épars çà et là. Sa couleur est d'un brun-noirâtre et il a une tache jaunâtre, oblongue, plus ou moins grande de chaque côté. Les élytres sont presque le double plus larges que le corselet; elles vont un peu en s'élargissant, et elles sont coupées presque carrément à l'extrémité; elles ont chacune huit côtes élevées qui vont depuis la base jusqu'à l'extrémité, et une neuvième le long de la suture; les intervalles entre les côtes paraissent un peu soyeux. Elles sont noires, et elles ont chacune à l'angle de la base une tache ronde et jaunâtre; au milieu une large bande dentelée sur ses bords et qui ne va pas jusqu'à la suture, et leur extrémité est de la même couleur. Le dessous du corps est d'un brun-noirâtre avec des taches jaunâtres sur le corselet et la poitrine. Les pattes sont jaunâtres.

Il se trouve aux Indes orientales.

3. B. Discicollis. *Mihi*.

Capite antice flavescente, postice ferrugineo; thorace obscuro, macula magna didyma rufa; elytris costatis, nigris, puncto humerali, fascia lata media sinuata abbreviata, apice, antennis pedibusque flavescentibus.

Long. 7 ¼ lignes. Larg. 3 lignes.

Il ressemble beaucoup au *Bimaculatus*, mais il est un peu plus allongé. La tête est jaunâtre antérieurement et d'un brun-ferrugineux à sa partie postérieure. Le corselet est un peu plus étroit; il a quelques points enfoncés sur ses bords, mais il n'en a pas dans son milieu. Il est d'un brun-noirâtre, et il a dans son milieu une grande tache d'un rouge-ferrugineux, qui en occupe presque toute la surface et qui paraît composée de deux taches réunies. Les élytres sont un peu plus rétrécies à leur base; elles présentent à peu près le même dessin, cependant la bande du milieu est un peu plus fortement dentelée sur ses bords, et la couleur jaunâtre de l'extrémité est un peu plus tranchée et plus distincte. Les cuisses ont une très-petite tache obscure, peu distincte, en dessous, tout-à-fait à l'extrémité.

Il se trouve aux Indes orientales.

4. B. Catoirei. *Mihi.*

Capite thoraceque ferrugineis, immaculatis; elytris elongatis, costatis, nigris, puncto humerali, fascia media sinuata abbreviata, apice, antennis pedibusque testaceis.

Long. 7 ½ lignes. Larg. 3 lignes.

Il ressemble beaucoup aux précédents, mais sa forme est un peu plus allongée. La tête est plus petite, plus étroite, et elle est entièrement d'un rouge-ferrugineux. Les yeux sont grisâtres. Le corselet est de la couleur de la tête; il est un peu plus large antérieurement, ce qui le fait paraître plus rétréci postérieurement; il est un peu plus convexe, et il a quelques points enfoncés épars çà et là. Les élytres sont plus allongées et un peu plus étroites; les taches sont d'un jaune un peu plus foncé; elles sont disposées de la même manière, mais celle humérale est un peu plus grande; la bande du milieu est moins large, moins dentelée sur ses bords, et elle se rapproche un peu moins de la suture; l'extrémité est au contraire un peu plus large.

Il se trouve au Bengale, et il m'a été donné par M. Catoire.

5. B. Affinis. *Mihi.*

Capite thoraceque testaceis, marginibus thoracis tenuibus obscuris; elytris costatis, nigris, puncto humerali, fascia lata media sinuata abbreviata, apice, antennis pedibusque testaceis.

Long. 7 ½ lignes. Larg. 3 lignes.

Il ressemble au *Discicollis* pour la forme, mais les élytres sont un peu plus courtes, plus rétrécies à leur base, et elles vont un peu plus en s'élargissant vers l'extrémité. La tête est entièrement d'un jaune-testacé. Les antennes sont de la même couleur, et un peu plus obscures vers l'extrémité. Le corselet a quelques points enfoncés très-peu marqués, épars çà et là; il est de la couleur de la tête, et il a une bordure d'un noir-obscur, très-étroite, interrompue au milieu des bords antérieur et postérieur, et qui est quelquefois presque entièrement effacée. L'écusson est d'un brun-jaunâtre, un peu plus clair au milieu. Les taches des élytres sont comme dans le *Discicollis*, mais elles sont d'un jaune un peu plus foncé. Les pattes sont de la même couleur.

Il se trouve aux Indes orientales. L'individu que je possède m'a été envoyé par M. Schœnherr, comme venant de l'Ile-de-France, et sous le nom d'*Hilaris*, Fabricius, espèce que j'ai vue dans la collection du Muséum, et qui, quoique très-voisine de celle-ci, en est cependant différente.

6. B. Verticalis.

Capite testaceo, vertice obscuro; thorace obscuro, maculis duabus obsoletis testaceis; elytris costatis, nigris, margine laterali, fascia media sinuata abbreviata, apice, antennis pedibusque testaceis.

Aptinus Verticalis. Dej. *Cat.* p. 4.
Aptinus Chamissoni. Mac Leay.

Long. 7 lignes. Larg. 3 lignes.

Il ressemble beaucoup au *Bimaculatus*, mais il est un peu plus étroit. La tête est d'un jaune-testacé avec une assez grande tache triangulaire d'un brun-noirâtre entre les yeux, et deux autres petites souvent réunies en avant des antennes. Le corselet est d'un brun-noirâtre avec une petite tache testacée, souvent presque effacée, de chaque côté. Sa forme et sa ponctuation sont absolument comme dans le *Bimaculatus*. Les élytres sont un peu plus étroites et un peu plus parallèles; elles n'ont point de tache humérale; la bande du milieu est moins large, surtout vers le bord latéral, elle s'approche moins de la suture et elle est d'un jaune plus foncé; tout le bord extérieur, depuis l'angle de la base jusqu'à la suture et les pattes, sont de la même couleur.

Il se trouve à la Nouvelle-Hollande.

7. B. AFRICANUS. *Leach.*

Capite thoraceque rufis, immaculatis; elytris costatis, nigris, fascia media sinuata abbreviata, apice, antennis pedibusque rufis.

Aptinus Africanus. DEJ. *Cat.* p. 4.
Aptinus Lyoni. MAC LEAY.

Long. 6, 6 $\frac{1}{2}$ lignes. Larg. 2 $\frac{1}{2}$, 2 $\frac{3}{4}$ lignes.

Il est un peu plus petit que les espèces précédentes. Il ressemble pour la forme au *Bimaculatus*, mais il est un peu plus étroit, et le corselet n'a pas de points enfoncés. La tête, le corselet, les antennes et les pattes sont entièrement d'un rouge un peu ferrugineux. Les yeux sont noirs. Les élytres n'ont pas de tache humérale; la bande du milieu est moins large, elle ne s'approche pas autant de la suture que dans le *Bimaculatus*, et elle est également, ainsi que l'extrémité, d'un rouge un peu ferrugineux. Le dessous du corps est moins obscur que dans les espèces précédentes, et, dans quelques individus, il est presque entièrement d'un rouge-ferrugineux obscur.

Il se trouve en Barbarie, et il a été rapporté de Tripoli par M. Dupont aîné.

8. B. HISPANICUS. *Kollar.*

Capite thoraceque rufis, immaculatis; elytris costatis, nigris, macula humerali, fascia media dentata abbreviata pedibusque testaceis.

Iconographie. II. p. 104. n° 1. T. 8. fig. 5.

Long. 7 lignes. Larg. 2 ¾ lignes.

Il ressemble un peu pour la forme à l'*Africanus*, mais il est un peu plus grand. Le corselet est plus étroit à sa partie antérieure; il est presque en forme de carré long, il est seulement un peu sinué sur ses côtés près de la base, et les élytres sont un peu plus larges à leur base et presque parallèles. Les antennes sont d'un rouge-ferrugineux. La tête est de la même couleur avec la partie antérieure un peu jaunâtre. Les yeux sont brunâtres. Le corselet est de la couleur de la tête; il n'a aucun point enfoncé. Les élytres sont noires; elles ont chacune à l'angle de la base une tache d'un jaune-testacé, plus grande que dans le *Bimaculatus* et les espèces voisines, et un peu dentelée sur les bords; la bande du milieu est assez large et très-fortement dentelée sur les bords. Le bord latéral, entre la tache humérale et cette bande, est un peu jaunâtre. Le bord postérieur est de la couleur du fond des élytres; l'extrémité des côtes élevées est seulement un peu jaunâtre. Les pattes sont d'un jaune-testacé avec une petite tache obscure à l'extrémité des cuisses.

Ce bel insecte, le seul de cette division qui jusqu'à présent ait été trouvé en Europe, a été pris à l'extrémité méridionale de l'Espagne par les naturalistes autrichiens qui avaient relâché dans la baie d'Algésiras en se rendant au Brésil.

9. B. Ambiguus. *Mihi.*

Capite flavescente, vertice obscuro; thorace obscuro, maculis duabus obsoletis flavescentibus; elytris costatis, nigris, macula humerali, fascia media sinuata abbreviata, apice obsoleto, antennis pedibusque flavescentibus.

Long. 7 ¾ lignes. Larg. 3 ¼ lignes.

Il ressemble beaucoup au *Bimaculatus*, mais le corselet est un peu plus étroit à sa partie antérieure, et les élytres sont un peu plus larges à leur base. La tête est de la même couleur, et elle a une tache semblable à sa partie postérieure; mais elle en a une autre plus brune et moins distincte entre les antennes, qui se prolonge jusque sur la lèvre supérieure et qui se réunit à la tache postérieure. Le corselet est aussi de la même couleur; il est ponctué de même, mais les deux taches jaunâtres sont plus petites et moins distinctes. La tache humérale des élytres est plus grande, moins arrondie, et elle se prolonge un peu postérieurement. La bande du milieu est au contraire beaucoup moins large; elle se rapproche moins de la suture; elle ne touche pas tout-à-fait au bord extérieur, et elle est un peu rétrécie dans son milieu. Le jaune de l'extrémité est beaucoup moins marqué, et il n'est presque sensible que sur les côtes élevées. Le dessous du corps, les antennes et les pattes sont comme dans le *Bimaculatus*.

Il m'a été donné par M. Dupont jeune, qui n'a pu me dire quelle était sa patrie; il suppose cependant qu'il vient des Philippines.

10. B. JAVANUS. *Mihi.*

Capite testaceo, vertice obscuro; thorace obscuro, maculis duabus oblongis testaceis; elytris costatis, obscuris, puncto humerali, striga media abbreviata dentata, antennis pedibusque testaceis.

Long. 8, 8 $\frac{1}{2}$ lignes. Larg. 3, 3 $\frac{1}{4}$ lignes.

Il est un peu plus allongé que le *Bimaculatus*. Le corselet est moins en cœur; il est moins large à sa partie antérieure, et il ne se rétrécit presque pas vers sa base. Les élytres sont plus allongées, un peu plus larges à leur base et plus parallèles. Les antennes sont d'un jaune-testacé. La tête est de la même couleur; elle a entre les yeux une grande tache obscure, oblongue, qui se prolonge jusqu'au corselet, et qui est échancrée à sa partie antérieure, et deux autres petites taches moins distinctes, presque réunies en avant des antennes. Le corselet est d'un brun-noirâtre avec une tache oblongue d'un jaune-testacé de chaque côté; il a une ligne longitudinale enfoncée au milieu, assez marquée, quelques rides transversales peu apparentes, mais il n'a pas de points enfoncés comme dans les espèces voisines. Les élytres sont d'un noir-obscur, un peu moins foncé que dans le *Bimaculatus*; elles ont chacune, à l'angle de la base,

une tache un peu allongée d'un jaune - testacé, et au milie
une bande dentelée très-étroite de la même couleur, qui ne v
pas juqu'à la suture. Le dessous du corps est d'un brun-obscu
varié de jaunâtre. Les pattes sont d'un jaune-testacé avec l'ex
trémité des cuisses d'un brun-obscur.

Cet insecte faisait partie d'une collection venant de l'île d
Java, que j'ai achetée à Marseille.

11. B. Fuscicollis. *Mihi.*

*Capite testaceo, vertice obscuro; thorace obscuro, immaculato
elytris costatis, obscuris, puncto humerali, striga media abbreviata dentata, antennis pedibusque testaceis.*

Long. 7 ¼ lignes. Larg. 2 ¾ lignes.

Il ressemble beaucoup au *Javanus*, mais il est un peu plus
petit. La tache de la tête n'a pas la même forme, et elle semble
composée de trois taches réunies : une petite entre les antennes,
en triangle allongé; une autre plus grande, presque ronde,
entre les yeux; et une autre à peu près de la même grandeur,
presque triangulaire, à la partie postérieure. Le corselet est
entièrement d'un brun-noirâtre, et il a plusieurs points enfoncés, épars çà et là comme dans le *Bimaculatus*. La tache humérale des élytres est presque ronde, et la bande du milieu est
un peu moins étroite. L'extrémité des cuisses est également d'un
brun-obscur.

Cet insecte faisait aussi partie de la collection de Java, que
j'ai achetée à Marseille.

12. B. Interruptus. *Mihi.*

*Capite testaceo, vertice obscuro; thorace obscuro, maculis ma-
gnis duabus testaceis; elytris costatis, obscuris, puncto humerali, margine antico laterali, striga media tenui abbreviata
dentata interrupta, antennis pedibusque testaceis.*

Long. 8 ¼ lignes. Larg. 3 ¼ lignes.

Il ressemble beaucoup aux deux espèces précédentes, mais

le corselet est plus large; il a la forme de celui du *Bimaculatus*, et il est ponctué de la même manière. La tête a entre les
yeux une tache d'un brun-noirâtre, ayant à peu près la forme
d'un fer de lance, et un point arrondi de la même couleur
entre les antennes. Le corselet est d'un jaune-testacé; il a sur
le bord antérieur une grande tache d'un brun-noirâtre, presque
triangulaire, qui vient jusqu'au milieu; le bord postérieur est
de la même couleur, et il se réunit presque au milieu avec la
tache du bord antérieur; les bords latéraux sont aussi d'un
brun-obscur, mais ils sont très-étroits. Les élytres ont une
tache humérale, arrondie, d'un jaune-testacé; et au milieu une
bande très-étroite, dentelée, qui ne va pas jusqu'à la suture et
qui est interrompue en plusieurs endroits. Le bord latéral, entre
cette bande et la base, est également d'un jaune-testacé, et
l'extrémité des élytres, surtout sur les côtes élevées, a une légère
teinte jaunâtre, mais qui est très-peu sensible. Les pattes sont
d'un jaune-testacé; les cuisses ont à leur extrémité une petite
tache obscure très-peu marquée.

Il faisait aussi partie de la collection de Java, dans laquelle
se trouvaient les deux précédents.

13. B. Fumigatus. *Mihi*.

*Capite flavescente, vertice obscuro; thorace obscuro, maculis
duabus flavescentibus; elytris costatis, obscuris, apice, antennis pedibusque flavescentibus.*

Long. 7 ½ lignes. Larg. 2 ¾ ligne.

Il ressemble beaucoup pour la forme au *Javanus*, mais il
est un peu plus petit. Les antennes sont jaunâtres. La tête est
de la même couleur; elle a une assez grande tache d'un brun-
noirâtre à sa partie postérieure, qui ne va pas jusqu'au corselet,
et qui est échancrée antérieurement. Le corselet est d'un brun-
noirâtre, et il a une tache jaunâtre oblongue de chaque côté.
Les élytres sont d'un brun-noirâtre; elles n'ont ni tache humérale, ni bande au milieu; l'extrémité seulement est un peu jau-

nâtre. Le dessous du corps est d'un brun-obscur, varié d
jaunâtre. Les pattes sont jaunâtres; les cuisses ont une petit
tache obscure à leur extrémité.

Il m'a été donné par M. Roger, comme venant des îles Phi
lippines.

14. B. Senegalensis. *Mihi.*

Testaceus ; elytris costatis, nigris, postice latioribus, puncto hu
merali, margine laterali, fascia media dentata abbreviat.
apiceque testaceis.

Long. 6 ¾ lignes. Larg. 2 ¾ lignes.

Cet insecte se rapproche, pour la forme, du *Discicollis* et d
l'*Affinis*, mais il est un peu plus petit. La tête est d'un jaune
testacé. Les antennes sont de la même couleur, et un peu plu
obscures vers l'extrémité. Le corselet est de la couleur de l
tête, sans aucune tache; il est un peu plus étroit que celui d
Discicollis, et il n'a pas de points enfoncés. L'écusson est auss
d'un jaune-testacé. Les élytres se rapprochent pour la forme d
celles des *Aptinus ;* elles sont très-rétrécies à leur base, et elle
vont en s'élargissant vers l'extrémité, qui est tronquée un pe
obliquement, de manière à former un angle rentrant très-obtu
dont le sommet est à la suture. Elles sont noires, et elles ont
peu près le même dessin que dans le *Discicollis ;* mais le point hu
méral est un peu plus grand, la bande du milieu est moin
large et plus fortement dentelée, tout le bord extérieur est entièrement d'un jaune-testacé, et le postérieur s'élargit un pe
vers la suture et vers le bord extérieur. Le dessous du corps
et les pattes sont d'un jaune-testacé.

Il se trouve au Sénégal.

15. B. Parallelus. *Mihi.*

Testaceus ; elytris costatis, nigris, subparallelis, puncto hume-
rali, margine laterali, fascia media dentata abbreviata apice-
que testaceis.

Long. 6, 7 lignes. Larg. 2 ¼, 2 ¾ lignes.

Il ressemble entièrement au *Senegalensis* pour la distribution des couleurs, cependant la tache humérale est un peu plus
allongée, la bande du milieu est un peu moins large, et l'extrémité l'est au contraire un peu plus; mais la forme des élytres est différente : elles sont plus larges à leur base, l'angle
huméral est bien marqué, et elles sont presque parallèles comme
celles du *Marginatus*, avec lequel cet insecte a beaucoup de
rapports; mais la tête et le corselet sont sans taches, et ce dernier est un peu moins large antérieurement et moins arrondi
sur ses côtés.

Il se trouve au Sénégal, d'où il a été rapporté par M. Foucou.

16. B. Marginatus.

*Capite testaceo, puncto verticis nigro; thorace testaceo, margine
antico posticoque nigris; elytris costatis, nigris, subparallelis,
puncto humerali, margine laterali, fascia media dentata abbreviata, apice, antennis pedibusque testaceis.*

Aptinus Marginatus. Dej. *Cat.* p. 4.

Long. 7 lignes. Larg. 2 ¾ lignes.

Il ressemble un peu, pour la forme, à l'*Africanus;* mais il est
un peu plus grand, la tête est un peu plus grosse, et les élytres sont un peu plus larges à leur base, un peu plus parallèles,
et leurs angles postérieurs sont moins arrondis et presque coupés
carrément. Les antennes sont d'un jaune-testacé. La tête est de
la même couleur avec un point rond noirâtre entre les yeux.
Le corselet est de la couleur de la tête avec les bords antérieur
et postérieur noirâtres; il a quelques points enfoncés peu marqués, épars çà et là. Les élytres sont noires; tout le bord extérieur, depuis l'angle de la base jusqu'à la suture, est d'un
jaune-testacé, et cette bordure remonte un peu à l'extrémité
le long de la suture; la tache humérale est de la même couleur,
ainsi que la bande du milieu qui est assez étroite, fortement
dentée sur ses bords, et qui est placée un peu plus près de l'ex-

trémité que dans les autres espèces. Le dessous du corps est varié de brun et de jaunâtre. Les pattes sont d'un jaune-testacé.

Cet insecte provient de la collection de feu Palisot de Beauvois, où il était noté comme venant de la côte de Guinée. M. Schüppel m'en a envoyé un individu semblable venant d'Égypte, dans lequel les bords noirâtres du corselet étaient à peine visibles, et dont la tache de la tête avait entièrement disparu.

17. B. MARGINALIS. *Schœnherr.*

Capite testaceo, vertice nigro; thorace nigro, maculis duabus lateralibus testaceis; elytris costatis, nigris, subparallelis, puncto humerali, margine laterali, fascia media dentata ab-breviata, apice, antennis pedibusque testaceis.

Long. 6 lignes. Larg. 2 ½ lignes.

Il ressemble pour la forme au *Marginatus*, mais il est plus petit. Les antennes sont d'un jaune-testacé un peu pâle. La tête est de la même couleur; elle a entre les yeux une assez grande tache d'un brun-noirâtre, presque arrondie, un peu échancrée antérieurement, et qui se prolonge postérieurement jusqu'au corselet. Celui-ci est un peu plus étroit à sa partie antérieure, moins en cœur, et il a quelques points enfoncés, épars çà et là; il est d'un brun-noirâtre avec une grande tache oblongue d'un jaune-testacé de chaque côté le long du bord extérieur. La bande du milieu des élytres est un peu moins large, surtout vers le bord extérieur; le bord postérieur est moins distinct, et il ne remonte pas le long de la suture.

Il m'a été envoyé par M. Schœnherr, comme venant des Indes orientales, et sous le nom que je lui ai conservé.

18. B. BEAUVOISI. *Mihi.*

Testaceus; elytris costatis, nigris, subparallelis, puncto hume-rali, margine laterali, fascia media sinuata abbreviata, apice, macula scutellari punctisque parvis obsoletis ad suturam tes-taceis.

Long. 5 lignes. Larg. 1 ¾ ligne.

Il ressemble au *Marginatus*, mais il est beaucoup plus petit et proportionnellement un peu plus étroit. La tête, les antennes et le corselet sont d'un jaune-testacé sans taches. Ce dernier est plus allongé et plus étroit; il est presque aussi large à sa base qu'à sa partie antérieure; la ligne du milieu est plus fortement marquée, et il n'a pas de points enfoncés. L'écusson est de la couleur du corselet. Les élytres ont à peu près la même forme, mais elles sont proportionnellement un peu plus étroites; elles sont bordées de la même manière, et elles ont de plus que dans le *Marginatus* une petite tache au-dessous de l'écusson, et cinq ou six petits points d'un jaune-testacé, mais peu distincts le long de la suture. La bande du milieu est un peu moins dentée, et le bord postérieur ne remonte pas le long de la suture. Le dessous du corps et les pattes sont d'un jaune-testacé.

Cet insecte provient aussi de la collection de feu Palisot de Beauvois, et il était également noté comme venant de la côte de Guinée.

19. B. COMPLANATUS.

Testaceus; thorace angulis posticis acutis, prominulis; elytris costatis, nigris, puncto humerali, margine laterali, fascia lata media sinuata abbreviata apiceque testaceis.

FABR. *Sys. el.* 1. p. 217. n° 2.
SCH. *Syn. ins.* 1. p. 230. n° 2.
Aptinus Complanatus. DEJ. *Cat.* p. 3.
Carabus Planus. OLIV. 111. 35. p. 62. n° 76. T. 6. fig. 63.

Long. 6, 8 lignes. Larg. 2 ¼, 3 ¼ lignes.

Cet insecte ressemble aux précédents, mais son corselet a une forme particulière qui paraît propre aux espèces d'Amérique, au moins pour celles à élytres sillonnées. La tête, les antennes, le corselet, le dessous du corps et les pattes sont d'un jaune-testacé sans taches. Le corselet est un peu plus large à sa partie antérieure que celui du *Bimaculatus*; il est ensuite plus rétréci près de sa base, et ses angles postérieurs sont saillants et aigus, au lieu d'être coupés carrément comme dans les espèces précédentes. Les bords latéraux sont un peu relevés; il a quelques point enfoncés, épars çà et là, une ligne longitudinale peu marquée au milieu, et une impression transversale près de la base. L'écusson est de la couleur du corselet. Les élytres ont des côtes élevées comme celles des espèces précédentes, mais qui sont cependant un peu moins larges et un peu moins distinctes; elles sont noires avec tout le bord extérieur, une tache humérale, la bande du milieu et l'extrémité d'un jaune-testacé. La bande du milieu est fort large, un peu dilatée dans son milieu, et elle s'approche très-près de la suture; la tache de l'extrémité est plus large que dans les espèces précédentes, et elle ne touche pas à la suture qui se prolonge jusqu'à l'extrémité. On pourrait dire aussi que les élytres sont d'un jaune-testacé, et qu'elles ont deux larges bandes noires sinuées : la première à la base, et la seconde un peu au-delà du milieu, réunies sur la suture et ne touchant pas le bord extérieur.

Il se trouve à Cayenne et dans les Antilles.

SECONDE DIVISION.

20. B. SEXMACULATUS. *Leach.*

Ferrugineus; elytris subcostatis, fuscis, margine exteriori, maculis tribus pedibusque testaceis.

DEJ. *Cat.* p. 3.

Long. 4 ½ lignes. Larg. 1 ¾ ligne.

Sa forme est à peu près la même que celle du *Crepitans*, mais il est un peu plus grand. Les antennes sont d'un jaune-ferrugineux. La tête, le corselet et l'écusson sont d'une couleur un peu plus foncée et un peu rougeâtre. Les élytres sont d'un brun-noirâtre; elles ont des côtes élevées, peu marquées, mais qui le sont cependant un peu plus que dans le *Crepitans;* les intervalles paraissent lisses. Elles ont une bordure extérieure assez étroite d'un jaune-testacé, qui va depuis l'angle de la base jusqu'à la suture, et trois taches de la même couleur sur chaque : la première assez grande et un peu oblongue près l'angle de la base ; la seconde plus petite, arrondie, un peu échancrée postérieurement, un peu au-delà du milieu, et plus près de la suture que du bord latéral ; et la troisième, plus petite, tout-à-fait à l'extrémité près de l'angle postérieur. Le dessous du corps est d'un jaune-ferrugineux-obscur. Les pattes sont d'un jaune-testacé. J'en possède une variété, dans laquelle le bord extérieur jaune est entièrement effacé.

Il se trouve aux Indes orientales.

21. B. Causticus. *Latreille.*

Flavo-ferrugineus ; elytris subcostatis, sutura lata maculaque magna postica fuscis.

Iconographie. II. p. 114. n° 12. T. 9. fig. 8.
Dej. *Cat.* p. 3.
B. *Humeralis.* Sturm. Ahrens. *Fauna ins. Europ.* I. T. 9.

Long. 4, 5 lignes. Larg. 1 $\frac{3}{4}$, 2 $\frac{1}{4}$ lignes.

Il ressemble pour la forme au *Crepitans*, mais il est ordinairement un peu plus grand. La tête, les antennes, le corselet, l'écusson et les pattes sont d'un jaune-ferrugineux. Les élytres sont de la même couleur ; elles sont légèrement pubescentes, finement granulées, et elles ont des côtes élevées, peu marquées, mais qui le sont cependant un peu plus que dans le *Crepitans* ; elles ont une large suture d'un brun - noirâtre, qui ne va pas tout-à-fait jusqu'à l'extrémité, et une grande tache de la même couleur au - delà du milieu, qui se joint avec la suture et qui ne touche pas tout-à-fait le bord extérieur. Le dessous du corps est d'un jaune-ferrugineux, un peu plus clair qu'en dessus, avec l'extrémité de l'abdomen plus foncée et presque noirâtre. J'en possède une variété, dans laquelle la tache des élytres est presque entièrement séparée de la suture.

Ce bel insecte se trouve dans le midi de la France, particulièrement dans les environs de Montpellier ; mais il y est fort rare.

22. B. LONGIPALPIS. *Wiedemann.*

Capite thoraceque supra ferrugineis ; elytris obscuris, margine laterali, fascia media abbreviata interrupta, apice, antennis pedibusque pallidis.

GERMAR. *Magazin der entomologie.* IV. p. 118. n⁰ 17.

Long. 3 ¼ lignes. Larg. 1 ⅓ ligne.

Il est un peu plus petit que le *Crepitans*, et il est proportionnellement moins allongé. Les palpes sont un peu plus longs que dans les autres espèces, et le dernier article des maxillaires se termine presque en pointe; ils sont d'un jaune très-pâle. Les quatre premiers articles des antennes sont de la même couleur, les autres sont plus obscurs. La tête est en-dessus d'un jaune-ferrugineux, plus foncé au milieu et plus clair sur les bords. Les yeux sont noirs et assez saillants. Le corselet est à peu près comme celui du *Crepitans*, mais il est lisse et un peu plus plane; il est en-dessus, comme la tête, d'un jaune-ferrugineux, plus foncé au milieu et plus clair sur les bords. Les élytres sont plus larges et plus courtes que celles du *Crepitans;* elles sont légèrement pubescentes, et elles ont des côtes élevées qui sont à peine sensibles; elles sont d'un noir-obscur légèrement bleuâtre; leur bord extérieur est d'un jaune-pâle; elles ont chacune au milieu une bande de la même couleur, interrompue près du bord extérieur, qui ne va pas jusqu'à la suture, et qui semble former au milieu une grande tache presque carrée et un peu bilobée. L'extrémité est aussi d'un jaune-pâle et assez large. Tout le dessous du corps et les pattes sont d'un jaune-pâle.

Il se trouve aux Indes orientales, et il m'a été envoyé par M. Westermann.

23. B. RUFICEPS.

Fuscus ; capite, antennis pedibusque ferrugineis.

FABR. *Sys. el.* I. p. 219. n⁰ 10.
SCH. *Syn. ins.* 1. p. 230. n⁰ 10.
Aptinus Ruficeps. DEJ. *Cat.* p. 4.

Long. 5 ¼ lignes. Larg. 2 lignes.

Il est plus grand que le *Crepitans*, et sa forme est plus allongée.
La tête est d'un jaune – ferrugineux. Les antennes sont de la
même couleur, et un peu plus obscures vers l'extrémité. Les
yeux sont noirs et assez saillants. Le corselet est proportionnellement plus court que celui du *Crepitans*, plus large à sa
partie antérieure, plus en cœur, plus rétréci près de sa base,
et ses angles postérieurs sont plus saillants et plus aigus ; il est
d'une couleur brune – obscure, et légèrement pubescent. Les
élytres sont le double plus larges que le corselet ; elles sont beaucoup plus allongées que celles du *Crepitans*, et leur extrémité
est plus arrondie. Elles sont, comme le corselet, d'une couleur
brune-obscure, et couvertes d'un léger duvet soyeux ; elles sont
très-finement ponctuées, et elles ont des côtes élevées très-peu
marquées. Le dessous du corps est d'un brun-obscur. Les pattes
sont d'un jaune-ferrugineux.

Il se trouve au cap de Bonne-Espérance.

24. B. Subcostatus. *Mihi.*

Ferrugineus ; thorace angulis posticis acutis, prominulis ; elytris
costatis, cyaneis ; abdomine obscuro.

Long. 3 ¾ lignes. Larg. 1 ⅔ ligne.

Il est à peu près de la grandeur du *Crepitans*, et la tête, les
antennes, le corselet et l'écusson sont de la même couleur que
dans cette espèce ; mais la tête est plus lisse et un peu plus large.
Les antennes sont sans taches et un peu plus longues. Le corselet est un peu moins arrondi antérieurement, un peu plus rétréci près de sa base ; ses angles postérieurs sont plus saillants
et plus aigus ; il est plus plane ; ses bords latéraux sont plus
relevés, et la ligne longitudinale est beaucoup plus marquée.
Les élytres sont un peu plus larges que celles du *Crepitans* ;
elles sont bleues, légèrement pubescentes, presque granulées,
et elles ont des côtes élevées, plus marquées que dans le *Crepi-*
tans, et dont les seconde, quatrième et sixième sont un peu

plus élevées que les autres. Le dessous du corps est d'un brun-
obscur avec le milieu de la poitrine un peu rougeâtre. Les pattes
sont d'une couleur ferrugineuse, un peu plus jaune et plus pâle
que le corselet.

Il m'a été envoyé par M. Westermann, comme venant du
cap de Bonne-Espérance.

25. B. Alternans. *Mihi.*

Ferrugineus; thorace angulis posticis acutis, prominulis; elytris
subcostatis, obscuro-cyaneis, costis secunda quartaque elevatis;
abdomine obscuro.

Long. 7 ½ lignes. Larg. 3 ¼ lignes.

Il ressemble au *Fumans,* mais il est beaucoup plus grand.
La tête, le corselet, l'écusson et les pattes sont d'un rouge-
ferrugineux. Les trois premiers articles des antennes sont de la
même couleur, les autres sont un peu plus obscurs. Le corselet
a la même forme que celui du *Fumans.* Les élytres sont d'un
bleu-obscur, et légèrement pubescentes. La seconde et la quatrième côte, à partir de la suture, sont assez fortement marquées; toutes les autres sont peu apparentes. Le dessous du
corps est d'un brun-obscur avec le milieu de la poitrine un peu
rougeâtre.

Il se trouve dans l'Amérique septentrionale, et il m'a été envoyé par M. Escher Zollikofer, comme venant de Géorgie.

26. B. Quadripennis. *Mihi.*

Ferrugineus; thorace angulis posticis acutis, prominulis; elytris
latis, subquadratis, sublævibus, nigro-cyaneis; abdomine obscuro.

Long. 5 lignes. Larg. 2 ½ lignes.

Il ressemble beaucoup au *Fumans,* et il est à peu près de la
même grandeur. Il en diffère par la tête qui est un peu plus
convexe entre les yeux; par les antennes dont les deux premiers articles et la base du troisième seulement sont de la couleur
de la tête, et dont tout le reste est d'une couleur obscure; par

le corselet qui est plus lisse et plus convexe, surtout antérieurement; par les élytres qui sont plus larges, presque carrées, plus arrondies à l'extrémité, plus lisses, dont les côtes élevées ne sont presque pas apparentes, et dont la couleur est d'un bleu plus obscur et presque noir. Le dessous du corps est d'un brun-obscur, et les pattes sont comme dans le *Fumans*.

Il se trouve dans l'Amérique septentrionale, et il m'a été envoyé par M. Lherminier.

27. B. FUMANS.

Ferrugineus; thorace angulis posticis acutis, prominulis; elytris subcostatis, cyaneis; abdomine obscuro.

FABR. *Sys. el.* 1. p. 219. n° 11.
SCH. *Syn. ins.* 1. p. 230. n° 11.
DEJ. *Cat.* p. 3.

Long. 5, 5 ½ lignes. Larg. 2, 2 ¼ lignes.

Il ressemble beaucoup au *Crepitans*, mais il est un peu plus grand. La tête, les antennes, le corselet, l'écusson et les pattes sont d'un rouge-ferrugineux comme dans cette espèce; mais les antennes n'ont pas de tache obscure sur les troisième et quatrième articles, et le corselet est plus en cœur, plus large à sa partie antérieure, et les angles postérieurs sont plus saillants et plus aigus. Les élytres sont d'un bleu un peu obscur; elles sont proportionnellement un peu plus larges que celles du *Crepitans*; leurs côtes élevées sont peu marquées, et elles sont ponctuées de la même manière. Le dessous du corps est comme dans le *Crepitans*.

Il se trouve dans l'Amérique septentrionale.

28. B. CEPHALOTES. *Mihi.*

Ferrugineus; thorace angulis posticis acutis, prominulis, elytris sublævibus, cyaneis.

Long. 4 lignes. Larg. 2 lignes.

Il ressemble beaucoup au *Quadripennis*, mais il est plus

petit. Les antennes sont entièrement d'un rouge-ferrugineux. La tête est proportionnellement un peu plus grosse; le corselet est moins convexe, moins lisse, et la ligne longitudinale est moins marquée. Les élytres sont plus étroites à leur base, et elles vont un peu en s'élargissant vers l'extrémité; elles sont plus lisses, et leur couleur est d'un bleu un peu moins foncé. Le dessous du corps est entièrement d'un rouge-ferrugineux.

Il se trouve dans l'Amérique septentrionale.

29. B. Fuscipennis. *Mihi.*

Ferrugineus; thorace angulis posticis acutis, prominulis; elytris subcostatis abdomineque fuscis.

Long. 2 $\frac{1}{2}$, 3 lignes. Larg. 1, 1 $\frac{1}{4}$ ligne.

Il ressemble au *Crepitans*, mais il est plus petit. Les antennes sont sans taches; elles sont un peu plus longues, et elles vont un peu en grossissant vers l'extrémité. Le corselet est un peu plus étroit et moins arrondi à sa partie antérieure, et ses angles postérieurs sont un peu plus saillants et un peu plus aigus. Les élytres sont un peu moins larges à leur base, un peu plus en ovale; leurs côtes élevées sont un peu plus marquées, et elles sont d'un brun-noirâtre. En dessous, la poitrine et l'abdomen sont d'un brun-obscur.

Il se trouve au cap de Bonne-Espérance.

30. B. Crepitans.

Ferrugineus; elytris subcostatis, cyaneo-virescentibus; antennarum articulo tertio quartoque abdomineque obscuris.

Fabr. *Sys. el.* 1. p. 219. n° 12.
Sch. *Syn. ins.* 1. p. 230. n° 12.
Gyl. ii. p. 176. n° 1.
Duft. ii. p. 233. n° 2.
Iconographie. ii. p. 105. n. 2. t. 8. fig. 6.
Dej. *Cat.* p. 3.
Carabus Crepitans. Oliv. iii. 35. p. 64. n° 80. t. 4. fig. 35.

Le Bupreste à tête, corcelet et pattes rouges et étuis bleus.
GEOFF. I. p. 151. n° 19.

VAR. A. B. *Immaculicornis*. DEJ. *Cat.* p. 3.

Long. 3, 4 ¼ lignes. Larg. 1 ¼, 1 ¾ ligne.

Il varie beaucoup pour la grandeur, et les individus des pays
méridionaux sont ordinairement plus grands que ceux du Nord.
La tête est oblongue et d'un rouge-ferrugineux ; elle a deux impressions peu marquées entre les antennes, et elle est un peu
rugueuse à sa partie postérieure et le long des yeux. Les antennes sont de la longueur de la moitié du corps ; elles sont un
peu pubescentes, d'un rouge-ferrugineux, et elles ont une
grande tache obscure sur les troisième et quatrième articles.
Les yeux sont noirs et assez saillants. Le corselet est de la couleur de la tête, un peu plus large qu'elle à sa partie antérieure,
rétréci postérieurement et en forme de cœur ; les angles postérieurs sont presque coupés carrément et sont peu saillants ;
il est légèrement ponctué, et il a quelques rides irrégulières qui
se confondent avec les points et qui le font paraître un peu
rugueux ; les bords latéraux sont un peu relevés, et il a une
ligne longitudinale enfoncée au milieu. L'écusson est de la couleur du corselet. Les élytres sont presque le double plus larges
que le corselet ; elles sont allongées, un peu en ovale, arrondies à la base, tronquées à l'extrémité, très-légèrement pubescentes et finement ponctuées ; elles ont des côtes élevées qui
sont très-peu marquées ; leur couleur varie du bleu-noirâtre
foncé au vert-bleuâtre-clair, et elle est ordinairement plus
bleue et plus foncée dans les petits individus, et plus verte et
plus claire dans les grands. En dessous, le milieu de la poitrine
est plus ou moins rougeâtre ; ses côtés et l'abdomen sont d'un
brun-obscur ; les pattes sont d'un rouge-ferrugineux.

Il est très-commun sous les pierres, dans presque toute l'Europe. J'ai trouvé en Espagne un individu de la plus grande taille,
dont les antennes sont sans taches et les élytres presque vertes.
Je l'avais désigné dans mon catalogue sous le nom d'*Immaculicornis ;* mais je ne crois pas qu'il puisse constituer une espèce
distincte.

31. B. Explodens.

*Ferrugineus; elytris sublævibus, cyaneis; antennarum articulo
tertio quartoque abdomineque obscuris.*

Duft. ii. p. 234. n° 3.
Iconographie. ii. p. 107. n° 3. t. 8. fig. 7.
Dej. *Cat*. p. 3.

Long. 2, 2 $\frac{1}{2}$ lignes. Larg. 1, 1 $\frac{1}{4}$ ligne.

Cet insecte a été long-temps confondu avec le *Crepitans*, et
M. Duftschmid est le premier qui l'ait fait connaître. Il en diffère par la taille qui est beaucoup plus petite, et par les élytres qui sont plus bleues et sur lesquelles les côtes élevées ne
sont presque pas apparentes. Il ressemble beaucoup, à la première vue, au *Sclopeta;* mais il en diffère par l'absence de tache
rouge à la base de la suture des élytres; par les taches obscures
sur le troisième et le quatrième article des antennes, et par le
dessous du corps, qui est comme dans le *Crepitans*.

Il se trouve en France, en Allemagne, dans les provinces
méridionales de la Russie, et dans plusieurs autres parties de
l'Europe.

Il est très-commun aux environs de Paris.

32. B. Glabratus. *Bonelli.*

Ferrugineus; elytris sublævibus, cyaneis; abdomine obscuro.

Iconographie. ii. p. 108. n° 4. t. 8. fig. 8.
Dej. *Cat*. p. 3.
B. Strepitans? Duft. ii. p. 235. n° 5.

Long. 2 $\frac{1}{2}$, 3 lignes. Larg. 1 $\frac{1}{4}$, 1 $\frac{1}{2}$ ligne.

Var. A. *B. Pectoralis.* Ziegler.

Long. 3 $\frac{1}{2}$, 4 lignes. Larg. 1 $\frac{1}{2}$, 1 $\frac{3}{4}$ ligne.

Il ressemble beaucoup à l'*Explodens;* il en diffère seulement
par les antennes qui sont sans taches, et par les élytres qui sont

'un peu plus bleues et sur lesquelles on distingue des côtes élevées, mais qui sont cependant beaucoup moins marquées que
dans le *Crepitans*.

Il se trouve en Italie, dans le midi de la France, en Espagne,
en Portugal, et dans les provinces méridionales de la Russie.

J'ai trouvé, dans le midi de la France, une variété un peu
plus grande dont la couleur des élytres est un peu verdâtre, et
dont les côtes élevées sont un peu plus marquées. M. Stéven
m'a envoyé, sous le nom de *Pectoralis*, Ziegler, et comme venant de la Crimée, une variété qui n'en diffère que par la taille
qui est beaucoup plus grande, et par le milieu de la poitrine
qui est un peu plus rougeâtre.

33. B. Oblongus. *Mihi.*

Ferrugineus ; elytris subcostatis, fuscis.

Long. 5 ¼ lignes. Larg. 2 lignes.

Il ressemble entièrement au *Psophia* pour la forme; mais il
est beaucoup plus grand; ses élytres sont d'un brun un peu
noirâtre, et leurs côtes élevées sont un peu plus marquées.

Il se trouve en Égypte, et il m'a été envoyé par M. Klug.

34. B. Psophia. *Sanvitale.*

Ferrugineus ; elytris subcostatis, cyaneo-virescentibus.

Iconographie. ii. p. 108. n° 5. t. 9. fig. 1.
Dej. *Cat.* p. 3.

Long. 2 ½, 3 ½ lignes. Larg. 1, 1 ½ ligne.

Il ressemble beaucoup au *Crepitans*, mais il est un peu plus
allongé, et ordinairement un peu plus petit. Les antennes sont
sans taches. Le corselet est un peu plus étroit à sa partie antérieure. Les élytres sont constamment d'un bleu un peu verdâtre;
elles vont en s'élargissant vers l'extrémité; et leurs angles postérieurs sont un peu moins arrondis. Tout le dessous du corps
est entièrement d'un rouge-ferrugineux.

Tome I. 21

Il se trouve dans le midi de la France, en Italie, en Dalmatie, et dans les provinces méridionales de la Russie.

J'en possède une variété dans laquelle on aperçoit une légère nuance rougeâtre autour de l'écusson, et qui semble faire le passage entre cette espèce et la suivante.

35. B. Bombarda. *Illiger.*

Ferrugineus ; elytris subcostatis , virescentibus , macula scutellari ferruginea.

Iconographie. 11. p. 109. n° 6. t. 9. fig. 2.
Dej. *Cat.* p. 3.

Long. 3, 4 lignes. Larg. 1 $\frac{1}{4}$, 1 $\frac{3}{4}$ ligne.

Il ressemble beaucoup au *Psophia.* Il est quelquefois un peu plus grand. Les élytres sont un peu plus vertes, et elles ont à leur base, autour de l'écusson, une tache triangulaire d'un rouge-ferrugineux, qui ne se prolonge pas sur la suture comme dans le *Sclopeta.*

Il se trouve dans le midi de la France, en Espagne et en Portugal.

36. B. Sclopeta.

Ferrugineus ; elytris sublævibus , cyaneis , sutura abbreviata ferruginea.

Fabr. *Sys. el.* 1. p. 220. n° 13.
Sch. *Syn. ins.* 1. p. 231. n° 13.
Duft. 11. p. 235. n° 4.
Iconographie. 11. p. 109. n° 7. t. 9. fig. 3.
Dej. *Cat.* p. 3.
Var. A. *B. Suturalis.* Dej. *Cat.* p. 3.

Long. 2, 3 lignes. Larg. 1, 1 $\frac{1}{2}$ ligne.

Il est plus petit que le *Crepitans,* et il est un peu moins allongé. Les antennes sont sans taches. Les élytres sont proportionnellement un peu plus courtes et un peu plus larges ;

elles sont d'une couleur plus bleue; leurs côtes élevées ne sont
presque pas apparentes, et leur suture est d'un rouge–ferrugineux depuis la base jusque près du milieu. Tout le dessous du
corps est d'un rouge-ferrugineux.

Il se trouve en France, en Espagne, en Italie, en Dalmatie;
il est très-commun aux environs de Paris.

J'ai trouvé, en Espagne, une variété un peu plus grande, dont
les élytres sont d'un bleu un peu verdâtre, et dont les côtes
élevées sont un peu plus marquées, sans l'être cependant autant que dans le *Crepitans.* Je l'avais désignée dans mon Catalogue sous le nom de *Suturalis,* mais je ne crois pas qu'elle
puisse constituer une espèce distincte.

37. B. Bipustulatus. *Stéven.*

*Ferrugineus; elytris subcostatis, virescentibus, macula postica
testacea; abdomine obscuro.*

Sch. *Syn. ins.* i. p. 231. n° 15. t. 3. fig. 7.
Iconographie. ii. p. 110. n° 8. t. 9. fig. 4.
Dej. *Cat.* p. 3.

Long. 3 lignes. Larg. 1 ¼ ligne.

Il ressemble pour la forme au *Sclopeta,* mais il est un peu
plus grand. La tête, le corselet, l'écusson et les pattes sont d'un
rouge-ferrugineux. Les antennes sont de la même couleur avec
les troisième et quatrième articles noirâtres. Les élytres sont
d'un vert un peu bleuâtre; elles sont finement ponctuées, et
elles ont des côtes élevées, très-peu marquées; elles ont chacune
une grande tache d'un jaune-testacé, presque carrée, placée
vers le bord extérieur, à peu près aux deux tiers des élytres.
En dessous, la poitrine et l'abdomen sont d'une couleur brune-
obscure.

Il a été trouvé par M. Stéven aux environs de Kislar,
près de la mer Caspienne, dans le gouvernement du Caucase.

38. B. Exhalans.

Ferrugineus; elytris subcostatis, obscuro-cyaneis, maculis duabus flavescentibus; abdomine obscuro.

Sch. *Syn. ins.* I. p. 231. n° 14.
Iconographie. II. p. 111. n° 9. T. 9. fig. 5.
Dej. *Cat.* p. 3.
Carabus Exhalans. Rossi. *Mant.* I. p. 84. n° 192. T. I. fig. B.

Long. 2, 2 ½ lignes. Larg. 1, 1 ¼ ligne.

Sa forme est à peu près la même que celle du *Sclopeta*; mais il est ordinairement un peu plus petit; la tête est un peu plus large, et le corselet est un peu plus étroit à sa partie antérieure. La tête, le corselet, l'écusson et les pattes sont d'un rouge-ferrugineux. Les antennes sont de la même couleur avec une grande tache obscure sur les troisième et quatrième articles. Les élytres sont d'un bleu-obscur; elles sont très-finement pubescentes, finement ponctuées, et elles ont des côtes élevées très-peu marquées. Elles ont chacune deux taches jaunâtres : la première un peu au-dessous de l'angle de la base, et la seconde près du bord extérieur, à peu près aux deux tiers des élytres. En dessous, le milieu de la poitrine est un peu rougeâtre; ses côtés et l'abdomen sont d'un brun-obscur.

Il se trouve dans le midi de la France et en Italie, mais il n'y est pas très-commun.

M. Stéven m'en a envoyé une variété prise aux environs de Kislar, dans laquelle les taches des élytres sont un peu plus grandes, et qui en a une troisième très-petite près de la suture, un peu au-dessous de la seconde tache.

39. B. Cruciatus. *Stéven.*

Nigro-obscurus; elytrorum maculis duabus, antennis, tibiis tarsisque ferrugineis.

Sch. *Syn. ins.* I. p. 231. n° 16. T. 3. fig. 8.

Iconographie. II. p. 112. n° 10. T. 9. fig. 6.
Dej. *Cat.* p. 3.

Long. 2 ¾ lignes. Larg. 1 ¼ ligne.

Il est à peu près de la grandeur du *Sclopeta*, mais il est un
peu plus aplati. La tête est d'un noir-obscur; elle est fortement
ponctuée et un peu plus grosse que celle du *Sclopeta*. Les palpes
et les antennes sont d'un jaune-ferrugineux. Le corselet est de
la couleur de la tête; il est fortement ponctué, un peu plus large
à sa partie antérieure que celui du *Sclopeta*, et la ligne longitudinale est plus fortement marquée. Les élytres sont un peu
plus planes que celles des espèces précédentes; elles sont légèrement pubescentes, assez fortement ponctuées, et les côtes
élevées ne sont presque pas sensibles. Elles sont d'un noir-obscur,
très-légèrement bleuâtre, et elles ont chacune deux grandes taches d'un jaune-ferrugineux : la première à l'angle de la base,
et la seconde arrondie au-delà du milieu, et plus près de la suture que du bord extérieur. Le dessous du corps est d'une couleur noirâtre avec le milieu de la poitrine d'un jaune-ferrugineux.
Les pattes sont de cette dernière couleur; les cuisses ont une
grande tache brunâtre, qui va presque depuis la base jusqu'à
l'extrémité.

Cette jolie espèce a été trouvée par M. Stéven aux environs de Kislar, près de la mer Caspienne, dans le gouvernement du Caucase.

40. B. Thermarum.

Ferrugineus; elytris obscuris, basi suturaque ferrugineis, ma-
culisque duabus transversis albidis.

Stéven. *Mémoires de la Société imp. des naturalistes de Mos-*
cou. I. p. 166. T. 10. fig. 7.
Iconographie. II. p. 113. n° 11. T. 9. fig. 7.

Long. 2 ⅓ lignes. Larg. 1 ligne.

Il est un peu plus petit que le *Sclopeta*. La tête est d'une cou-

leur ferrugineuse-obscure, presque noirâtre en dessus; elle a
des stries longitudinales peu marquées. Les antennes sont d'un
rouge-ferrugineux. Les palpes sont de la même couleur; leur
dernier article est noirâtre, un peu renflé, terminé en pointe et
presque subulé. Le corselet est d'une couleur ferrugineuse, plus
claire que la tête; il est un peu plus convexe que celui du *Sclopeta*; il est légèrement ponctué; il a une ligne enfoncée au milieu, et deux lignes longitudinales élevées, qui se rapprochent un
peu postérieurement. Les élytres sont lisses, un peu convexes.
Elles sont d'une couleur obscure avec une grande tache ferrugineuse, triangulaire, à la base; une autre tache oblongue de
la même couleur sur la suture, qui touche à celle de la base et
qui ne va pas tout-à-fait jusqu'à l'extrémité; et deux taches
transversales d'un blanc-jaunâtre, près du bord extérieur : la
première au tiers, et la seconde aux deux tiers des élytres. En
dessous, le milieu de la poitrine est un peu rougeâtre; ses côtés
et l'abdomen sont d'un brun-noirâtre. Les pattes sont d'un
jaune-ferrugineux; l'extrémité des jambes et les tarses sont un
peu plus obscurs.

Il a été trouvé par M. Stéven dans les montagnes du Caucase, près des bains de Constantin.

XXI. CORSYRA. *Stéven.*

CYMINDIS. *Fischer.*

*Dernier article des palpes cylindrique. Antennes filiformes. Lèvre
supérieure courte, et laissant les mandibules à découvert. Une
dent peu avancée au milieu de l'échancrure du menton. Articles des tarses presque cylindriques; ceux antérieurs très-légèrement dilatés dans les mâles. Corps large et aplati. Corselet
plus large que la tête, convexe, arrondi. Élytres larges, en
ovale peu allongé et presque suborbiculaire.*

Ce genre a été établi par Stéven sur un insecte de Sibérie,
la *Cymindis Fusula* de Fischer, et il ne renferme jusqu'à présent qu'une seule espèce, qu'il est très-facile de distinguer des

Cymindis par sa forme large et par les crochets des tarses qui ne sont pas dentelés en-dessous. Elle présente en outre les caractères génériques suivants :

Le dernier article des palpes est cylindrique ; la lèvre supérieure est courte, transverse, légèrement échancrée, et elle laisse les mandibules à découvert ; le menton a une dent peu avancée au milieu de son échancrure ; les mandibules sont courtes et peu saillantes ; les antennes sont filiformes et plus courtes que le corps ; le corps est court, large et aplati ; la tête est presque triangulaire et non rétrécie postérieurement ; le corselet est plus large que la tête, convexe et presque arrondi ; les élytres sont larges, planes, en ovale peu allongé et presque suborbiculaire ; les articles des tarses sont presque cylindriques ; ceux antérieurs sont très-légèrement dilatés dans les mâles.

1. C. FUSULA.

Brunnea, punctatissima ; elytris subrotundatis, limbo, macula humerali fasciaque subapicali transversa confluentibus rufo testaceis ; antennis pedibusque ferrugineis.

Cymindis Fusula. FISCHER. *Entomographie de la Russie.* 1. p. 123. n° 4. T. 12. fig. 3.

Long. 3, 3 ½ lignes. Larg. 1 ½, 1 ¾ ligne.

Elle se rapproche de quelques espèces de *Cymindis* par sa couleur et sa ponctuation, mais elle est très-facile à distinguer par sa forme et par ses caractères génériques. La tête est d'un brun un peu ferrugineux ; elle est entièrement couverte de points enfoncés, assez gros et très-serrés. Les antennes sont à peu près de la longueur de la moitié du corps ; elles sont, ainsi que les palpes, d'une couleur ferrugineuse plus claire. Les yeux sont noirâtres et assez saillants. Le corselet est de la couleur de la tête ; il est plus large qu'elle, un peu moins long que large, arrondi, convexe, et un peu rétréci postérieurement ; il est ponctué comme la tête, et la ligne longitudinale est très-peu marquée ; le bord antérieur est presque coupé carrément ; ceux latéraux sont un peu relevés; les angles postérieurs forment une petite dent peu marquée; la base est coupée obliquement sur ses côtés, et elle est presque échancrée dans son milieu. L'écusson est assez grand; il est lisse, presque triangulaire, et sa pointe atteint à peine la base des élytres. Les élytres sont plus larges que le corselet; elles sont légèrement pubescentes, planes, courtes, en ovale peu allongé et presque suborbiculaire, et coupées presque carrément à l'extrémité. Elles sont striées; les stries sont ponctuées, et les intervalles sont entièrement couverts de points enfoncés, beaucoup plus petits et plus serrés que ceux du corselet. Elles sont à peu près de la couleur du corselet. Elles ont, à l'angle de la base, une grande tache d'un jaune un peu roussâtre, presque en forme de lunule, qui descend à peu près jusqu'à la moitié des élytres; et une bordure de la même couleur, plus ou moins large, qui se confond avec la tache humérale, et qui quitte le bord extérieur près de l'extrémité, et forme une bande transversale qui ne va pas tout-à-fait jusqu'à la suture, et qui est fortement dentelée sur ses bords, surtout à sa partie supérieure. Le dessous du corps est d'un brun un peu ferrugineux. Les pattes sont d'une couleur ferrugineuse plus claire.

Elle se trouve aux environs de Barnaoul en Sibérie, et dans la Russie méridionale.

XXII. CATASCOPUS. *Kirby*

CARABUS. *Wiedemann.*

Dernier article des palpes cylindrique. Antennes filiformes, beaucoup plus courtes que le corps. Lèvre supérieure avancée, recouvrant presque entièrement les mandibules, et échancrée à sa partie antérieure. Une dent arrondie et peu avancée au milieu de l'échancrure du menton. Tête presque triangulaire. Corselet court et presque cordiforme. Élytres presque planes, en carré plus ou moins allongé, et fortement échancrées à l'extrémité.

Le genre *Catascopus* a été formé par Kirby sur un insecte

qui me paraît être le même que le *Carabus Facialis* de Wiedemann, et j'y ai joint une seconde espèce qui me vient de l'île
de Java.

Ces insectes ont des couleurs métalliques assez brillantes, et
présentent des caractères génériques qui les font distinguer facilement.

Le dernier article des palpes est cylindrique. La lèvre supérieure est avancée; elle recouvre une grande partie des mandibules, et elle a une échancrure assez profonde, mais étroite,
à sa partie antérieure. Le menton a une dent arrondie, bien
marquée, mais peu avancée, au milieu de son échancrure. Les
antennes sont filiformes, et beaucoup plus courtes que le corps.
Tout l'insecte est assez aplati. La tête est assez grosse, presque
triangulaire, et peu rétrécie postérieurement. Les yeux sont
assez gros et assez saillants. Le corselet est assez court; il est
à sa partie antérieure un peu plus large que la tête, rétréci
postérieurement et presque cordiforme. Les élytres sont le
double plus larges que le corselet, presque planes, en carré
plus ou moins allongé, et fortement échancrées à l'extrémité.
Les articles des tarses sont presque cylindriques; les crochets
ne sont pas dentelés en-dessous.

1. C. FACIALIS.

*Supra capite thoraceque viridibus; elytris viridi-cyaneis, striato-
punctatis: subtus obscuro-cyaneis, pedibus concoloribus.*

Carabus Facialis. WIEDEMANN. *Zoologisches Magazin.* 1. 3.
p. 165. n° 12.

Catascopus Hardvickii. KIRBY. *The transactions of the Linnean
Society of London.* XIV. p. 98. T. 3. fig. 1.

Iconographie. II. p. 116. T. 7. fig. 8.

Long. 6 ¼ lignes. Larg. 2 ¼ lignes.

La tête est grande, presque triangulaire, et légèrement ponctuée; elle est un peu rétrécie; elle a une légère impression
transversale à sa partie postérieure, et deux enfoncements lon-

gitudinaux et quelques stries entre les yeux; sa couleur est d'un vert un peu bleuâtre, plus foncé antérieurement. La lèvre supérieure, les mandibules et les palpes sont d'un brun-noirâtre. Les antennes sont à peu près de la longueur de la tête et du corselet réunis; leurs quatre premiers articles sont d'un noir-obscur, les autres sont presque grisâtres. Les yeux sont très-gros, très-saillants, et d'un brun un peu jaunâtre. Le corselet est de la couleur de la tête; il est un peu plus large qu'elle à sa partie antérieure, et un peu plus étroit à sa base, presque en forme de cœur tronqué; et à peu près aussi long que large. Il est lisse, rebordé sur ses côtés et postérieurement; il a une ligne longitudinale enfoncée au milieu; une impression transversale à sa partie antérieure, formée par deux lignes obliques qui font un angle obtus sur la ligne du milieu; une autre peu marquée près de la base, et quelques rides transversales très-peu marquées. L'écusson est assez petit; il est triangulaire, de la couleur des élytres, et il a quelques rides transversales à sa partie antérieure. Les élytres sont d'un bleu un peu verdâtre avec quelques nuances plus vertes à la base; elles sont plus larges que le corselet, assez allongées, presque parallèles, coupées carrément à la base avec les angles antérieurs arrondis, tronquées obliquement et échancrées à l'extrémité, et terminées par deux petites dents : l'une près du bord extérieur, et l'autre moins marquée près de la suture. Elles ont chacune neuf stries assez fortement ponctuées, surtout les six extérieures; les quatrième et cinquième stries et les sixième et septième sont beaucoup plus rapprochées que les autres, et leurs intervalles forment une espèce de côte un peu saillante. On aperçoit trois points enfoncés, distincts, entre la troisième et la quatrième strie : le premier au quart, le second à la moitié, et le troisième aux trois quarts des élytres. Le dessous du corps et les pattes sont d'un bleu-verdâtre-obscur et presque noirâtre.

Il se trouve aux Indes orientales, et il m'a été envoyé par M. Westermann.

2. C. Smaragdulus. *Mihi.*

Supra viridis ; elytris striatis, striis lateralibus punctatis, margine laterali aureo ; pectore, abdomine pedibusque brunneis.

Long. 3 ¼ lignes. Larg. 1 ⅓ ligne.

Il est beaucoup plus petit et plus aplati que le *Facialis*, et il est proportionnellement plus court et plus large. Il est en dessus d'une belle couleur verte métallique. La tête est lisse avec deux enfoncements longitudinaux entre les yeux. La lèvre supérieure, les mandibules et les palpes sont d'un noir-obscur. Les antennes sont d'un brun-noirâtre. Le corselet est un peu plus large que la tête, un peu moins long que large, et proportionnellement beaucoup plus court et plus large que celui du *Facialis* ; les angles postérieurs sont aussi un peu plus saillants. L'écusson est assez petit, triangulaire, lisse, et d'un vert-bronzé. Les élytres sont plus larges que le corselet, proportionnellement plus courtes que celles du *Facialis*, et plus planes. L'extrémité est tronquée et échancrée un peu plus obliquement; la dent extérieure n'est presque pas marquée, et celle de la suture l'est au contraire davantage. Elles ont, le long du bord extérieur, une bande d'un rouge-doré, assez brillante. Les quatre premières stries paraissent lisses; cependant, avec une forte loupe, on voit qu'elles sont très légèrement ponctuées ; elles le sont même presque distinctement à leur base; la cinquième l'est un peu plus fortement, surtout à sa base, et les autres le sont fortement dans toute leur longueur. Les quatre stries extérieures sont beaucoup plus rapprochées que les autres, et l'intervalle entre les sixième et septième stries forme une espèce de côte élevée. Il y a également trois points distincts enfoncés entre les troisième et quatrième stries : le premier vers la base, le second au-delà du milieu, et le troisième vers l'extrémité. En dessous, la poitrine et l'abdomen sont d'un brun-ferrugineux avec une teinte métallique verdâtre. Les pattes sont de la même couleur.

Cet insecte faisait partie d'une collection venant de l'île de Java, que j'ai achetée à Marseille.

XXIII. GRAPHIPTÉRUS. *Latreille.*

ANTHIA. *Fabricius.* **CARABUS.** *Olivier.*

Dernier article des palpes cylindrique. Antennes filiformes, beau-
coup plus courtes que le corps. Lèvre supérieure avancée, ar-
rondie et recouvrant presque entièrement les mandibules. Point
de dent au milieu de l'échancrure du menton. Tarses antérieurs
point sensiblement dilatés dans les mâles. Corps large et aplati.
Corselet cordiforme. Élytres planes, larges, en ovale peu al-
longé et plus ou moins suborbiculaire.

Les *Graphipterus* avaient été confondus par Fabricius avec
ses *Anthia*, et Latreille est le premier qui les ait séparés. Ce
genre est cependant très-distinct, et il présente des caractères
faciles à saisir.

Le dernier article des palpes est cylindrique. La lèvre supérieure est avancée, arrondie, presque plane, et elle recouvre
presque entièrement les mandibules. Il n'y a point de dent au
milieu de l'échancrure du menton. La languette est cornée longitudinalement dans son milieu, et membraneuse sur ses côtés.
Les antennes sont plus courtes que celles des *Anthia*; leurs articles sont comprimés, et le troisième est plus long que les
autres. Tout l'insecte est large, court et déprimé; la tête n'est
pas très-grosse, et elle n'est pas rétrécie postérieurement. Les
yeux sont assez grands, mais peu saillants. Le corselet est à sa
partie antérieure beaucoup plus large que la tête; il se rétrécit
beaucoup postérieurement, et il est plus ou moins cordiforme.
Les élytres sont planes, larges, en ovale peu allongé, et plus ou
moins suborbiculaire suivant les espèces; leur extrémité est
beaucoup plus tronquée que dans les *Anthia*. Les pattes sont
moins fortes que celles des *Anthia*; les tarses antérieurs ne paraissent pas sensiblement dilatés dans les mâles.

Ces insectes sont aptères, et ils paraissent habiter exclusivement l'Afrique et les parties de l'Asie qui en sont les plus voisines. Ils sont noirs, tachetés ou rayés de blanc ou de cendré.

Les espèces tachetées se trouvent en Égypte ou dans les contrées voisines ; les autres sont du cap de Bonne-Espérance ou de la côte occidentale d'Afrique.

Les *Anthia Exclamationis* et *Obsoleta* de Fabricius, que je ne possède pas, appartiennent aussi à ce genre.

I. G. VARIEGATUS.

Niger ; thoracis margine, elytris margine sinuato punctisque sex albis.

DEJ. *Cat.* p. 4.
Anthia Variegata. FABR. *Sys. el.* I. p. 223. n° 13.
SCH. *Syn. ins.* I. p. 235. n° 18.

Long. 9 lignes. Larg. 4 $\frac{1}{2}$ ligne.

Cet insecte a une forme large et aplatie, particulière à toutes les espèces de ce genre. La tête n'est pas très-grosse ; elle est noire, ponctuée, avec deux enfoncements longitudinaux entre les yeux, qui sont garnis d'un duvet blanchâtre. On voit aussi quelques stries peu marquées le long des yeux. La lèvre supérieure est avancée, arrondie, et presque échancrée à son extrémité. Les antennes ne sont guères plus longues que la tête et le corselet réunis. Les yeux sont brunâtres et peu saillants. Le corselet est en forme de cœur tronqué ; il est beaucoup plus large que la tête à sa partie antérieure, il se rétrécit postérieurement ; le bord antérieur est échancré et un peu sinué dans son milieu ; la base est coupée carrément ; les bords latéraux sont un peu sinués, et légèrement relevés, surtout vers les angles postérieurs qui sont un peu arrondis. Il a des points enfoncés et des rides irrégulières qui se confondent avec les points et qui le font paraître un peu rugueux. Il est un peu relevé dans son milieu ; il a une ligne longitudinale très-peu marquée, et deux impressions transversales peu marquées : l'une près du bord antérieur, et l'autre près de la base. Il est de la couleur de la tête, et il a de chaque côté une bordure blanche, assez large, formée par un duvet blanc. L'écusson est assez petit, noir, triangulaire et peu allongé. Les élytres sont planes, le double plus larges que le corselet dans leur milieu, en ovale très-peu allongé, et tronquées à leur extrémité; elles sont d'un noir-mat et soyeux; elles ont une bordure blanche, assez étroite, qui va depuis la base jusqu'à l'extrémité de la suture. Cette bordure est un peu plus large à l'extrémité, et elle a deux grandes dents intérieures : la première près de la base, formant une tache triangulaire assez grande; et la seconde au milieu, en forme de bande un peu oblique, arrondie à son extrémité, et n'allant pas jusqu'au milieu de l'élytre. Elles ont en outre six points blancs, formés, ainsi que la bordure, par un duvet court et serré : le premier assez grand, presque carré, à la hauteur de la première dent de la bordure; le second un peu plus bas, près de la suture; le troisième au milieu de l'élytre, un peu plus loin de la suture; le quatrième plus bas, sur la ligne du second. Ces trois points, qui sont petits et ronds, forment, avec les trois de l'autre élytre, un cercle assez bien marqué; le cinquième plus grand, arrondi, près de l'extrémité et de la suture; et le sixième plus petit, entre le cinquième et le bord latéral. Le dessous du corps est d'un noir un peu plus brillant que le dessus, avec quelques poils blanchâtres, assez longs sur le corselet et sur la poitrine. Les pattes sont noires et assez longues; elles ont quelques poils courts et roides, presque en forme d'épines.

Il se trouve en Égpyte, d'où il a été rapporté par M. Savigny.

2. G. MULTIGUTTATUS.

Niger; thoracis margine, elytris margine sinuato punctisque octo albis.

LATREILLE. *Genera crust. et insect.* 1. p. 186. n° 1. T. 6. fig. 11.

DEJ. *Cat.* p. 4.

Long. 7, 7 ½ lignes. Larg. 3 ½, 3 ¾ lignes.

Il ressemble beaucoup au *Variegatus*, mais il est un peu plus

petit; le corselet est un peu moins large à sa partie antérieure,
un peu moins rétréci postérieurement; ses bords latéraux ne
sont pas sinués, et ses angles postérieurs sont un peu plus arrondis. Les élytres sont un peu moins planes; elles sont un peu
moins larges, surtout à leur base, et elles sont un peu plus
allongées. La première dent de la bordure est un peu plus petite; les points blancs sont placés de la même manière, mais
les second, troisième, quatrième et sixième sont plus gros et
presque de la grandeur du premier et du cinquième, et il y en
a deux autres qui ne se trouvent pas dans le *Variegatus* : le premier près du bord extérieur, entre le second et le troisième;
et le second au milieu de l'élytre, un peu plus bas que le quatrième. Le dessous du corps et les pattes sont comme dans le
Variegatus.

Il se trouve en Égypte, d'où il a été rapporté par feu Olivier,
qui l'a donné avant sa mort à tous ses amis et à tous ses cor-
respondants, sous le nom de *Multiguttatus*, ce qui m'a déterminé, à l'exemple de Latreille, à lui conserver ce nom, quoique
cet insecte soit évidemment différent de celui qu'Olivier a décrit
sous ce nom dans l'Encyclopédie et dans son Entomologie.

Ce dernier, qui fait partie de la collection du Muséum, approche beaucoup de mon *Luctuosus*, et il est même possible
qu'il n'en diffère pas assez pour en être séparé.

3. G. Luctuosus.

*Niger; thoracis margine, elytris margine punctisque numerosis
albis; elytris ovatis, postice truncato-emarginatis.*

Dej. *Cat.* p. 4.
Carabus Multiguttatus? Oliv. iii. 35. p. 51. n° 57. t. 6. fig. 66.
Anthia Multiguttata ? Sch. *Syn. ins.* i. p. 235. n° 19.

Long. 7 lignes. Larg. 3 ½ lignes.

Il ressemble beaucoup au *Multiguttatus* pour la forme et la
grandeur. La tête est un peu plus petite. Le corselet est un peu
plus court et plus large antérieurement; ses côtés sont un peu

sinués, et sa base est presque échancrée dans son milieu. Les élytres ont à peu près la même forme; elles sont cependant un peu plus courtes, un peu plus larges à leur base, et leur extrémité est un peu échancrée. Elles ont une bordure blanche, qui n'est pas dentée intérieurement, comme dans les espèces précédentes, et de quinze à dix-huit taches disposées sur quatre lignes longitudinales et formées comme la bordure par un duvet blanc. Le dessous du corps et les pattes sont comme dans les espèces précédentes.

L'individu que je possède a été rapporté de Tripoli en Barbarie par M. Dupont aîné.

Cet insecte a beaucoup de rapports avec l'individu décrit par Olivier, sous le nom de *Carabus Multiguttatus*, et qui fait partie de la collection du Muséum; il est même possible qu'ils appartiennent tous les deux à la même espèce.

4. G. MINUTUS.

Niger; thoracis margine, elytris margine punctisque numerosis albis; elytris rotundatis, postice truncatis.

Iconographie. II. p. 96. T. 6. fig. 4.
DEJ. *Cat.* p. 4.

Long. 5, 6 lignes. Larg. 2 ½, 3 lignes.

Il est beaucoup plus petit que les espèces précédentes. Son corselet est proportionnellement plus petit, plus court; il est beaucoup plus rétréci postérieurement, et sa base est assez fortement échancrée. Les élytres sont très-planes, presque rondes, et elles sont coupées presque carrément à leur extrémité; elles ont une bordure blanche qui n'est pas dentée intérieurement, et sur chaque dix-huit ou vingt taches disposées sur quatre lignes longitudinales qui sont formées comme la bordure par un duvet court et serré. Le dessous du corps et les pattes sont comme dans les espèces précédentes.

Il se trouve en Égypte, d'où il a été rapporté par feu Olivier.

5. G. Trilineatus.

Niger; thoracis margine albido; elytris albidis, sutura lineaque nigris.

Iconographie. II. p. 96. T. 6. fig. 3.
Anthia Trilineata. Fabr. *Sys. el.* I. p. 223. n° 15.
Sch. *Syn. ins.* I. p. 235. n° 21.
Carabus Trilineatus. Oliv. III. 35. p. 51. n° 58. T. 9. fig. 101.

Long. 4 $\frac{3}{4}$, 5 $\frac{1}{2}$ lignes. Larg. 2, 2 $\frac{1}{2}$ lignes.

La tête est à peu près comme celle du *Multiguttatus;* elle est garnie en dessus d'un duvet d'un blanc - jaunâtre, ordinairement plus clair et moins serré dans son milieu, et qui semble former deux lignes longitudinales qui se réunissent en avant des yeux. Le corselet est en cœur, et très-rétréci postérieurement, comme dans le *Minutus;* mais son bord antérieur est plus sinué, et sa base est beaucoup moins échancrée; ses bords latéraux sont couverts d'un duvet d'un blanc-jaunâtre, et cette bordure est beaucoup plus large que dans les espèces précédentes, surtout antérieurement; ou, pour mieux dire, il est d'un blanc jaunâtre avec une ligne longitudinale noire au milieu. Les élytres sont ovales, plus larges à leur base que dans les espèces précédentes, et coupées presque carrément à l'extrémité. Elles sont couvertes d'un duvet d'un blanc-jaunâtre; ordinairement la suture est noire, et plus large depuis la base jusqu'à la moitié des élytres. Elles ont en outre, à peu près au milieu, une ligne longitudinale noire, un peu arquée, qui ne touche ni à la base, ni à l'extrémité, et qui se joint avec la suture par une ligne qui va du milieu de la suture à l'extrémité de cette ligne; mais cela n'est pas constant. Quelquefois la suture se réunit à la ligne du milieu, presque à l'extrémité, et quelquefois même elles sont tout-à-fait séparées. L'individu figuré dans l'*Iconographie* présente aussi quelques différences dans le dessin des élytres, et il est plus grand que tous ceux que je possède. Le dessous

Tome I. 22

du corps et les pattes sont noirs, et plus ou moins garnis d'un duvet jaunâtre.

Il se trouve au cap de Bonne-Espérance.

XXIV. ANTHIA. *Weber. Fabricius.*

CARABUS. *Olivier.*

Dernier article des palpes presque cylindrique, ou grossissant un peu vers l'extrémité. Antennes filiformes. Lèvre supérieure arrondie, avancée, et recouvrant presque entièrement les mandibules. Point de dent au milieu de l'échancrure du menton. Tarses antérieurs légèrement dilatés dans les mâles. Corps épais, et plus ou moins allongé. Corselet plus ou moins cordiforme. Élytres convexes, en ovale plus ou moins allongé, sinuées ou même presque arrondies à l'extrémité.

Les *Anthia* sont de grands carabiques noirs, ordinairement tachetés de blanc, qui habitent les sables de l'Afrique et la partie de l'Asie qui s'étend depuis la mer Rouge jusqu'au Bengale.

Le dernier article des palpes est cylindrique, ou il grossit un peu vers l'extrémité. Il n'y a point de dent sensible au milieu de l'échancrure du menton. La languette est grande, ovale, avancée entre les palpes labiaux et entièrement cornée. La lèvre supérieure est grande, avancée, arrondie, un peu convexe, et elle recouvre plus ou moins les mandibules. Celles-ci sont plus ou moins grandes, cachées ordinairement presque entièrement par la lèvre supérieure, et avancées dans quelques espèces, surtout dans les mâles. Les antennes sont filiformes, plus courtes que le corps; leurs articles ne paraissent pas comprimés, et le troisième n'est pas beaucoup plus long que les autres. Tout le corps est plus ou moins allongé, assez épais, et point aplati. La tête est grande, un peu allongée et un peu rétrécie derrière les yeux dans quelques espèces. Les yeux sont assez grands, et plus ou moins saillants. Le corselet est, à sa partie antérieure, plus large que la tête; il est rétréci postérieurement, plus ou moins allongé, plus ou moins cordiforme, et dans quelques espèces, prolongé postérieurement dans les mâles. Les élytres sont assez convexes, et en ovale plus ou moins allongé; leur extrémité est très-légèrement tronquée, et même faiblement sinuée, et presque arrondie dans quelques espèces. Les pattes sont grandes et fortes. Les tarses antérieurs sont légèrement dilatés dans les mâles.

1. A. MAXILLOSA.

Atra; elytris lœvibus.

FABR. *Sys. el.* 1. p. 220. n° 1.
SCH. *Syn. ins.* 1. p. 232. n° 1.
Carabus Maxillosus. OLIV. III. 35. p. 13. n° 1. T. 7. fig. 90.
et T. 1. fig. 10.

Long. 20 lignes. Larg. 6 ½ lignes.

Elle ressemble beaucoup à la *Thoracica* pour la forme et la grandeur; mais elle est entièrement noire, et elle a seulement un peu de duvet blanchâtre sur les quatre premiers articles des antennes. Dans le mâle, le seul sexe que je connaisse, la tête est absolument semblable à celle du mâle de la *Thoracica;* elle est seulement un peu plus légèrement ponctuée. Le corselet est aussi un peu plus légèrement ponctué; il est plus étroit, plus allongé et plus en cœur; les parties latérales sur lesquelles sont les taches blanches dans la *Thoracica* sont plus étroites; l'enfoncement du milieu n'est pas rétréci antérieurement; il est de la même largeur dans toute sa longueur, mais il est un peu moins large et un peu moins profond, et la partie postérieure qui se prolonge est moins échancrée à son extrémité. Les élytres sont comme dans la *Thoracica;* mais elles sont un peu plus convexes, et les stries et les points enfoncés sont un peu moins marqués.

Elle se trouve au cap de Bonne-Espérance, et elle m'a été envoyée par le Muséum impérial de Vienne.

2. A. Thoracica.

Atra ; elytris lævibus ; thorace maculis duabus elytrorumque marginibus albo-tomentosis.

Mas. Fabr. *Sys. el.* i. p. 221. n° 2.
Sch. *Syn. ins.* i. p. 232. n° 3.
Carabus Thoracicus. Oliv. iii. 35. p. 14. n° 2. t. 10. fig. 5. b.
Femina. A. Fimbriata. Sch. *Syn. ins.* i. p. 41. n° 4.
Carabus Fimbriatus. Oliv. iii. 35. p. 14. n° 3. t. 1. fig. 5.

Long. 18, 21 lignes. Larg. 6 $\frac{1}{4}$, 7 $\frac{1}{2}$ lignes.

Cette grande et belle espèce est en-dessus d'une couleur noire assez luisante. La tête est grande, ovale et allongée ; elle est légèrement ponctuée, et elle a des enfoncements irréguliers entre les yeux et les antennes ; la partie postérieure est un peu relevée et presque lisse. La lèvre supérieure est grande, avancée, arrondie, lisse et un peu convexe. Dans le mâle, les mandibules sont presque aussi longues que la tête ; elles sont assez étroites, arquées et pointues à leur extrémité, et elles ont une petite dent à leur base : dans la femelle, elles sont beaucoup plus courtes, et elles ne dépassent presque pas la lèvre supérieure. Les antennes sont à peu près de la longueur de la moitié du corps ; leurs quatre premiers articles sont noirs avec un peu de duvet blanchâtre en-dessus, les autres sont d'un brun-noirâtre. Les yeux sont brunâtres, assez petits et peu saillants. Dans le mâle, le corselet est en forme de cœur tronqué ; il est ponctué comme la tête, plus large qu'elle à sa partie antérieure, arrondi et déprimé sur ses côtés, enfoncé dans son milieu, prolongé et fortement échancré postérieurement. L'enfoncement du milieu est rétréci à sa partie antérieure ; il s'élargit postérieurement, et il présente presque la forme d'un cœur renversé. Dans la femelle, le corselet n'est pas prolongé postérieurement ; il a seulement un sillon longitudinal assez profond dans son milieu, qui se prolonge jusqu'au bord postérieur, et il est un peu plus fortement ponctué. Dans les deux sexes, il a de chaque côté une grande tache presque arrondie, d'un blanc un peu jaunâtre, formée par un duvet court et serré. Les élytres sont grandes, allongées, ovales, assez convexes et sinuées à l'extrémité; elles ont une bordure blanche assez étroite, formée par un duvet court et serré comme les taches du corselet; elles paraissent lisses, mais elles ont des stries formées par des points enfoncés très-peu marqués, et dans les intervalles d'autres points enfoncés, qui sont un peu plus apparents et de chacun desquels sort un petit poil de la couleur des élytres. Le dessous du corps est d'un noir un peu plus brillant que le dessus. Les pattes sont de la même couleur, et elles sont grandes et assez fortes.

Elle se trouve au cap de Bonne-Espérance.

3. A. Sexguttata.

Atra ; elytris lœvibus ; thorace maculis duabus colcoptrisque quatuor albo-tomentosis.

Fabr. *Sys. el.* 1. p. 221. n° 4.
Sch. *Syn. ins.* 1. p. 233. n° 8.
Dej. *Cat.* p. 4.
Carabus Sexguttatus. Oliv. iii. 35. p. 15. n° 4. t. 1. fig. 6.

Long. 17, 21 lignes. Larg. 6, 7 ¼ lignes.

Elle est à peu près de la grandeur de la *Thoracica*. Sa couleur est en-dessus d'un noir peu brillant et opaque, et tout son corps est couvert de petits poils d'un brun-noirâtre, courts et peu rapprochés les uns des autres, qui la font paraître un peu pubescente. La tête est grande, ovale et allongée; elle est légèrement ponctuée; elle a deux impressions longitudinales, irrégulières et peu marquées, une autre transversale entre les antennes, et un sillon transversal bien marqué derrière les yeux. La lèvre supérieure est grande, avancée, arrondie, lisse et un peu convexe. Les mandibules ne sont pas très-saillantes; elles le sont cependant un peu plus dans le mâle que dans la femelle. Les antennes sont à peu près de la longueur de la

moitié du corps ; leurs quatre premiers articles sont noirs avec
un peu de duvet blanchâtre en dessus, les autres sont d'un
brun-noirâtre. Les yeux sont brunâtres, et ils sont un peu
plus grands et un peu plus saillants que dans la *Thoracica*. Le
corselet est presque en cœur; il est ponctué comme la tête,
plus large qu'elle à sa partie antérieure, et très-rétréci postérieurement ; il a un enfoncement transversal un peu arqué à sa
partie antérieure, et un sillon longitudinal peu marqué qui se
prolonge jusqu'au bord postérieur. Dans le mâle, il est un peu
prolongé et bilobé postérieurement; dans la femelle, la base
est presque arrondie. Dans les deux sexes, il a de chaque côté
à sa partie antérieure une assez grande tache, quelquefois
blanche, quelquefois un peu jaunâtre. Les élytres sont grandes,
allongées, ovales, sinuées à l'extrémité, et un peu plus convexes
que celles de la *Maxillosa*. Elles sont couvertes de petits points
enfoncés assez serrés, mais elles n'ont aucune strie. Elles ont
chacune deux grandes taches arrondies, quelquefois blanches,
quelquefois un peu jaunâtres, formées, comme celles du corselet,
par un duvet court et serré, placées un peu plus près du bord
extérieur que de la suture : la première un peu avant le milieu,
et la seconde vers l'extrémité. Quelquefois cette dernière est un
peu échancrée à sa partie supérieure. Le dessous du corps et les
pattes sont d'un noir un peu plus brillant que le dessus.

Elle se trouve aux Indes orientales.

4. A. VENATOR.

Nigra ; elytris lœvibus, macula palmata humerali marginibusque
albo-tomentosis.

FABR. *Sys. el.* I. p. 222. n° 5.
SCH. *Syn. ins.* I. p. 234. n° 9.
DEJ. *Cat.* p. 4.
Carabus Cursor. OLIV. III. 35. p. 16. n° 5. T. 10. fig. 116.

Long. 23 lignes. Larg. 7 $\frac{1}{2}$ lignes.

Elle ressemble un peu pour la forme à la *Sexguttata*; mais
elle est plus grande, d'un noir plus brillant, plus lisse, et elle

n'est pas pubescente. La tête est proportionnellement un peu plus grosse; elle n'est pas ponctuée; elle a deux enfoncements obliques bien marqués entre les yeux, quelques autres moins apparents entre les antennes, et un sillon transversal derrrière les yeux. La lèvre supérieure est très-grande, avancée, lisse, un peu convexe, arrondie antérieurement, avec une dentelure de chaque côté près de l'extrémité. Les mandibules sont larges; elles ont une petite dent à leur base, et elles dépassent peu la lèvre supérieure. Les antennes sont comme dans les espèces précédentes. Les yeux sont brunâtres, un peu plus grands et un peu plus saillants que ceux de la *Sexguttata*. Le corselet est à peu près de la largeur de la tête à sa partie antérieure; il est un peu plus large dans son milieu; il se rétrécit postérieurement, et le milieu de sa base est un peu prolongé; ses bords latéraux sont un peu relevés; il est presque lisse, il a une ligne longitudinale enfoncée au milieu, et deux impressions transversales : l'une près du bord antérieur, et l'autre qui sépare la partie de la base qui se prolonge. Les élytres sont grandes, allongées, ovales, très-peu sinuées à l'extrémité, plus étroites et moins convexes à leur base que celles de la *Sexguttata*. Elles paraissent lisses; mais, vues à la loupe, on y aperçoit des stries très-fines, formées par de petits points enfoncés. Les intervalles entre ces stries paraissent aussi un peu relevés. Elles ont chacune à la base , près du bord extérieur, une grande tache blanchâtre, formée par la réunion de cinq petites taches allongées, placées à côté les unes des autres; elles ont aussi une bordure assez étroite de la même couleur. Cette bordure se dilate un peu près de l'extrémité, et elle paraît former une tache blanchâtre un peu allongée. Le dessous du corps et les pattes sont comme dans les espèces précédentes.

Elle se trouve au Sénégal et sur la côte de Barbarie. L'individu que je possède a été rapporté de Tripoli par M. Dupont aîné.

5. A. NIMROD.

Atra; elytris sulcatis, maculis duabus albo-tomentosis.

Fabr. *Sys. el.* i. p. 222. n° 9.

Sch. *Syn. ins.* i. p. 234. n° 13.

Carabus Errans. Oliv. iii. 35. p. 16. n° 6. t. 10. fig. 117.

Long. 16 ½ lignes. Larg. 5 ¼ lignes.

Elle est un peu plus petite que les précédentes, et sa forme est beaucoup plus étroite et plus allongée. Tout son corps est un peu pubescent, et il est en dessus d'un noir assez brillant. La tête est proportionnellement plus petite et plus étroite; elle est fortement ponctuée; elle a deux impressions longitudinales irrégulières qui se réunissent entre les yeux, et une autre transversale entre les antennes. La lèvre supérieure est grande, avancée, lisse, un peu convexe, arrondie antérieurement, avec une impression et une dentelure peu marquée de chaque côté, près de l'extrémité. Les mandibules sont peu saillantes. Les antennes sont entièrement noires, et un peu plus longues que dans les espèces précédentes. Les yeux sont brunâtres, arrondis et assez saillants. Le corselet est presque en forme de cœur tronqué; il est plus large que la tête dans son milieu, un peu rétréci et arrondi antérieurement, très-rétréci postérieurement, et coupé carrément à la base; il est un peu convexe, très-fortement ponctué; ses bords latéraux sont un peu relevés et presque en carène; il a une petite impression transversale à sa partie antérieure, et une ligne longitudinale enfoncée, peu marquée. Les élytres sont plus étroites, plus allongées, moins ovales et plus parallèles que celles des espèces précédentes; leur extrémité est légèrement sinuée. Elles ont chacune sept sillons assez profonds, sans compter celui commun sur la suture, et deux stries moins marquées près du bord extérieur. Les intervalles entre ces sillons sont assez saillants, et ils forment autant de côtes élevées. Le fond des sillons est assez fortement ponctué, et il y a quelques points enfoncés épars çà et là sur les côtes élevées. On voit, sur chaque élytre, deux grandes taches arrondies, formées par un duvet blanchâtre, plus près du bord extérieur que de la suture : la première à la base paraît composée de deux taches placées à côté l'une de l'autre, et la seconde est près de l'extrémité. Le dessous du corps et les pattes sont d'un noir un peu plus brillant que le dessus.

Elle se trouve au Sénégal.

6. A. Sulcata.

Atra ; thoracis margine albo ; elytris sulcatis, margine maculisque tribus impressis albo-tomentosis.

Fabr. *Sys. el.* 1. p. 222. n° 6.
Sch. *Syn. ins.* 1. p. 234. n° 10.
Dej. *Cat.* p. 4.
Carabus Sulcatus. Oliv. 111. 35. p. 24. n° 17. t. 8. fig. 97.
Var. A. *A. Angustata.* Dej. *Cat.* p. 4.

Long. 14 ½ , 16 lignes. Larg. 4 ½ , 5 ¾ lignes.

Elle est plus petite que les espèces précédentes, et elle est un peu plus allongée, quoiqu'elle ne le soit cependant pas autant que la *Nimrod.* Tout le corps est légèrement pubescent, et elle est en-dessus d'un noir un peu obscur. La tête est un peu plus large que celle de la *Nimrod ;* elle est assez fortement ponctuée, mais les points ne sont pas très-serrés, et elle a deux enfoncements longitudinaux, bien marqués et irréguliers, entre les antennes. La lèvre supérieure, qui est avancée comme dans les autres espèces, a une petite dentelure peu marquée de chaque côté près de l'extrémité. Les mandibules sont peu saillantes. Les quatre premiers articles des antennes sont plus ou moins couverts en-dessus d'un duvet blanchâtre. Les yeux sont un peu moins saillants que ceux de la *Nimrod.* Le corselet est presque en forme de cœur tronqué ; il est un peu plus large que la tête dans son milieu, arrondi et un peu rétréci antérieurement, et plus rétréci postérieurement ; il est un peu convexe, fortement ponctué ; ses bords latéraux sont un peu relevés, presque en carène ; sa base est un peu échancrée ; il a une ligne longitudinale enfoncée au milieu, très-peu marquée, et deux impressions transversales, aussi très-peu marquées : l'une près du bord antérieur, et l'autre près de la base. Il a une bordure latérale, assez étroite, formée par un duvet blanc et interrompue dans son milieu. Les élytres sont ovales, allongées, assez convexes, et très-légèrement sinuées à l'extrémité. Elles ont chacune huit sillons assez profonds, dans lesquels on aperçoit un duvet un peu jaunâtre qui disparaît quelquefois; et trois taches, enfoncées, couvertes d'un duvet blanchâtre : la première assez grande, arrondie, un peu échancrée à sa partie supérieure, un peu avant le milieu sur les troisième et quatrième sillons; la seconde un peu plus petite, moins arrondie, sur la même ligne à peu près aux deux tiers des élytres; et la troisième plus petite, allongée près de l'extrémité. Le bord extérieur est aussi couvert d'un duvet blanchâtre. Le dessous du corps est d'un noir-obscur, et garni de poils blanchâtres, surtout sur le corselet et la poitrine. Les pattes sont comme dans les espèces précédentes.

Elle se trouve au Sénégal.

L'*Anthia Angustata* de mon Catalogue n'est qu'une variété de cette espèce, qui est un peu plus petite, et dont la forme est un peu plus allongée et plus étroite.

7. A. SEXMACULATA.

Nigra; thoracis margine albo; elytris striatis, margine postico maculisque quatuor albo-tomentosis.

FABR. *Sys. el.* 1. p. 222. n° 7.
SCH. *Syn. ins.* 1. p. 234. n° 11.
DEJ. *Cat.* p. 4.

Long. 12 lignes. Larg. 4 ½ lignes.

Elle est plus petite, moins allongée et plus aplatie que la *Sulcata.* Elle est en-dessus d'un noir assez brillant. La tête est proportionnellement plus grosse et plus large; elle a quelques points enfoncés entre les yeux, et quelques inégalités peu marquées entre les antennes. La lèvre supérieure a une dentelure peu marquée de chaque côté près de l'extrémité. Les mandibules sont entièrement recouvertes par la lèvre supérieure. Les

quatre premiers articles des antennes sont plus ou moins re-
couverts en-dessus d'un duvet blanchâtre; les autres sont d'un
brun - noirâtre. Les yeux sont proportionnellement plus gros
et plus saillants que dans les espèces précédentes. Le corselet
est à peu près comme celui de la *Decemguttata*; mais il est un
peu plus petit, moins large, moins convexe, et ses angles latéraux sont plus arrondis; il a quelques points enfoncés épars çà
et là, une ligne longitudinale enfoncée au milieu, et un enfoncement transversal près du bord antérieur; ses bords latéraux
sont garnis d'un duvet blanchâtre. Les élytres sont ovales, un
peu allongées, rebordées, tronquées obliquement à l'extrémité,
et plus planes que dans toutes les espèces précédentes. Elles
ont chacune huit stries ou sillons peu marqués, au fond desquels on aperçoit une ligne de points enfoncés, plus marqués
vers la base, et qui le sont très-peu vers l'extrémité. Elles ont
trois taches formées par un duvet blanchâtre : la première à la
base près du bord extérieur, en ovale allongé et plus ou moins
grande; la seconde à peu près au milieu, entre les troisième et
quatrième stries ; elle est ronde, très-petite, et elle disparaît
même quelquefois entièrement; la troisième un peu plus bas
entre les cinquième et sixième stries; elle est arrondie et plus
grande que la seconde, sans l'être cependant autant que la première; et la quatrième tout - à - fait à l'extrémité près de la suture; elle est plus grande que la troisième, presque quadran-
gulaire et plus large que longue. Elles ont aussi une bordure
blanche qui commence à peu près à la moitié des élytres et qui
va jusqu'auprès de la tache de l'extrémité. Le dessous du corps
et les pattes sont d'un noir un peu plus brillant que le dessus.

Elle se trouve en Égypte et sur la côte de Barbarie.

8. A. MARGINATA. *Klug.*

Nigra; thoracis margine albo; elytris striatis, margine maculisque
octo albo-tomentosis.

Long. 12 lignes. Larg. 4 lignes.

Elle ressemble beaucoup à la *Sexmaculata*, mais elle est plus étroite. La tête est un peu plus rétrécie postérieurement. Le corselet est un peu plus étroit, et sa bordure blanche est interrompue à peu près dans son milieu. Les élytres sont plus étroites et plus convexes; elles sont plus fortement striées, et les stries sont plus fortement ponctuées, surtout à la base. Elles ont à peu près les mêmes taches; mais elles en ont deux autres, petites et, allongées à la base entre celle humérale et la suture, et deux autres à côté de la troisième de la *Sexmaculata :* l'une allongée entre cette tache et le bord extérieur, et l'autre presque arrondie près de la suture. La troisième tache est aussi plus allongée que dans la *Sexmaculata ;* celle de l'extrémité est plus sinuée à sa partie supérieure, et le bord latéral remonte jusqu'à la tache humérale.

Elle m'a été envoyée par M. Schüppel, comme venant de la Nubie. Je crois qu'elle se trouve aussi au nombre des insectes rapportés par M. Caillaux.

9. A. Duodecinguttata.

Nigra; elytris substriatis, margine postico maculisque sex albo-tomentosis.

Bonelli. *Observations entomologiques.* ii. p. 19. n° 1.
Iconographie. ii. p. 94. t. 6. fig. 1.
Dej. *Cat.* p. 4.

Long. 15 ½ lignes. Larg. 5 ½ lignes.

Elle est à peu près de la grandeur de la *Sulcata,* et elle se rapproche par sa forme de la *Decemguttata.* Elle est en-dessus d'une couleur noire assez brillante. La tête est assez grosse; elle a quelques points enfoncés et quelques impressions irrégulières et peu marquées entre les yeux. La lèvre supérieure est arrondie, et elle a une dentelure peu marquée de chaque côté à sa partie antérieure. Les yeux sont brunâtres et assez saillants. Le corselet ressemble un peu à celui de la *Decemguttata ;* mais il est plus large dans son milieu, et il forme de chaque côté un angle plus aigu; il est moins convexe, moins ponctué, le sillon longitudinal est plus marqué; il a un enfoncement au milieu de chaque côté, et deux impressions transversales : l'une près du bord antérieur, et l'autre près de la base. Les élytres sont grandes, ovales, convexes, tronquées obliquement et un peu échancrées à l'extrémité. Elles ont chacune huit stries, ou sillons très-peu marqués, surtout vers l'extrémité, dans lesquels on aperçoit quelques points enfoncés peu marqués; les intervalles sont un peu relevés, surtout vers la base. On voit sur chaque six taches arrondies, formées par un duvet blanc : la première assez grande, un peu ovale, à la base près du bord extérieur; la seconde un peu plus petite, avant le milieu, entre la troisième et la quatrième strie; la troisième un peu plus grande, mais plus petite que la première, au-delà du milieu entre les cinquième et septième stries; la quatrième plus petite que les précédentes, sur la même ligne près de la suture; et les cinquième et sixième de la même grandeur près de l'extrémité. La partie du bord extérieur, située entre les troisième et cinquième taches, est également couverte d'un duvet blanc. Le dessous du corps et les pattes sont d'une couleur noire un peu plus brillante que le dessus.

Elle se trouve en Arabie, d'où elle a été rapportée par feu Olivier.

10. A. DECEMGUTTATA.

Atra ; elytris profunde quadrisulcatis , maculis quinque albotomentosis , sæpe obsoletis.

FABR. *Sys. el.* 1. p. 221. n° 3.
SCH. *Syn. ins.* 1. p. 232. n° 5.
Carabus Decemguttatus. OLIV. III. 35. p. 23. n° 16. T. 2. fig. 15. a. T. 9. fig. 15. c.
VAR. A. *A. Quadriguttata.* FABR. *Sys. el.* 1. p. 223. n° 10.
DEJ. *Cat.* p 4.
Carabus Elongatus. OLIV. III. 35. p. 24. n° 18. T. 9. fig. 107. T. 2. fig. 15. b.
VAR. B. *A. Alboguttata.* SCHOENHERR.

VAR. C. *A. Lævicollis*. SCHOENHERR.

VAR. D. *A Villosa?* SCH. *Syn. ins.* I. p. 233. n° 7.

Long. 11 ½, 16 lignes. Larg. 4, 6 lignes.

Cette espèce varie beaucoup pour la forme, la grandeur, la couleur et les taches des élytres. Elle est ordinairement en dessus d'un noir opaque et obscur. La tête est assez grosse, plus ou moins ponctuée, et elle a deux enfoncements longitudinaux irréguliers entre les yeux. La lèvre supérieure a une dentelure assez marquée, de chaque côté, à sa partie antérieure. Les quatre premiers articles des antennes sont plus ou moins couverts en dessus d'un duvet blanchâtre, les autres sont d'un brun-noirâtre. Les yeux sont brunâtres, assez gros et assez saillants. Le corselet est presque en forme de cœur tronqué; il est plus large que la tête, arrondi antérieurement, très-rétréci postérieurement, et il forme de chaque côté, un peu avant le milieu, un angle bien marqué. Il est convexe, quelquefois très-fortement ponctué, et quelquefois presque lisse; ses bords latéraux sont un peu déprimés, saillants et en carène; il a une impression transversale plus ou moins marquée près du bord antérieur, et un sillon longitudinal au milieu. Il varie pour la couleur du noir au rouge-brun, quelquefois même assez clair, surtout dans son milieu. Il a de chaque côté, à sa partie antérieure, une petite tache blanche qui disparaît souvent entièrement. Les élytres sont en ovale plus ou moins large et plus ou moins allongé; leur extrémité est tronquée un peu obliquement et paraît presque échancrée, et elles sont terminées, de chaque côté de la suture, par une petite dent plus ou moins marquée. Elles ont chacune quatre sillons très-profonds, et un autre commun sur la suture. Ces sillons sont garnis d'un duvet cendré ou brunâtre, qui souvent disparaît entièrement, et qui laisse alors apercevoir, dans chaque sillon, deux rangées de petits points enfoncés, et une ligne longitudinale un peu élevée au milieu, le tout très-peu marqué. Elles ont chacune cinq taches formées par un duvet blanchâtre: la première près de la base sur le bord extérieur; la seconde un peu avant le milieu, dans le second sillon; les troisième et quatrième un peu après le milieu, sur la même ligne dans les premier et troisième sillons; et la cinquième près du bord extérieur, à l'extrémité, entre les second et troisième sillons. Ces taches varient beaucoup pour la forme et la grandeur; elles sont quelquefois rondes, quelquefois très-allongées, et la plupart sont ordinairement entièrement effacées. Le dessous du corps et les pattes sont d'un noir assez brillant; les cuisses sont quelquefois d'un brun-rougeâtre.

Elle se trouve au cap de Bonne-Espérance, et il paraît qu'elle y est est très-commune.

La variété A. *A. Quadriguttata*, de Fabricius, n'en diffère que par les taches des élytres, dont celle humérale et celle de l'extrémité seulement sont visibles, et dont les trois autres sont entièrement effacées.

La variété B m'a été envoyée par M. Schœnherr, sous le nom d'*A. Alboguttata*. Elle est un peu plus grande; son corselet est plus ponctué; les élytres sont plus larges, et elle n'a que trois taches blanches, celle humérale, celle après le milieu dans le troisième sillon, et celle de l'extrémité.

La variété C. m'a aussi été envoyée par M. Schœnherr, sous le nom d'*A. Lævicollis*. Elle est un peu plus allongée, et son corselet est rougeâtre et n'est presque pas ponctué.

Enfin la variété D. m'a été envoyée par M. Westermann, comme l'*A. Villosa* de Schœnherr; je doute cependant que ce soit celle décrite sous ce nom par cet auteur. Son corselet est rougeâtre, et les sillons des élytres sont couverts d'un duvet cendré presque blanchâtre.

Aucune de ces variétés ne me paraît pouvoir constituer une espèce particulière. Je les ai comparées attentivement avec un grand nombre d'individus appartenant à la collection du Muséum, et j'y ai trouvé tous les passages successifs des unes aux autres.

11. A. BIGUTTATA.

Atra; elytris sulcatis, puncto ante medium albo-tomentoso.

BONELLI. *Observations entomologiques.* II. p. 20. n° 2.

WIEDEMANN. GERMAR. *Magazin der entomologie.* IV. p. 108. n° 3.

Long. 13 lignes. Larg. 4 ½ lignes.

Elle ressemble, à la première vue, à la *Decemguttata*, mais elle en diffère par des caractères essentiels. La tête est proportionnellement un peu plus grosse. Le corselet est moins large à sa partie antérieure; l'angle qu'il forme de chaque côté est moins saillant et plus arrondi, et il est moins rétréci postérieurement. Il a dans son milieu un enfoncement longitudinal irrégulier, qui va en diminuant de largeur vers la base, et une impression transversale près du bord postérieur. Il est assez fortement ponctué au milieu et sur ses bords antérieur et postérieur; il l'est beaucoup moins sur ses côtés. Les élytres sont plus larges à leur base, moins ovales, plus parallèles, et moins convexes; elles sont très-légèrement tronquées obliquement à l'extrémité, et l'on ne voit pas de dent saillante près de la suture; elles ont chacune quatre lignes longitudinales assez élevées, moins saillantes cependant que celles de la *Decemguttata*, et dans les intervalles de ces lignes, une autre moins élevée et moins distincte. Le fond de chaque sillon est garni de poils bruns, assez rares. On voit en outre sur chaque un point blanc oblong, placé à peu près au tiers de l'élytre sur la sixième ligne élevée, à partir de la suture. Le dessous du corps est d'un noir un peu plus brillant que le dessus. Les pattes sont un peu plus courtes que celles de la *Decemguttata*.

Elle se trouve au cap de Bonne-Espérance, et elle m'a été envoyée par M. Westermann.

12. A. SEXNOTATA.

Fusca, tomentosa; elytris octosulcatis, punctis tribus flavo-tomentosis.

SCH. *Syn. ins.* I. p. 233. n° 6.

Iconographie. II. p. 94. T. 6. fig. 2.

Long. 9 ½, 11 ½ lignes. Larg. 3 ¼, 4 ¼ lignes.

Elle est plus petite que la *Decemguttata*, et elle est presque entièrement couverte en-dessus par un duvet d'un brun un peu ferrugineux. La tête a à peu près la même forme, mais elle est proportionnellement plus grosse; elle est très-fortement ponctuée, et elle a une ligne longitudinale, enfoncée de chaque côté, le long des yeux. La lèvre supérieure est un peu moins avancée que dans les espèces précédentes, et elle a quatre points enfoncés assez marqués à sa partie antérieure. Les antennes sont à peu près de la longueur de la tête et du corselet réunis; leurs quatre premiers articles sont presque entièrement couverts d'un duvet jaunâtre, les autres sont d'un brun-obscur. Les yeux sont un peu plus gros et plus saillants que ceux de la *Decemguttata*. Le corselet est en forme de cœur tronqué; il est plus large que la tête à sa partie antérieure et rétréci postérieurement; ses côtés sont arrondis antérieurement, et ils ne forment pas un angle saillant comme dans la *Decemguttata*; il est presque plane, entièrement couvert de points enfoncés assez serrés; ses bords latéraux sont un peu relevés; les angles postérieurs sont arrondis; il a une impression transversale près du bord antérieur, et une ligne longitudinale enfoncée au milieu, peu marquée; le duvet jaunâtre dont il est couvert est un peu plus serré au milieu et sur les côtés, et paraît former quelquefois trois lignes longitudinales d'une couleur plus jaune. Les élytres sont ovales, très-peu convexes, et elles sont tronquées un peu obliquement à l'extrémité. Elles ont chacune huit sillons égaux, et trois points arrondis, formés par un duvet d'un jaune-ferrugineux : le premier preque à l'angle de la base, sur la septième côte élevée; le second à peu près au milieu près de la suture, dans le troisième sillon et presque sur la troisième côte; le troisième à l'extrémité, sur la cinquième côte. Ce dernier manque quelquefois; et, dans quelques individus, on voit en outre un quatrième point très-petit, de la même couleur, à la base près de la suture dans le premier sillon. Le dessous du corps et les pattes sont d'un noir-opaque, et un peu pubescents.

Tome I. 23

Elle se trouve au cap de Bonne-Espérance, d'où elle a été rapportée par feu Delalande. Elle m'a été aussi envoyée par M. Schüppel. Je crois que cette espèce est la même que celle que Thunberg a décrite dans la *Synonymia insectorum* de Schœnherr, et qu'il dit habiter les Indes orientales.

13. A. TABIDA.

Atra; elytris quadrisulcatis, sulcis punctis impressis in duplici serie.

FABR. *Sys. el.* I. p. 223. n° 11.
SCH. *Syn. ins.* I. p. 234. n° 15.
DEJ. *Cat.* p. 4.
Carabus Tabidus. OLIV. III. 35. p. 25. n° 19. T. 2. fig. 17.

Long. 7 ½, 9 ½ lignes. Larg. 2 ½, 3 ¼ lignes.

Elle est plus petite que toutes les précédentes, et elle est en dessus d'un noir peu brillant. La tête est assez grande; elle est ovale, ponctuée; elle a deux enfoncements longitudinaux entre les antennes, et un sillon transversal très-marqué derrière les yeux. La lèvre supérieure n'est pas très-avancée; elle est peu arrondie, et elle a quelques points enfoncés à sa partie antérieure. Les antennes sont de la couleur du reste du corps. Les yeux sont petits et peu saillants. Le corselet est tout-à-fait en forme de cœur, et il est beaucoup plus rétréci postérieurement que dans les autres espèces; il est presque plane; le bord antérieur est un peu échancré; les bords latéraux sont relevés et en carène, et la base est très-étroite et arrondie; il est ponctué, et il a une impression transversale presque en forme de V près du bord antérieur, et un sillon longitudinal au milieu. Les élytres sont ovales, très-peu convexes, tronquées obliquement et presque échancrées à l'extrémité, et elles se terminent par une pointe assez marquée près de la suture. Elles ont chacune trois lignes élevées, qui forment quatre sillons assez profonds, dans lesquels on aperçoit deux rangées de points enfoncés assez gros, rangées qui sont séparées par une ligne un peu élevée, mais qui l'est beaucoup moins que les autres lignes. Le dessous du corps et les pattes sont d'un noir un peu plus brillant que le dessus.

Elle se trouve au cap de Bonne-Espérance.

***

SCARITIDES.

Cette tribu comprend tous les genres que Latreille a réunis sous le nom de *Bipartis* dans l'*Iconographie des Coléoptères d'Europe*, et dans ses *Familles naturelles du règne animal*. Presque tous ces genres faisaient autrefois partie du genre *Scarites* de Fabricius et d'Olivier ; il faut en excepter les *Siagona* et les *Ozæna* qui s'éloignent un peu de tous les autres, et que je n'ai placés dans cette tribu que pour me conformer à ce qui avait été établi par Latreille. Tous ces genres offrent cependant des caractères communs qui peuvent suffire pour les distinguer. Les palpes extérieurs ne sont pas terminés en alène. Les élytres ne sont pas tronquées à l'extrémité. L'abdomen est séparé du corselet par un avancement assez marqué, rétréci et presque en forme de pédicule, à l'exception toutefois du genre *Ozæna*, dans lequel ce caractère n'est presque pas sensible. Le premier article des antennes est toujours plus grand que les autres. Les jambes antérieures sont souvent larges et palmées, et toujours fortement échancrées intérieurement. Les tarses antérieurs sont semblables, ou sans différences sensibles dans les deux sexes. Ils sont dépourvus de brosses endessous, et simplement garnis de poils ou de cils ordinaires.

Le tableau suivant présente les principaux caractères des dix genres qui composent cette tribu.

23.

Menton inarticulé, recouvrant presque tout le dessous de
la tête.. 1 *Siagona*.

Menton articulé, laissant à découvert une grande partie de la bouche.

Jambes antérieures

Mandibules fortement dentées intérieurement.

Corselet convexe, arrondi postérieurement, et souvent un peu prolongé dans son milieu.

Jambes postérieures droites et presque simples. . 2 *Scarites*.

Jambes postérieures courtes, larges, arquées et couvertes d'épines. . . 3 *Acanthoscelis*.

Corselet large, plane, presque cordiforme, échancré postérieurement..... 4 *Pasimachus*.

palmées.

Mandibules point ou très-légèrement dentelées intérieurement.

Dernier article des palpes labiaux allongé et pointu................... 5 *Oxystomus*.

Dernier article des palpes labiaux peu allongé et presque ovale.......... 6 *Clivina*.

Jambes antérieures

Antennes courtes et grenues.

Articles des antennes distincts, et ne grossissant presque pas vers l'extrémité................ 7 *Morio*.

Articles des antennes peu distincts, et grossissant sensiblement vers l'extrémité............... 8 *Ozæna*.

non palmées.

Antennes filiformes, à articles allongés et presque cylindriques.

Palpes labiaux peu allongés............... 9 *Ditomus*.

Palpes labiaux très-allongés............... 10 *Apotomus*.

I. SIAGONA. *Latreille.*

CUCUJUS. GALERITA. *Fabricius.*

Menton inarticulé et sans suture, recouvrant presque tout le dessous de la tête, très-fortement échancré et ayant dans son milieu une dent bifide. Dernier article des palpes labiaux fortement sécuriforme. Antennes filiformes ; le premier article beaucoup plus grand que les autres, et grossissant vers l'extrémité. Corps aplati. Corselet très-rétréci postérieurement. Jambes antérieures non palmées.

Ce genre, formé par Latréille sur quelques insectes que Fabricius avait placés parmi ses *Cucujus* et ses *Galerita*, se distingue facilement de presque tous ceux de cette famille par l'immobilité du menton, qui paraît soudé par sa base avec le restant de la tête, et qui ne laisse pas même apercevoir de suture. Le seul autre genre qui présente le même caractère est l'*Enceladus* de Bonelli, que je ne possède pas..

Les *Siagona* sont des insectes de moyenne taille, d'une forme très-aplatie, ordinairement d'une couleur brune ou noirâtre. Le menton est très-avancé; il recouvre presque tout le dessous de la tête ; il est très-fortement échancré, et il a au milieu de l'échancrure une dent peu avancée qui paraît bifide. La lèvre supérieure est peu avancée ; elle est presque coupée carrément, et dentelée à sa partie antérieure. Les mandibules sont fortes, peu avancées, arquées, et elles ont à leur base une assez forte dent. Les palpes sont peu allongés ; le dernier article des maxillaires va un peu en grossissant vers l'extrémité ; et celui des labiaux est fortement sécuriforme. Les antennes sont à peu près de la longueur de la moitié du corps. Elles sont filiformes ; leur premier article est beaucoup plus grand que les autres, et il va en grossissant vers l'extrémité ; tous les autres sont à peu près de la même longueur. La tête est assez grande, presque carrée et assez plane ; elle est ponctuée, et elle a à sa partie postérieure un sillon transversal, derrière lequel elle paraît lisse. Le corselet est presque en cœur, échancré antérieure-

ment, très-rétréci et un peu prolongé postérieurement. Les
élytres sont très-planes, assez allongées, et plus ou moins
ovales. Les pattes ne sont pas très-longues ; les cuisses sont
assez fortes et presque renflées ; les jambes antérieures ne sont
pas palmées ; elles sont fortement échancrées intérieurement ;
les intermédiaires et les postérieures sont simples.

Bonelli a séparé les espèces de ce genre en deux divisions : il place dans la première celles qui sont aptères. Leurs
élytres sont plus ovales, plus rétrécies à la base, et l'angle huméral n'est nullement saillant. La seconde division comprend
celles qui sont ailées ; leurs élytres sont moins ovales, plus larges
à la base, et l'angle huméral est plus marqué. Ce genre étant
peu nombreux en espèces, j'ai cru inutile de le diviser.

La *Siagona Schüppelii* me paraît devoir former un genre
particulier ; mais cet insecte étant très-petit, et le seul individu que je possède étant en assez mauvais état, il ne m'a pas été
possible de m'assurer assez de ses caractères pour en former un
nouveau genre, et je l'ai placé provisoirement à la suite de
celui-ci.

Toutes les *Siagona* connues jusqu'à présent paraissent habiter exclusivement le nord de l'Afrique et les Indes orientales.

1. S. RUFIPES.

*Aptera, nigro-picea, punctata ; elytris planis, ovatis, ad basin
angustatis ; antennis pedibusque rufis.*

LATREILLE. *Gen. crust. et ins.* I. p. 209. n° 1. T. 7. fig. 9.
BONELLI. *Observations entomologiques.* 2. p. 26. n° 1.
DEJ. *Cat.* p. 4.
Cucujus Rufipes. FABR. *Sys. el.* II. p. 93. n° 7.
SCH. *Syn. ins.* III. p. 53.

Long. 7 ¼ lignes. Larg. 2 lignes.

Sa forme est plus aplatie que celle de toutes les autres espèces
de ce genre. Elle est entièrement en-dessus d'un brun-noirâtre.

La tête est grande, assez plane, presque carrée et un peu allongée; elle est assez fortement ponctuée; les points sont assez gros, assez serrés sur les côtés, et plus éloignés les uns des autres au milieu. Elle a une ligne transversale, enfoncée et bien marquée, à sa partie postérieure, en arrière de laquelle il n'y a plus de points enfoncés; une autre ligne transversale, moins distincte, entre les antennes, et une ligne longitudinale élevée de chaque côté. Les antennes sont d'un rouge-ferrugineux, et elles sont à peu près de la longueur de la moitié du corps. Les yeux sont petits et ne sont nullement saillants. Le corselet est à sa partie antérieure un peu plus large que la tête; il est un peu moins long que large, en forme de cœur, un peu échancré antérieurement, très-rétréci postérieurement, avec le milieu de la base un peu prolongé et très-légèrement échancré; il est plane, assez fortement ponctué, mais les points sont assez éloignés les uns des autres. Il a de chaque côté un sillon longitudinal assez enfoncé, et un autre moins marqué au milieu, dans lequel on aperçoit une ligne longitudinale enfoncée très-mince, mais bien distincte. L'écusson est petit, lisse et en forme de cœur. Les élytres sont un peu plus larges que le corselet, en ovale assez allongé, très-étroites, et sans angle sensible à leur base; elles sont très-planes et assez fortement ponctuées. Il n'y a point d'ailes sous les élytres. Le dessous du corps est d'un brun un peu ferrugineux. Les pattes sont d'un rouge-ferrugineux.

Elle varie beaucoup pour la grandeur; j'ai vu un individu, appartenant à M. Solier, qui a onze lignes de long.

Elle se trouve en Barbarie. L'individu que je possède m'a été envoyé par M. Schœnherr.

2. S. Fuscipes.

Aptera , nigro - picea, punctata ; elytris subplanis, ovatis ; antennis pedibusque piceis.

Bonelli. *Observations entomologiques*. 2. p. 26. n° 2.

Long. 8 lignes. Larg. 2 ⅓ lignes.

Elle ressemble beaucoup à la *Rufipes*, mais elle est ordinairement plus grande. La tête est proportionnellement plus large. Le corselet est plus large, moins en cœur, plus arrondi sur ses côtés et un peu moins ponctué. Les élytres sont un peu moins planes, moins ovales, moins rétrécies antérieurement, et leur base forme de chaque côté un angle arrondi. Les antennes et les pattes sont d'une couleur plus obscure et brunâtre.

Elle se trouve en Égypte, et elle m'a été donnée par M. Savigny.

3. S. BRUNNIPES. *Mihi.*

Alata, nigro-obscura, obsolete punctata; elytris subplanis, subparallelis; antennis pedibusque nigro-piceis.

Long. 8 ¾ lignes. Larg. 2 ⅔ lignes.

Elle ressemble beaucoup à la *Fuscipes*, mais elle est ailée, ainsi que toutes les espèces suivantes. Elle est un peu plus grande; sa couleur en-dessus est un peu plus foncée et entièrement d'un noir-obscur; elle est moins fortement ponctuée, et les points enfoncés sont plus éloignés les uns des autres. La tête et le corselet ont à peu près la même forme. Les élytres sont un peu moins planes, moins ovales, plus larges antérieurement, presque parallèles, et l'angle de la base paraît coupé un peu obliquement. Le dessous du corps, les pattes et les antennes sont d'un brun-obscur.

Elle m'a été envoyée par M. Schüppel, comme venant de la Nubie. Je crois qu'elle a été aussi rapportée de la Haute-Égypte par M. Savigny.

4. S. ATRATA. *Mihi.*

Alata, nigra, obsolete punctata; elytris subconvexis, subparallelis; oculis prominulis; antennis pedibusque nigro-piceis.

Long. 8 ¾ lignes. Larg. 2 ¾ lignes.

Elle est à peu près de la grandeur de la *Brunnipes*, et elle est entièrement en-dessus d'un noir assez brillant. La tête est un peu plus large que celle des espèces précédentes; elle a de même deux lignes transversales enfoncées: l'une bien marquée à sa partie postérieure, l'autre entre les antennes, et une ligne longitudinale élevée de chaque côté; elle a en outre un petit enfoncement peu distinct au milieu; elle a quelques points enfoncés peu marqués et assez éloignés les uns des autres. Les antennes sont assez fortement pubescentes; leurs trois premiers articles sont d'un brun-noirâtre, les autres sont d'une couleur un peu plus claire. Les yeux sont un peu plus gros et beaucoup plus saillants que dans les espèces précédentes. Le corselet est plus large, plus court, plus arrondi sur ses côtés, plus rétréci brusquement postérieurement, et sa base est un peu plus échancrée. Il a quelques points enfoncés, peu marqués et assez éloignés les uns des autres. Il est moins plane; le bord antérieur est un peu relevé; il a un sillon longitudinal bien marqué de chaque côté, et un autre au milieu, plus large et moins enfoncé, au milieu duquel on aperçoit une ligne longitudinale enfoncée très-mince, mais distincte; il a quelques poils roussâtres, assez longs sur les côtés, surtout vers les angles antérieurs. L'écusson est petit, lisse et presque en forme de cœur. Les élytres sont moins planes que celles des espèces précédentes; elles sont un peu plus larges que le corselet, assez allongées, presque parallèles, coupées presque carrément antérieurement, avec les angles de la base un peu arrondis; elles sont très-légèrement ponctuées; les points enfoncés sont peu marqués et assez éloignés les uns des autres, et elles ont quelques poils assez longs sur les côtés et vers l'extrémité. Le dessous du corps et les pattes sont d'un brun-noirâtre.

Elle m'a été envoyée par M. Westermann, comme venant des Indes orientales.

5. S. Depressa.

Alata , picea, punctata; elytris subplanis, subparallelis;
antennis pedibusque rufis.

Galerita Depressa. Fabr. *Sys. el.* 1. p. 215. n° 5.
Carabus Depressus. Sch. *Syn. ins.* 1. p. 192. n° 134.

Siagona Plana. **Bonelli.** *Observations entomologiques.* 2. p. 26. n° 4.

Long. 5 , 5 ½ lignes. Larg. 1 ½ , 1 ⅔ ligne.

Elle est beaucoup plus petite que la *Rufipes*, et elle est en-dessus d'un brun un peu noirâtre. Tout le corps est légèrement pubescent. La tête est assez grande et presque carrée; elle est proportionnellement un peu moins allongée que celle de la *Rufipes*, et un peu moins large que celle des autres espèces précédentes; elle est légèrement convexe et fortement ponctuée; elle a un sillon transversal très-marqué à sa partie postérieure, une ligne transversale enfoncée, peu distincte, entre les antennes, et une ligne longitudinale élevée de chaque côté. La lèvre supérieure, les palpes et les antennes sont d'un rouge-ferrugineux. Les yeux sont un peu plus gros et plus saillants que ceux de la *Rufipes*, mais moins cependant que ceux de l'*Atrata*. Le corselet est plus large que la tête, moins long que large, en cœur, échancré antérieurement, très-rétréci postérieurement, avec le milieu de la base un peu prolongé et un peu échancré; sa forme est à peu près la même que celle des *Fuscipes* et *Brunnipes*. Il est fortement ponctué et la ponctuation est assez serrée; il a de chaque côté un sillon longitudinal assez marqué, et un autre au milieu, un peu plus large et moins enfoncé, dont le milieu est quelquefois un peu relevé, et dans lequel on aperçoit une ligne longitudinale enfoncée très-fine, mais assez distincte. L'écusson est petit, presque en cœur, et un peu enfoncé au milieu. Les élytres sont un peu plus larges que le corselet. Elles sont presque parallèles, coupées presque carrément antérieurement, avec les angles de la base un peu arrondis; elles sont moins planes que celles de la *Rufipes*, mais un peu plus que celles de l'*Atrata*, et à peu près comme celles des *Fuscipes* et *Brunnipes*. Elles sont assez fortement ponctuées, et la ponctuation est assez serrée. Le dessous du corps est d'un brun un peu plus clair que le dessus. Les pattes sont d'un rouge-ferrugineux.

Elle se trouve aux Indes orientales, et l'individu que je possède m'a été envoyé par M. Schüppel. J'ai reçu aussi de lui un autre individu venant d'Égypte, qui n'en diffère que par sa taille un peu plus grande, et par sa couleur un peu plus foncée.

Je crois que la *Siagona Plana* de Bonelli doit être rapportée à cette espèce.

6. S. Flesus.

Alata, rufo-picea, punctata ; elytris subplanis, subparallelis, disco nigro-obscuro ; antennis pedibusque rufis.

Galerita Flesus. Fabr. *Sys. el.* I. p. 216. n° 7.
Sch. *Syn. ins.* I. p. 229. n° 7.

Long. 4 lignes. Larg. $1\frac{1}{4}$ ligne.

Elle ressemble beaucoup à la *Depressa ;* mais elle est plus petite, proportionnellement un peu plus étroite, et elle est en-dessus d'une couleur brune plus claire et un peu ferrugineuse. La tête est un peu plus allongée. Le corselet est proportion-nellement moins large ; sa ponctuation est un peu plus serrée, et les deux sillons latéraux sont un peu moins marqués. Les élytres sont un peu plus étroites ; leur ponctuation est un peu plus serrée ; elles sont au milieu d'un brun un peu noirâtre, et elles ont une large bordure, et l'extrémité d'un brun-clair et un peu ferrugineux. Le dessous du corps est à peu près de cette dernière couleur. Les pattes et les antennes sont d'un rouge-ferrugineux.

Elle se trouve aux Indes orientales, et elle m'a été envoyée par MM. Schœnherr et Westermann.

7. S. Schuppelii. *Mihi.*

Capite thoraceque brunneis, punctatissimis ; elytris punctatis, postice nigro-obscuris, antice pedibusque ferrugineis.

Long. $1\frac{3}{4}$ ligne. Larg. $\frac{2}{3}$ ligne.

Je crois que cette jolie petite espèce doit probablement former un nouveau genre ; mais, le seul individu que je pos-sède étant en assez mauvais état, je n'ai pu vérifier complètement ses caractères génériques, et j'ai été obligé de la placer provisoirement à la suite de ce genre. Elle est beaucoup plus petite que la *Flesus*. Tout le corps est légèrement pubescent. La tête est d'un brun un peu ferrugineux; elle est très-fortement ponctuée; elle a une petite ligne longitudinale élevée, de chaque côté, le long des yeux, et un sillon transversal bien marqué à sa partie postérieure; la partie en arrière de ce sillon est tout-à-fait lisse. Les palpes maxillaires sont d'un jaune-ferrugineux; les labiaux manquent totalement. Les antennes sont à peu près de la longueur de la tête; leur premier article, quoique plus long que les suivants, est proportionnellement beaucoup plus court que dans les espèces précédentes, et il est de la même grosseur dans toute sa longueur. Les yeux sont brunâtres et peu saillants. Le corselet est de la couleur de la tête, et il est ponctué de la même manière; il est un peu plus large qu'elle à sa partie antérieure; il est assez allongé et très-rétréci postérieurement; il a dans son milieu une ligne longitudinale enfoncée, fortement marquée; le bord antérieur est très-légèrement échancré, et ceux latéraux sont rebordés. Les élytres sont un peu plus larges que le corselet; elles sont planes, assez allongées, presque parallèles, coupées carrément antérieurement, et arrondies à l'extrémité; leur ponctuation est moins forte et moins serrée que celle du corselet; elles sont d'une couleur ferrugineuse assez claire depuis la base jusqu'au milieu, et d'un noir un peu brunâtre depuis le milieu jusqu'à l'extrémité; cette dernière couleur remonte un peu le long du bord extérieur. En-dessous, la tête et le corselet sont d'un brun-ferrugineux; la poitrine, l'abdomen et les pattes sont d'une couleur ferrugineuse plus claire.

J'ai dédié cette jolie espèce à M. Schüppel, qui me l'a envoyée comme venant d'Égypte.

II. SCARITES. *Fabricius.*

Menton articulé, concave et fortement trilobé. Lèvre supérieure très-courte et tridentée. Mandibules grandes, avancées, fortement dentées intérieurement. Dernier article des palpes labiaux presque cylindrique. Antennes presque moniliformes ; le premier article très-grand, les autres beaucoup plus petits et grossissant insensiblement vers l'extrémité. Corps assez allongé, cylindrique ou peu aplati. Corselet convexe, presque en croissant, échancré antérieurement, arrondi postérieurement, et souvent un peu prolongé dans son milieu. Jambes antérieures fortement palmées. Jambes postérieures simples. Trocanters beaucoup plus courts que les cuisses postérieures.

Les *Scarites* sont des insectes d'assez grande taille, d'une couleur noire, ordinairement assez luisante, et que l'on reconnaîtra facilement aux caractères suivants : Le menton est articulé avec la tête, comme dans presque tous les genres de cette famille; il est concave et fortement trilobé. La lèvre supérieure est très - courte et tridentée. Les mandibules sont grandes, très-avancées, un peu arquées à l'extrémité, surtout dans les mâles, et elles sont fortement dentées intérieurement à leur base. Les palpes maxillaires sont assez allongés; les labiaux sont plus courts, et le dernier article des uns et des autres est allongé, presque cylindrique, très-légèrement ovalaire et un peu arrondi à l'extrémité. Les antennes sont ordinairement à peu près de la longueur de la tête et des mandibules réunies; leur premier article est très-grand, et il va un peu en grossissant vers l'extrémité; tous les autres sont beaucoup plus courts, et presque égaux; le second, le troisième et le quatrième sont presque filiformes, et les autres sont un peu plus larges, presque carrés, avec les angles arrondis, et ils vont un peu en grossissant vers l'extrémité. La tête est très-grande et presque carrée. Le corselet est convexe, plus ou moins en croissant, échancré antérieurement, arrondi postérieurement, et souvent un peu prolongé dans son milieu. Les élytres sont assez allongées, souvent parallèles, et quelquefois elles s'élargissent un peu postérieurement. Les pattes sont assez fortes; les jambes antérieures sont larges, et garnies de fortes dents, qui les font paraître palmées; les intermédiaires sont simples, quelquefois un peu plus larges vers l'extrémité, et elles ont seulement une ou deux épines assez fortes sur le côté extérieur ; les postérieures sont simples ; les trocanters sont beaucoup plus courts que les cuisses postérieures.

Pour parvenir plus facilement à la connaissance des espèces de ce genre, qui se ressemblent toutes par les couleurs, et qui ne diffèrent que très-peu par les stries, la ponctuation et la forme du corps, Bonelli avait établi cinq divisions basées sur les caractères suivants :

* Jambes intermédiaires portant deux épines perpendiculaires, et situées l'une au-dessus de l'autre sur le bord extérieur.

1re Division. Point d'ailes propres au vol; corps court; tronçon rétréci vers la base; élytres à bords dilatés.

2e Division. Point d'ailes propres au vol; corps allongé; tronçon un peu rétréci vers la base; élytres à bords simples.

3e Division. Des ailes propres au vol; corps allongé et linéaire; élytres à bords simples.

** Jambes intermédiares à une seule épine.

4e Division. Des ailes propres au vol; corps allongé et linéaire.

5e Division. Point d'ailes propres au vol; corps allongé; tronçon rétréci par devant.

J'avais voulu d'abord suivre la même marche; mais je me suis bientôt aperçu que plusieurs de ces caractères n'étaient pas assez tranchés. Ce que Bonelli appelle le tronçon, c'est-à-dire l'ensemble de la poitrine, de l'abdomen et des élytres, est plus ou moins parallèle, plus ou moins rétréci antérieurement; les bords des élytres sont plus ou moins simples, plus ou moins dilatés; et il serait souvent assez difficile de reconnaître à quelle division appartiendrait une espèce. Quant à la présence ou à l'absence des ailes, il est souvent difficile de vérifier ce caractère sans endommager les insectes, et l'on ne doit s'en servir que quand il est impossible de faire autrement. J'ai donc cru devoir me restreindre à adopter seulement les deux grandes coupes établies par Bonelli, et ma première division comprendra toutes les espèces qui ont deux épines aux jambes intermédiaires, et la seconde, celles qui n'en ont qu'une seule.

Les *Scarites Lateralis* et *Rotundipennis* s'éloignent un peu des autres espèces, et il conviendrait peut-être d'en former deux nouveaux genres; mais, ne voulant pas trop les multiplier, j'ai placé provisoirement ces deux insectes à la suite de ce genre.

On trouve ordinairement les *Scarites* dans les terrains sablonneux près de la mer, ou dans les contrées imprégnées de substances salines, dans les parties méridionales de l'Europe et de l'Asie, en Afrique et en Amérique.

PREMIÈRE DIVISION.

1. S. Pyracmon.

Niger ; tibiis anticis tridentatis, postice denticulatis ; elytris ovatis, subdepressis, postice latioribus, subtilissime punctato-striatis, punctisque duobus posticis impressis.

Bonelli. *Observations entomologiques.* 2. p. 33. n° 2.
Dej. *Cat.* p. 4.
S. *Gigas.* Oliv. III. 36. p. 6. n° 3. T. I. fig. 1. a. b. c.
Latreille. *Gen. crust et ins.* I. p. 209. n° 1.
Rossi. *Fauna etrusca.* I. p. 227. n° 567.

Long. 12 ½, 17 lignes. Larg. 4, 6 lignes.

Olivier et, à son exemple, presque tous les entomologistes ont confondu cet insecte avec le *Gigas* de Fabricius, qui est une espèce d'Afrique. Bonelli est le premier qui les ait distingués, et il a donné à celui-ci le nom sous lequel il est maintenant connu. Il est entièrement en-dessus d'un beau noir-luisant. La tête est beaucoup plus grande dans le mâle que dans la femelle; elle est large, presque carrée et assez plane; elle est très-lisse à sa partie postérieure, et légèrement sillonnée antérieurement; elle a deux impressions obliques assez grandes et assez marquées, qui laissent entre elles une partie élevée presque lisse, et une ligne transversale enfoncée et peu marquée, près du bord antérieur. La lèvre supérieure est petite, étroite, et fortement sillonnée ; elle a trois dents bien marquées, et celle du milieu est légèrement échancrée. Les mandibules sont aussi longues que la tête; elles sont très-fortement arquées à leur extrémité dans le mâle, et seulement un peu courbées dans la femelle; elles ont à leur base deux larges dents, dont la forme est variable, et qui s'enchâssent l'une dans l'autre. La mandibule gauche a, dans la femelle, une troisième dent beaucoup plus petite, qui n'est pas sensible dans le mâle. Elles ont en-dessus deux lignes élevées, qui se réunissent à l'extrémité, et quelques stries vers la base. Les antennes sont un peu moins longues que la tête et les mandibules réunies ; leurs quatre premiers articles sont noirs, les autres sont d'un brun-obscur et légèrement pubescents. Les yeux sont noirâtres, très-petits, et ne sont nullement saillants. Le corselet est un peu plus large que la tête; il est très-court, presque en croissant, très-échancré antérieurement, et un peu prolongé au milieu de sa base; il est légèrement convexe, très-lisse ; il a une ligne longitudinale enfoncée au milieu, une autre transversale, parallèle au bord antérieur, et quelques stries longitudinales peu marquées entre cette ligne et le bord antérieur; les bords latéraux et la base sont légèrement rebordés; il a une petite dent, de chaque côté, au point correspondant à l'angle postérieur, et la partie de la base, qui est prolongée, est un peu échancrée au milieu. L'écusson est assez grand, presque en triangle, échancré sur les côtés, et arrondi postérieurement et antérieurement; il a dans son milieu une ligne transversale qui le divise en deux parties; la supérieure est ponctuée et presque rugueuse, et elle a à sa base une ligne enfoncée qui la fait paraître presque en cœur; la partie inférieure est lisse, avec un point enfoncé, de chaque côté, plus ou moins marqué. Les élytres sont moins larges que le corselet à leur base, mais elles vont en s'élargissant, et elles sont aussi larges que lui vers l'extrémité; elles ont des stries très-peu marquées et légèrement ponctuées; elles sont légèrement granulées le long du bord extérieur, et elles ont deux points enfoncés distincts sur la troisième strie près de l'extrémité; la base est un peu sinuée et presque coupée carrément., et elle forme un angle assez saillant de chaque côté; les bords extérieurs sont un peu déprimés, rebordés et un peu dilatés postérieurement. Le dessous du corps et les pattes sont de la couleur du dessus. Les jambes antérieures sont, comme dans toutes les espèces de ce genre, larges et comme palmées; elles ont deux longues épines au côté intérieur; elles sont terminées extérieurement par trois fortes dents, et elles ont en outre cinq ou six dentelures après la troisième dent. Les jambes intermédiaires ont près de l'extrémité deux épines assez fortes, placées l'une au-dessus de l'autre, comme dans toutes les espèces de cette division; elles sont, ainsi que les postérieures, garnies de longs poils ferrugineux.

Il se trouve assez communément dans les endroits sablonneux, près des bords de la mer, dans le midi de la France, en Italie, et dans la partie orientale de l'Espagne. Pendant le jour il s'enfonce assez profondément dans la terre, et il ne sort guère que la nuit.

2. S. BUCIDA.

Niger; tibiis anticis quadridentatis, postice denticulatis; elytris ovatis, subdepressis, antice angustatis, postice latioribus, striatis, striis subpunctatis, punctis impressis nullis.

Carabus Bucida. PALLAS. *Voyages.* v. p. 493. n° 50 *bis.*

Long. 15 ½ lignes. Larg. 5 ¼ lignes.

Il ressemble un peu, à la première vue, au *Pyracmon,* et il est comme lui d'une belle couleur noire luisante. Les mandibules sont un peu plus droites et moins arquées à l'extrémité. La partie antérieure de la tête forme de chaque côté en avant des yeux un angle bien marqué, tandis qu'elle est presque arrondie dans le *Pyracmon.* Le corselet est un peu plus convexe; les stries longitudinales le long du bord antérieur sont un peu plus marquées, et la partie de la base qui se prolonge ne paraît presque pas échancrée. La partie inférieure de l'écusson

Tome I. 24

est moins arrondie, plus pointue; et, au lieu d'un point enfoncé de chaque côté, elle a vers son extrémité une petite ligne
transversale enfoncée. Les élytres sont un peu plus étroites à
leur base; elles s'élargissent de même vers l'extrémité; elles
ont des stries assez bien marquées, qui paraissent très-légèrement ponctuées; elles sont un peu plus fortement granulées le
long du bord extérieur, et l'on n'aperçoit pas de points enfoncés
vers l'extrémité. Les jambes antérieures ont une quatrième dent
aussi grande que la seconde, placée entre celle-ci et la première, et qui prend naissance au-dessous de la jambe entre
la seconde dent et la première épine intérieure; elles n'ont que
quatre ou cinq dentelures après la troisième dent.

Il m'a été envoyé par M Schüppel, comme le *Bucida* de Pallas
et comme venant de la Russie méridionale. Pallas dit qu'il se
trouve très-abondamment dans le désert de Naryn entre le
Volga et l'Oural ou Jaik près de la mer Caspienne.

3. S. POLYPHEMUS. *Hoffmansegg.*

*Niger; tibiis anticis tridentatis; elytris ovatis, postice latioribus,
striatis, striis subpunctatis, punctisque duobus impressis.*

BONELLI. *Observations entomologiques.* 2. p. 33. n° 3.
DEJ. *Cat.* p. 4.

Long. 14 $\frac{1}{2}$, 16 lignes. Larg. 4 $\frac{1}{2}$, 5 lignes.

Il ressemble beaucoup au *Pyracmon*, mais il est un peu plus
étroit. La partie supérieure de l'écusson est un peu plus fortement chagrinée. Les élytres sont un peu moins larges et un peu
moins dilatées postérieurement; elles sont moins lisses et d'un
noir moins brillant; elles ont des stries assez bien marquées qui
paraissent très-légèrement ponctuées; le premier des deux
points enfoncés placés sur la troisième strie est beaucoup moins
près de l'extrémité, et il est seulement un peu au-delà du milieu des élytres. Les jambes antérieures n'ont aucune dentelure
sur le côté extérieur après la troisième dent.

Il a été rapporté du Portugal par M. le comte de Hoffman-

segg. Il se trouve aussi dans le midi de l'Espagne. Les individus
que je possède ont été pris dans les environs de Cadix, et m'ont
été donnés par MM. Bonfils et Duponchel.

Je crois que Bonelli a confondu cet insecte avec plusieurs
autres, et que les individus qu'il cite comme d'Égypte et de
Syrie appartiennent à des espèces différentes.

4. S. STRIATUS.

*Niger; tibiis anticis tridentatis, postice denticulatis; elytris ob-
longo-ovatis, postice sublatioribus, striatis, striis subpunctatis,
punctis impressis nullis.*

DEJ. *Cat.* p. 4.

Long. 16 lignes. Larg. $4\frac{3}{4}$ lignes.

Il ressemble beaucoup au *Polyphemus,* mais il est un peu
plus étroit et un peu plus cylindrique. La seconde dent de la
mandibule droite est plus grande, plus séparée de la première
et plus près de l'extrémité. La partie antérieure de la tête au-
dessus des antennes est un peu moins arrondie, et elle forme un
angle assez marqué, sans cependant être aussi saillante que dans
le *Bucida;* la partie au-dessous des yeux est un peu renflée
et elle forme une petite bosse assez saillante. Le corselet est un
peu moins large, moins en croissant et un peu plus long; ses
angles antérieurs sont un peu arrondis, ce qui le fait paraître
un peu moins échancré, et la dent qui se trouve à l'endroit de
l'angle postérieur est à peine marquée. Les élytres sont un peu
plus longues, plus convexes, plus étroites, et elles s'élargissent
moins vers l'extrémité; elles sont d'un noir un peu plus brillant,
et les stries sont un peu plus marquées. Ces stries sont très-légèrement ponctuées, et l'on n'aperçoit pas de points enfoncés
sur la troisième strie. Les jambes antérieures ont quatre ou
cinq dentelures assez bien marquées après la troisième dent.

Il a été rapporté des environs de Tripoli en Barbarie par
M. Dupont aîné.

24.

5. S. PROCERUS. *Klug.*

Niger; tibiis anticis tridentatis , postice denticulatis ; elytris .ob-longo-ovatis, subparallelis , striatis , striis lævigatis , punctis impressis nullis.

Long. 19 ½ lignes. Larg. 5 ¾ lignes.

Il ressemble un peu au *Striatus*, mais il est beaucoup plus grand, et sa forme est plus cylindrique. Sa tête est proportion-nellement plus grande et plus convexe. Le corselet est un peu plus convexe et un peu plus échancré antérieurement. Les élytres sont proportionnellement plus longues, plus convexes , plus larges à leur base , et elles ne paraissent pas s'élargir vers l'extrémité; elles sont striées de la même manière, mais les stries paraissent lisses; on n'aperçoit pas de points enfoncés sur la troisième strie. Les jambes antérieures ont cinq ou six pe-tites dentelures après la troisième dent.

Il se trouve dans la Nubie, et il m'a été envoyé par M. Schüp-pel, comme étant le *Procerus* de Klug.

6. S. HERBSTII. *Mihi.*

Niger; tibiis anticis tridentatis , postice tridenticulatis ; elytris oblongo-ovatis , postice sublatioribus , striatis , striis lævigatis , punctisque quatuor impressis.

S. Polyphemus. HERBST. X. p. 254. n° 2. T. 175. fig. 3.

Long. 13 lignes. Larg. 4 lignes.

Il ressemble beaucoup au *Polyphemus*, mais il est plus petit, moins large et un peu plus convexe. Les mandibules sont un peu plus courtes. La tête est un peu plus convexe, et elle forme une petite élévation au-dessous des yeux comme dans le *Stria-tus*. Le corselet est un peu moins large, moins en croissant, un peu plus long et un peu plus convexe; la dent qui se trouve à l'endroit de l'angle postérieur est à peine marquée; le milieu de la base n'est pas prolongé, et elle n'est presque pas échancrée.

Les élytres sont plus étroites, plus convexes, et elles ne s'élargissent presque pas vers l'extrémité. Les stries sont lisses ; elles sont un peu plus fortement marquées, surtout les quatre extérieures. On aperçoit quatre points enfoncés distincts près de la troisième strie du côté de la suture : le premier un peu avant le milieu, le quatrième près de l'extrémité, et les deux autres intermédiaires et à égales distances entre les deux extrêmes ; quelquefois ils sont un peu plus rapprochés l'un de l'autre, et quelquefois même il y a cinq points au lieu de quatre. Les jambes antérieures ont trois petites dentelures peu marquées après la troisième dent.

Il se trouve au cap de Bonne-Espérance, et il m'a été envoyé par M. Schüppel.

7. S. EXARATUS. *Hoffmansegg.*

Niger; tibiis anticis tridentatis, postice bidenticulatis ; elytris oblongo-ovatis, postice sublatioribus, striatis, striis lævigatis, punctoque postico impresso.

Long. 13 lignes. Larg. 4 lignes.

Il ressemble beaucoup au précédent pour la forme et la grandeur. La partie antérieure de la tête est moins fortement striée ; les stries sont plus fines, plus serrées, et elles se prolongent presque jusqu'à la partie postérieure ; la petite élévation qui se trouve au-dessous des yeux est moins fortement marquée. Les stries des élytres sont un peu plus fortement marquées, surtout les quatre extérieures, et elles se réunissent deux à deux vers l'extrémité. On n'aperçoit qu'un point enfoncé près de la troisième strie, placé à peu près aux trois quarts des élytres. Enfin, les jambes antérieures n'ont que deux petites dentelures peu marquées après la troisième dent.

Il se trouve au cap de Bonne-Espérance, et il m'a été envoyé par M. Schüppel..

8. S. RUGOSUS. *Wiedemann.*

Niger; tibiis anticis tridentatis, postice obsolete bidenticulatis ;

elytris oblongo-ovatis, subconvexis, postice sublatioribus, ob-
solete striato - punctatis, interstitiis subtilissime punctatis,
punctisque posticis duobus impressis.

GERMAR. *Magazin der entomologie.* IV. p. 118. n° 18.

Long. 14 lignes. Larg. 4 ½ lignes.

Il ressemble beaucoup pour la forme aux deux espèces précédentes, mais il est un peu plus grand. Les deux impressions
de la partie antérieure de la tête sont un peu plus fortement
marquées, et les stries le sont au contraire un peu moins; la
petite élévation qui se trouve au-dessous des yeux est à peine
sensible. Les élytres sont un peu plus convexes; elles ont des
stries à peine marquées et très-finement ponctuées; les intervalles sont très - finement ponctués; et elles ont deux points
enfoncés distincts vers l'extrémité près de la troisième strie. Les
jambes antérieures ont deux très - petites dentelures à peine
marquées, et qui disparaissent quelquefois même entièrement
après la troisième dent.

Il se trouve au cap de Bonne-Espérance, et il m'a été envoyé
par M. Westermann.

9. S. EXCAVATUS.

Niger; tibiis anticis tridentatis; elytris oblongis, sulcatis, sulcis
serie è foveis excavatis.

KIRBY'S. *Century of insects.* p. 377. n° 3.
S. Exculptus. MAC LEAY. DEJ. *Cat.* p. 4.

Long. 15 ½, 17 ½ lignes. Larg. 4 ¼, 5 lignes.

Il est ordinairement un peu plus long que le *Pyracmon*,
mais il est proportionnellement beaucoup plus étroit. La tête
est grande, lisse et presque plane; elle a deux impressions longitudinales assez profondes, et quelques stries peu marquées à
sa partie antérieure. La lèvre supérieure est presque lisse; elle
est tridentée et elle a trois points enfoncés bien marqués. Les
mandibules sont un peu plus larges, un peu plus courtes et un

peu moins courbées à l'extrémité que celles du *Pyracmon*; la droite a deux dents larges et bien distinctes; la seconde dent de la gauche est à peine sensible. Le corselet est un peu plus large que la tête; il est moins long que large, presque carré et arrondi postérieurement; il est lisse et assez plane; la ligne longitudinale du milieu et celle parallèle au bord antérieur sont peu marquées; le bord antérieur est peu échancré; ceux latéraux et postérieur sont rebordés; la base est un peu échancrée au milieu, et la dent qui se trouve de chaque côté est à peine marquée. La partie supérieure de l'écusson est arrondie, rebordée, lisse sur les bords, enfoncée, et chagrinée au milieu; la partie inférieure est plus étroite, en triangle arrondi, et légèrement chagrinée. Les élytres sont plus étroites que le corselet, assez allongées, presque parallèles et arrondies à l'extrémité; elles sont assez planes, et elles ont chacune sept sillons assez profonds, dans chacun desquels il y a une rangée de très-gros points très-enfoncés; les intervalles sont assez étroits et assez relevés. Les jambes antérieures n'ont aucune dentelure après la troisième dent.

Il se trouve au Brésil.

10. S. Sulcatus.

Niger; tibiis anticis tridentatis; elytris oblongis, profunde striatis, striis lineolis transversis impressis, punctoque postico impresso.

Olivier? iii. 36. p. 7. n° 5. t. 1. fig. 11.
Sch? *Syn. ins.* 1. p. 127. n° 5.
Dej. *Cat.* p. 4.

Long. 14 ½ lignes. Larg. 4 ½ lignes.

Il est à peu près aussi long que le *Pyracmon*, mais il est beaucoup plus étroit et plus cylindrique. Il est en-dessus d'une couleur noire peu luisante. La tête est lisse à sa partie postérieure; elle est légèrement striée et elle a deux impressions longitudinales peu marquées à sa partie antérieure. La lèvre supérieure est striée longitudinalement. Les mandibules sont très-usées et elles manquent en partie dans l'individu que je possède. Les yeux sont brunâtres, un peu plus gros et un peu plus saillants que ceux du *Pyracmon*. Le corselet est un peu plus large que la tête; il est moins long que large, presque carré, coupé obliquement postérieurement, avec le milieu de la base très-légèrement prolongé et un peu échancré; il est lisse et assez convexe; la ligne longitudinale n'est presque pas marquée, celle parallèle au bord antérieur l'est davantage; le bord antérieur est assez échancré; les angles antérieurs sont un peu arrondis; les bords latéraux et postérieur sont légèrement rebordés, et la dent de chaque côté de la base est très-peu marquée. La partie supérieure de l'écusson est arrondie, rebordée et chagrinée au milieu; celle inférieure est en croissant et presque lisse. Les élytres sont à peu près de la largeur du corselet; elles sont allongées, presque parallèles, assez convexes et arrondies à l'extrémité; elles ont des stries bien marquées et assez larges, dans lesquelles on aperçoit une rangée de petites lignes transversales enfoncées, placées les unes au-dessus des autres; les stries sont moins marquées vers l'extrémité des élytres qui est légèrement granulée; on voit en outre sur chaque élytre vers l'extrémité un point enfoncé distinct près de la troisième strie. Les jambes antérieures n'ont aucune dentelure sensible après la troisième dent.

J'ignore la patrie de cet insecte. J'ai acheté l'individu que je possède à la vente de la collection de feu M. Valenciennes. Olivier dit que son *Scarites Sulcatus* se trouve aux Indes orientales, mais je ne suis pas certain que ce soit le même que celui-ci.

11. S. Carinatus. *Mihi.*

Niger; tibiis anticis tridentatis, postice tridenticulatis; elytris ovatis, planis, rugoso-striatis, punctis quinque obsoletis impressis, margine carinato.

Long. 11, 12 lignes. Larg. $3\frac{1}{4}$, $3\frac{2}{3}$ lignes.

Il ressemble un peu pour la forme au *Pyracmon*, mais il est

beaucoup plus petit. Il est en-dessus d'un noir peu brillant. La
tête est très-grande, plane et presque carrée; elle a deux impressions longitudinales bien marquées, et quelques stries peu
apparentes à sa partie antérieure. Les mandibules ne paraissent
pas striées; elles ont deux lignes élevées qui se réunissent à l'extrémité, et une troisième qui va de la base à l'extrémité de la
première dent. Les yeux sont noirs, petits, arrondis et un peu
plus saillants que dans le *Pyracmon*. Le corselet est un peu plus
large que la tête; il est moins long que large, presque carré,
assez échancré et un peu sinué antérieurement; il est légèrement arrondi et presque coupé obliquement postérieurement,
et le milieu de la base est un peu échancré; il est lisse et presque
plane; la ligne longitudinale est assez marquée; celle parallèle
au bord antérieur l'est un peu moins; les bords latéraux et postérieur sont légèrement rebordés, et il n'y a pas de dent sensible de chaque côté de la base. La partie supérieure de l'écusson
est assez grande, arrondie, terminée presque en pointe, un peu
convexe et légèrement chagrinée; celle inférieure est plus petite, courte, lisse et presque en cœur. Les élytres sont un peu
moins larges que le corselet; elles sont en ovale peu allongé et
elles se rétrécissent un peu vers l'extrémité; la base est coupée
presque carrément, et il y a une petite dent peu saillante près
de l'angle de la base; elles sont presque planes, et les bords latéraux sont relevés en carène assez aiguë; elles ont des stries
assez marquées qui sont irrégulièrement et peu distinctement
ponctuées; les intervalles sont un peu relevés, et ils ont des
impressions irrégulières peu marquées qui font paraître les
élytres un peu inégales; on remarque en outre près de la troisième
strie du côté de la suture cinq points enfoncés très-peu distincts
et qui disparaissent même quelquefois entièrement. Les jambes
antérieures ont trois petites dentelures après la troisième dent.

Il se trouve au Brésil.

12. S. Rugicollis.

Niger; tibiis anticis tridentatis, postice bidenticulatis; thorace rugato ; elytris ovatis , subplanis , striatis , punctis septem impressis , margine subcarinato.

DEJ. *Cat.* p. 4.

Long. 9 lignes. Larg. 2 ½ lignes.

Il ressemble un peu au *Carinatus* , mais il est plus petit. Il est en - dessus d'un noir peu brillant. La tête est grande, assez plane, et presque carrée; elle a deux enfoncements longitudinaux peu marqués à sa partie antérieure, et quelques stries d'abord assez marquées, et qui se prolongent en s'affaiblissant presque jusqu'au corselet. Les mandibules ne paraissent pas striées ; elles ont deux lignes élevées qui se réunissent à l'extrémité , et une troisième qui va de la base à l'extrémité de la première dent; elles ont à leur base une très-grande dent, qui va jusqu'à la moitié et qui a trois ou quatre dentelures irrégulières ; celle de gauche a en outre une petite dent entre la première et l'extrémité. Les antennes sont presque aussi longues que la tête et les mandibules réunies; leurs quatre premiers articles sont d'un brun - noirâtre, les autres sont d'un brun-roussâtre et sont légèrement pubescents. Les yeux sont peu saillants. Le corselet n'est presque pas plus large que la tête; il est moins long que large, très-échancré antérieurement, arrondi postérieurement, et un peu échancré au milieu de la base; il est assez plane ; il a des rides transversales assez marquées au milieu et très-légèrement sur les bords; tout le bord antérieur est garni de stries longitudinales assez marquées et assez serrées, mais très-courtes; la ligne longitudinale est assez marquée, et celle parallèle au bord antérieur est très - peu distincte; les bords latéraux et postérieur sont légèrement rebordés, et il n'y a pas de dent sensible de chaque côté de la base. L'écusson est à peu près comme dans le *Carinatus.* Les élytres sont un peu moins larges que le corselet; elles sont en ovale assez allongé, et elles se rétrécissent un peu vers l'extrémité; elles ont une petite dent à l'angle de la base; elles sont un peu moins planes que celles du *Carinatus* , et les bords latéraux sont moins relevés et moins en carène; elles ont des stries presque lisses; les intervalles sont un peu relevés, et ils ont des stries transversales très-peu sensibles, même à la loupe; on aperçoit en outre, dans la troisième strie, sept points enfoncés qui ne sont pas très-distincts. Les jambes antérieures ont deux petites dentelures peu marquées après la troisième dent.

Il se trouve au Brésil, et il m'a été donné par M. de Langsdorf.

13. S. Abbreviatus. *Kollar.*

Niger; tibiis anticis tridentatis ; elytris ovatis, antice rotundatis, striatis, punctis impressis nullis.

Long. 10 lignes. Larg. 3 lignes.

Il est un peu plus petit que le *Carinatus*, et il est en-dessus d'un noir assez brillant. La tête est grande, presque carrée, et légèrement convexe; elle a deux impressions longitudinales bien marquées et quelques stries qui le sont très-peu à sa partie antérieure. Les mandibules ne paraissent pas striées; elles ont deux lignes élevées, dont l'intérieure peu marquée, qui se réunissent à l'extrémité; la droite a une grande dent à sa base et une autre plus petite entre la première et l'extrémité; cette seconde dent manque à celle de gauche. Les antennes sont un peu plus longues que la tête et les mandibules réunies; leurs quatre premiers articles sont d'un brun-noirâtre, les autres sont d'un brun-roussâtre et un peu pubescents. Les yeux sont noirâtres, arrondis et peu saillants. Le corselet est plus large que la tête; il est moins long que large, très-échancré antérieurement et arrondi postérieurement; le milieu de la base est très-légèrement prolongé et un peu échancré; il est lisse et assez convexe; la ligne longitudinale est fortement marquée et assez enfoncée; celle parallèle au bord antérieur, l'est beaucoup moins; les bords latéraux et postérieur sont assez fortement rebordés, et la petite dent, de chaque côté de la base, est à peine sensible. La partie supérieure de l'écusson est arrondie, ponctuée et légèrement chagrinée; celle inférieure est lisse et presque en cœur. Les élytres sont à peu près de la largeur du corselet; elles sont en ovale peu allongé et assez convexes; les angles de la base sont arrondis, et la petite dent, qui se trouve dans presque toutes les espèces, est à peine sensible; elles ont des stries lisses et assez fortement marquées; les bords latéraux sont légèrement granulés, et l'on n'aperçoit aucun point enfoncé. Les jambes antérieures n'ont aucune dentelure après la troisième dent.

Il m'a été envoyé de Vienne par M. Kollar, comme venant de l'île de Madère, et sous le nom que je lui ai conservé, quoique j'ignore entièrement ce qui a pu lui faire donner un nom semblable.

14. S. POLITUS.

Niger; tibiis anticis tridentatis, postice bidenticulatis; elytris ovatis, convexis, obsolete striato-punctatis, punctisque quatuor impressis; oculis tubere suffultis.

WIEDEMANN. *Zoologisches Magazin.* II. 1. p. 36. n° 49.

Long. 9, 10 ½ lignes. Larg. 2 ¾, 3 ¼ lignes.

Il ressemble un peu au *Pyracmon* pour la forme, mais il est plus convexe et beaucoup plus petit. Il est entièrement en-dessus d'un noir assez brillant. La tête est grosse et assez convexe; elle a deux enfoncements longitudinaux et quelques stries peu marquées à sa partie antérieure. Les mandibules sont peu arquées; elles sont légèrement striées, et elles ont deux lignes élevées qui se réunissent vers l'extrémité; la droite a deux fortes dents bien distinctes; la gauche en a trois dont les deux premières se confondent ensemble, et dont la troisième est beaucoup plus petite. Les quatre premiers articles des antennes sont d'un noir un peu brunâtre, les autres sont d'un brun-roussâtre et légèrement pubescents. Les yeux sont d'un brun – noirâtre et peu saillants, mais ils ont en-dessous une petite élévation arrondie à peu près de la grosseur de l'œil et le double plus saillante que lui, qu'on prend à la première vue pour l'œil lui-même. Le corselet est plus large que la tête ; il est beaucoup moins long que large, assez échancré antérieurement et arrondi postérieurement ; le milieu de la base est légèrement prolongé et un peu échancré ; il est lisse et assez convexe ; la ligne longitudinale et celle parallèle au bord antérieur sont très-peu marquées ; les bords latéraux et postérieur sont assez fortement rebordés, et la petite dent de chaque côté de la base est très-peu saillante. L'écusson est presque lisse, et il a à peu près la forme de celui du *Pyracmon*. Les élytres sont peu allongées, arrondies à l'extrémité et assez convexes ; elles ont une dent assez marquée à l'angle de la base ; elles paraissent lisses, mais, à la loupe, on voit qu'elles ont des stries ponctuées très-peu marquées ; elles ont chacune quatre points enfoncés distincts : le premier près de l'angle de la base, et les trois autres vers l'extrémité. Le dessous du corps et les pattes sont d'un noir un peu moins brillant que le dessus. Les jambes antérieures ont deux petites dentelures peu marquées après la troisième dent.

Il m'a été envoyé par M. Westermann, comme venant du cap de Bonne-Espérance. J'en possède un autre individu semblable, mais un peu plus grand, qui se trouvait dans une collection venant de l'île de Java que j'ai achetée à Marseille.

15. S. Lævis. *Mihi.*

Niger; tibiis anticis tridentatis, postice bidenticulatis; elytris elongatis, parallelis, subconvexis, subtilissime striato-punctatis, punctoque postico impresso.

Long. 8 $\frac{1}{2}$, 9 lignes. Larg. 2 $\frac{1}{2}$, 2 $\frac{2}{3}$ lignes.

Il est à peu près de la grandeur du *Subterraneus*, mais il est un peu plus étroit et un peu plus cylindrique. Sa couleur est en-dessus d'un noir assez brillant. La tête a deux impressions longitudinales et quelques stries peu marquées à sa partie antérieure. Les mandibules sont peu avancées ; elles sont légèrement striées, et elles ont deux lignes élevées qui se réunissent vers l'extrémité. Les quatre premiers articles des antennes sont noirs,

les autres sont d'un brun un peu roussâtre et un peu pubescents. Les yeux sont peu saillants; ils ont au-dessous une petite
élévation qui les déborde un peu, mais qui n'est pas à beaucoup
près aussi saillante que dans le *Politus*. Le corselet est un peu
plus large que la tête; il est moins long que large, presque carré,
peu échancré antérieurement, coupé obliquement postérieurement et légèrement échancré au milieu de la base; il est lisse et
assez convexe; la ligne longitudinale est assez fortement marquée, celle parallèle au bord antérieur l'est un peu moins; les
bords latéraux et postérieur sont rebordés, et la dent de chaque
côté de la base est assez fortement marquée. La partie supérieure de l'écusson est arrondie et légèrement chagrinée; celle
inférieure est courte, presque en forme de cœur et presque lisse.
Les élytres sont à peu près de la largeur du corselet; elles sont
allongées, parallèles et assez convexes : elles paraissent lisses;
mais, avec une forte loupe, on voit qu'elles ont des stries très-
fines, qui sont très-légèrement ponctuées; elles ont sur chaque
un point enfoncé bien marqué, placé vers la troisième strie près
de l'extrémité. Les jambes antérieures ont deux petites dentelures peu marquées après la troisième dent.

Il se trouve au cap de Bonne-Espérance, et il m'a été envoyé
par M. Schüppel.

16. S. Parallelus. *Mihi.*

Niger; tibiis anticis tridentatis, postice denticulatis; elytris elon-
gatis, parallelis, subtilissime striato-punctatis, punctisque
duobus posticis impressis.

Long. 12, 12 $\frac{1}{2}$ lignes. Larg. 3 $\frac{1}{4}$, 3 $\frac{1}{2}$ lignes.

Il est un peu plus petit, un peu plus allongé et moins convexe que le *Cayennensis*. Il est entièrement en-dessus d'un
noir peu brillant. La tête a deux impressions peu marquées, et
elle est finement striée à sa partie antérieure. Les mandibules
sont légèrement striées en-dessus, et elles ont deux lignes élevées qui se réunissent à l'extrémité; la droite a deux fortes
dents; la gauche n'en a qu'une seule. Les quatre premiers ar-

ticles des antennes sont noirs, les autres sont d'un brun-obscur
et un peu pubescents. Les yeux sont peu saillants et d'un brun-
un peu jaunâtre. Le corselet est un peu plus large que la tête;
il est moins long que large, presque carré, peu échancré antérieurement, très-peu arrondi et presque coupé obliquement
postérieurement, et légèrement échancré au milieu de la base.
Il est lisse et peu convexe; la ligne longitudinale et celle près
du bord antérieur sont peu marquées; les bords latéraux et
postérieur sont légèrement rebordés, et la dent, de chaque
côté de la base, est très-peu saillante. La partie supérieure de
l'écusson est arrondie et légèrement chagrinée; celle inférieure
est courte, presque en forme de cœur, presque lisse, avec une
ligne élevée transversale et un peu arquée. Les élytres sont à
peu près de la largeur du corselet; elles sont allongées, parallèles, arrondies à l'extrémité et peu convexes; elles paraissent lisses, mais elles ont des stries ponctuées très-peu-marquées
et qui ne sont visibles qu'à la loupe, et deux points enfoncés
distincts, placés près de la troisième strie vers l'extrémité. Les
jambes antérieures ont cinq ou six petites dentelures peu marquées après la troisième dent.

Cet insecte faisait partie d'une collection venant de l'île de
Java, que j'ai achetée à Marseille.

17. S. Saxicola.

*Niger; tibiis anticis tridentatis, postice quadridenticulatis; ely-
tris oblongis, obsolete striatis, interstitiis subtilissime rugosis,
punctoque postico impresso.*

Bonelli. *Observations entomologiques.* 2. p. 34. n° 5.

Long. 11 lignes. Larg. 3 lignes.

Il est plus petit que le *Cayennensis*, et sa couleur est en-dessus d'un noir peu brillant. La tête a deux impressions longitudinales assez profondes, et quelques stries peu marquées à sa
partie antérieure. Les mandibules sont légèrement striées, et
elles ont deux lignes longitudinales élevées. Les yeux sont peu
saillants. Le corselet est plus large que la tête; il est moins

long que large, presque carré, assez échancré antérieurement, coupé obliquement postérieurement, avec le milieu de la base presque prolongé et un peu échancré; il est légèrement convexe et il paraît lisse; mais, avec une forte loupe, on s'aperçoit qu'il est très-finement chagriné; il a quelques stries longitudinales peu marquées le long du bord antérieur; la ligne longitudinale et celle parallèle au bord antérieur sont assez bien marquées; les bords latéraux et postérieur sont légèrement rebordés, et la dent de chaque côté de la base est assez distincte. La partie supérieure de l'écusson est arrondie et chagrinée; celle inférieure est courte, presque en cœur et presque lisse. Les élytres sont à peu près de la largeur du corselet; elles sont allongées, presque parallèles, mais cependant un peu plus étroites à leur base que vers l'extrémité; elles sont peu convexes, et elles ont des stries très-peu marquées; avec une forte loupe, les intervalles paraissent très-légèrement chagrinés, mais un peu plus fortement que le corselet; elles ont en outre sur chaque un point enfoncé distinct, placé tout-à-fait à l'extrémité. Les jambes antérieures ont quatre petites dentelures très-peu marquées après la troisième dent.

Il m'a été donné par M. Savigny, qui l'a rapporté de la Syrie et de l'Égypte.

18. S. Cayennensis.

Niger; tibiis anticis tridentatis, postice quadridenticulatis; elytris elongatis, subparallelis, profunde striatis, punctisque tribus impressis.

Dej. *Cat.* p. 4.
S. *Occidentalis.* Drapiez.

Long. 13, 14 lignes. Larg. 3 ½, 4 lignes.

Il ressemble pour la forme au *Subterraneus*, mais les élytres sont proportionnellement un peu plus allongées, et il est presque aussi long que le *Pyracmon*. Il est entièrement en-dessus d'un noir assez brillant. La tête est grande et lisse; elle a deux impressions longitudinales et quelques stries peu marquées à sa partie antérieure. Les mandibules sont assez larges et à peu près de la longueur de la tête ; la droite a deux fortes dents, la gauche n'en a qu'une seule ; elles sont en-dessus légèrement striées, et elles ont deux lignes élevées qui se réunissent à l'extrémité. Les quatre premiers articles des antennes sont noirs, les autres sont d'un brun-obscur et légèrement pubescents. Les yeux sont d'un brun-jaunâtre, arrondis, assez gros et assez saillants. Le corselet est un peu plus large que la tête ; il est beaucoup moins long que large, assez échancré antérieurement, et arrondi postérieurement ; il est lisse et un peu convexe ; la ligne longitudinale et celle parallèle au bord antérieur sont assez fortement marquées ; les bords latéraux et postérieur sont très-légèrement rebordés ; la base est un peu échancrée au milieu, et la dent qui se trouve de chaque côté est très-peu marquée. La partie supérieure de l'écusson est arrondie, lisse et relevée sur ses bords ; son milieu est presque en forme de cœur, un peu enfoncé et fortement chagriné ; la partie inférieure est lisse, courte, presque en forme de cœur, avec une ligne transversale élevée près de la pointe. Les élytres sont à peu près de la largeur du corselet ; elles sont assez allongées, presque parallèles, arrondies à l'extrémité et assez convexes ; elles ont des stries assez fortement marquées ; ces stries sont lisses, et les intervalles sont un peu relevés ; on voit en outre, sur chaque, trois points enfoncés près de la troisième strie : le premier assez près de la base, le second un peu au-delà du milieu, et le troisième près de l'extrémité. Le dessous du corps et les pattes sont d'un noir un peu moins brillant que le dessus. Les jambes antérieures ont quatre petites dentelures peu marquées après la troisième dent.

Il se trouve assez communément à Cayenne.

19. S. SALINUS. *Pallas.*

Niger ; tibiis anticis tridentatis, postice bidenticulatis ; elytris elongatis, subparallelis, striatis, punctisque duobus posticis impressis.

Tome 1. 25

Long. 12 ¾ lignes. Larg. 3 ¼ lignes.

Il ressemble au *Cayennensis*, mais il est un peu plus petit un peu plus étroit et un peu moins convexe. Il est en-dessu d'un noir assez brillant. La tête est assez grande, presque carrée et peu convexe; elle a deux impressions longitudinales et quelques stries à sa partie antérieure. Les mandibules sont plus courtes que la tête; elles sont légèrement striées et elles ont deux lignes élevées qui se réunissent vers l'extrémité. Les quatre premiers articles des antennes sont noirs, les autres sont d'un brun-obscur. Les yeux sont petits et très-peu saillants. Le corselet est plus large que la tête; il est moins long que large, presque carré, peu échancré et un peu sinué antérieurement, coupé obliquement postérieurement, avec le milieu de la base un peu prolongé et un peu échancré; il est lisse et très-peu convexe; la ligne longitudinale et celle près du bord antérieur sont assez fortement marquées; les bords latéraux et postérieur sont légèrement rebordés, et la dent de chaque côté de la base est à peine sensible. La partie supérieure de l'écusson est arrondie, chagrinée et légèrement rebordée; celle inférieure est courte, presque en forme de cœur et presque lisse. Les élytres sont à peu près de la largeur du corselet; elles sont allongées, presque parallèles et très-peu convexes; elles ont des stries assez profondes; les intervalles paraissent lisses, mais, avec une forte loupe, on aperçoit quelques rides transversales très-peu marquées; elles ont en outre, sur chaque, deux points enfoncés distincts entre la seconde et la troisième strie: le premier à peu près aux trois quarts des élytres près de la troisième stric, et le second près de la seconde vers l'extrémité. Les jambes antérieures ont deux petites dentelures très-peu marquées après la troisième dent.

Il m'a été envoyé par M. Schüppel, comme le *Salinus* de Pallas. Il se trouve dans les déserts incultes et salins près de l'embouchure du Volga.

20. S. SENEGALENSIS. *Mihi.*

Niger; tibiis anticis tridentatis, postice denticulatis; elytris elongatis, subparallelis, striatis, punctoque postico impresso.

Long. 16 ½ lignes. Larg. 4 ⅓ ligne.

Il ressemble un peu au *Cayennensis*, mais il est plus grand. Il est entièrement en-dessus d'un noir assez brillant. La tête est grande, large, assez plane et presque carrée; elle a deux impressions longitudinales, et quelques stries assez marquées à sa partie antérieure. Les mandibules sont aussi longues que la tête; la droite a deux fortes dents; la première dent de la gauche est un peu plus grande et la seconde au contraire est plus petite; elles sont un peu arquées, légèrement striées, et elles ont deux lignes longitudinales élevées. Les antennes sont d'un brun un peu roussâtre. Les yeux sont d'un brun-jaunâtre, et peu saillants. Le corselet est un peu plus large que la tête; il est moins long que large, presque carré, assez échancré antérieurement, presque coupé obliquement postérieurement, avec le milieu de la base un peu échancré; il est lisse et assez convexe; la ligne longitudinale et celle près du bord antérieur sont assez bien marquées; les bords latéraux et postérieur sont rebordés, et la dent de chaque côté de la base est bien distincte. La partie supérieure de l'écusson est arrondie, chagrinée et légèrement rebordée; la partie inférieure est courte, lisse et presque en cœur. Les élytres sont à peu près de la largeur du corselet; elles sont allongées, presque parallèles et assez convexes; elles ont des stries bien marquées; et l'on voit, sur chaque, un point enfoncé distinct près de la troisième strie et tout-à-fait à l'extrémité. Les jambes antérieures ont quatre ou cinq dentelures peu marquées après la troisième dent.

Il m'a été donné par M. Chevrolat, comme venant du Sénégal.

21. S. PERPLEXUS. *Mihi.*

Niger; tibiis anticis tridentatis, postice bidenticulatis; elytris elongatis, subparallelis, striatis, punctoque postico impresso.

Long. 10 ½ lignes. Larg. 3 lignes.

Il ressemble beaucoup au *Senegalensis*, mais il est bien plus petit. La tête est proportionnellement un peu moins grande. Les

25.

mandibules sont un peu moins longues. Le corselet est un peu plus convexe. Les stries des élytres sont un peu moins marquées, et les intervalles sont un peu plus planes. Enfin, les jambes antérieures n'ont que deux petites dentelures très-peu marquées après la troisième dent.

Il se trouve également au Sénégal, et il m'a été donné par M. Foucou.

22. S. BARBARUS. *Mihi.*

Niger; tibiis anticis tridentatis, postice denticulatis; capite toto subtilissime striolato ; elytris elongatis, subparallelis, striatis, punctisque quatuor impressis.

Long. 10 ½ lignes. Larg. 3 lignes.

Il est un peu plus grand que le *Subterraneus,* et il ressemble beaucoup au *Perplexus* pour la forme et la grandeur. Il est en-dessus d'un noir assez brillant. La tête a deux impressions longitudinales à sa partie antérieure, et elle est entièrement couverte de petites stries, courtes et ondulées, qui sont un peu moins serrées postérieurement, et entre lesquelles on aperçoit quelques points enfoncés très-petits. Les mandibules sont striées, et elles ont deux lignes longitudinales élevées et bien marquées qui se réunissent vers l'extrémité. Les antennes sont d'un brun un peu roussâtre. Les yeux sont d'un brun-jaunâtre, et peu saillants. Le corselet est un peu plus large que la tête; il est moins long que large, presque carré, assez échancré antérieurement, presque coupé obliquement postérieurement, avec le milieu de la base très-légèrement échancré; il est lisse et assez convexe; la ligne longitudinale et celle près du bord antérieur sont assez fortement marquées; on aperçoit quelques stries longitudinales, très-peu marquées le long du bord antérieur; les bords latéraux et postérieur sont rebordés, et la dent de chaque côté de la base est bien distincte. La partie supérieure de l'écusson est arrondie et chagrinée; ses bords sont relevés et lisses; la partie inférieure est courte, presque en cœur, presque lisse, et elle est terminée par une ligne arquée, un peu relevée. Les élytres sont un peu plus larges que le corselet ; elles sont allongées, presque parallèles et assez convexes ; elles ont des stries bien marquées, et, elles ont sur chaque, quatre points enfoncés distincts, près de la troisième strie du côté de la suture : le premier vers la base, le second un peu au-delà du milieu, le troisième à peu près aux trois quarts des élytres, et le quatrième vers l'extrémité. Les jambes antérieures ont six ou sept dentelures bien marquées après la troisième dent.

Il m'a été donné par M. Dupont, comme ayant été rapporté de Tripoli en Barbarie par son frère aîné.

23. S. RUGICEPS.

Niger ; tibiis anticis tridentatis, postice bidenticulatis ; capite striolato ; elytris oblongis, subsulcatis, punctoque postico impresso.

WIEDEMANN. *Zoologisches Magazin.* II. I. p. 37. n° 50.

Long. 7 ½, 8 lignes. Larg. 2, 2 ¼ lignes.

Il ressemble un peu, à la première vue, au *Subterraneus.* Il est en-dessus d'un noir plus brillant. La tête est un peu plus large, moins avancée, les deux impressions longitudinales sont beaucoup moins marquées ; elle est plus fortement striée et les stries se prolongent presque jusqu'au corselet. Les mandibules sont un peu moins avancées et un peu plus fortement striées. Les antennes sont d'un brun moins ferrugineux. Les yeux sont plus petits, moins saillants, et d'une couleur plus obscure. Le corselet est plus long, et il se rétrécit un peu postérieurement ; les angles antérieurs sont un peu plus aigus, ce qui le fait paraître un peu plus échancré antérieurement ; il est plus arrondi et moins coupé obliquement postérieurement, et il n'y a aucune dent saillante de chaque côté de la base ; le milieu de celle-ci est un peu plus échancré ; la ligne longitudinale et celle parallèle au bord antérieur sont moins marquées, et l'on aperçoit quelques stries longitudinales très-courtes et peu marquées entre le bord antérieur et la ligne qui lui est parallèle. Les élytres

sont un peu plus courtes; elles ont des stries lisses et très-fortement marquées, qui les font paraître presque sillonnées; les
bords latéraux sont lisses; et l'on voit sur chaque élytre, près
de la troisième strie, un point enfoncé distinct, placé près de
l'extrémité. Les tarses sont de la couleur du reste des pattes;
les épines des jambes et des tarses seulement sont d'un brun-
ferrugineux. Les jambes antérieures ont deux petites dentelures
après la troisième dent.

    Il se trouve au cap de Bonne-Espérance, et il m'a été envoyé
par M.Westermann, comme le véritable *Rugiceps* de Wiedemann.
Je l'ai reçu aussi de MM. Klug et Herrich Schæffer.

24. S. Quadratus.

Niger; tibiis anticis tridentatis, postice quadridenticulatis;
    capite striolato; elytris oblongis, striatis, punctisque qua-
    tuor impressis.

Fabr. *Sys. el.* 1. p. 124. n° 7.
Sch. *Syns. ins.* 1. p. 127. n° 9.

Long. 8 ½ lignes. Larg. 2 ½ lignes.

Il ressemble beaucoup, à la première vue, au *Subterraneus.*
Il est à peu près de la même couleur. Les impressions de la tête
sont moins marquées; celle-ci est plus fortement striée à sa
partie antérieure, mais les stries ne se prolongent pas comme
dans le *Rugiceps*. Les mandibules sont un peu moins avancées.
Les antennes sont d'un brun moins ferrugineux. Les yeux sont
un peu plus petits et moins saillants, mais ils sont plus gros et
plus saillants que ceux du *Rugiceps*. Le corselet est plus long,
plus carré et plus arrondi postérieurement; le milieu de la base
est moins échancré, et il n'y a aucune dent de chaque côté; il
n'est pas rétréci postérieurement comme dans le *Rugiceps;* les
angles antérieurs sont moins aigus, et l'on n'aperçoit pas de
stries longitudinales le long du bord antérieur. Les élytres sont
légèrement striées; les stries sont lisses, et l'on voit, sur chaque
élytre, quatre points enfoncés, placés près de la troisième strie :

le premier près de la base, le second à peu près au milieu, le troisième un peu au-delà des trois quarts des élytres, et le dernier près de l'extrémité. Le dessous du corps et les pattes sont à peu près de la couleur du dessus; les épines des jambes et des tarses seulement sont d'un brun-ferrugineux. Les jambes antérieures ont quatre petites dentelures peu marquées après la troisième dent.

Il m'a été envoyé par M. Westermann, comme le véritable *Quadratus* de Fabricius, et comme venant de la côte de Guinée.

25. S. Octopunctatus.

Niger; tibiis anticis tridentatis, postice obsolete unidenticulatis; elytris oblongis, striatis, punctisque quinque impressis.

Dej. *Cat.* p. 4.

Long. 6 ¾ lignes. Larg. 2 lignes.

Il est plus petit que le *Subterraneus*. La tête est proportionnellement un peu plus grosse; elle a deux impressions bien marquées à sa partie antérieure, et l'intervalle est un peu relevé en bosse; elle a de chaque côté quelques stries assez bien marquées, qui se prolongent presque jusqu'au corselet; et, avec la loupe, on aperçoit quelques petits points enfoncés à sa partie postérieure. Les antennes sont d'un brun légèrement ferrugineux. Les yeux sont brunâtres et assez saillants. Le corselet est un peu plus court; il est coupé un peu plus obliquement, et il est moins arrondi postérieurement; le milieu de la base est un peu prolongé et un peu échancré. Les élytres ont des stries qui paraissent lisses, et elles ont, sur chaque, près de la troisième strie quatre points enfoncés bien distincts : le premier assez près de la base, le second un peu plus bas, le troisième à peu près au milieu, et le quatrième vers l'extrémité. Elles ont en outre un cinquième point moins distinct, placé sur la même ligne, presque tout-à-fait à l'extrémité. Le dessous du corps et les pattes sont de la couleur du dessus. Les jambes antérieures ont une dentelure peu marquée après la troisième dent.

Il se trouve assez communément à Cayenne.

26. S. Quadripunctatus.

Niger; tibiis anticis tridentatis, postice quadridenticulatis; capite striolato; elytris oblongis, striatis, punctisque duobus posticis impressis.

Dej. *Cat.* p. 4.

Long. 10 ½ lignes. Larg. 3 lignes.

Il ressemble beaucoup au *Subterraneus*, mais il est un peu plus grand. Les impressions de la tête sont un peu moins marquées; les stries le sont au contraire davantage, et elles se prolongent en s'affaiblissant presque jusqu'au corselet. Les antennes sont d'un brun un peu moins ferrugineux. Les yeux sont un peu moins saillants. Le corselet est un peu plus long; il est plus carré, un peu moins coupé obliquement, et un peu plus arrondi postérieurement; le milieu de la base est un peu moins échancré; la ligne longitudinale et celle parallèle au bord antérieur sont un peu moins marquées, et l'on aperçoit le commencement de quelques stries longitudinales le long du bord antérieur. Les élytres sont proportionnellement un peu plus allongées; elles ont des stries qui paraissent lisses; avec une très-forte loupe, les intervalles paraissent très-légèrement chagrinés; et l'on voit sur chaque, vers l'extrémité, deux points enfoncés distincts, placés près de la troisième strie. Les jambes antérieures ont quatre petites dentelures après la troisième dent.

J'ignore la patrie de cet insecte. Je l'ai acheté à la vente de la collection de feu M. Valenciennes.

27. S. Subterraneus.

Niger; tibiis anticis tridentatis, postice denticulatis; elytris oblongis, striatis, striis obsoletissime punctatis, punctisque tribus impressis.

Fabr. *Sys. el.* i. p. 124. n° 8.
Oliv. iii. 36. p. 8. n°. 7. t. i. fig. 10.
Sch. *Syn. ins.* i. p. 127. n°. 10,
Dej. *Cat.* p. 4.
S. Lusitanicus. Dej. *Cat.* p. 4.

Long. 7 $\frac{1}{4}$, 10 lignes. Larg. 2, 2 $\frac{3}{4}$ lignes.

Il est en-dessus d'un noir assez brillant. La tête est lisse; elle
a deux impressions longitudinales assez profondes, et quelques
stries à peine marquées à sa partie antérieure. Les mandibules
sont striées, et elles ont deux lignes longitudinales élevées qui
se réunissent à l'extrémité; elles ont à leur base une grande et
large dent qui va jusqu'à leur moitié, et qui a plusieurs dentelures irrégulières; la droite a en outre une seconde dent entre
la première et l'extrémité. Les antennes sont d'un brun-ferrugineux, et elles sont presque de la longueur de la tête et des
mandibules réunies. Les yeux sont brunâtres et assez saillants.
Le corselet est un peu plus large que la tête; il est moins long
que large, presque carré, peu échancré antérieurement, coupé
obliquement et un peu arrondi postérieurement; le milieu de
la base est légèrement échancré; il est lisse et assez convexe;
la ligne longitudinale est assez marquée, et celle parallèle au
bord antérieur l'est un peu plus fortement. Les bords latéraux
et postérieur sont rebordés, et ils ont une petite dent peu saillante de chaque côté de la base, à l'endroit correspondant à l'angle
postérieur. La partie supérieure de l'écusson est arrondie, chagrinée au milieu, lisse et un peu relevée sur ses bords; celle
inférieure est plus petite, courte et presque en forme de cœur;
elle est lisse et elle est terminée par une ligne élevée transversale et un peu arquée. Les élytres sont à peu près de la largeur
du corselet; elles sont assez allongées, presque parallèles et arrondies à l'extrémité; la base est coupée presque carrément,
légèrement sinuée, un peu arrondie, et avec une petite dent
peu saillante de chaque côté. Elles ont des stries assez marquées
qui sont très-légèrement ponctuées, et en outre sur chaque, près
de la troisième strie, trois points enfoncés distincts : le premier

au quart ou au tiers des élytres, et les deux autres vers l'extrémité ; les bords latéraux sont légèrement granulés. Le dessous
du corps, les cuisses et les jambes sont à peu près de la couleur du dessus. Les tarses et les épines des jambes sont d'un
brun-ferrugineux. Les jambes antérieures ont trois fortes dents,
et une, deux ou trois petites dentelures peu marquées après la
troisième dent. Les jambes intermédiaires ont deux épines distinctes, comme dans toutes les espèces de cette division.

Il se trouve communément dans l'Amérique septentrionale
et dans les Antilles. M. Bosc m'a donné autrefois, comme venant du Portugal, un individu que j'avais désigné dans mon
Catalogue sous le nom de *Lusitanicus*, mais il ne me paraît pas
différer de cette espèce, et je crois même qu'il vient aussi d'A-
mérique.

SECONDE DIVISION.

28. S. MANCUS.

Niger; tibiis anticis tridentatis, postice denticulatis ; capite strio-
lato ; elytris oblongis, striatis, punctisque tribus impressis.

BONELLI. *Observations entomologiques.* 2. p. 41. n° 16.
DEJ. *Cat.* p. 4.

Long. 7 ½, 9 lignes. Larg. 2, 2 ½ lignes.

Il ressemble beaucoup au *Subterraneus*. Les impressions longitudinales de la tête sont moins profondes; les stries sont au
contraire plus fortement marquées, et elles se prolongent en
s'affaiblissant presque jusqu'au corselet. Les mandibules sont
un peu plus striées, et leurs deux lignes élevées sont un peu
plus distantes l'une de l'autre vers la base. Les antennes sont
d'un brun moins ferrugineux. Le corselet a à peu près la même
forme; mais l'on aperçoit quelques stries longitudinales, très-
peu marquées, entre le bord antérieur et la ligne qui lui est parallèle. Les élytres ont à peu près la même forme; elles ont trois
points enfoncés près de la troisième strie, placés de la même

manière, mais les stries paraissent tout-à-fait lisses. Les tarses sont d'un brun moins ferrugineux. Les jambes antérieures ont deux ou trois dentelures assez marquées après la troisième dent. Les jambes intermédiaires n'ont qu'une seule épine, comme dans toutes les espèces de cette division.

Il se trouve aux Indes orientales.

29. S. INDUS.

Niger ; tibiis anticis tridentatis, postice bidenticulatis ; capite striolato ; elytris elongatis, subparallelis, striato-punctatis, punctisque tribus impressis.

OLIV. III. 36. p. 9. n° 8. T. 1. fig. 2. a. b.
BONELLI. *Observations entomologiques.* 2. p. 37. n° 11.
DEJ. *Cat.* p. 4.

Long. 7, 8 lignes. Larg. 2, 2 ¼ lignes.

Il ressemble beaucoup au *Mancus*, mais il est un peu plus allongé et plus cylindrique, et il est ordinairement un peu plus petit. Le corselet a quelques rides transversales très-peu marquées. Les élytres sont proportionnellement un peu plus étroites, plus allongées et plus parallèles, et leurs stries sont légèrement ponctuées. Les jambes antérieures ont deux dentelures peu marquées après la troisième dent.

Il se trouve aux Indes orientales.

30. S. PLANUS.

Niger ; tibiis anticis tridentatis, postice bidenticulatis ; occipite punctato ; elytris oblongis, subdepressis, striato-punctatis, punctisque quatuor impressis.

BONELLI. *Observations entomologiques.* 2. p. 38. n° 13.

Long. 7 ⅓ lignes. Larg. 2 lignes.

Il ressemble un peu au *Subterraneus*, mais il est un peu plus petit et un peu moins convexe. Il est en-dessus d'un noir assez brillant. La tête a deux impressions longitudinales, et quelques stries assez marquées à sa partie antérieure; le sommet est assez fortement ponctué, et la partie postérieure est tout-à-fait lisse. Les mandibules sont peu avancées. Les antennes sont d'un brun-ferrugineux. Les yeux sont assez saillants. Le corselet est un peu plus large que la tête; il est moins long que large, presque carré, peu échancré antérieurement, peu arrondi, et coupé presque obliquement postérieurement; le milieu de la base est un peu prolongé, et ne paraît presque pas échancré. Il est très-peu convexe, lisse, et il a quelques stries transversales très-peu marquées; la ligne longitudinale et celle parallèle au bord antérieur sont assez fortement marquées; les bords latéraux et postérieur sont un peu rebordés, et il n'y a pas de dent sensible de chaque côté de la base. La partie supérieure de l'écusson est arrondie, fortement chagrinée, avec ses bords lisses et un peu relevés; celle inférieure est courte, presque en cœur et presque lisse. Les élytres sont à peu près de la largeur du corselet; elles sont allongées, presque parallèles, et moins convexes que dans toutes les espèces précédentes; elles ont des stries bien marquées, qui sont assez fortement ponctuées, et quatre points enfoncés, assez gros et bien distincts, sur la troisième strie : le premier assez près de la base, le second un peu avant le milieu, le troisième aux deux tiers, et le quatrième aux quatre-cinquièmes des élytres. Bonelli parle d'un cinquième point placé tout-à-fait à l'extrémité, mais je n'ai pu l'apercevoir dans les individus que je possède. Les jambes antérieures ont deux petites dentelures après la troisième dent.

Il se trouve en Égypte et en Syrie, d'où il a été rapporté par M. Savigny. J'ai vu, dans la collection de M. Percheron, un individu absolument semblable, qu'il prétend avoir été pris dans le midi de la France.

31. S. ARENARIUS.

Niger ; tibiis anticis tridentatis , postice bidenticulatis ; capite

*striolato; elytris elongatis, subparallelis, striato - punctatis,
punctisque duobus posticis impressis.*

Bonelli. *Observations entomologiques.* 2. p. 40. n° 15.
Dej. *Cat.* p. 4.
S. Volgensis. **Stéven.**

Long. 7 ½, 9 ¼ lignes. Larg. 2, 2 ½ lignes.

Il est à peu près de la grandeur du *Subterraneus*, mais il a
une forme plus allongée et plus cylindrique. La tête a deux
impressions assez marquées à sa partie antérieure, et elle a
des stries longitudinales ondulées et assez serrées, qui se prolongent en s'affaiblissant jusqu'au corselet, et qui quelquefois
la font paraître un peu rugueuse; la partie supérieure paraît,
à la loupe, légèrement ponctuée. Les mandibules sont assez
fortement striées; elles ont deux lignes élevées, qui se réunissent vers l'extrémité, et elles ont chacune deux dents assez distinctes. Les antennes sont d'un brun un peu ferrugineux. Le
corselet est un peu plus long que celui du *Subterraneus*; il est
un peu moins arrondi et coupé plus obliquement postérieurement; il a des rides transversales très-peu marquées, et des
stries longitudinales peu distinctes entre le bord antérieur et la
ligne qui lui est parallèle. La partie supérieure de l'écusson est
assez grande et assez fortement chagrinée; celle inférieure est
plus petite, presque lisse, et presque en cœur. Les élytres sont
plus allongées que celles du *Subterraneus;* elles ont des stries
assez marquées et distinctement ponctuées, et deux points enfoncés distincts près de la troisième strie : le premier à peu
près aux deux tiers des élytres, et le second vers l'extrémité.
Le dessous du corps et les pattes sont à peu près de la couleur du dessus. Les jambes antérieures ont deux petites dentelures après la troisième dent.

Il se trouve sur les bords de la Méditerranée dans le midi
de la France et en Italie. J'en ai pris un individu, volant sur
le soir, dans les environs de Turin. Il se trouve aussi dans les
provinces méridionales de la Russie, et M. Stéven me l'a en-

voyé sous le nom de *Volgensis*. Les individus du midi de la France sont plus petits que ceux d'Italie et de Russie.

32. S. TERRICOLA.

Niger; tibiis anticis tridentatis, postice tridenticulatis ; capite striolato ; elytris elongatis, subrugosis, striatis, striis obsolete punctatis, punctisque duobus posticis impressis.

BONELLI. *Observations entomologiques.* 2. p. 39. n° 14.
DEJ. *Cat.* p. 4.

Long. 8, 9 lignes. Larg. 2 ¼, 2 ½ lignes.

Il ressemble beaucoup à l'*Arenarius*, mais il est un peu moins allongé et un peu moins cylindrique. La tête est un peu plus fortement striée et un peu plus fortement ponctuée à sa partie postérieure. Les mandibules sont un peu plus avancées. Les rides transversales du corselet sont un peu plus marquées. Les élytres sont un peu moins allongées, et un peu moins parallèles ; leurs stries sont moins fortement ponctuées, et les intervalles ont des rides transversales peu marquées, qui font paraître les élytres un peu rugueuses, et les stries légèrement crénelées; elles ont deux points enfoncés, placés comme dans l'*Arenarius*. Les jambes antérieures ont trois petites dentelures assez distinctes après la troisième dent.

Il se trouve sur les bords de la Méditerranée, dans les provinces méridionales de la France.

33. S. LÆVIGATUS.

Niger; tibiis anticis tridentatis postice bidenticulatis ; elytris oblongis, subdepressis, obsolete striato-punctatis, punctisque duobus posticis impressis.

FABR. *Sys. el.* 1. p. 124. n° 9.
SCH. *Syn. ins.* 1. p. 127. n° 11.
DEJ. *Cat.* p. 4.
S. Sabulosus. OLIV. III. 36. p. 11. n° 12. T. 1. fig. 8.

Long. 6 ½, 7 lignes. Larg. 2, 2 ¼ lignes.

Il est un peu plus petit que le *Subterraneus*, et il est un peu plus déprimé. Il est en-dessus d'un noir peu brillant. La tête a deux impressions longitudinales, et quelques stries peu marquées à sa partie antérieure. Les mandibules sont peu avancées; elles sont légèrement striées, et elles ont deux lignes élevées qui se réunissent vers l'extrémité. Les antennes sont brunâtres. Les yeux sont peu saillants. Le corselet a à peu près la forme de celui du *Subterraneus*; il est un peu moins arrondi et coupé un peu plus obliquement postérieurement; il a une petite impression peu marquée de chaque côté de la base, et le milieu de la base paraît presque prolongé, et il est un peu plus échancré. Les élytres sont un peu plus déprimées que celles du *Subterraneus*; elles sont moins parallèles, un peu plus étroites à leur base, et elles s'élargissent un peu plus vers l'extrémité; elles paraissent lisses; mais, avec une loupe, on voit qu'elles ont des stries très-peu marquées et très-finement ponctuées; elles ont en outre, sur chaque, près de la troisième strie, deux points enfoncés distincts, placés le premier à peu près aux deux tiers des élytres, et le second près de l'extrémité. Les jambes antérieures ont deux petites dentelures après la troisième dent.

Il se trouve communément dans les provinces méridionales de la France, sur les bords de la Méditerranée.

M. Savigny m'en a donné un individu qu'il avait pris en Égypte, dont la couleur est un peu plus brillante, et dont les stries sont un peu plus marquées; mais je n'y ai aperçu aucune différence assez sensible pour en faire une espèce particulière.

Le *Scarites Thelonensis*, de Bonelli, ne me paraît qu'une variété de cette espèce.

Le *Scarites Lævigatus*, de Sturm, qui, d'après la figure, a des stries bien marquées et lisses, et deux épines aux jambes intermédiaires, ne peut se rapporter à cette espèce, ni à aucune de celles que je possède.

34. S. Lateralis.

Niger; tibiis anticis tridentatis; elytris oblongo-ovatis, subcon-
vexis, profunde striatis, striis externis profunde punctatis.

Dej. *Cat.* p. 4.

Long. 7 lignes. Larg. 2 ¼ lignes.

Cet insecte s'éloigne un peu, par sa forme, de toutes les
autres espèces de ce genre. Il est à peu près de la grandeur du
Lævigatus, et il est en-dessus d'un beau noir luisant. La tête
est assez petite et presque plane; elle a, de chaque côté une
ligne longitudinale enfoncée, qui remonte jusqu'au-delà des
yeux; une ligne transversale peu marquée à sa partie antérieure, et quelques points enfoncés bien marqués de chaque
côté à sa partie postérieure. Les mandibules ont deux lignes
élevées qui se réunissent à l'extrémité, et chacune, deux dents
distinctes. Les antennes sont d'un brun-noirâtre. Les yeux sont
brunâtres, arrondis et assez saillants. Le corselet est plus large
que la tête; il est presque aussi long que large, presque carré,
très-peu échancré antérieurement, arrondi postérieurement et
un peu échancré au milieu de la base; il est convexe et très-
lisse; la ligne longitudinale et celle parallèle au bord antérieur
sont peu marquées; les angles antérieurs sont arrondis; les
bords latéraux et postérieur sont légèrement rebordés, et il
n'y a pas de dent sensible de chaque côté de la base. La partie
supérieure de l'écusson est arrondie, presque bilobée et assez
fortement chagrinée; celle inférieure est plus petite, presque
lisse, et presque en forme de cœur. Les élytres sont à peu
près de la largeur du corselet; elles sont en ovale assez allongé,
arrondies antérieurement et postérieurement et assez convexes;
elles ont des stries fortement marquées et qui s'élargissent vers
l'extrémité: celle près de la suture est légèrement ponctuée à sa
base, très-fortement vers l'extrémité, et le milieu paraît lisse;
les autres, surtout celles près du bord extérieur, sont très-
fortement ponctuées. Le dessous du corps et les pattes sont

d'un noir un peu moins brillant que le dessus. Les jambes antérieures ont trois fortes dents, et l'on n'aperçoit aucune dentelure après la troisième dent. Les jambes intermédiaires n'ont
qu'une seule épine, placée tout-à-fait à l'extrémité.

J'ai acheté cet insecte à la vente de la collection de feu M. Valenciennes; j'ignore sa patrie, mais je crois cependant qu'il
vient des Indes orientales.

35. S. ROTUNDIPENNIS. *Mihi.*

*Niger; tibiis anticis tridentatis; elytris ovatis, subrotundatis,
obsolete striatis, interstitiis subtilissime reticulatis.*

Long. 15 lignes. Larg. 5 ½ lignes.

Il est presque aussi grand que le *Pyracmon*, et il est en-dessus
d'un noir assez luisant. La tête est très-grande et presque arrondie; elle est un peu échancrée antérieurement, et elle a deux
impressions longitudinales et quelques stries irrégulières à sa
partie antérieure. La lèvre supérieure est un peu plus grande
que dans les autres espèces; la dent du milieu est moins saillante
et plus arrondie, et elle a quelques stries longitudinales assez
marquées. Les mandibules sont peu avancées; elles sont fortement striées, et elles ont deux lignes élevées assez distinctes à
leur base, et qui se réunissent vers l'extrémité. Les yeux sont
petits et peu saillants; mais la tête est un peu renflée au dessous,
et elle forme une petite bosse qui les déborde un peu. Le corselet
est un peu plus large que la tête; il est moins long que large,
assez échancré antérieurement, un peu arrondi et coupé presque
obliquement postérieurement, avec le milieu de la base un peu
échancré; il est lisse et assez convexe; la ligne longitudinale
est peu marquée; celle parallèle au bord antérieur l'est encore
moins, et elle est même presque effacée au milieu; on aperçoit
quelques stries longitudinales très-peu marquées le long du bord
antérieur; les bords latéraux et postérieur sont rebordés, et il
n'y a pas de dent sensible de chaque côté de la base. La partie
supérieure de l'écusson est assez grande et ridée irrégulièrement;
celle inférieure est plus petite, lisse, et distinctement en cœur.

Les élytres sont un peu plus larges que le corselet; elles sont en ovale très-peu allongé, et presque suborbiculaire ; elles sont arrondies antérieurement et postérieurement, et assez convexes; elles paraissent lisses; mais, avec la loupe, on voit qu'elles ont des stries très-peu marquées, qui sont très-légèrement ponctuées, et que les intervalles sont entièrement couverts de petites stries irrégulières, qui les font paraître réticulées. Elles ont, le long du bord extérieur, une rangée de petits points élevés qui paraissent fendus longitudinalement par la moitié. Ces points sont très-rapprochés l'un de l'autre près de la base, assez éloignés vers le milieu, et ils manquent tout-à-fait vers l'extrémité. On voit en outre quatre ou cinq points semblables, mais plus petits, le long du bord extérieur, en dedans des premiers, et trois ou quatre encore plus petits près de la troisième strie, vers l'extrémité. Les jambes antérieures ont trois fortes dents, et elles n'ont aucune dentelure après la troisième dent. Les jambes intermédiaires sont un peu renflées vers l'extrémité; elles ont quelques petites dentelures peu marquées, et près de l'extrémité une forte épine, assez large à la base, et un peu courbée.

Il m'a été donné par M. Chevrolat, comme venant du cap de Bonne-Espérance.

III. ACANTHOSCELIS. *Latreille.*

SCARITES. *Fabricius.*

Menton articulé, presque plane, et fortement trilobé. Lèvre supérieure très-courte et tridentée. Mandibules grandes, avancées, fortement dentées intérieurement. Dernier article des palpes labiaux presque cylindrique. Antennes moniliformes; le premier article très-grand; les autres beaucoup plus petits, et grossissant insensiblement vers l'extrémité. Corps court et convexe. Corselet convexe, transversal et presque carré. Élytres courtes et très-convexes. Jambes antérieures très-fortement palmées. Jambes postérieures courtes, larges, arquées et couvertes d'épines. Trocanters presque aussi grands que les cuisses postérieures.

Ce nouveau genre a été formé par Latreille, sur le *Scarites Ruficornis* de Fabricius, et il est indiqué dans ses *familles naturelles du règne animal.* Je ne connais, jusqu'à présent, que cette seule espèce qui me paraisse devoir appartenir à ce genre, et il est très-facile de la distinguer des *Scarites* par sa forme courte, épaisse et très-convexe, et par les caractères suivants : le menton est plane, tandis qu'il est concave dans les *Scarites.* La tête est un peu plus courte, moins carrée et plus transversale. Le corselet est plus convexe, plus court, plus carré et plus transversal. Les élytres sont plus courtes, presque carrées et très-convexes. Les pattes sont plus courtes; les cuisses sont plus grosses, et les postérieures sont presque renflées; les jambes antérieures sont un peu moins larges, mais elles sont plus fortement palmées; les intermédiaires sont courtes, presque triangulaires, et couvertes extérieurement de petites épines qui les font paraître chagrinées; les postérieures sont légèrement arquées, largés et couvertes d'épines comme les intermédiaires ; enfin, les trocanters sont renflés, très – gros et presque aussi grands que les cuisses postérieures.

1. A. RUFICORNIS.

Niger ; antennis palpisque ferrugineis ; tibiis anticis tridentatis, postice subdenticulatis ; elytris subquadratis, convexis, profunde striatis, ad marginem posticeque rugosis.

Scarites Ruficornis. FABR. *Sys. el.* 1. p. 124. n° 11.
SCH. *Syn. ins.* 1. p. 127. n° 13.

Long. 8 ½ lignes. Larg. 3 ½ lignes.

Il est entièrement en-dessus d'un noir assez brillant. La tête est large et peu avancée; elle a deux enfoncements bien marqués à sa partie antérieure, et elle est entièrement couverte de stries longitudinales et ondulées, assez bien marquées, qui se prolongent jusqu'au corselet. La lèvre supérieure a quelques stries longitudinales très-fortement marquées. Les mandibules sont à peu près de la longueur de la tête; elles sont striées longitudinalement, et elles ont chacune deux dents assez fortes.

26.

Les antennes sont à peu près de la longueur de la tête et des mandibules réunies; elles sont, ainsi que les palpes, d'un rouge-ferrugineux. Les yeux sont d'un brun-noirâtre, petits et très-peu saillants. Le corselet est plus large que la tête; il est moitié moins long que large, presque carré, assez échancré antérieurement, coupé un peu obliquement, et presque arrondi postérieurement, avec le milieu de la base un peu échancré; il est très-convexe; il a des rides transversales, ondulées et peu marquées; la ligne longitudinale et celle parallèle au bord antérieur sont assez marquées, et l'espace entre cette dernière ligne et le bord antérieur est assez fortement strié longitudinalement; on aperçoit une petite dent très-peu marquée, de chaque côté de la base, à l'endroit correspondant à l'angle postérieur. L'écusson est assez grand, presque en forme de cœur, et légèrement chagriné, surtout à sa partie supérieure. Les élytres sont à peu près de la largeur du corselet; elles sont très-courtes, très-convexes, presque carrées, coupées carrément à la base, avec une petite dent de chaque côté; elles s'élargissent un peu vers l'extrémité, et elles sont très-arrondies postérieurement; elles ont des stries très-fortement marquées, et les bords latéraux et l'extrémité sont granulés et assez fortement ridés transversalement, ce qui les fait paraître chagrinés. Le dessous du corps et les cuisses sont à peu près de la couleur du dessus; les jambes sont d'un brun-noirâtre; les tarses et les épines des jambes sont d'un brun-ferrugineux. Les pattes sont grosses et courtes. Les jambes antérieures ont trois fortes dents, et quelques dentelures très-peu marquées après la troisième dent. Les jambes intermédiaires sont très-larges à leur extrémité et presque triangulaires; elles sont entièrement couvertes de petites épines qui les font paraître chagrinées, et elles ont en-dessous, près de l'extrémité, deux épines assez larges qui semblent sortir de la même base. Les jambes postérieures sont légèrement arquées, larges, et, comme les intermédiaires, couvertes extérieurement de petites épines qui les font paraître chagrinées. Les trocanters sont presque aussi grands que les cuisses.

Il se trouve au cap de Bonne-Espérance.

IV. PASIMACHUS. *Bonelli.*

SCARITES. *Fabricius.*

Menton articulé, très-court, presque plane, et fortement tri-
lobé. Lèvre supérieure courte et dentelée. Mandibules grandes,
larges, aplaties, peu avancées, fortement dentées intérieure-
ment. Dernier article des palpes labiaux grossissant un peu
vers l'extrémité, et presque conique. Antennes presque fili-
formes; le premier article assez grand, les autres plus petits
et presque égaux. Corps large et aplati. Corselet large, plane,
presque cordiforme, échancré postérieurement. Élytres larges,
courtes et rétrécies postérieurement. Jambes antérieures fai-
blement palmées.

Fabricius avait confondu les insectes qui forment ce genre
avec ses *Scarites*. Bonelli les en a séparés le premier, et c'est avec
beaucoup de raison, car ils leur ressemblent bien peu. Les *Pa-*
simachus sont des insectes de grande taille, d'une couleur noire,
un peu bleue ou violette sur les côtés, et d'une forme large et
aplatie, qui a quelques rapports avec celle de certaines espèces
d'*Abax.* Le menton est trilobé comme celui des *Scarites;* mais
il est plus large, plus court, et il est presque plane. La lèvre
supérieure est un peu moins courte; elle est un peu plus large,
et elle est dentelée à sa partie antérieure. Les mandibules sont
grandes, larges, aplaties, courbées, peu avancées et fortement
dentées intérieurement. Les palpes maxillaires sont à peu près
comme dans les *Scarites*, mais ils sont un peu moins allongés;
le dernier article des labiaux va un peu en grossissant vers
l'extrémité, et il est presque conique. Les antennes sont à peu
près comme celles des *Scarites;* mais elles sont plus filiformes,
et elles ne grossissent pas vers l'extrémité. La tête est grande,
large, plane et presque carrée. Le corselet est plus large que la
tête, presque plane, plus ou moins rétréci postérieurement, et
presque cordiforme; ses angles antérieurs sont aigus et assez
avancés, ce qui le fait paraître échancré antérieurement; et sa

base est un peu échancrée, et elle paraît former un angle rentrant dans son milieu. Les élytres sont larges, courtes, légèrement convexes, et plus ou moins rétrécies postérieurement.
Les pattes sont un peu plus grandes que celles des *Scarites ;* les
jambes antérieures sont moins fortement palmées.

On ne connaît, jusqu'à présent, que trois espèces de ce genre,
qui toutes appartiennent à l'Amérique septentrionale.

1. P. DEPRESSUS.

Niger, margine cyaneo ; thorace subcordato ; elytris lævissimis,
ovatis, postice subacuminatis.

DEJ. *Cat.* p. 4.
Scarites Depressus. FABR. *Sys. el.* 1. p. 123. n° 1.
OLIV. III. 36. p. 5. n° 1. T. 2. fig. 15.
SCH, *Syn, ins.* 1. p. 126. n° 1.
PALISOT DE BEAUVOIS. 7. p. 106. T. 15. fig. 3.

Long. 12, 14 lignes. Larg. 4 $\frac{1}{2}$, 5 $\frac{1}{2}$ lignes.

Il est en-dessous d'une couleur noire assez brillante avec les
bords du corselet et des élytres plus ou moins bleuâtres. La tête
est grande, plane, presque carrée et lisse ; elle a deux impressions longitudinales assez marquées à sa partie antérieure, et
une ligne enfoncée, un peu oblique de chaque côté, entre ces
impressions et les antennes. La lèvre supérieure est courte,
transversale, presque tridentée antérieurement et assez fortement
striée. Les mandibules sont assez grandes et assez larges ; elles
ont quelques stries très-peu marquées ; la droite a dans son milieu une assez forte dent bien distincte ; la gauche en a une plus
large, et qui paraît bidentée. Les antennes sont un peu plus
longues que la tête et les mandibules réunies ; leurs quatre premiers articles sont noirâtres, les autres brunâtres et un peu
pubescents. Les yeux sont brunâtres et très-peu saillants. Le
corselet est grand, presque plane, et plus large que la tête ; il
est moins long que large, rétréci postérieurement et un peu
en cœur ; il est lisse ; il a une ligne longitudinale enfoncée au

milieu, peu marquée, une autre transversale, près du bord antérieur, et qui lui est parallèle, encore moins marquée et presque effacée dans son milieu, et une petite impression longitudinale au milieu de chaque côté de la base. Ces impressions et la ligne longitudinale ont quelques rides transversales, très-peu marquées, sur leurs bords; le bord antérieur est assez échancré, et les angles antérieurs sont assez saillants et aigus; les bords latéraux sont un peu déprimés et assez fortement rebordés; les angles postérieurs sont coupés presque carrément, et la base est un peu échancrée et légèrement rebordée. L'écusson est assez grand, lisse et presque en cœur. Les élytres sont à peu près de la largeur du corselet; elles sont courtes, ovales, coupées carrément à leur base, et elles diminuent insensiblement vers l'extrémité qui est peu arrondie; elles sont très-lisses, très-légèrement convexes, et un peu déprimées à leur base; elles ont une ligne de très-petits points élevés le long des bords extérieurs. Ces bords sont un peu déprimés et légèrement relevés. Le dessous du corps et les pattes sont d'un noir un peu moins brillant que le dessus. Les jambes antérieures ont trois dents latérales assez marquées.

Il se trouve dans l'Amérique septentrionale.

2. P. Marginatus.

Niger, margine cyaneo; thorace subquadrato; elytris ovatis, postice subacuminatis, sulcatis, sulcis obsolete punctulatis.

Scarites Marginatus. Fabr. *Sys. el.* i. p. 123. n° 2.
Oliv. iii. 36. p. 5. n° 2. t. 2. fig. 20.
Sch. *Syn. ins.* i. p. 126. n° 2.
Palisot de Beauvois. 7. p. 106. t. 15. fig. 1. 2.
Pasimachus Sulcatus. Mac Leay. Dej. *Cat.* p. 4.

Long. 15 lignes. Larg. 5 ½ lignes.

Il est un peu plus grand et un peu plus allongé que le *Depressus*. Il est en-dessus d'un noir assez brillant avec les côtés du corselet et des élytres quelquefois d'une belle couleur bleue , et quelquefois très-légèrement bleuâtre , et ne différant presque pas du fond de la couleur de l'insecte. La tête a quelques stries très-peu marquées à sa partie antérieure , et sur les bords des impressions longitudinales. La lèvre supérieure est un peu plus large, un peu plus fortement striée , et presque quadridentée antérieurement. Le corselet est moins rétréci postérieurement ; il est un peu arrondi sur les côtés, et il n'est nullement en cœur ; la ligne longitudinale et celle parallèle au bord antérieur sont plus fortement marquées ; les bords latéraux sont un peu plus déprimés , surtout vers la base , et moins fortement rebordés ; les angles postérieurs sont très-légèrement arrondis. Les élytres sont un peu plus allongées et un peu plus ovales ; elles ont chacune sept lignes élevées, qui forment des sillons assez marqués : la première et la sixième se réunissent près de l'extrémité ; la seconde et la quatrième se joignent à la sixième, moins près de l'extrémité ; et les troisième, cinquième et septième finissent insensiblement entre les lignes voisines. On aperçoit dans les sillons quelques points enfoncés assez gros, mais très-peu marqués , et l'on voit en outre une ligne de petits points élevés le long du bord extérieur. Le dessous du corps est d'un noir un peu bleuâtre. Les pattes sont noires.

Il se trouve dans l'Amérique septentrionale.

3. P. SUBLÆVIS.

Niger, margine cyaneo ; thorace subquadrato , postice subattenuato ; elytris subquadratis , postice rotundatis, obsoletè sulcatis , sulcis punctulatis.

PALISOT DE BEAUVOIS. 7. p. 107. T. 15, fig. 4.

Long. 13 lignes. Larg. 5 lignes.

Il est un peu plus petit que le *Marginatus*. Son corselet est un peu plus convexe et plus rétréci postérieurement ; ses côtés sont moins arrondis, et ils forment presque un angle obtus aux

deux tiers de leur longueur, au point où il commence à se ré-
trécir; les bords latéraux sont un peu moins déprimés, surtout
vers la base, et les angles postérieurs sont un peu plus arrondis.
Les élytres ont une forme moins ovale; elles sont plus parallèles,
plus courtes, plus convexes, et plus arrondies à leur extrémité;
les lignes élevées sont beaucoup moins marquées et presque effacées, et les points enfoncés des sillons sont au contraire plus
distincts.

Il se trouve dans l'Amérique septentrionale, et il m'a été envoyé par M. Escher Zollikofer, comme venant de la Géorgie.

V. OXYSTOMUS. *Latreille.*

SCARITES. *Dejean, Catalogue.*

*Menton articulé, très-concave et trilobé. Lèvre supérieure courte
et tridentée. Mandibules grandes, très-avancées, aiguës, non
dentées intérieurement. Dernier article des palpes labiaux allongé et pointu. Antennes moniliformes; le premier article très-
grand; les autres beaucoup plus petits et presque égaux. Corps
très-allongé et cylindrique. Corselet presque carré. Jambes
antérieures palmées.*

Ce nouveau genre a été formé par Latreille, sur le *Scarites
Cylindricus* de mon Catalogue, et il est indiqué dans ses *familles
naturelles du règne animal.* Il se distingue facilement des *Scarites* et de tous les genres voisins, par sa forme très-allongée et
cylindrique, et par les caractères suivants : le menton est très-
concave. Les mandibules sont grandes, très-avancées, un peu
courbées et très-aiguës; elles se croisent, et elles n'ont aucune
dent sensible intérieurement. Les palpes labiaux sont allongés
et presque aussi longs que les maxillaires; leur pénultième article est allongé, cylindrique et un peu courbé; le dernier est
presque aussi long, également cylindrique et un peu courbé,
et il se termine en pointe assez aiguë. La tête est allongée, assez
grande, et presque ovale. Le corselet est presque carré. Les
élytres sont très-allongées, parallèles, et arrondies à l'extrémité.

Les pattes sont plus courtes que celles des *Scarites* ; les jambes antérieures sont assez fortement palmées ; celles intermédiaires ont plusieurs dents ou épines sur leur côté extérieur, tandis qu'il n'y en a au plus que deux dans les *Scarites*.

Je ne possède qu'une seule espèce de ce genre ; mais j'en ai vue une seconde dans la collection du Muséum, qui a été rapportée du Brésil par M. Saint-Hilaire.

1. O. CYLINDRICUS.

Niger, cylindricus ; mandibulis exertis ; tibiis anticis quadriden- tatis ; elytris elongatis, parallelis, profunde sulcatis.

Scarites Cylindricus. DEJ. *Cat.* p. 4.

Long. 9, 9 $\frac{1}{2}$ lignes. Larg. 2, 2 $\frac{1}{4}$ lignes.

Sa forme est cylindrique et très-allongée. Il est en-dessus d'un noir assez brillant. La tête est grande, ovale, assez avancée et presque plane ; elle a deux impressions longitudinales entre les antennes ; elle est lisse antérieurement, et elle a quelques rides irrégulières entre les yeux et à sa partie postérieure. La lèvre supérieure est courte, fortement tridentée et lisse. Les mandibules sont grandes, arquées, assez étroites et pointues ; elles ont quelques stries peu marquées à leur base, et elles n'ont aucune dent sensible. Les antennes sont brunâtres, et un peu plus courtes que la tête et les mandibules réunies. Les yeux sont très-petits, nullement saillants, et ils ont, en avant et en arrière, une petite pointe avancée, entre lesquelles ils paraissent renfermés. Le corselet est à peu près de la largeur de la tête ; il est aussi long que large, carré, avec tous ses angles un peu arrondis, légèrement échancré antérieurement et presque arrondi postérieurement ; il est un peu convexe ; il a une ligne longitudinale très-fortement marquée, et une autre parallèle au bord antérieur, et qui en est très-rapprochée, dont le fond est légèrement chagriné ; les bords latéraux sont légèrement rebordés. L'écusson est arrondi et presque lisse. Les élytres sont à peu près de la largeur du corselet; elles sont très-allongées, parallèles, coupées carrément à leur base, et arrondies à l'extrémité; elles sont fortement sillonnées, et les intervalles sont assez étroits et assez relevés; l'extrémité est légèrement pubescente. Le dessous du corps et les pattes sont de la couleur du dessus. Les jambes antérieures ont quatre fortes dents bien distinctes. Les jambes intermédiaires ont trois petites dents distinctes, et une épine assez grande, un peu en arrière, entre la seconde et la troisième dent.

Il se trouve au Brésil.

VI. CLIVINA. *Latreille. Bonelli.*

DYSCHIRIUS. *Bonelli.* **SCARITES.** *Fabricius.*

Menton articulé, concave et trilobé. Lèvre supérieure peu avancée et coupée presque carrément. Mandibules peu avancées, non dentées intérieurement. Dernier article des palpes labiaux presque cylindrique. Antennes moniliformes; le premier article aussi long que les deux suivants réunis. Corps plus ou moins allongé. Corselet carré ou globuleux. Jambes antérieures presque toujours palmées.

Les *Clivina* sont de petits insectes, que Fabricius avait confondus avec ses *Scarites,* et qui en ont été séparés par Latreille. Plus tard, Bonelli les a divisés en deux genres : le premier, auquel il conservait le nom de *Clivina,* renfermait les espèces dont le corselet est carré et dont les jambes antérieures sont palmées extérieurement et à l'extrémité; et le second, qu'il appelait *Dyschirius,* renfermait celles dont le corselet est globuleux, et dont les jambes antérieures sont palmées seulement à l'extrémité, et simples extérieurement. A ces caractères apparents il en ajoutait d'autres, tirés des mandibules et de la langue, très-difficiles à saisir sur de petits insectes. Après avoir examiné bien attentivement toutes les espèces de ma collection, je me suis convaincu qu'il était impossible de conserver le genre *Dyschirius,* car les caractères indiqués par Bonelli ne sont pas constants. Le corselet est plus ou moins carré, plus ou moins arrondi. Les jambes antérieures sont plus ou moins palmées, plus ou moins simples; et quelques espèces offrent des caractères propres aux deux genres de Bonelli : par exemple, la *Crenata* et la *Rostrata* ont le corselet arrondi et les jambes palmées extérieurement. J'ai donc, à l'exemple de Latreille, réuni ces insectes sous le nom de *Clivina*, et il sera facile de les reconnaître aux caractères suivants : le menton est à peu près comme celui des *Scarites*. La lèvre supérieure est peu avancée, et coupée presque carrément. Les mandibules sont courtes, arquées, peu avancées, et sans dents apparentes intérieurement. Les palpes sont peu saillants; le dernier article des labiaux est assez allongé et presque cylindrique. Les antennes sont à peu près comme celles des *Scarites*, mais leur premier article est proportionnellement moins long. La tête est assez petite, presque triangulaire, et un peu rétrécie derrière les yeux. Le corselet est carré ou globuleux, quelquefois un peu prolongé postérieurement. Les élytres sont plus ou moins allongées et parallèles, ou plus ou moins ovales et convexes. Les pattes sont assez courtes; les jambes antérieures sont plus ou moins palmées; et dans quelques espèces, les dents extérieures ne sont presque pas sensibles.

La *Clivina Rostrata* s'éloigne un peu des autres espèces par ses mandibules plus avancées et presque droites; et l'*Arctica*, par ses jambes antérieures qui sont simples et qui ne sont même pas palmées à l'extrémité; mais on trouve souvent de pareilles anomalies, et il faut regarder l'ensemble des caractères, et ne pas s'attacher exlusivement à quelques parties.

Les *Clivina* ont été jusqu'ici très-peu connues, et les auteurs avaient confondu ensemble un grand nombre d'espèces. J'ai essayé de les débrouiller; mais je n'ose me flatter d'y être parvenu, ces insectes étant très-petits, très-voisins les uns des autres, et n'offrant pas des caractères bien saillants.

On les trouve ordinairement sous les pierres, aux bords des rivières et des étangs. Ils sont assez communs dans toute l'Europe, surtout dans les parties méridionales; on en trouve aussi plusieurs espèces en Amérique et aux Indes orientales.

1. C. ARENARIA.

Nigro-picea, vel testacea ; thorace quadrato ; elytris elongatis, parallelis, punctato-striatis, punctisque quatuor impressis ; antennis pedibusque rufis.

DEJ. *Cat.* p. 4.
Scarites Arenarius. FABR. *Sys. el.* I. p. 125. n° 15.
OLIV. III. 36. p. 13. n° 16. T. 1. fig. 6. a. b.
SCH. *Syn. ins.* I. p. 128. n° 18.
STURM. II. p. 188. n° 2.
Tenebrio Fossor. LINN. *Sys. nat.* II. p. 675. n° 7.
Clivina Fossor. GYL. II. p. 169. n° 2.
Scarites Fossor. DUFT. II. p. 5. n° 1.
VAR. A. *Carabus Collaris.* HERBST. Arch. v. p. 141. n° 56.
T. 29. fig. 15.
VAR. B. *C. Discipennis.* MEGERLE.
VAR. C. *C. Sanguinea.* LEACH.
VAR. D. *C. Gibbicollis.* MEGERLE.

Long. 2 $\frac{1}{2}$, 3 $\frac{1}{4}$ lignes. Larg. $\frac{1}{3}$, 1 ligne.

Elle varie, pour la couleur, depuis le brun-très-foncé et presque noir jusqu'au jaune-testacé-très-pâle. Sa forme est allongée et presque cylindrique. La tête est presque triangulaire, et rétrécie derrière les yeux. Elle a une impression longitudinale très-marquée de chaque côté, et un petit point enfoncé, oblong, au milieu; sa partie antérieure et la bouche sont ordinairement d'une couleur plus pâle que le reste de la tête. Les mandibules sont peu saillantes. Les antennes sont à peu près de la longueur du corselet, et d'un rouge-ferrugineux. Les yeux sont noirâtres et assez saillants. Le corselet est un peu plus large que la tête; il est à peu près aussi long que large, presque carré, coupé carrément antérieurement, obliquement postérieurement, avec le milieu de la base très-légèrement prolongé et coupé carrément; il est assez convexe, et il a quelques rides transversales très-peu marquées; il a au milieu une ligne longitudinale assez enfoncée, et une autre transversale, moins marquée, près du bord antérieur; les angles antérieurs sont un peu arrondis, et les bords latéraux et postérieur sont légèrement rebordés. L'écusson est lisse et triangulaire. Les élytres sont un peu plus larges que le corselet; elles sont allongées, parallèles, coupées carrément à la base, et assez arrondies à l'extrémité; elles ont des stries bien marquées et assez fortement ponctuées; l'on remarque, sur chaque, quatre points enfoncés distincts, placés sur la troisième strie, à peu près à égale distance les uns des autres, et une ligne de points enfoncés assez serrés le long du bord extérieur. Le dessous du corps est ordinairement un peu plus clair que le dessus. Les pattes sont d'un rouge-ferrugineux. Les jambes antérieures ont trois fortes dents bien distinctes. Les jambes intermédiaires ont une très-forte épine, assez longue, un peu avant l'extrémité, et plusieurs autres beaucoup plus petites et plus courtes.

Elle se trouve très-communément dans toute l'Europe, sous les pierres et les débris de végétaux, aux bords des rivières, des étangs et des fossés humides. On la trouve aussi en Sibérie.

Sa couleur variant beaucoup, plusieurs entomologistes ont fait des espèces particulières de ses différentes variétés.

Le *Carabus Collaris* de Herbst a la tête et le corselet d'un brun-noirâtre, et les élytres d'une couleur plus pâle.

La *Clivina Discipennis* de Megerle est semblable à la précédente; mais les élytres ont au milieu une tache commune, plus ou moins grande, de la couleur du corselet.

La *Sanguinea* de Leach est entièrement d'un brun-ferrugineux un peu rougeâtre.

La *Discicollis* de Megerle est entièrement d'un jaune-testacé très-pâle.

Toutes ces variétés ne sont pas constantes, et l'on trouve tous les passages de l'une à l'autre.

2. C. LOBATA.

Rufo - picea ; thorace quadrato ; elytris elongatis , parallelis ,

punctato - striatis, punctisque quatuor impressis ; femoribus
anticis subtus obtuso-dentatis.

BONELLI. *Observations entomologiques.* 2. p. 49. n° 2.

Long. 2 ½, 3 ¼ lignes. Larg. ½, ¾ ligne.

Elle ressemble beaucoup à l'*Arenaria*, mais sa forme est un
peu plus étroite et plus cylindrique. Elle est entièrement d'un
brun-ferrugineux avec les antennes et les pattes un peu plus
pâles. La tête est un peu plus grande, et elle est à peu près de
la largeur du corselet. Les mandibules sont un peu plus longues
et plus aiguës. Le corselet est un peu plus carré et moins convexe. Les élytres sont plus parallèles; elles sont striées et ponctuées de la même manière. Les cuisses antérieures sont plus
grosses; elles sont presque renflées, et elles ont en-dessous deux
échancrures assez fortes, qui forment trois dents obtuses. Les
jambes antérieures ont trois dents beaucoup plus longues que
celles de l'*Arenaria*, et une quatrième plus petite. Les jambes
intermédiaires ont une épine assez forte et bien distincte, et
plusieurs autres beaucoup plus petites.

Elle se trouve aux Indes orientales, et elle m'a été envoyée
par M. Schüppel, qui avait également communiqué à Bonelli
l'individu qu'il a décrit.

3. C. DENTIPES. *Mihi.*

Nigra ; thorace quadrato ; elytris elongatis, parallelis, profunde
crenato - striatis , punctisque quinque impressis ; femoribus
anticis apice unidentatis.

Long. 3 ¾ lignes. Larg. 1 ligne.

Elle ressemble beaucoup à l'*Arenaria;* mais elle est un peu
plus grande, et sa forme est un peu plus cylindrique. Elle est
entièrement en-dessus d'un noir assez brillant. La tête est proportionnellement un peu plus grande; elle est un peu moins
rétrécie derrière les yeux, et elle a deux lignes transversales

enfoncées; l'une entre les antennes, et l'autre derrière les yeux.
Les antennes manquent dans l'individu que je possède. Le corselet est à peu près comme celui de l'*Arenaria*; il est seulement
proportionnellement un peu plus large et un peu plus convexe.
Les élytres sont un peu plus allongées et un peu plus parallèles;
elles ont des stries très fortement marquées, qui sont assez fortement ponctuées, et qui paraissent crénelées. On voit en outre,
sur le bord de la troisième strie, du côté de la suture, cinq
points enfoncés distincts, un peu moins marqués que dans l'*Arenaria*, et placés à peu près à égale distance les uns des autres.
Le dessous du corps et les pattes antérieures sont à peu près
de la couleur du dessus. Les quatre pattes postérieures manquent dans l'individu que je possède. Les cuisses antérieures
sont un peu arquées, et elles ont une dent assez forte et assez
aiguë à leur extrémité du côté extérieur. Les jambes antérieures
ont trois dents un peu plus longues que celles de l'*Arenaria*,
et une quatrième plus petite.

Elle se trouve dans l'île de Cuba, d'où elle a été rapportée
par M. Milbert.

4. C. PICIPES.

Nigra; thorace quadrato; elytris elongatis, parallelis, profunde
punctato-striatis; antennis pedibusque rufis.

BONELLI. *Observations entomologiques.* 2. p. 49. n° 3.
DEJ. *Cat.* p. 4.

Long. 3 ¾ lignes. Larg. 1 ligne.

Elle ressemble beaucoup à l'*Arenaria*, mais elle est un peu
plus grande. Elle est en-dessus d'un noir assez luisant. Le corselet est un peu plus arrondi et moins coupé obliquement postérieurement; le milieu de la base ne paraît nullement prolongé,
et les angles antérieurs sont moins arrondis. Les stries des élytres sont plus fortement marquées; elles sont fortement ponctuées, et l'on n'aperçoit pas de points enfoncés distincts sur la
troisième strie. Le dessous du corps est d'un brun-noirâtre. Les

antennes et les pattes sont d'un rouge-ferrugineux. Les jambes
antérieures ont trois dents comme l'*Arenaria*, mais celles intermédiaires n'ont pas d'épine distincte.

Elle m'a été donnée en Autriche, comme venant d'Amérique,
mais sans désignation plus particulière.

5. C. BIPUSTULATA.

*Nigra; thorace quadrato; elytris elongatis, parallelis, profunde
punctato-striatis, basi, macula postica, antennis pedibusque
rufis.*

DEJ. *Cat.* p. 4.
Scarites Bipustulatus. FABR. *Sys. el.* 1. p. 125. n° 14.
SCH. *Syn. ins.* 1. p. 128. n° 16.
Scarites Quadrimaculatus. PALISOT DE BEAUVOIS. 7. p. 107.
T. 15. fig. 6.

Long. 3 lignes. Larg. $\frac{3}{4}$ ligne.

Elle est à peu près de la grandeur de l'*Arenaria*, et elle est
en-dessus d'un noir assez luisant. Le corselet est légèrement
arrondi postérieurement; il ne paraît nullement coupé obliquement, et le milieu de la base n'est pas prolongé. Les élytres
ont une grande tache d'un rouge-ferrugineux vers l'extrémité,
et la base paraît de la même couleur; les stries sont un peu
plus fortement marquées et un peu plus fortement ponctuées
que dans la *Picipes*, et beaucoup plus que dans l'*Arenaria*.
L'individu que je possède étant en assez mauvais état, je n'ai
pu m'assurer s'il y avait des points enfoncés distincts sur la troisième strie. Le dessous du corps est d'un brun-noirâtre. Les antennes et les pattes sont d'un rouge-ferrugineux. Les jambes
antérieures ont trois dents comme dans l'*Arenaria*, mais celles
intermédiaires n'ont pas d'épine distincte.

Elle se trouve dans l'Amérique septentrionale, et elle m'a été
donnée par feu Palisot de Beauvois.

Quoique Fabricius ne parle pas de la couleur de la base des
élytres, je pense qu'il faut rapporter cette espèce à son *Scarites*

Bipustulatus, car la couleur des *Clivina* varie beaucoup, ainsi qu'on le voit dans l'*Arenaria*. Dans cette espèce, l'individu que je décris est même un peu différent de celui figuré dans l'ouvrage de Palisot de Beauvois.

Je crois aussi que c'est à tort que Bonelli parle du *Scarites Bipustulatus*, de Fabricius, comme d'une espèce voisine de la *Thoracica*.

6. C. Crenata.

Nigro - picea ; thorace subgloboso ; elytris œneis, elongatis, parallelis, profunde crenato - striatis, punctis impressis in duplici serie, macula parva postica, antennis pedibusque rufis.

Dej. *Cat.* p. 4.

Long. 3 ¼ lignes. Larg. 1 ligne.

Elle est un peu plus grande que l'*Arenaria*. La tête est d'un brun-noirâtre, avec la partie antérieure et la bouche d'une couleur plus claire et presque ferrugineuse ; elle ne paraît pas rétrécie derrière les yeux ; elle a, de chaque côté, une impression longitudinale bien marquée, et au milieu deux petites lignes enfoncées, très-près l'une de l'autre, qui ne dépassent pas le milieu des yeux. Les antennes sont d'un rouge-ferrugineux. Les yeux sont peu saillants. Le corselet est de la couleur de la tête ; il est plus large qu'elle, aussi long que large, assez convexe et presque globuleux ; il est coupé carrément antérieurement, et le milieu de sa base est un peu prolongé ; il a au milieu une ligne longitudinale, et une autre transversale près du bord antérieur, toutes deux assez marquées ; les bords latéraux et postérieur sont légèrement rebordés. Les élytres sont d'un vert-bronzé ; elles sont un peu plus larges que le corselet, allongées et parallèles, comme celles de l'*Arenaria* ; elles ont des stries très-fortement marquées et très-fortement ponctuées, et sur les troisième et cinquième intervalles, cinq ou six points enfoncés bien distincts. Elles ont en outre, près de l'extrémité, une petite tache peu distincte, allongée et irrégulière, d'un jaune-ferrugineux. Le dessous du corps est d'un brun-noirâtre. Les pattes sont d'un jaune-ferrugineux. Les jambes antérieures ont trois dents un peu plus longues que celles de l'*Arenaria*. Les jambes intermédiaires n'ont point d'épine distincte.

Elle se trouve à Cayenne.

7. C. ROSTRATA. *Mihi.*

Supra viridi-œnea; mandibulis exertis, acutis; elytris ovatis, punctis impressis per strias dispositis; antennis pedibusque rufis.

C. Viridis. SPINOLA.

Long. 2 ½ lignes. Larg. 1 ligne.

Elle est un peu plus grande que la *Thoracica*, et elle est proportionnellement plus large et plus convexe. Elle est en-dessus d'un vert-bronzé un peu obscur. La tête est très-lisse et légèrement convexe. Les mandibules sont à peu près de la longueur des deux tiers de la tête; elles sont avancées, assez larges, un peu déprimées, presque droites, légèrement courbées et pointues à l'extrémité; elles sont d'un brun-ferrugineux, ainsi que les palpes et les antennes. Les yeux sont brunâtres et assez saillants. Le corselet est plus large que la tête; il est presque globuleux, un peu échancré antérieurement, et un peu prolongé postérieurement; il est très-lisse, et il a au milieu une ligne longitudinale enfoncée; une autre transversale près du bord antérieur, et les bords latéraux sont très-légèrement rebordés. Les élytres sont plus larges que le corselet; elles sont moins allongées et plus convexes que celles de la *Thoracica*; elles ont des stries formées par des lignes de points enfoncés, qui ne sont pas très-près les uns des autres. Ces points sont assez gros, et bien marqués depuis la base jusqu'aux deux tiers des élytres; ils sont ensuite plus petits et moins distincts, et ils sont presque entièrement effacés vers l'extrémité. Le dessous du corps est d'un brun-noirâtre, très-légèrement bronzé. On aperçoit, sur le corselet, les élytres et le dessous du corps, quelques poils rares, assez longs, et d'un gris-jaunâtre. Les pattes sont d'un rouge-ferrugineux. Les jambes antérieures sont terminées par deux épines, dont l'intérieure est beaucoup plus courte ; elles ont, sur le côté extérieur, deux dents assez fortes, et une troisième moins marquée.

Elle se trouve dans l'Amérique septentrionale. M. Escher me l'a envoyée comme venant de Géorgie. Je l'ai reçue aussi de M. Spinola, sous le nom de Clivina Viridis.

8. C. Arctica.

Supra ænea, nitidissima; tibiis anticis inermibus; thorace subglo-boso, postice coarctato; elytris ovatis, dorso obsolete striato-punctatis; antennis pedibusque rufis.

Gyl. ii. p. 168. n° 1.
Dej. Cat. p. 4.
Scarites Arcticus. Paykull. i. p. 85. n° 2.
Sch. *Syn. ins.* i. p. 128. n° 17.

Long. 3 lignes. Larg. 1 ¼ ligne.

Elle ressemble un peu à la *Thoracica*, mais elle est beaucoup plus grande, et proportionnellement plus large et plus convexe. Elle est en-dessus d'une couleur bronzée, très-légèrement cui-vreuse, et elle est très-lisse et assez brillante. La tête est peu convexe ; elle a, de chaque côté, deux impressions longitudinales peu marquées, et elle n'est nullement rétrécie à sa partie pos-térieure. La lèvre supérieure et les mandibules sont d'un brun un peu roussâtre. Les palpes et les antennes sont d'un rouge-ferrugineux. Les yeux sont assez saillants. Le corselet est plus large que la tête ; il est plus court que celui de la *Thoracica*, plus convexe et presque globuleux ; il est beaucoup plus pro-longé postérieurement, et la partie prolongée est plus large, lisse et légèrement convexe ; la ligne longitudinale est très-légè-rement marquée, et les bords latéraux sont à peine rebordés. Les élytres sont plus larges et plus convexes que celles de la *Thoracica* ; elles sont très-lisses, et elles ont, près de la suture, quelques stries ponctuées, peu marquées, qui sont très-peu distinctes à la base, et entièrement effacées sur les bords latéraux et vers l'extrémité. Le dessous du corps est d'un brun-noirâtre. Les pattes sont d'un rouge-ferrugineux. Les jambes antérieures sont coupées carrément à leur extrémité, et elles ne se prolongent pas en épine aiguë comme dans toutes les autres espèces de ce genre; elles ont seulement l'épine intérieure, et une seconde épine après l'échancrure, comme dans les autres espèces. La partie extérieure n'a aucune dent saillante; avec une forte loupe, on aperçoit seulement quelques épines très petites.

Elle se trouve, mais rarement, en Laponie, dans le nord de la Suède, en Finlande, et quelquefois même aux environs de Saint-Pétersbourg.

9. C. Nitida. *Mihi.*

Supra ænea, nitida; tibiis anticis apice bispinosis, extrorsum obsolete bidenticulatis; elytris oblongo-ovatis, striato-punctatis; antennis pedibusque rufo-piceis.

C. Thoracica. Dej. *Cat.* p. 4.
Scarites Thoracicus? Oliv. iii. 36. p. 14. n° 17. t. 2. fig. 14. a. b.
Clivina Strumosa? Hoffmansegg.

Long. 1 ¾, 2 ¼ lignes. Larg. ½, ¾ ligne.

Elle est plus petite que l'*Arenaria*, et elle est en-dessus d'une couleur bronzée, ordinairement assez brillante. La tête est assez fortement rétrécie derrière les yeux; elle est lisse avec une ligne longitudinale enfoncée, très-marquée, de chaque côté, le long des yeux; la partie antérieure, les mandibules et les palpes sont d'un brun un peu ferrugineux. Les antennes sont de la même couleur, avec les derniers articles un peu plus obscurs; elles sont à peu près de la longueur du corselet. Les yeux sont noirâtres et très-saillants. Le corselet est plus large que la tête; il est un peu plus long que large, coupé carrément antérieurement, arrondi postérieurement, très-convexe et presque globuleux; le milieu de la base est un peu prolongé; il est très-lisse, et il a une ligne longitudinale enfoncée et bien marquée,

et une autre transversale près du bord antérieur, qui l'est beaucoup moins; les bords latéraux sont très-légèrement rebordés,
et l'on aperçoit quelques petites stries longitudinales, très courtes, le long du bord antérieur et sur la partie de la base qui
paraît se prolonger. L'écusson est triangulaire, allongé, lisse et
d'un noir-obscur. Les élytres sont un peu plus larges que le
corselet, en ovale allongé, coupées presque carrément à la
base, assez arrondies à l'extrémité, et assez convexes; elles
ont des stries assez marquées et assez fortement ponctuées, et
l'on remarque, sur chaque, trois points enfoncés peu distincts,
près de la troisième strie, du côté de la suture : le premier
assez près de la base; le second à peu près au milieu, et le
troisième aux trois quarts des élytres. Le dessous du corps est
d'un brun-noirâtre avec une légère teinte bronzée. Les pattes
sont d'un brun un peu ferrugineux, et elles ont quelquefois
une légère teinte bronzée sur les cuisses. Les jambes antérieures
sont terminées par deux fortes épines, un peu courbées, et à
peu près de la même longueur; elles ont une troisième épine,
un peu moins longue, en dedans après l'échancrure. A la vue
simple, elles paraissent sans dents ni épines sur le côté extérieur; mais, avec une forte loupe, on aperçoit deux petites
dentelures très-peu marquées.

Elle se trouve en France, en Espagne, en Italie, sous les
pierres aux bords des rivières, particulièrement dans les contrées les plus méridionales. Je l'ai reçue aussi de la Volhynie et
du midi de la Russie.

Elle varie quelquefois pour la couleur, et j'en possède des
individus qui sont d'un noir-bronzé-très-obscur. Cette espèce
est la plus commune en France, et je crois que c'est à elle qu'il
faut rapporter le *Scarites Thoracicus* d'Olivier. M. Schüppel m'a
envoyé sous le nom de *Clivina Strumosa*, *Hoffmansegg*, un individu venant du Caucase, qui me paraît devoir se rapporter
à cette espèce.

10. C. POLITA. *Mihi.*

Supra ænea, nitida; tibiis anticis apice bispinosis, extrorsum

obsolete bidenticulatis ; elytris elongato-ovatis, tenuiter striato-
punctatis ; antennis pedibusque rufo-piceis.

Long. 1 ¾ ligne. Larg. ½ ligne.

Elle ressemble beaucoup à la *Nitida*, et elle pourrrait bien n'en
être qu'une variété. Elle est un peu plus petite, et proportionnellement plus étroite et plus cylindrique. Le corselet est un peu
moins globuleux et un peu plus allongé, et la ligne longitudinale est moins enfoncée. Les élytres sont plus étroites, plus allongées et moins convexes; leurs stries sont moins marquées,
et leurs points enfoncés sont un peu moins distincts.

Elle se trouve aux environs de Paris, mais assez rarement.
Je l'ai aussi trouvée en Allemagne.

11. C. Cylindrica. *Mihi.*

Supra ænea ; tibiis anticis apice bispinosis, extrorsum bidenticulatis ; elytris elongatis, parallelis, striato-punctatis ; antennis pedibusque rufo-piceis.

Long. 2 lignes. Larg. ½ ligne.

Elle ressemble aussi à la *Nitida*, mais elle est encore plus
étroite et plus cylindrique que la *Polita*. Elle est en-dessus d'une
couleur bronzée plus foncée et moins brillante. Le corselet est,
comme celui de la *Polita*, un peu moins globuleux, plus allongé, et sa ligne longitudinale est moins marquée. Les élytres
sont plus allongées et presque parallèles; leurs stries sont bien
marquées et assez fortement ponctuées. Les jambes antérieures
ont, sur le côté extérieur, deux petites dents beaucoup plus
saillantes que dans la *Nitida*.

Je l'ai trouvée assez communément dans les environs de
Perpignan.

12. C. Ænea. *Ziegler.*

Supra ænea ; tibiis anticis apice bispinosis, extrorsum bidenticulatis ; elytris oblongo-ovatis, striato-punctatis ; antennis pedibusque rufo-piceis.

C. Obscura ? SAHLBERG.

C. Striata ? SCHŒNHERR.

Long. 1 $\frac{1}{2}$, 1 $\frac{3}{4}$ ligne. Larg. $\frac{1}{3}$, $\frac{2}{3}$ ligne.

Elle ressemble beaucoup à la *Nitida*, mais elle est ordinairement beaucoup plus petite. Elle est d'une couleur bronzée, plus foncée et moins brillante. La ligne longitudinale du corselet est moins marquée. Les jambes antérieures ont, sur le côté extérieur, deux petites dents beaucoup plus saillantes.

Elle se trouve communément en France, en Allemagne et en Dalmatie. J'en ai trouvé une variété dans les provinces méridionales de la France, qui est un peu plus grande, et dont le dessous du corps est d'un brun-rougeâtre. M. Schœnherr m'a envoyé de Suède un individu sous le nom de *Striata*, et M. Sahlberg m'en a envoyé un autre de Finlande sous le nom d'*Obscura*, qui me paraissent tous les deux devoir appartenir à cette espèce.

13. C. PUNCTATA. *Mihi.*

Supra ænea ; tibiis anticis apice bispinosis, extrorsum bidenticulatis ; elytris oblongo-ovatis, profunde striato-punctatis ; antennis pedibusque rufo-piceis.

C. Thoracica. var. b. STÉVEN.

Long. 1 $\frac{1}{4}$, 1 $\frac{3}{4}$ ligne. Larg. $\frac{1}{2}$, $\frac{2}{3}$ ligne.

Elle ressemble beaucoup à l'*Ænea*, mais elle est un peu plus large et plus convexe. Le corselet est un peu plus globuleux. Les élytres sont un peu plus courtes, et leurs stries sont plus fortement marquées et plus fortement ponctuées.

Elle se trouve aux environs de Paris, dans le midi de la France et en Espagne.

M. Stéven m'a envoyé, comme venant du Caucase, et sous le nom de *Clivina Thoracica, var. b.*, un individu qui me paraît devoir se rapporter à cette espèce.

J'ai trouvé, en Espagne et dans le midi de la France, une variété plus petite, que j'avais d'abord considérée comme une espèce particulière et que j'avais nommée *Minuta*; mais, en l'examinant attentivement, je n'y ai aperçu aucun caractère qui pût la faire séparer de celle-ci.

14. C. Pumila. *Mihi.*

Supra nigro-œnea; tibiis anticis apice bispinosis, extrorsum bidenticulatis; elytris oblongo-ovatis, profunde striato-punctatis; antennis pedibusque rufis.

Long. 1 ¼ ligne. Larg. ½ ligne.

Elle ressemble beaucoup à la variété de la *Punctata*, que j'avais autrefois nommée *Minuta*; mais sa couleur est plus obscure et presque noirâtre, et les antennes et les pattes sont d'un rouge-ferrugineux.

Elle se trouve dans l'Amérique septentrionale, et elle m'a été envoyée par M. Leconte.

15. C. Pusilla. *Mihi.*

Supra œnea; tibiis anticis apice bispinosis, extrorsum bidenticulatis; elytris elongato-ovatis, profunde striato-punctatis; antennis pedibusque rufo-piceis.

C. Ænea. Stéven.

Long. 1 ¼ ligne. Larg. ⅓ ligne.

Elle est un peu plus petite que l'*Ænea*, et elle lui ressemble beaucoup; mais elle est plus allongée et presque cylindrique; les élytres sont plus étroites, moins convexes, et leurs stries sont beaucoup plus marquées et plus fortement ponctuées.

Elle m'a été envoyée par M. Stéven, comme venant du Caucase, et sous le nom d'*Ænea*.

16. C. Fulvipès. *Mihi.*

Supra nigro-œnea; tibiis anticis apice bispinosis, extrorsum bi-

*dcnticulatis; elytris ovatis, punctato - striatis ; antennis pedi-
busque rufis.*

Long. 2 lignes. Larg. ¾ ligne.

Elle ressemble beaucoup à la *Thoracica*, mais elle est un peu
plus grande. Elle est en-dessus d'un noir-obscur un peu bronzé.
Les stries des élytres et leurs points enfoncés sont plus fortement marqués. Les pattes et les antennes sont d'un rouge-ferrugineux.

Je l'ai trouvée en Espagne.

17. C. THORACICA.

*Supra œnea, nitida; tibiis anticis apice bispinosis, extrorsum
bidenticulatis ; elytris ovatis, tenuiter striato-punctatis; antennis pedibusque rufo-piceis.*

GYL. II. p. 170. n° 3.
Scarites Thoracicus. FABR. *Sys. el.* I. p. 125. n° 16.
SCH. *Syn. ins.* I. p. 128. n° 19.
STURM ? II. p. 189. n° 3.
DUFT ? II. p. 6. n° 2.

Long. 1 ⅔ ligne. Larg. ⅔ ligne.

Ce n'est que depuis très-peu de temps que je connais cette
espèce, qui est le véritable *Scarites Thoracicus* de Fabricius,
de tous les entomologistes suédois et de ceux du nord de l'Allemagne. Elle ressemble un peu, à la première vue, à la *Nitida*, que j'ai regardée pendant long-temps comme la véritable
Thoracica, et comme elle, elle est d'une couleur bronzée assez
brillante, mais elle est un peu plus petite. Le corselet est un
peu plus court, plus globuleux, et la ligne longitudinale est un
peu moins marquée. Les élytres sont proportionnellement un
peu plus courtes, plus larges, plus ovales et un peu plus convexes; leurs stries sont moins marquées, moins fortement ponctuées, et les trois points enfoncés, qui se trouvent près de la
troisième strie, sont un peu moins distincts. Les pattes et les

antennes sont à peu près de la même couleur. Les jambes antérieures ont, sur le côté extérieur, deux petites dents beaucoup plus saillantes que dans la *Nitida*.

Elle se trouve en Suède et dans les parties septentrionales de la Russie et de l'Allemagne.

Je ne suis pas bien certain que le *Scarites Thoracicus* de Sturm doive se rapporter à cette espèce. Quant à celui de Duftschmid, comme il indique un assez grand nombre de variétés, je crois qu'à l'exemple de presque tous les entomologistes, il a confondu ensemble plusieurs espèces différentes.

18. C. Digitata. *Mihi.*

Supra ænea; tibiis anticis apice bispinosis (spina interna arcuata) extrorsum valide bidenticulatis; elytris ovatis, punctato-striatis; antennis pedibusque rufo-piceis.

Long. 1 ⅔ ligne. Larg. ⅔ ligne.

Elle ressemble beaucoup à la *Thoracica* pour la forme et la grandeur. Sa couleur est un peu moins brillante. La ligne longitudinale du corselet est un peu plus enfoncée. Les stries des élytres sont plus marquées, et elles sont plus fortement ponctuées. L'épine intérieure, qui termine les jambes antérieures, est assez fortement recourbée à son extrémité, ce qui distingue cette espèce de toutes celles de ce genre. Les deux dentelures, qui se trouvent sur le côté extérieur, sont aussi un peu plus fortement marquées que dans les espèces voisines.

Je l'ai trouvée en Styrie.

19. C. Semistriata. *Mihi.*

Supra obscuro-ænea; tibiis anticis apice bispinosis, extrorsum obsolete bidenticulatis; elytris ovatis, antice striato-punctatis, apice lævigatis; antennis pedibusque rufo-piceis.

Long. 1 ½ ligne. Larg. ½ ligne.

Elle ressemble beaucoup à la *Gibba*, mais elle est plus grande. Elle est en-dessous d'une couleur bronzée-obscure. Les élytres

sont un peu plus allongées et un peu moins convexes. Elles ont
des stries formées par des lignes de points enfoncés assez marqués, qui ne vont que depuis la base jusques un peu au-delà
du milieu; toute l'extrémité et les bords extérieurs sont lisses;
on n'aperçoit pas de points enfoncés près de la troisième strie.
Le dessous du corps et les pattes sont comme dans la *Gibba.*

Elle m'a été envoyée du département du Calvados, par
M. de la Frenaye.

20. C. RUFIPES. *Megerle.*

*Supra brunneo-œnea ; tibiis anticis apice bispinosis, extrorsum
　　obsolete bidenticulatis; elytris ovatis, profunde striato-punc-
　　tatis, striis apice abbreviatis ; antennis pedibusque rufis.*

Long. 1 ¼, 1 ½ ligne. Larg. ½, ⅔ ligne.

Elle ressemble beaucoup à la *Gibba,* mais elle est un peu plus
grande et un peu plus allongée. Sa couleur est en-dessus un
peu plus brune. Le corselet est un peu moins globuleux. Les
élytres sont un peu plus allongées et un peu moins convexes;
leurs stries sont plus fortement marquées, plus fortement ponctuées, et leur extrémité est tout-à-fait lisse. Comme dans la
Gibba, on n'aperçoit pas de points enfoncés près de la troisième strie. Le dessous du corps est d'un brun-noirâtre. Les
pattes et les antennes sont d'un rouge-ferrugineux. Les jambes
antérieures ont sur le côté extérieur deux dentelures à peine
marquées.

Elle se trouve en Autriche, et elle m'a été envoyée de
Vienne, sous le nom que je lui ai conservé.

21. C. GIBBA.

*Supra nigro-œnea ; tibiis anticis apice bispinosis, extrorsum
　　obsolete bidenticulatis ; elytris ovatis, subglobosis, striato-
　　punctatis, striis apice obsoletis; antennis pedibusque rufo-
　　piceis.*

GYL. II. p. 171. n° 4.

Des. *Cat.* p. 4.

Scarites Gibbus. Fabr. *Sys. el.* 1. p. 126. nº 17.

Oliv. iii. 36. p. 15. nº 19. t. 2. fig. 16. a. b.

Sch. *Syn. ins.* 1. p. 128. nº 21.

Duft. ii. p. 8. nº 4.

Sturm. ii. p. 190. nº 4.

Long. 1 $\frac{1}{4}$ ligne. Larg. $\frac{1}{2}$ ligne.

Elle est beaucoup plus petite que la *Thoracica*, et elle est en-dessus d'un noir-bronzé. Le corselet est un peu plus court, plus globuleux, et la ligne longitudinale est un peu moins marquée. Les élytres sont proportionnellement plus courtes, plus larges, plus ovales et plus convexes; leurs stries sont beaucoup plus marquées et plus fortement ponctuées; elles sont presque effacées vers les bords latéraux et vers l'extrémité, et l'on n'aperçoit pas de points enfoncés près de la troisième strie. Le dessous du corps et les pattes sont comme dans la *Thoracica*, mais les deux dentelures, qui se trouvent sur le côté extérieur des jambes antérieures, sont beaucoup moins marquées.

Elle se trouve assez communément en France, en Suède et en Allemagne.

VII. MORIO. *Latreille.*

Scarites. *Palisot de Beauvois.*

Menton articulé, concave, très-fortement échancré, et ayant, dans son milieu, une dent peu saillante, obtuse et presque bifide. Lèvre supérieure assez avancée et fortement échancrée. Dernier article des palpes labiaux presque cylindrique, un peu ovalaire et tronqué à l'extrémité. Antennes plus courtes que la moitié du corps, moniliformes, à articles distincts, et ne grossissant presque pas vers l'extrémité. Corps plus ou moins allongé. Corselet plane, presque carré, plus ou moins rétréci postérieurement. Jambes antérieures non palmées.

Ce genre a été formé, par Latreille, sur un insecte qu'il avait

d'abord nommé *Harpalus Monilicornis.* J'y ai ajouté deux nouvelles espèces. Toutes les trois sont de grandeur moyenne,
d'une couleur noire et luisante; et elles ont, à la première vue,
quelques rapports de forme avec les *Pterostichus* et les genres
voisins, mais elles appartiennent réellement à cette tribu.

Le menton est concave, large, assez avancé, très-fortement
échancré, et il a, dans son milieu, une petite dent obtuse et
peu saillante, qui paraît presque bifide. La lèvre supérieure
est assez avancée, assez étroite et assez fortement échancrée.
Les mandibules sont assez fortes, peu avancées, arquées et
assez aiguës. Les palpes sont peu saillants; le dernier article
des labiaux est presque cylindrique, un peu ovalaire et tronqué
à l'extrémité. Les antennes sont moniliformes, plus courtes que
la moitié du corps; leur premier article est à peu près de la
longueur du second et du troisième réunis; tous les autres sont
presque égaux, distincts, lenticulaires, et ils ne grossissent
presque pas vers l'extrémité. La tête est un peu rétrécie derrière les yeux; ceux-ci sont assez saillants. Le corselet est
plane, presque carré et plus ou moins rétréci postérieurement.
Les élytres sont plus ou moins allongées, plus ou moins parallèles et plus ou moins planes. Les pattes sont assez fortes,
mais elles ne sont pas très-grandes. Les jambes antérieures s'é-
largissent vers l'extrémité; elles sont terminées par deux épines
assez fortes, et elles sont fortement échancrées intérieurement,
mais elles n'ont aucune dent sur le côté extérieur; les intermédiaires et les postérieures sont simples.

Des trois espèces qui composent ce genre, deux sont d'A-
mérique, et la troisième est, je crois, de Java.

1. M. MONILICORNIS.

*Niger, nitidus; elytris elongatis, subparallelis, profunde striatis,
striis ad basin obsolete punctatis.*

Harpalus Monilicornis. LATREILLE. *Gen. crust. et ins.* 1.
p. 206. n° 12.
Scarites Georgiæ. PALISOT DE BEAUVOIS. 7. p. 107. T. 15. fig. 5.
Morio Cayennensis. DEJ. *Cat.* p. 4.

Long. 7, 8 lignes. Larg. 2, 2 ½ lignes.

Il est un peu plus petit et un peu plus étroit que l'*Omaseus Melanarius*, et il est entièrement en-dessus d'un beau noir-luisant. La tête est assez grande, presque plane et lisse; elle est un peu rétrécie derrière les yeux; elle a quatre petites dents à sa partie antérieure, dont les deux intérieures sont quelquefois très-peu sensibles, une ligne transversale entre les antennes, une impression transversale peu marquée derrière les yeux, et deux impressions longitudinales de chaque côté, qui ne dépassent pas l'impression transversale; celle intérieure est sinuée et très-marquée antérieurement, et celle extérieure est tout-à-fait le long des yeux. La lèvre supérieure est d'un brun-noirâtre, assez avancée et fortement échancrée. Les mandibules sont assez fortes et un peu moins longues que la tête. Les antennes sont à peu près de la longueur de la tête et des mandibules réunies; leur premier article est d'un brun un peu ferrugineux; les deux suivants sont d'un brun-noirâtre, et les autres sont d'un brun-ferrugineux, et un peu pubescents. Les yeux sont brunâtres, assez gros et assez saillants. Le corselet est plus large que la tête; il est à peu près aussi long que large, presque carré, un peu rétréci à sa partie postérieure et assez plane; il a au milieu une ligne longitudinale très-enfoncée, mais qui ne touche ni au bord antérieur, ni à la base, et une impression longitudinale courte et très-marquée, de chaque côté, près des angles postérieurs; le bord antérieur est coupé presque carrément; il est très-légèrement échancré dans son milieu, et il a, de chaque côté, une petite impression assez marquée; les bords latéraux sont assez fortement rebordés, et la base et les angles postérieurs sont coupés carrément. L'écusson est triangulaire et lisse. Les élytres sont un peu plus larges que le corselet; elles sont allongées, presque parallèles, coupées carrément à la base et arrondies à l'extrémité; elles ont des stries très-fortement marquées qui sont légèrement ponctuées à leur base et lisses vers l'extrémité, et un point enfoncé, distinct, à peu près aux deux tiers des élytres, entre la seconde et la troisième strie; on voit le long du bord extérieur une rangée de petites lignes obliques assez serrées. Le dessous du corps et les pattes sont d'un noir un peu moins brillant que le dessus.

Il se trouve aux États-Unis, aux Antilles, à Cayenne et au Brésil. Les individus de l'Amérique méridionale sont ordinairement un peu plus grands que ceux qui viennent plus au nord.

2. M. BRASILIENSIS.

Niger, nitidus; elytris oblongo-ovatis, profunde striatis.

DEJ. *Cat.* p. 4.

Long. 7 ½ lignes. Larg. 2 ⅓ lignes.

Il ressemble beaucoup au *Monilicornis*; mais il est proportionnellement un peu plus large, moins parallèle et un peu plus convexe. La tête n'a point de dents saillantes à sa partie antérieure. Le corselet est un peu plus convexe; la ligne longitudinale est moins enfoncée; le bord antérieur est coupé tout-à-fait carrément; il n'est nullement échancré au milieu, et il n'a pas d'impression de chaque côté; les angles postérieurs sont un peu relevés. Les élytres sont un peu plus courtes; elles sont en ovale allongé et un peu convexes; elles ont des stries fortement marquées qui paraissent lisses, un point enfoncé un peu au-delà du milieu, près de la seconde strie du côté extérieur, et une impression assez forte sur le bord extérieur, près de l'extrémité. On voit en outre, le long du bord extérieur, une ligne de points enfoncés un peu moins serrés que dans le *Monilicornis*.

Il se trouve au Brésil.

3. M. ORIENTALIS. *Mihi.*

Niger, nitidus, subdepressus; elytris brevioribus, subparallelis, striatis; pedibus rufo-brunneis.

Long. 6, 7 lignes. Larg. 1 ¾, 2 ¼ lignes.

Il est un peu plus petit, plus déprimé, et proportionnellement plus large que le *Monilicornis.* La tête est un peu plus large, plus courte et un peu plus plane ; elle n'a que deux dents avancées à sa partie antérieure; celles intérieures manquent, et elles sont remplacées par deux stries très-courtes et peu marquées. Le corselet est plus court, plus plane et plus large antérieurement; son bord antérieur est un peu sinué, et les angles antérieurs et postérieurs sont plus saillants. Les élytres sont plus courtes, plus larges et plus déprimées ; les stries sont lisses; les trois intérieures sont peu enfoncées, la quatrième l'est un peu plus, et les cinquième et sixième sont assez fortement marquées; les second, troisième et quatrième intervalles sont un peu plus larges que les autres ; on aperçoit un point enfoncé, à peu près aux deux tiers des élytres, entre la seconde et la troisième strie, et une ligne de points enfoncés le long du bord extérieur. Le dessous du corps est d'un noir un peu moins brillant que le dessus. Les cuisses sont d'un brun un peu ferrugineux; les jambes et les tarses sont d'un brun un peu plus obscur.

Cet insecte faisait partie d'une collection venant de l'île de Java, que j'ai achetée à Marseille.

VIII. OZÆNA. *Olivier.*

PLOCHIONUS. *Dejean, Catalogue.*

Menton articulé, presque plane et fortement trilobé. Lèvre supérieure légèrement échancrée. Dernier article des palpes labiaux court, tronqué et presque sécuriforme. Antennes plus courtes que la moitié du corps, à articles serrés, peu distincts et grossissant vers l'extrémité. Corps aplati et plus ou moins allongé. Corselet presque carré. Jambes antérieures non palmées.

Olivier a établi ce genre dans l'Encyclopédie méthodique, sur un insecte de Cayenne, que je ne possède pas, mais qui, je crois, a beaucoup de rapports avec les trois nouvelles espèces que je décris, et surtout avec la première. Les *Ozæna* s'éloignent un peu des autres genres de cette famille, et, à la pre-

Tome 1. 28

mière vue, on les prendrait plutôt pour des *Hétéromères*, mais ce sont de véritables *Carabiques*.

Le menton est presque plane, fortement trilobé; il est un peu avancé, et, quoiqu'il soit séparé de-la tête par une suture distincte, il paraît moins libre que dans les genres voisins, ce qui rapprocherait un peu les *Ozæna* des *Siagona*. La lèvre supérieure est assez étroite, peu avancée et légèrement échancrée. Les mandibules sont courtes, assez fortes, un peu arquées et pointues à l'extrémité. Les palpes sont peu avancés; leurs articles sont courts et assez gros; le dernier des labiaux est assez large, tronqué et presque sécuriforme. Les antennes sont plus courtes que la moitié du corps; leur premier article est un peu plus long que les suivants; tous les autres sont presque égaux; ils sont serrés, peu distincts, surtout depuis le cinquième article, et ils vont sensiblement en grossissant vers l'extrémité. La tête est assez allongée. Les yeux sont assez saillants. Le corselet est presque carré, et assez fortement rebordé. Les élytres sont plus ou moins allongées, et arrondies à l'extrémité. Les pattes ne sont pas très-grandes. Les jambes antérieures sont fortement échancrées intérieurement.

Toutes les espèces connues jusqu'à présent paraissent habiter exclusivement l'Amérique méridionale et les Antilles.

1. O. ROGERII. *Mihi.*

Brunnea; thorace elongato, quadrato; elytris elongatis, subsulcatis.

Long. 6 lignes. Larg. 1 ½ ligne.

Elle a une forme étroite et allongée, et elle est en-dessus d'un brun obscur un peu ferrugineux. La tête est grande, allongée et d'une couleur un peu plus claire à sa partie antérieure; elle est très-finement ponctuée, et elle a deux impressions assez marquées et quelques rides irrégulières entre les antennes. Les yeux sont brunâtres, assez gros et assez saillants. Les antennes sont plus courtes que la tête et le corselet réunis; leurs premiers articles sont d'un brun un peu rougeâtre, et les

derniers plus obscurs et légèrement pubescents. Le corselet est
un peu plus large que la tête ; il est plus long que large, presque
carré, très-légèrement échancré antérieurement, sinué sur les
côtés, et la base est coupée carrément et légèrement sinuée ; il
est très-finement et très-légèrement ponctué, et il a des rides
transversales très-peu marquées ; il a une ligne longitudinale
enfoncée, et une autre transversale près du bord antérieur,
toutes les deux peu marquées ; les bords latéraux sont assez
déprimés et un peu relevés, surtout vers les angles postérieurs,
qui sont coupés presque carrément et qui sont un peu aigus.
L'écusson est allongé, triangulaire et presque lisse. Les élytres
sont plus larges que le corselet ; elles sont allongées, parallèles,
coupées presque carrément à la base, et obliquement sinuées à
l'extrémité ; elles ont des stries fortement marquées ; les intervalles sont un peu relevés, et, à l'aide d'une forte loupe, ils
paraissent très-légèrement ponctués. L'abdomen est d'un brun-
noirâtre ; le reste du dessous du corps et les pattes sont d'un
brun un peu plus ferrugineux que le dessus.

J'ai dédié cette espèce à M. Roger, qui me l'a donnée comme
venant de Cayenne.

2. O. BRUNNEA.

Brunnea ; thorace brevi, subcordato, margine subreflexo ; elytris
striatis.

Plochionus Brunneus. DEJ. *Cat.* p. 5.

Long. 4 lignes. Larg. 1 $\frac{1}{3}$ ligne.

Elle est plus petite et beaucoup moins allongée que la *Ro-*
gerii, et elle est comme elle en-dessus d'un brun-obscur un peu
ferrugineux. La tête est beaucoup moins allongée ; elle est assez
grande, presque ronde, et assez lisse ; elle a deux impressions
entre les antennes, et quelques petits points enfoncés et quelques rides très-peu marquées sur les côtés. Les yeux sont brunâtres et assez saillants. Les antennes sont presque de la longueur de la tête et du corselet réunis ; leurs quatre premiers

28.

articles sont d'un brun-ferrugineux un peu rougeâtre, les autres sont plus obscurs et un peu pubescents. Le corselet est, à sa partie antérieure, plus large que la tête; il est court, moins long que large, presque en cœur et rétréci postérieurement; il a quelques rides transversales très-peu marquées; la ligne longitudinale est peu enfoncée, et il a deux impressions transversales, l'une très-marquée près de la base, et l'autre, qui l'est beaucoup moins, près du bord antérieur; celui-ci est un peu échancré; les bords latéraux sont fortement déprimés, très-relevés et presque en carène; la base est coupée presque carrément, très-légèrement sinuée et les angles postérieurs sont un peu aigus. L'écusson est assez petit, court, en triangle arrondi et presque lisse. Les élytres sont plus larges que le corselet; elles sont proportionnellement beaucoup moins allongées que celles de la *Rogerii*; leurs stries sont moins marquées, et les intervalles moins relevés; avec une forte loupe, ces derniers paraissent de même très-légèrement ponctués. Le dessous du corps et les pattes sont d'une couleur un peu plus claire que le dessus.

Elle se trouve à Cayenne.

3. O. Gyllenhalii. *Mihi.*

Obscuro-ferruginea, vertice obscuro; thorace quadrato; elytris obsolete striatis.

Long. 2 lignes. Larg. $\frac{3}{4}$ ligne.

Elle est beaucoup plus petite que la *Brunnea*, et elle est en-dessus d'une couleur ferrugineuse-obscure. La tête est un peu avancée et presque triangulaire; sa partie postérieure est d'un brun-noirâtre; elle paraît lisse, et elle n'a point d'impressions entre les antennes. Les yeux sont brunâtres et assez saillants. Les antennes sont presque de la longueur de la tête et du corselet réunis. Le corselet est à sa partie antérieure plus large que la tête; il est moins long que large, presque carré, un peu rétréci postérieurement, et coupé carrément antérieurement et postérieurement; avec une forte loupe, il paraît un peu pubescent et très-légèrement ponctué; il a une ligne longitudinale, et deux impres-

sions transversales, l'une près du bord antérieur, et l'autre
près de la base, très-peu marquées; les bords latéraux sont légèrement déprimés et un peu relevés, surtout vers les angles
postérieurs. L'écusson est triangulaire, lisse et assez allongé.
Les élytres sont plus larges que le corselet; elles sont assez allongées, parallèles et arrondies obliquement à l'extrémité; elles
ont des stries très-peu marquées et presque effacées; et, avec
une forte loupe, les intervalles paraissent finement ponctués et
très-légèrement pubescents. Le dessous du corps et les pattes
sont d'une couleur ferrugineuse un peu plus claire que le dessus. Les cuisses antérieures ont en-dessous, dans leur milieu,
une dent assez forte et bien marquée.

J'ai dédié cette espèce à M. Gyllenhal, qui me l'a envoyée
comme venant des îles de l'Amérique.

IX. DITOMUS. *Bonelli.*

ARISTUS. *Ziegler. Latreille.* SCARITES. *Olivier.* CARABUS.
SCAURUS. *Fabricius.*

*Menton articulé, concave et trilobé. Lèvre supérieure légèrement
échancrée. Palpes labiaux peu allongés; le dernier article
presque cylindrique. Antennes filiformes, à articles allongés
et presque cylindriques. Corselet cordiforme ou en croissant.
Jambes antérieures non palmées.*

Ce genre a été établi par Bonelli, sur le *Scaurus Sulcatus*,
et sur quelques *Carabus* de Fabricius, que Rossi et Olivier
avaient placés dans les *Scarites*. Depuis, M. Ziegler a cru devoir diviser ce genre en deux, quoiqu'il ne soit pas bien
nombreux en espèces : il a conservé le nom de *Ditomus* à celles
qui se rapprochent du *Calydonius*, et il a donné le nom d'*A-
ristus* à celles voisines du *Sulcatus*. Latreille, tout en n'adoptant pas cette division, a donné au genre de Bonelli le nom
d'*Aristus*, donné par M. Ziegler à une portion de ce genre. Il
dit à ce sujet, dans la première livraison de l'*Iconographie des
Coléoptères d'Europe* : « Herbst avait donné à un nouveau

« genre de *Coléoptères* de la famille des *Xylophages*, le nom de
« *Bitoma*, qu'une rectification convenable a changé en celui de
« *Ditoma*. En adoptant la dénomination d'*Aristus*, on évite ce
« double emploi. » Malgré mon profond respect pour le premier entomologiste de notre époque, je ne puis ici partager son
opinion. D'abord, je ne vois pas pourquoi il faudrait rectifier
le nom de *Bitoma*; je crois qu'en fait de nom, il ne faut jamais faire de rectification, et ensuite je ne vois pas pourquoi
il ne pourrait pas y avoir deux genres, l'un nommé *Bitoma*, et
l'autre *Ditomus*; selon moi, il vaut toujours beaucoup mieux conserver un mauvais nom déja adopté, que d'en créer un nouveau.

Les *Ditomus* sont des insectes de moyenne grandeur, d'une
couleur noirâtre, et qui sont ordinairement fortement ponctués.
Le menton est concave et trilobé. La lèvre supérieure est peu
avancée, et plus ou moins échancrée. Les mandibules sont
assez fortes, courbées, peu avancées et unidentées intérieurement. Les palpes labiaux sont plus courts que les maxillaires;
le dernier article des uns et des autres est presque cylindrique.
Les antennes sont à peu près de la longueur de la moitié du
corps; elles sont filiformes; leur premier article est un peu
plus gros et un peu plus long que les autres; le second est
au contraire un peu plus court, et tous les autres sont égaux,
allongés et presque cylindriques. Les jambes antérieures sont
assez fortement échancrées intérieurement, mais elles ne sont
nullement palmées.

Quoique ce genre soit peu nombreux en espèces, j'ai cru devoir y établir deux divisions : la première, qui correspond au
genre *Ditomus* de M. Ziegler, renferme les espèces dont la tête
est plus petite et un peu rétrécie postérieurement, la lèvre supérieure un peu plus avancée et plus échancrée, les yeux plus
saillants, et le corselet plus ou moins cordiforme. Ces espèces
sont généralement plus allongées que celles de la seconde division, et, dans quelques-unes, les mâles se distinguent des femelles par une corne au milieu de la tête et une autre sur
chaque mandibule.

La seconde division, qui correspond au genre *Aristus* de

M. Ziegler, renferme les espèces dont la tête est très-grosse,
la lèvre supérieure moins avancée et moins échancrée, les yeux
moins saillants, et le corselet plus court, très-échancré antérieurement pour recevoir la tête, et presque en croissant. Ces espèces sont ordinairement plus raccourcies que celles de la première division, et, dans aucune, les mâles n'ont de corne ni
sur la tête, ni sur les mandibules.

Les *Ditomus* paraissent habiter exclusivement les parties méridionales de l'Europe, le nord de l'Afrique et les contrées les
plus occidentales de l'Asie. On les trouve sous les pierres, courant par terre dans les champs, et souvent le soir sur les tiges
des graminées.

PREMIÈRE DIVISION.

1. D. CALYDONIUS.

*Nigro-subpiceus, punctatissimus ; thorace subcordato ; elytris
striato-punctatis, interstitiis punctatis ; antennis pedibusque
rufo-brunneis.*

Mas. Capitis cornu porrecto, emarginato, mandibulis cornutis.
Femina. Capitis cornu acuto, minutissimo.

DEJ. *Cat.* p. 5.
Carabus Calydonius. FABR. *Sys. el.* 1. p. 188. n° 97.
SCH. *Syn. ins.* 1. p. 192. n° 132.
Scarites Calydonius. ROSSI. *Fauna etrusca.* 1. p. 228. n° 571.
T. 8. fig. 8. 9.
OLIV. III. 36. p. 10. n° 10. T. 2. fig. 12. a. b. c.

Long. 6 ½, 8 lignes. Larg. 2, 2 ¾ lignes.

Il est entièrement en-dessus d'un noir-obscur un peu brunâtre, et tout le corps est très-légèrement pubescent. La tête
est assez grosse; elle est arrondie, légèrement convexe et très-
fortement ponctuée; elle a dans le mâle, au milieu du front,
une corne courte, épaisse, recourbée, creusée sur les côtés,
un peu dilatée et légèrement échancrée à son extrémité; et à la

base de chaque mandibule, une autre corne à peu près de la
même longueur, assez large à sa base, pointue à son extrémité,
recourbée intérieurement et très - concave en dedans. On voit
seulement dans la femelle, une très-petite corne droite, inclinée
et assez aiguë au milieu du front, et la base des mandibules est
un peu relevée. Les yeux sont noirâtres, arrondis et assez saillants. Les antennes sont d'un brun - noirâtre, et un peu plus
longues que la moitié du corps. Le corselet est plus large que la
tête; il est moins long que large, presque en forme de cœur,
très-légèrement échancré antérieurement, arrondi sur les côtés,
rétréci postérieurement, et avec le milieu de la base un peu
prolongé; il est légèrement convexe, très - fortement ponctué,
et il a au milieu une ligne longitudinale peu marquée; les bords
latéraux sont très - légèrement rebordés; la base et les angles
posterieurs sont coupés carrément. L'écusson est petit et triangulaire. Les élytres sont à peu près de la largeur du corselet;
elles sont assez allongées, parallèles, coupées presque carrément, avec les angles de la base et l'extrémité assez arrondies;
elles ont des stries ponctuées assez marquées; les intervalles
sont plus ou moins ponctués, et l'on remarque ordinairement,
dans le milieu de chaque, une ligne de points enfoncés un peu
plus gros que les autres. Le dessous du corps est d'un brun
un peu plus clair que le dessus. Les pattes sont d'un brun-
roussâtre.

Il se trouve dans le midi de la France, en Italie, et dans les
provinces méridionales de la Russie.

2. D. CORNUTUS.

*Nigro - subpiceus, punctatissimus; thorace subgloboso, postice
coarctato; elytris profunde striato-punctatis, interstitiis punctatis; antennis pedibusque rufis.*
   Mas. Capitis cornu porrecto, lanceolato, mandibulis cornutis.
  Femina. Capitis cornu acuto, minutissimo.

Dej. *Cat.* p. 5.

Carabus Calydonius. GERMAR. *Reise nach Dalmatien.* p. 199.
n°. 88.

Long. 5 ¾, 7 lignes. Larg. 1 ¾, 2 ½ lignes.

Il ressemble beaucoup au *Calydonius*, et il a été long-temps
confondu avec lui. Il est ordinairement un peu plus petit, et
proportionnellement un peu plus étroit. La corne du milieu de
la tête, dans le mâle, est un peu plus avancée, moins relevée
et moins recourbée, et son extrémité, qui est un peu dilatée et
pointue avec une dent de chaque côté, a presque la forme d'un
fer de lance. Le corselet est un peu moins large; ses angles postérieurs et ses côtés sont un peu plus arrondis, et il paraît moins
en cœur et plus globuleux. Les stries des élytres sont un peu
plus marquées et plus profondément ponctuées. Les antennes et
les pattes sont d'une couleur moins foncée et un peu plus rouge.

Je l'ai trouvé assez communément en Espagne, près de
Talavera la Réal, et en Dalmatie, près d'Ossero dans l'île de
Cherzo.

3. D. CORDATUS.

Nigro - obscurus, punctatus; thorace cordato; elytris striato-
punctatis, interstitiis obsolete punctatis; antennis pedibusque
piceis.

DEJ. *Cat.* p. 5.

Long. 7 ¾ lignes. Larg. 2 ¾ lignes.

Il est à peu près de la grandeur du *Calydonius*, mais il est
un peu plus large. Il est très-légèrement pubescent, et il est en-
dessus entièrement d'un noir-obscur. La tête est assez grande,
arrondie et presque plane; elle est ponctuée; mais les points
sont beaucoup moins gros et moins serrés que dans le *Calydo-*
nius, et elle a deux impressions longitudinales assez marquées
entre les antennes. Les yeux sont brunâtres, assez gros et assez
saillants. Les palpes sont d'un rouge-ferrugineux. Les antennes

sont d'un brun - obscur, un peu plus clair vers l'extrémité. Le
corselet est un peu plus large que celui du *Calydonius*, il est
plus en cœur, un peu plus rétréci postérieuremeut, moins convexe et un peu plus échancré antérieurement ; il est moins profondément ponctué, et les points sont beaucoup moins serrés ;
il a une petite impression transversale près du bord antérieur.
Les élytres sont un peu plus larges et un peu moins convexes
que celles du *Calydonius* ; leurs stries sont un peu moins profondes ; elles sont distinctement ponctuées, et les intervalles ont
des points enfoncés très-peu marqués. Le dessous du corps est
d'un brun-noirâtre. Les pattes sont d'un brun-obscur.

J'ai trouvé cet insecte en Espagne, près le Puente del
Arzobispo.

4. D. DAMA.

*Nigro-piceus, punctatissimus ; thorace subcordato ; elytris striato-
    punctatis, interstitiis punctatissimis ; antennis pedibusque
    rufis.*

*Mas. Mandibulis cornu erecto, excavato, compresso, ex-
    trorsum unidentato.*

Femina. Inermis.

DEJ. *Cat.* p. 5.
Carabus Dama. SCH. *Syn. ins.* 1. p. 192. n° 133.
GERMAR. *Reise nach Dalmatien.* p. 199. n° 89.
Scarites Dama. ROSSI. *Fauna etrusca. Mant.* 1. p. 92. n° 206.
T. 2. fig. H. h.

Long. 3 $\frac{1}{2}$, 4 $\frac{1}{4}$ lignes. Larg. 1 $\frac{1}{4}$, 1 $\frac{1}{2}$ ligne.

Il ressemble un peu au *Calydonius*, mais il est beaucoup plus
petit, un peu plus pubescent, et il est en-dessus d'un noir un
peu plus brun. La tête est très-fortement ponctuée ; le mâle a
de chaque côté, au-dessus des yeux, une petite élévation peu
marquée, et à la base de chaque mandibule, une corne assez
longue, assez large à sa base, pointue et recourbée en dedans

à son extrémité, convexe extérieurement, concave intérieurement, et qui a une assez forte dent à sa partie extérieure. La
femelle a deux impressions peu marquées entre les antennes, et
la base des mandibules est un peu relevée. Les yeux sont noirâtres, arrondis et assez saillants. Les palpes et les antennes
sont d'un rouge-ferrugineux. Le corselet a à peu près la forme
de celui du *Calydonius*, mais il est plus échancré antérieurement, et les angles antérieurs sont un peu moins arrondis ; il
est moins convexe, moins fortement ponctué, mais les points
enfoncés sont beaucoup plus serrés ; la ligne longitudinale est
moins marquée ; les côtés sont un peu plus arrondis ; il est
un peu plus rétréci postérieurement, et la base est légèrement
échancrée. Les stries des élytres sont un peu moins marquées ;
elles sont moins distinctement ponctuées, et les intervalles sont
entièrement couverts de points enfoncés très-serrés. Le dessous
du corps est un peu plus clair que le dessus. Les pattes sont d'un
rouge-ferrugineux.

Il se trouve en Italie et en Dalmatie, mais il y est fort rare,
surtout le mâle. J'en ai pris un individu près de Zara.

5. D. Pilosus. *Illiger.*

Nigro-piceus, punctatissimus ; thorace subgloboso, postice coarc-
tato ; elytris striato-punctatis, interstitiis punctatissimis ; an-
tennis pedibusque rufis.

Dej. *Cat.* p. 5 .

Long. 2 $\frac{1}{2}$, 4 lignes. Larg. 1, 1 $\frac{1}{2}$ ligne.

Il ressemble entièrement à la femelle du *Dama*, et il est
même très-difficile de ne pas le confondre avec elle. Le corselet
est seulement un peu moins large, un peu moins en cœur et un
peu plus arrondi.

Il se trouve assez communément en Espagne et en Portugal ;
et, comme je crois que le *Dama* mâle n'a jamais été trouvé dans

ces pays, j'ai lieu de penser que celui-ci doit former une espèce particulière. Il est cependant bien à regretter que ce genre ne présente aucun caractère extérieur pour distinguer les sexes, et qui puisse constater positivement que les mâles sont semblables aux femelles dans cette espèce.

6. D. Fulvipes. *Latreille.*

Nigro-piceus, punctatissimus; thorace cordato; elytris striato-punctatis, interstitiis punctatissimis; antennis pedibusque rufis.

Dej. *Cat.* p. 5.

Long. 3 $\frac{3}{4}$, 5 lignes. Larg. 1 $\frac{1}{3}$, 1 $\frac{2}{3}$ ligne.

Il ressemble aussi beaucoup à la femelle du *Dama*, mais il est ordinairement plus grand. La tête est proportionnellement un peu plus grosse. Le corselet est un peu plus large, plus échancré antérieurement, plus en cœur, un peu plus convexe, et il a une petite impression transversale près de la base.

Il se trouve dans tout le midi de la France, et on le rencontre quelquefois même, mais très-rarement, dans les environs de Paris.

SECONDE DIVISION.

7. D. Capito. *Illiger.*

Niger, punctatissimus; capite magno; elytris brevibus, striato-punctatis, interstitiis punctatissimis; antennis tarsisque piceis.

Dej. *Cat.* p. 5.

Long. 5 $\frac{1}{2}$, 6 $\frac{1}{4}$ lignes. Larg. 2 $\frac{1}{4}$, 2 $\frac{1}{2}$ lignes.

Il ressemble beaucoup au *Sulcatus*, mais il est un peu plus grand, et il est un peu plus pubescent, ce qui le fait paraître d'un noir un peu plus opaque. La tête est proportionnellement

un peu plus grosse; elle est un peu plus convexe; la ponctuation est beaucoup plus serrée, et les deux impressions longitudinales entre les yeux ne sont presque pas sensibles. Les antennes sont d'une couleur plus foncée, et elles sont presque
noires, depuis la base jusqu'au-delà du milieu. Le corselet est
proportionnellement un peu plus large, un peu plus court, et
la ponctuation est beaucoup plus serrée. Les élytres sont plus
larges et plus courtes; leurs stries paraissent moins distinctement ponctuées, et tous les intervalles sont entièrement couverts de points enfoncés très-serrés. Le dessous du corps, les
cuisses et les jambes paraissent un peu plus noirs; les tarses et
les épines des jambes sont d'un brun-obscur.

Il se trouve en Espagne, et dans les provinces méridionales
de la France.

8. D. Obscurus. *Stéven.*

Niger, punctatissimus; thorace angulis posticis acutis; elytris
nigro-subcyaneis, striato-punctatis, interstitiis punctatissimis;
antennis tarsisque rufo-piceis.

Long. 5 ¼ lignes. Larg. 2 lignes.

Il ressemble beaucoup au *Sulcatus*, et il est à peu près de la
même grandeur et de la même forme. La tête est d'un noir un
peu plus obscur; elle est un peu plus convexe; elle est couverte de points enfoncés, beaucoup plus serrés, et elle n'a pas
d'enfoncements entre les yeux. Le corselet est de la couleur de
la tête; il est un peu moins échancré, moins en croissant et plus
convexe; il est couvert de points enfoncés très-serrés; la ligne
longitudinale n'est presque pas marquée, et les angles postérieurs sont un peu saillants et aigus. Les elytres sont d'un noir-
obscur très-légèrement bleuâtre, et les intervalles des stries sont
couverts de points enfoncés assez serrés.

Il se trouve en Crimée, et il m'a été envoyé par M. Stéven,
sous le nom que je lui ai conservé.

9. D. SULCATUS.

Niger, punctatus; fronte bifoveolato; elytris striato - punctatis, interstitiis parum punctatis, interdum lævigatis; antennis tarsisque rufo-piceis.

DEJ. *Cat.* p. 5.
Scaurus Sulcatus. FABR. *Sys. el.* I. p. 122. n° 3.
Carabus Sulcatus. SCH. *Syn. ins.* I. p. 191. n° 130.
Scarites Bucephalus. OLIV. III. 36. p. 12. n° 14. T. I. fig. 3. 5.
Scarites Clypeatus. ROSSI. *Fauna etrusca.* I. p. 228. n° 570.
VAR. A. *D. Affinis.* DEJ. *Cat.* p. 5.

Long. 4 ½ , 5 ¼ lignes. Larg. 1 ¾ , 2 ¼ lignes.

Il est entièrement en-dessus d'un noir assez brillant. La tête est très - grosse , arrondie et très - légèrement convexe; elle est couverte de points enfoncés assez gros, mais peu rapprochés les uns des autres; elle a deux enfoncements longitudinaux assez marqués entre les yeux, et quelques rides longitudinales à sa partie antérieure. Les yeux sont brunâtres, assez petits, et nullement saillants. Les palpes sont d'un brun un peu roussâtre. Les antennes sont de la même couleur, un peu plus claires vers l'extrémité; elles sont à peu près de la longueur de la moitié du corps. Le corselet est un peu plus large que la tête; il est très-court, très-échancré antérieurement pour recevoir la tête, presque en croissant, arrondi postérieurement, avec le milieu de la base un peu prolongé; il est couvert de points enfoncés, qui ne sont pas très-serrés; il a au milieu une ligne longitudinale peu marquée, et une impression transversale qui sépare la partie de la base qui se prolonge; les angles antérieurs sont avancés et très - aigus; les bords latéraux sont légèrement rebordés; la partie prolongée de la base et ses angles postérieurs sont coupés carrément. L'écusson est triangulaire, lisse, et il a quelques points enfoncés à sa base. Les élytres sont un peu moins larges que le corselet; elles sont peu allongées, presque

parallèles, coupées carrément antérieurement, avec les angles
de la base et l'extrémité arrondis ; elles ont des stries bien marquées et fortement ponctuées. Ordinairement les premier, troisième et cinquième intervalles ont une ligne de points bien
distincts, et l'on voit seulement quelques points enfoncés, plus
petits et peu distincts, à la base et vers l'extrémité des autres
intervalles. Quelquefois tous ces points disparaissent entièrement, et tous les intervalles sont tout-à-fait lisses ; d'autrefois
au contraire, comme dans l'*Affinis* de mon Catalogue, ils sont
plus nombreux, et les second, quatrième et sixième intervalles
sont presque aussi ponctués que les autres. Le dessous du corps,
les cuisses et les jambes sont d'un noir un peu brunâtre ; les
tarses et les épines des jambes sont d'un brun un peu roussâtre.

Il se trouve assez communément dans le midi de la France,
en Espagne et en Italie. Je l'ai aussi trouvé en Dalmatie.

10. D. EREMITA. *Stéven.*

Niger, punctatissimus ; elytris elongatis, striato-punctatis, inters-
titiis punctatissimis ; antennis, tibiis tarsisque rufo-piceis.

Long. 4 ½ lignes. Larg. 1 ⅔ ligne.

Il ressemble beaucoup pour la forme au *Sphærocephalus*,
mais il est presque aussi grand que le *Sulcatus*. La tête et le corselet sont un peu plus fortement ponctués. Les intervalles des
stries des élytres sont couverts de points enfoncés très-serrés,
comme dans le *Capito*. Le dessous du corps et les cuisses sont
d'un noir-brunâtre. Les antennes, les jambes et les tarses sont
d'un brun-roussâtre.

Il se trouve dans la Russie méridionale. Il m'a été envoyé
par M. Stéven, comme venant du Caucase, et sous le nom que
je lui ai conservé.

11. D. NITIDULUS. *Stéven.*

Niger, punctatissimus ; elytris elongatis, striato-punctatis, in-
terstitiis punctatis ; antennis tarsisque piceis.

Long. 4, 4 ¾ lignes. Larg. 1 ½, 1 ¾ ligne.

Il ressemble aussi beaucoup pour la forme au *Sphæroce-phalus*, mais il est un peu plus grand, et il est d'un noir un peu plus brillant. La tête et le corselet sont ponctués à peu près de la même manière. Les élytres sont un peu plus convexes, et la ponctuation des intervalles des stries est un peu plus serrée, mais beaucoup moins cependant que dans l'*Eremita*. Le dessous du corps, les cuisses et les jambes sont d'un noir-obscur. Les antennes, les tarses et les épines des jambes sont brunâtres.

Il se trouve dans la Russie méridionale. Il m'a été envoyé, avec le précédent, par M. Stéven, comme venant du Caucase et sous le nom que je lui ai conservé. M. Savigny m'a donné un individu absolument semblable, mais un peu plus grand, qu'il avait pris en Égypte.

12. D. SPHÆROCEPHALUS.

Niger, punctatissimus; elytris elongatis, striato-punctatis, in-terstitiis parum punctatis; antennis pedibusque rufo-piceis.

DEJ. *Cat.* p. 5.

Scarites Sphærocephalus. OLIV. III. 36. p. 13. n° 15. T. 1. fig. 4.

Carabus Sphærocephalus. SCH. *Syn. ins.* I. p. 192. n° 131.

Long. 3 ¼, 3 ¾ lignes. Larg. 1 ¼, 1 ½ ligne.

Il ressemble un peu au *Sulcatus*, mais il est beaucoup plus petit, et sa forme est plus allongée. Il est en-dessus d'un noir moins brillant et un peu brunâtre. La ponctuation de la tête est un peu plus serrée, et les impressions entre les yeux ne sont presque pas marquées. Les palpes et les antennes sont d'un rouge-ferrugineux un peu obscur. La ponctuation du corselet est un peu plus serrée, et la ligne longitudinale n'est presque pas marquée. Les élytres sont proportionnellement plus étroites et plus allongées, et tous les intervalles ont des points enfoncés, mais qui sont beaucoup moins serrés que dans le *Capito*, l'*Obs-*

curus et l'*Eremita*. Le dessous du corps est d'un noir un peu brunâtre. Les pattes sont d'un brun-roussâtre.

Il se trouve en Espagne, et dans les provinces méridionales de la France.

X. APOTOMUS. *Hoffmansegg.*

SCARITES. *Rossi. Olivier.*

Menton articulé. Lèvre supérieure légèrement échancrée. Palpes labiaux très-allongés; le dernier article cylindrique. Antennes filiformes, à articles allongés et presque cylindriques. Corselet orbiculaire. Jambes antérieures non palmées.

M. le comte de Hoffmansegg a établi ce genre sur le *Scarites Rufus* de Rossi et d'Olivier. Latreille l'avait d'abord placé dans ses *Subulipalpes* près des *Bembidium;* mais, un examen plus approfondi lui ayant mieux fait connaître cet insecte, il l'a placé comme il devait l'être, dans cette tribu à côté des *Ditomus.*

Les *Apotomus* sont de très-petits insectes d'une couleur roussâtre, et qui sont plus ou moins pubescents. Leur forme approche un peu de celle des *Ditomus* de la première division. Le menton est articulé comme dans presque tous les genres de cette famille; mais je n'en ai pu assez bien examiner la forme pour pouvoir la décrire. La lèvre supérieure est peu avancée et légèrement échancrée. Les mandibules sont très-peu saillantes. Les palpes labiaux sont très-grands et composés d'articles allongés et cylindriques. Les antennes sont filiformes et à peu près de la longueur de la moitié du corps; leur premier article est un peu plus grand que les suivants; le second est un peu plus court, et tous les autres presque égaux, allongés et cylindriques. La tête est petite. Les yeux sont assez saillants. Le corselet est globuleux et un peu prolongé postérieurement. Les élytres sont plus larges que le corselet, assez allongées, convexes et arrondies postérieurement. Les jambes antérieures sont échancrées antérieurement, mais elles ne sont nullement palmées.

Tome I. 29

Ces insectes se trouvent sous les pierres, où ils paraissent vivre en société. Pendant long-temps on n'en a connu qu'une seule espèce; mais M. Stéven en a découvert une seconde dans la Russie méridionale.

1. A. RUFUS.

Rufo-ferrugineus, pubescens; elytris profunde punctato-striatis.

DEJ. *Cat.* p. 16.
Scarites Rufus. OLIV. III. 36. p. 15. n° 18. T. 2. fig. 13. a. b.
SCH. *Syn. ins.* I. p. 128. n° 20.
ROSSI. *Fauna etrusca.* I. p. 229. n° 572. T. 4. fig. 3.

Long. 2 lignes. Larg. $\frac{3}{4}$ ligne.

Il est à peu près de la grandeur de la *Clivina Thoracica.* Il est tant en-dessus qu'en-dessous d'un rouge-ferrugineux, et il est presque entièrement couvert de poils assez longs, assez serrés et d'une couleur un peu plus claire. La tête est assez avancée; elle est lisse, légèrement convexe, et elle n'est nullement rétrécie derrière les yeux. Les antennes sont à peu près de la longueur de la moitié du corps, et d'une couleur un peu plus obscure que le reste de l'insecte. Les yeux sont noirs et assez peu saillants. Le corselet est plus large que la tête; il est un peu plus long que large, presque globuleux, coupé carrément antérieurement, et arrondi postérieurement; il a une ligne longitudinale enfoncée et peu marquée, et le milieu de la base est un peu prolongé. Les élytres sont plus larges que le corselet; elles sont assez allongées, coupées presque carrément antérieurement, avec les angles de la base et l'extrémité assez arrondis; elles ont des stries bien marquées et fortement ponctuées. Les pattes sont de la couleur du corps.

Il se trouve dans les provinces méridionales de la France, en Italie, en Espagne et en Portugal. Je l'ai trouvé assez communément, pendant l'hiver, sous des pierres, près de Naval Moral dans l'Estramadure espagnole.

2. A, TESTACEUS.

Rufo-testaceus, subpubescens ; elytris punctato-striatis.

DEJ. *Cat.* p. 16.

Long. 2 lignes. Larg. ⅔ ligne.

Il ressemble beaucoup au *Rufus*, mais sa forme est un peu plus étroite, et il est d'une couleur un peu plus claire. Il est beaucoup moins velu, et, au lieu de poils assez longs, il est couvert, surtout sur les élytres, d'un léger duvet très-court. Les stries des élytres sont moins marquées et moins profondément ponctuées.

Il se trouve dans la Russie méridionale, et il m'a été donné par M. Stéven.

PREMIER VOLUME.

TABLE ALPHABÉTIQUE

DES NOMS GÉNÉRIQUES ET SPÉCIFIQUES

CONTENUS DANS CE VOLUME.

Nota. Les noms en italique ne sont pas adoptés ou sont seulement cités dans cet ouvrage.

———◆———

ACANTHOSCELIS. 402.

Ruficornis. 403.

AGRA. 197.

Ænea. 198.
Attelaboides. 197.
Attenuata. 201.
Brentoides. 200.
Cayennensis. 198.
Erythropus. 199.
Gemmata. 200.
Pensylvanica. 171.
Puncticollis. 201.
Rufipes. 199.

ANOMOEUS. 202.

Cruciatus. 203.
Dorsalis. 206.

ANTHIA. 338.

Alboguttata. 349.
Angustata. 345.
Biguttata. 351.

Decemguttata. 349.
Duodecimguttata. 348.
Exclamationis. 333.
Fimbriata. 340.
Lævicollis. 350.
Marginata. 347.
Maxillosa. 339.
Multiguttata. 335.
Nimrod. 343.
Obsoleta. 333.
Quadriguttata. 349.
Sexguttata. 341.
Sexmaculata. 346.
Sexnotata. 352.
Sulcata. 345.
Tabida. 354.
Thoracica. 340.
Trilineata. 337.
Truncata. 283.
Variegata. 333.
Venator. 342.
Villosa. 350.

APOTOMUS. 449.

Rufus. 450.
Testaceus. 451.

APTINUS. 290.

Africanus. 3o3.
Atratus. 294.
Ballista. 292.
Bimaculatus. 299.
Chamissoni. 3o2.
Complanatus. 311.
Infuscatus. 296.
Jaculans. 295.
Lyoni. 3o3.
Marginatus. 3o9.
Mutilatus. 293.
Nigripennis. 291.
Pyrenæus. 295.
Ruficeps. 314.
Verticalis. 3o2.

ARISTUS. 437.

. . . .

ATTELABUS. 170. 174.

Pensylvanicus. 171.

BRACHINUS. 297.

Affinis. 3o1.
Africanus. 3o3.
Alternans. 316.
Ambiguus. 3o4.
Beauvoisi. 310.
Bellicosus. 295.
Bimaculatus. 299.
Bipustulatus. 323.
Bombarda. 322.
Catoirei. 3o1.
Causticus. 313.
Cephalotes. 317.
Complanatus. 311.
Crepitans. 318.
Cruciatus. 324.
Discicollis. 3oo.

Displosor. 292.
Exhalans. 324.
Explodens. 32o.
Fumans. 317.
Fumigatus. 3o7.
Fuscicollis. 3o6.
Fuscipennis. 318.
Glabratus. 32o.
Hilaris. 3o2.
Hispanicus. 3o3.
Humeralis. 313.
Immaculicornis. 319.
Interruptus. 3o6.
Javanus. 3o5.
Jurinei. 298.
Longipalpis. 314.
Marginalis. 310.
Marginatus. 3o9.
Mutilatus. 293.
Nigripennis. 291.
Oblongus. 321.
Parallelus. 3o8.
Pectoralis. 32o.
Psophia. 321.
Quadripennis. 316.
Ruficeps. 314.
Sclopeta. 322.
Senegalensis. 3o8.
Sexmaculatus. 312.
Strepitans. 32o.
Subcostatus. 315.
Suturalis. 322.
Thermarum. 325.
Tripustulatus. 286.
Verticalis. 3o2.

CALLEIDA. 220.

Æruginosa. 222.
Decora. 224.
Marginata. 222.
Metallica. 221.
Rubricollis. 225.
Smaragdina. 225.

Viridipennis. 223.

CALOPHÆNA. 178.

Acuminata. 179.
Bifasciata. 181.

CARABUS.

Abdominalis. 283.
Acuminatus. 179.
Agilis. 241.
Americanus. 187.
Angustatus. 176.
Arcticus. 241.
Atricapillus. 229. 230. 231. 232.
Axillaris. 211.
Bifasciatus. 181.
Bimaculatus. 299.
Bivittatus. 269.
Bucida. 369.
Calydonius. 439. 441.
Cayennensis. 198.
Chlorocephalus. 257.
Collaris. 413.
Crepitans. 318.
Crux major. 261.
Crux minor. 261.
Cursor. 342.
Cyanocephalus. 256.
Cyathiger. 260.
Dama. 442.
Decemguttatus. 349.
Decorus. 224.
Dentatus. 183.
Depressus. 361.
Distinctus. 183.
Duplicatus. 280.
Elongatus. 349.
Errans. 344.
Exhalans. 324.
Facialis 329.
Fasciatus. 238.
Fasciolatus. 195. 196.

Fastigiatus. 291.
Fenestratus. 241.
Fimbriatus. 340.
Fulvicollis. 255.
Hæmorrhoidalis. 266.
Humeralis. 205. 214.
Humerosus. 205.
Linearis. 233.
Lineatus. 207.
Marginellus. 243.
Maxillosus. 339.
Miliaris. 216.
Multiguttatus. 335.
Occidentalis. 188.
Olens. 193.
Pictus. 203.
Planus. 311.
Quadrimaculatus. 239. 241. 243.
Quadrinotatus. 239.
Sexguttatus. 341.
Sigma. 235.
Sphærocephalus. 448.
Sulcatus. 345. 446.
Tabidus. 354.
Thoracicus. 340.
Trilineatus. 337.
Truncatellus. 248.
Turcicus. 263.
Vittatus. 267.

CARIS. 152.

Fasciata. 155.
Trinotata. 155.

CASNONIA. 170.

Cyanocephala. 173.
Pensylvanica. 171.
Rufipes. 172.
Rugicollis. 173.

CATASCOPUS. 328.

Facialis. 329.
Hardwickii. 329.
Smaragdulus. 331.

CICINDELA. 17.

Abdominalis. 140.
Ægyptiaca. 96.
Æquinoctialis. 15.
Affinis. 59.
Albida. 125.
Albina. 125.
Albipennis. 128.
Analis. 35.
Angulata. 89.
Angustata. 28.
Angusticollis. 28.
Apiata. 86.
Aptera. 160.
Argentata. 147.
Atrata. 136.
Auricollis. 30.
Aurulenta. 46. 49.
Bicolor. 43.
Biguttata. 29.
Bipunctata. 22.
Bipustulata. 16.
Biramosa. 133.
Brasiliensis. 28.
Brevicollis. 113.
Caffra. 123.
Campestris. 59.
Candida. 123.
Cancellata. 116.
Capensis. 121. 120.
Carolina. 9.
Catena. 117. 88.
Cayennensis. 21.
Chalybea. 38.
Chiloleuca. 79.
Chinensis. 44.
Chrysis. 25. 27. 29.

Cincta. 40.
Circumdata. 82.
Clathrata. 115.
Coarctata. 20.
Cœrulea. 54. 137.
Concolor. 31.
Confusa. 24.
Consentanea. 63.
Conspersa. 127.
Curvidens. 27.
Cylindrica. 26.
Cylindricollis. 34.
Danubialis. 66.
Decempunctata. 145.
Desertorum. 62.
Designata. 89.
Didyma. 48.
Discoidea. 114.
Discors. 105.
Disjuncta. 98.
Distans. 134.
Distigma. 33.
Distinguenda. 92.
Duodecimguttata. 73.
Elegans. 144. 81.
Emarginata. 183.
Fasciata. 157.
Fastidiosa. 95.
Fischeri. 103.
Flavilabris. 157.
Flexuosa. 111.
Funesta. 148.
Geniculata. 27.
Germanica. 138.
Gracilis. 139.
Grossa. 20.
Gyllenhalii. 143.
Hottentotta. 113.
Hybrida. 64. 67. 69.
Infuscata. 134.
Interrupta. 42.
Interstincta. 42.
Labiata. 158.
Lacrymosa. 106.

Lateralis. 69.
Litigiosa. 97.
Littoralis. 104.
Longicollis. 165.
Longipes. 130. 81.
Lugdunensis. 77.
Lugubris. 39.
Lunulata. 105.
Lurida. 110. 111.
Luridipes. 23.
Marginalis. 55.
Margineguttata. 24.
Maritima. 67.
Maroccana. 59.
Maura. 57.
Megalocephala. 6. 7.
Micans. 101.
Modésta. 52.
Mœsta. 100.
Multiguttata. 109.
Neglecta. 114.
Nemoralis. 105.
Nigrita. 58.
Nilotica. 119.
Nitida. 91.
Nitidicollis. 30.
Nitidula. 120.
Nivea. 128.
Nodicornis. 26.
Obliquata. 72.
Obsoleta. 50.
Octoguttata. 99.
Octonotata. 45.
Orientalis. 93.
Paludosa: 137.
Patruela. 62.
Perplexa. 96.
Punctulata. 101.
Purpurea. 55.
Pygmææ. 78.
Quadriguttata. 36. 56.
Quadrilineata. 132.
Quadrinotata. 151.
Quadripunctata. 36.

Quinquepunctata. 103.
Repanda. 74.
Riparia. 66.
Rotundicollis. 56.
Rufipes. 22.
Rufiventris. 102.
Rugifrons. 51.
Savranica. 70.
Scalaris. 137.
Senegalensis. 117.
Sepulcralis. 6. 14.
Sexguttata. 53.
Sexmaculata. 146.
Sexpunctata. 47.
Signata. 124.
Sinuata. 75. 77. 79.
Smaragdula. 31.
Soluta. 70.
Stevenii. 136.
Strigata. 78.
Sumatrensis. 88.
Suturalis. 129.
Sylvatica. 71.
Sylvicola. 67.
Terminata. 142.
Thalassina. 53.
Tibialis. 80.
Tortuosa. 87.
Transversalis. 66.
Tricolor. 68.
Trifasciata. 85. 77. 87.
Triguttata. 146.
Trisignata. 77.
Tristis. 16.
Undulata. 94.
Unicolor. 52.
Unipunctata. 50.
Upsilon. 126.
Variegata. 84.
Ventralis. 32.
Versicolor. 37.
Vigintiguttata. 108.
Violacea. 53. 54.
Virginica. 10. 13.

458

Vittata. 41.
Vittigera. 107.
Viridula. 149.
Volgensis. 81.
Zwickii. 135.

CLIVINA. 411.

Ænea. 423. 425.
Arctica. 420.
Arenaria. 413.
Bipustulata. 417.
Crenata. 418.
Cylindrica. 423.
Dentipes. 415.
Digitata. 427.
Discipennis. 413.
Fossor. 413.
Fulvipes. 425.
Gibba. 428.
Gibbicollis. 413.
Lobata. 414.
Minuta. 425.
Nitida. 421.
Obscura. 424.
Picipes. 416.
Polita. 422.
Pumila. 425.
Punctata. 424.
Pusilla. 425.
Rostrata. 419.
Rufipes. 428.
Sanguinea. 413.
Semistriata. 427.
Striata. 424.
Strumosa. 421.
Thoracica. 426. 421. 424.
Viridis. 419.

COLLIURIS. 162.

Crassicornis. 166.
Emarginata. 165.
Longicollis. 163. 165. 166.

Surinamensis. 170. 173.

COLLYRIS. 162.

Aptera. 160.
Formicaria. 154.
Longicollis. 163.

COPTODERA. 273.

Ærata. 277.
Emarginata. 276.
Festiva. 274.
Quadripustulata. 278.
Siguata. 275.

CORDISTES. 178.

Acuminatus. 179.
Bifasciatus. 181.
Maculatus. 180.

CORSYRA. 326.

Fusula. 327.

CTENODACTYLA. 226.

Chevrolatii. 227.

CTENOSTOMA. 152.

Formicarium. 154. 155.
Rugosum. 156.
Trinotatum. 155.

CUCUJUS. 357.

Rufipes. 358.

CYMINDIS. 202.

Angularis. 212.
Axillaris. 211.

Basalis. 214.
Binotata. 213.
Cingulata. 209.
Coadunata. 210.
Cruciata. 203.
Depressa. 214.
Dorsalis. 206.
Fusula. 327.
Homagrica. 208.
Humeralis. 204.
Lateralis. 204.
Lineata. 207.
Lunaris. 208.
Macularis. 212.
Melanocephala. 210.
Meridionalis. 208.
Miliaris. 216.
Morio. 219.
Onychina. 217.
Parallela. 218.
Pubescens. 215.
Punctata. 214.
Resplendens. 215.
Scapularis. 214.
Suturalis. 206.
Variegata. 217.

DEMETRIAS. 228.

Atricapillus. 231.
Elongatulus. 232.
Imperialis. 229.
Quadripustulatus. 278.
Unipunctatus. 230.

DESERA.

Bonelliana. 185.

DITOMUS. 437.

Affinis. 446.
Calydonius. 439.
Capito. 444.

Cordatus. 441.
Cornutus. 440.
Dama. 442.
Eremita. 447.
Fulvipes. 444.
Nitidulus. 447.
Obscurus. 445.
Pilosus. 443.
Sphærocephalus. 448.
Sulcatus. 446.

DROMIUS. 233.

Agilis. 240.
Albonotatus. 249.
Atratus. 246.
Atricapillus. 231.
Bifasciatus. 237.
Bimaculatus. 241.
Biplagiatus. 243.
Corticalis. 245.
Decorus. 225.
Elongatulus. 232.
Fasciatus. 238. 235.
Fenestratus. 241.
Festinans. 225.
Glabratus. 244.
Imperialis. 229.
Impressus. 246.
Linearis. 233.
Lineellus. 245.
Marginellus. 243.
Melanocephalus. 234.
Meridionalis. 242.
Obsoletus. 246.
Pallidus. 235.
Pallipes. 246.
Punctatellus. 247.
Quadrillum. 249.
Quadrimaculatus. 239.
Quadrinotatus. 238.
Quadrisignatus. 236.
Sigma. 235.
Signatus. 246.

Spilotus. 246.
Truncatellus. 248.
Unipunctatus. 230.
Venustulus. 235.

DRYPTA. 182.

Australis. 185.
Bonelliana. 185.
Cayennensis. 198.
Cylindricollis. 183.
Emarginata. 183.
Lineola. 184.
Longicollis. 185.

DYSCHIRIUS. 411.

. . . .

EUPROSOPUS. 150.

Quadrinotatus. 151.

EURYCHILES. 157.

Labiata. 158.

GALERITA. 186.

Africana. 190.
Americana. 187.
Attelaboides. 187.
Bufo. 187.
Depressa. 361. 187.
Fasciolata. 195. 187.
Flesus. 363. 187.
Hirta. 284. 187.
Occidentalis. 188.
Olens. 193. 187.
Plana. 187.
Ruficollis. 191.
Unicolor. 189.

GRAPHIPTERUS. 332.

Luctuosus. 335.
Minutus. 336.
Multiguttatus. 334.
Trilineatus. 337.
Variegatus. 333.

HARPALUS.

Brevithorax. 282.
Monilicornis. 430.

HELLUO. 283.

Brasiliensis. 288.
Hirtus. 284.
Impictus. 287.
Præustus. 289.
Tripustulatus. 286.
Tristis. 285.

LAMPRIAS. 253.

. . . .

LEBIA. 253.

Ærata. 277.
Agilis. 241. 243.
Analis. 265.
Anthophora. 260.
Atricapilla. 229. 230. 231.
Axillaris. 211.
Bifasciata. 266.
Chlorocephala. 257.
Corticalis. 245.
Crux minor. 261.
Cyanocephala. 256.
Cyanoptera. 258.
Cyathigera. 260.
Elongatula. 232.
Fasciata. 238. 235. 239.
Fasciolata. 195.
Foveola. 247.
Fulvicollis. 255.

Fuscata. 270.
Glabrata. 244.
Hæmorrhoidalis. 266.
Homagrica. 208.
Humeralis. 264. 205.
Interrupta. 262.
Linearis. 233.
Lineola. 207.
Lunaris. 208.
Marginicollis. 271.
Miliaris. 216.
Nigripes. 262.
Obscuroguttata. 246.
Picta. 254.
Plagiata. 245.
Pubipennis. 255.
Punctatella. 247.
Punctatostriata. 234.
Quadrillum. 249.
Quadrimaculata. 264. 239.
Quadrinotata. 239.
Quadrivittata. 268.
Rufipes. 258.
Sellata. 259.
Sulcata. 269.
Truncatella. 248.
Tuberculata. 272.
Turcica. 263. 264.
Viridis. 271.
Vittata. 267.

MANTICORA. 5.

Maxillosa. 5.
Pallida. 5.

MEGACEPHALA. 6.

Acutipennis. 13.
Æquinoctialis. 14.
Affinis. 12.
Brasiliensis. 11.
Carolina. 8.
Carolinensis. 9.

Euphratica. 7.
Megalocephala. 6. 7.
Sepulcralis. 6. 14.
Variolosa. 14.
Virginica. 10. 13.

MORIO. 429.

Brasiliensis. 432.
Cayennensis. 430.
Monilicornis. 430.
Orientalis. 432.

ODACANTHA. 174.

Acuminata. 179.
Bifasciata. 181. 175.
Cyanocephala. 174. 175.
Dorsalis. 177.
Elongata. 175.
Melanura. 176.
Pensylvanica. 171.
Præusta. 234. 175.
Tripustulata. 175.

OMPHRA.

Tristis. 285.

OPHIONEA. 170.

Cyanocephala. 174.
Pensylvanica. 171.

ORTHOGONIUS. 279.

Alternans. 280.
Brevithorax. 282.
Duplicatus. 279.
Femoratus. 281.

OXYCHEILA. 15.

Bipustulata. 16.

462

Tristis. 16.

OXYSTOMUS. 409.

Cylindricus. 410.

OZÆNA. 433.

Brunnea. 435.
Gyllenhalii. 436.
Rogerii. 434.

PASIMACHUS. 405.

Depressus. 406.
Marginatus. 407.
Sublævis. 408.
Sulcatus. 407.

PLOCHIONUS. 250.

Alternans. 281.
Binotatus. 252.
Bonfilsii. 251.
Brunneus. 435.

POLISTICHUS. 194.

Discoideus. 196.
Fasciolatus. 194.

SCARITES. 364.

Abbreviatus. 379.
Arcticus. 420.
Arenarius. 396. 413.
Barbarus. 388.
Bipustulatus. 417.
Bucephalus. 446.
Bucida. 369.
Calydonius. 439.
Carinatus. 376.
Cayennensis. 384.
Clypeatus. 446.

Cylindricus. 410.
Dama. 442.
Depressus. 406.
Exaratus. 373.
Excavatus. 374.
Exculptus. 374.
Fossor. 413.
Georgiæ. 430.
Gibbus. 429.
Gigas. 367.
Herbstii. 372.
Indus. 395.
Lævigatus. 398.
Lævis. 381.
Lateralis. 400.
Lusitanicus. 393.
Mancus. 394.
Marginatus. 407.
Occidentalis. 384.
Octopunctatus. 391.
Parallelus. 382.
Perplexus. 387.
Planus. 395.
Politus. 380.
Polyphemus. 370. 372.
Procerus. 372.
Pyracmon. 367.
Quadratus. 390.
Quadrimaculatus. 417.
Quadripunctatus. 392.
Rotundipennis. 401.
Ruficornis. 403.
Rufus. 450.
Rugiceps. 389.
Rugicollis. 377.
Rugosus. 373.
Sabulosus. 398.
Salinus. 385.
Saxicola. 383.
Senegalensis. 386.
Sphærocephalus. 448.
Striatus. 371.
Subterraneus. 392.
Sulcatus. 375.

Terricola. 398.
Thelonensis. 399.
Thoracicus. 426. 421.
Volgensis., 397.

SCAURUS. 437.

Sulcatus. 446.

SIAGONA. 357.

Atrata. 360.
Brunnipes. 360.
Depressa. 361.
Flesus. 363.
Fuscipes. 359.
Plana. 362.
Rufipes. 358.
Schüppelii. 363.

TARUS. 202.

TENEBRIO.

Fossor. 413.

THERATES. 157.

Cœrulea. 157.
Dimidiata. 159.
Fasciata. 157.
Flavilabris. 157.
Labiata. 158.
Marginatus. 27. 19.
Spinipennis. 157.

TRICONDYLA. 160.

Aptera. 160.
Cyanea. 161

ZUPHIUM. 192.

Fasciolatum. 195.
Olens. 192.

. . . .

FIN DE LA TABLE ALPHABÉTIQUE.

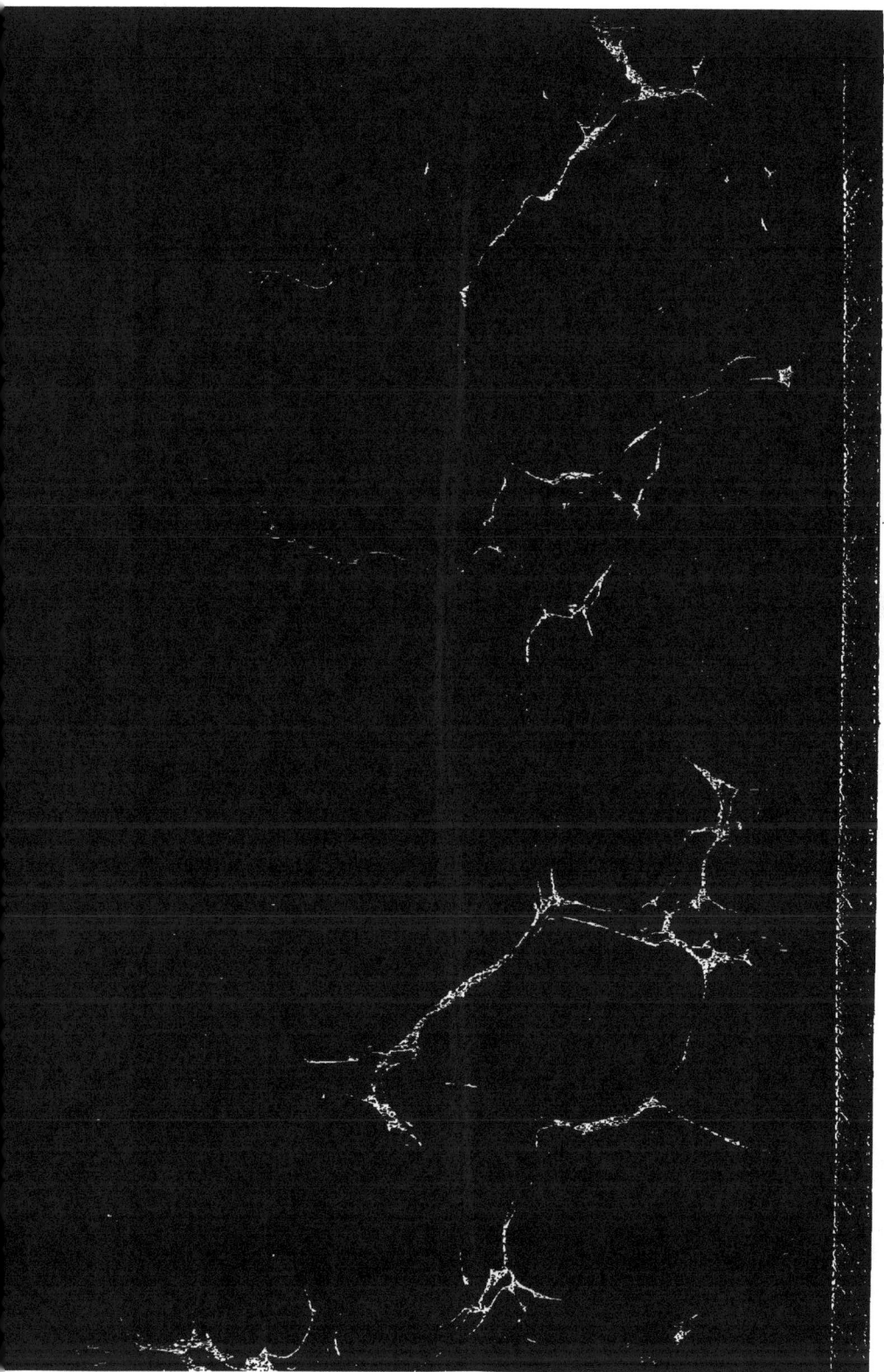

www.ingramcontent.com/pod-product-compliance
Lightning Source LLC
Chambersburg PA
CBHW031608210326
41599CB00021B/3096